T0226354

Didaktik der Analytischen Geometrie und Linearen Algebra

Mathematik Primarstufe und Sekundarstufe I + II

Herausgegeben von
Prof. Dr. Friedhelm Padberg, Universität Bielefeld,
und Prof. Dr. Andreas Büchter, Universität Duisburg-Essen

Bisher erschienene Bände (Auswahl):

Didaktik der Mathematik

P. Bardy: Mathematisch begabte Grundschulkinder – Diagnostik und Förderung (P)
C. Benz/A. Peter-Koop/M. Grüßing: Frühe mathematische Bildung (P)
M. Franke: Didaktik der Geometrie (P)
M. Franke/S. Ruwisch: Didaktik des Sachrechnens in der Grundschule (P)
K. Hasemann/H. Gasteiger: Anfangsunterricht Mathematik (P)
K. Heckmann/F. Padberg: Unterrichtsentwürfe Mathematik Primarstufe (P)
K. Heckmann/F. Padberg: Unterrichtsentwürfe Mathematik Primarstufe, Band 2 (P)
F. Käpnick: Mathematiklernen in der Grundschule (P)
G. Krauthausen: Digitale Medien im Mathematikunterricht der Grundschule (P)
G. Krauthausen/P. Scherer: Einführung in die Mathematikdidaktik (P)
G. Krummheuer/M. Fetzer: Der Alltag im Mathematikunterricht (P)
F. Padberg/C. Benz: Didaktik der Arithmetik (P)
P. Scherer/E. Moser Opitz: Fördern im Mathematikunterricht der Primarstufe (P)
A.-S. Steinweg: Algebra in der Grundschule (P)

G. Hinrichs: Modellierung im Mathematikunterricht (P/S)

R. Danckwerts/D. Vogel: Analysis verständlich unterrichten (S)
G. Greefrath: Didaktik des Sachrechnens in der Sekundarstufe (S)
K. Heckmann/F. Padberg: Unterrichtsentwürfe Mathematik Sekundarstufe I (S)
F. Padberg: Didaktik der Bruchrechnung (S)
H.-J. Vollrath/H.-G. Weigand: Algebra in der Sekundarstufe (S)
H.-J. Vollrath/J. Roth: Grundlagen des Mathematikunterrichts in der Sekundarstufe (S)
H.-G. Weigand/T. Weth: Computer im Mathematikunterricht (S)
H.-G. Weigand et al.: Didaktik der Geometrie für die Sekundarstufe I (S)

Mathematik

F. Padberg/A. Büchter: Einführung Mathematik Primarstufe – Arithmetik (P)
F. Padberg/A. Büchter: Vertiefung Mathematik Primarstufe – Arithmetik/Zahlentheorie (P)

K. Appell/J. Appell: Mengen – Zahlen – Zahlbereiche (P/S)
A. Filler: Elementare Lineare Algebra (P/S)
S. Krauter/C. Bescherer: Erlebnis Elementargeometrie (P/S)
H. Kütting/M. Sauer: Elementare Stochastik (P/S)
T. Leuders: Erlebnis Arithmetik (P/S)
F. Padberg: Elementare Zahlentheorie (P/S)
F. Padberg/R. Danckwerts/M. Stein: Zahlbereiche (P/S)

A. Büchter/H.-W. Henn: Elementare Analysis (S)
G. Wittmann: Elementare Funktionen und ihre Anwendungen (S)
B. Schuppar/H. Humenberger: Elementare Numerik für die Sekundarstufe (S)

P: Schwerpunkt Primarstufe
S: Schwerpunkt Sekundarstufe

Weitere Bände in Vorbereitung

Hans-Wolfgang Henn · Andreas Filler

Didaktik der Analytischen Geometrie und Linearen Algebra

Algebraisch verstehen – Geometrisch veranschaulichen und anwenden

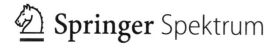

Prof. Dr. Hans-Wolfgang Henn
Böhl-Iggelheim, Deutschland

Prof. Dr. Andreas Filler
Institut für Mathematik, Abt. Didaktik der Mathematik
Humboldt-Universität zu Berlin Mathematisch-Naturwissenschaftliche Fak.
Berlin, Deutschland

ISBN 978-3-662-43434-5
DOI 10.1007/978-3-662-43435-2

ISBN 978-3-662-43435-2 (eBook)

Die Deutsche Nationalbibliothek verzeichnet diese Publikation in der Deutschen Nationalbibliografie; detaillierte bibliografische Daten sind im Internet über http://dnb.d-nb.de abrufbar.

Springer Spektrum
© Springer-Verlag Berlin Heidelberg 2015

Planung und Lektorat: Ulrike Schmickler-Hirzebruch, Bettina Saglio
Redaktion: Alexander Reischert, Redaktion ALUAN

Gedruckt auf säurefreiem und chlorfrei gebleichtem Papier.

Springer Spektrum ist eine Marke von Springer DE. Springer DE ist Teil der Fachverlagsgruppe Springer Science+Business Media
www.springer-spektrum.de

Vorwort

Liebe Leserin, lieber Leser,

herzlich willkommen zu unserer „Didaktik der Analytischen Geometrie und Linearen Algebra", einem Buch, das aus didaktischer Perspektive die Geometrie in der gymnasialen Oberstufe betrachtet. Wir diskutieren und bewerten verschiedene Zugänge zu den Grundbegriffen der Analytischen Geometrie und Linearen Algebra. Wie in diesem Buch aufgezeigt wird, kann die reichhaltige Geometrie des Raumes mit ihren vielen Phänomenen mit relativ wenig Kalkül und vor allem mit viel Gewinn für die Lernenden in der Sekundarstufe II unterrichtet werden. Es ist zu bedauern, dass in manchen aktuellen Lehrplänen die Oberstufengeometrie bei Geraden und Ebenen endet. Ein Spezifikum des Geometrieunterrichts der Sekundarstufe I ist die Untersuchung konvexer Figuren der Ebene wie Kreise, Dreiecke und Vierecke. In der Sekundarstufe II sollte die natürliche Erweiterung auf konvexe Gebilde des Raumes erfolgen. Folglich sollte die Geometrie des uns umgebenden Raumes ein Schwerpunkt des gesamten Mathematikunterrichts beider Sekundarstufen sein, der in der Sekundarstufe II durch die mächtigen Methoden der Analytischen Geometrie unterstützt wird.

Wo möglich, gehen wir von der Mathematisierung realer Probleme aus. Dies kann oft Begriffe und Zusammenhänge, also den Theorieaufbau, motivieren; viele Definitionen und Sätze sind dann zum Zeitpunkt ihrer Formulierung anschaulich bereits klar. Das Buch soll helfen, einen horizontal und vertikal vernetzten Geometrieunterricht zu planen und zu gestalten. Dabei bedeutet horizontal, dass geometrische und nichtgeometrische Teile der Mathematik in der Schule vernetzt werden. Ein Beispiel hierfür sind die geometrischen Abbildungen, die sich dem modernen Funktionsbegriff unterordnen lassen. Vertikal bedeutet ein bewusstes Aufgreifen und Weiterführen der Geometrie der Sekundarstufe I bis hin zum Aufbau von Grundvorstellungen in der Sekundarstufe II, die später die semantische Grundlage des axiomatisch-deduktiven Aufbaus der universitären Linearen Algebra bilden können. Dementsprechend knüpfen wir immer wieder an Ihren Vorerfahrungen aus den Anfängervorlesungen zur Linearen Algebra an und zeigen die wesentlichen Unterschiede zwischen dem in der Schule sinnvollen und dem an der Universität üblichen Zugang.

„Für das Leben lernen, nicht für die Schule" ist eine Forderung, die oft verlangt und selten erreicht wird. In der Schule wird das Bild mitgestaltet, das die jungen Leute als mündige Bürger und als zukünftige Entscheidungsträger mit ins Leben nach der Schule nehmen. Dieses Bild sollte die Schönheit und die Funktionalität der Mathematik enthalten und sich nicht auf die Beherrschung syntaktischer Rechenverfahren beschränken. Gerade in der Schule sollte die Mathematik als ein harmonisches Ganzes erscheinen, das mehr ist als ein Agglomerat von Einzeldisziplinen und Rechenverfahren. Wesentlich ist, dass Schülerinnen und Schülern ein stimmiges Bild der Mathematik vermittelt wird. Der wesentliche Einflussfaktor hierfür sind Sie, die Lehrerinnen und Lehrer, die unsere Jugendlichen ausbilden.

Großen Wert legen wir auf den Einbezug neuer Medien. Der Computer kann eine Hilfe beim Rechnen, etwa beim Lösen von Gleichungen, aber vor allem auch bei Simulationen, geometrischen Konstruktionen und für dynamische Visualisierungen sein. Alle in diesem Buch besprochenen und zur Herstellung von Abbildungen verwendeten Computer-Files sind auf der unten genannten Homepage dieses Buchs verfügbar.

Die von uns zitierten Internetadressen haben wir noch einmal im Dezember 2014 überprüft; wir können natürlich nicht gewährleisten, dass sie nach diesem Zeitpunkt noch unverändert zugänglich sind. Wir werden uns bemühen, eventuelle Änderungen auf der Internetseite zu diesem Buch bekannt zu geben.

Trotz aller Mühen und Anstrengungen beim Korrekturlesen kommt es wohl bei jedem Buch (zumindest in der Erstauflage) vor, dass der Fehlerteufel den sorgfältig arbeitenden Autoren ins Handwerk pfuscht. Daher werden auch in diesem Buch vermutlich einige kleinere Rechtschreib- oder Grammatikfehler stecken, und auch Rechenfehler sind nicht auszuschließen. Umso mehr freuen wir uns über jeden sachdienlichen Hinweis, aber natürlich auch über Kritik, Lob, Kommentare, Anregungen usw., die Sie uns per E-Mail (über die unten angegebene Internetseite) zukommen lassen können. Wir bemühen uns, jede Mail umgehend zu beantworten. Sollte es einmal ein paar Tage länger dauern, so ruhen wir uns gerade vom Schreiben eines Buches aus ... – in jedem Fall bearbeiten wir aber jede Mail. Sollte uns an irgendeiner Stelle der Fehlerteufel einen ganz großen Streich gespielt haben, so werden wir eine Korrekturanmerkung auf der Internetseite zu diesem Buch unter

http://www.afiller.de/didagla

veröffentlichen. Dort finden Sie auch vertiefende Betrachtungen, Computerdateien und weitere Ergänzungen, auf die in unserem Buch immer wieder hingewiesen wird.

Unser besonderer Dank gilt den Reihenherausgebern – Herrn Prof. Dr. Friedhelm Padberg (Bielefeld) und Herrn Prof. Dr. Andreas Büchter (Duisburg-Essen) – sowie dem Verlag für die Aufnahme unseres Titels und die hervorragende Betreuung. In tiefer Schuld stehen wir bei unseren Familien, die einmal mehr monatelang zwei ungeduldige Autoren geduldig ertragen haben.

Dezember 2014   Andreas Filler und Hans-Wolfgang Henn

Inhaltsverzeichnis

Einführung: Analytische Geometrie/Lineare Algebra und Allgemeinbildung

1

Inhaltsverzeichnis

Die Diskussion über die Weiterentwicklung des Mathematikunterrichts in der Sekundarstufe II ist seit geraumer Zeit von dem Ansatz geprägt, dessen allgemeinbildenden Charakter zu stärken. Dieser ist nach Heinrich Winter dadurch gekennzeichnet, dass der Mathematikunterricht drei *Grunderfahrungen* ermöglicht:

(G1) *„Erscheinungen der Welt um uns, die uns alle angehen oder angehen sollten, aus Natur, Gesellschaft und Kultur, in einer spezifischen Art wahrzunehmen und zu verstehen,*

(G2) *mathematische Gegenstände und Sachverhalte, repräsentiert in Sprache, Symbolen, Bildern und Formen, als geistige Schöpfungen, als eine deduktiv geordnete Welt eigener Art kennen zu lernen und zu begreifen,*

(G3) *in der Auseinandersetzung mit Aufgaben Problemlösefähigkeiten, die über die Mathematik hinaus gehen, (heuristische Fähigkeiten) zu erwerben."* (Winter, 1995, S. 37)

Die Forderung, diese drei Grunderfahrungen gleichberechtigt im Mathematikunterricht auch der S II zu ermöglichen, hat breite Akzeptanz gefunden und findet sich explizit in den Prüfungsanforderungen im Fach Mathematik" (EPA), siehe KMK (2002), sowie in den „Bildungsstandards im Fach Mathematik für die Allgemeine Hochschulreife", vgl. KMK (2012). Hiernach sollen alle drei Grunderfahrungen in jedem der Gebiete Analysis, Analytische Geometrie und Stochastik berücksichtigt werden. Der allgemeinbildende Wert der Analytischen Geometrie wird vor allem in *„ihren mächtigen Methoden und interessanten Objekten zur Erschließung des uns umgebenden Raumes"* gesehen (KMK, 2002, S. 3).

© Springer-Verlag Berlin Heidelberg 2015   1

H.-W. Henn, A. Filler, *Didaktik der Analytischen Geometrie und Linearen Algebra*,
Mathematik Primarstufe und Sekundarstufe I + II, DOI 10.1007/978-3-662-43435-2_1

In engem Zusammenhang mit den Grunderfahrungen (G1)–(G3) stehen die in den Bildungsstandards (aller Schulstufen) beschriebenen *allgemeinen* bzw. *prozessbezogenen mathematischen Kompetenzen* (KMK, 2012, S. 10):

[K1] Mathematisch argumentieren.
[K2] Probleme mathematisch lösen.
[K3] Mathematisch modellieren.
[K4] Mathematische Darstellungen verwenden.
[K5] Mit symbolischen, formalen und technischen Elementen der Mathematik umgehen.
[K6] Mathematisch kommunizieren.

Während der Kompetenzbereich [K3] klar mit der Grunderfahrung (G1) korrespondiert, sollte bei den anderen Kompetenzbereichen eine oberflächlich-eindeutige Zuordnung vermieden werden. So ist zwar der Bezug von [K2] auf [G3] offensichtlich, aber auch die anderen Grunderfahrungen bedingen Problemlösekompetenzen. Mathematisch zu argumentieren und zu kommunizieren ist ebenfalls in praktisch allen Situationen von Bedeutung, in denen Mathematik betrieben oder angewendet wird; konkretisiert wird [K1] in Bezug auf die Grunderfahrung (G2) insbesondere in der S II dahingehend, dass Schüler zentrale Sätze und Zusammenhänge beweisen können.[1] Schließlich sind [K4] und [K5] zwar innermathematische Kompetenzen im Sinne der Grunderfahrung (G2), jedoch erfordern Anwendungen der Mathematik und Modellbildungen ebenso Kompetenzen im Darstellen und im Gebrauch von Werkzeugen. Im Zusammenhang mit diesen Kompetenzen ist auch der im Verlauf der letzten beiden Jahrzehnte interessant gewordene Gebrauch des Computers bzw. „neuer Medien" im MU zu sehen – hierbei bestehen aber auch enge Bezüge zu [K3].

Kalkülorientierung als gravierendes Defizit des Mathematikunterrichts In der Unterrichtsrealität werden die Grunderfahrungen (G1)–(G3) oftmals nur unzureichend berücksichtigt, und es sind erhebliche Defizite bei der Herausbildung der prozessbezogenen Kompetenzen [K1]–[K6] zu konstatieren. So kritisieren Borneleit, Danckwerts, Henn und Weigand in einer bereits 2001 vorgelegten Expertise zum Mathematikunterricht in der gymnasialen Oberstufe die „*einseitige (zumindest implizite) Orientierung an der Grunderfahrung* (G2)" und die „*systematische Vernachlässigung von* (G1) *und* (G3)".[2] Als gravierendes Defizit des Mathematikunterrichts in der S II wird die „*einseitige Orientierung am Kalkülaspekt der Mathematik*" genannt (Borneleit et al., 2001, S. 79).

---

[1] Dieser leider oft vernachlässigten Kompetenz wenden wir uns innerhalb des gesamten Buches mit besonderer Aufmerksamkeit zu.

[2] Allerdings ist anzumerken, dass eine Vernachlässigung von (G1) und (G3) keinesfalls bedeutet, der Grunderfahrung (G2) in adäquater Weise gerecht zu werden. Dafür reicht nicht die Entwicklung der Fähigkeit, Kalküle abzuarbeiten – vielmehr müssen ein konzeptuelles Verständnis von Begriffen, Zusammenhängen und Strukturen sowie die Fähigkeit, Aussagen zu begründen bzw. zu beweisen, entwickelt werden. An anderen Stellen der Expertise wird deutlich, dass die Autoren auch dies nicht in ausreichendem Maße für gegeben halten.

Auch heute, mehr als zehn Jahre später, ist diese Kritik in vielen Fällen zutreffend. Oftmals gehört zu den Hauptinhalten des Mathematikunterrichts der Sekundarstufe II die „Einübung" des Abarbeitens von Aufgabentypen, die mit hoher Wahrscheinlichkeit in der Abiturprüfung zu erwarten sind. Auch die Kalküllastigkeit dieser Aufgaben ist weiterhin zu beklagen, woran auch ein Trend der letzten zehn Jahre nichts ändert: Abituraufgaben sind heute zum größten Teil kontextbezogen, sollen also „Realitäts- bzw. Anwendungssituationen" einbeziehen. Insbesondere in der Analytischen Geometrie/Linearen Algebra gelingt dies nur selten einigermaßen glaubwürdig; oft entstehen Aufgaben, die Kalküle in unsinnige Kontexte „verpacken" und dadurch teilweise sogar grotesk wirken; entsprechende Beispiele besprechen wir in dem Abschn. 4.7. Von einer Berücksichtigung der Grunderfahrung (G1) bzw. der Entwicklung von Modellierungskompetenzen [K3] kann man bei diesem Trend nicht sprechen. Dabei gibt es eine Reihe tatsächlicher Anwendungen der Analytischen Geometrie/Linearen Algebra, die gut im Unterricht thematisiert werden können.[3] Allerdings sind „reale" Anwendungen meist zu komplex, um in das Format von Abituraufgaben „gepresst" zu werden. Ein einseitig an Prüfungen orientierter Unterricht kann der Grunderfahrung (G1) nicht gerecht werden – dies trifft aber auch auf die Grunderfahrungen (G2) und (G3) zu.

Bereits Lenné bemängelte, dass Mathematik den Lernenden hauptsächlich als Sammlung von Aufgabentypen entgegentritt (Lenné, 1969, S. 34–37 und 50–54). Die Autoren der Expertise (Borneleit et al., 2001, S. 79f.) vertreten die Auffassung, dass *„die Konzentration auf Kalküle und Routinen wohl vor allem als Strategie des Lehrers anzusehen [ist], um trotz Schwierigkeiten und teils geringer Anstrengungsbereitschaft bei Lernenden Sicherheit in der Beherrschung der mathematischen Methoden zu erreichen"*. Besorgnis erregend ist vor allem ein damit einhergehender „Erziehungseffekt", der viele Schüler (auch solche, die über eine hohe Anstrengungsbereitschaft verfügen) zu der Überzeugung führt, Mathematik ließe sich durch das „Training" von Aufgabentypen erlernen. Die Überwindung der Fixierung des Unterrichts auf das Lösen von Routineaufgaben erfordert Ansätze auf mehreren Gebieten, auf die wir im Folgenden eingehen.

1.1 Schwerpunkte der Weiterentwicklung des Unterrichts in Analytischer Geometrie/Linearer Algebra

Um den allgemeinbildenden Charakter des Mathematikunterrichts in der S II stärker auszuprägen, schlagen die Autoren der bereits mehrfach erwähnten Expertise (Borneleit et al., 2001, S. 81ff.) folgende inhaltliche Maßnahmen vor:

- *Orientierung an fundamentalen Ideen*. Als fundamentale Ideen werden u. a. räumliches Strukturieren und Koordinatisieren aufgeführt. Die Autoren fordern, *„die kalkülorien-*

---

[3] Wir gehen darauf an vielen Stellen dieses Buches und besonders „gebündelt" in dem Kap. 5 ein.

tierten Teile in Zeitaufwand und Wertigkeit zu Gunsten der inhaltlich orientierten Teile zu reduzieren".

- *Vernetzung als Orientierungsgrundlage.* Die Lernenden sollen sowohl *vertikale Vernetzungen* (zwischen der Behandlung derselben Themenbereiche auf verschiedenen Stufen mit unterschiedlichem Abstraktionsgrad und sich verändernden Methoden) als auch *horizontale Vernetzungen* (zwischen den einzelnen Teilgebieten des Unterrichts) erkennen.[4]

- *Grundvorstellungen versus Kalkülorientierung.* Die Autoren fordern eine „*deutliche Trennung zwischen der Idee und Bedeutung eines mathematischen Begriffs oder entsprechender Grundvorstellungen über mathematische Verfahren einerseits und dem kalkülhaften Umgang damit andererseits*"[5].

- *Anwendungsorientierung.* Anwendungen der Mathematik sollen realitätsadäquat in den Unterricht einbezogen werden, wobei Schülerinnen und Schüler den Modellbildungskreislauf bewusst durchlaufen und an konkreten Beispielen erleben.

Ergänzend möchten wir einen Gesichtspunkt hervorheben, der in den o. g. Forderungen bereits innerhalb der Ausführungen zu Vernetzungen auftritt, aber innerhalb der Analytischen Geometrie eine so hohe Bedeutung hat, dass er als Kernaspekt des Unterrichts in diesem Gebiet anzusehen ist:

- *Formenvielfalt.* Innerhalb des Geometrieunterrichts – auch und gerade in der Analytischen Geometrie – sollen Schülerinnen und Schüler die Schönheit der Mathematik auch sinnlich durch die Beschäftigung mit interessanten geometrischen Formen (wie Kurven und Flächen) erfahren.

Diese fünf Forderungen sind unverändert aktuell, sie bilden daher „Leitfäden" des vorliegenden Buches.

Vernetzungen

Vertikalen Vernetzungen mit Unterrichtsinhalten der Sekundarstufe I messen wir in jedem Abschnitt eine hohe Bedeutung bei und gehen im Sinne des Bruner'schen Spiralprinzips[6]

---

[4] Die Autoren führen dazu folgendes Beispiel an: „*Auf eine isolierte Axiomatisierung des Vektorraums mit der Reduzierung auf lineare geometrische Gebilde sollte zugunsten einer an die Geometrie der S I anknüpfenden inhaltlich orientierten analytischen Geometrie des uns umgebenden Raums verzichtet werden. Auch hier sollte viel stärker die Vernetzung von Analysis und Analytischer Geometrie hervortreten, indem etwa Kurven und insbesondere die Kegelschnitte wieder zentrale Objekte des Mathematikunterrichts werden.*"

[5] Als Beispiel nennen die Autoren u. a. die Darstellung geometrischer Gebilde (Geraden, Ebenen, Kreise, Ellipsen, ...) mithilfe analytischer Methoden versus das formale Lösen von Gleichungssystemen.

[6] Dieses für unser Buch grundlegende didaktische Prinzip geht auf den amerikanischen Psychologen Jérôme Seymour Bruner (geb. 1915) zurück. Entsprechend diesem Prinzip sollen im Unterricht fundamentale Ideen (vgl. Abschn. 1.2) des fraglichen Fachs im Vordergrund stehen. Das Lernen soll

darauf ein, wie im Unterricht der Analytischen Geometrie/Linearen Algebra an Konzepte und Inhalte der Elementargeometrie sowie der elementaren Algebra der Sekundarstufe I angeknüpft wird und wie sich diese fortführen lassen. Horizontale Vernetzungen zu Inhalten der Analysis bzw. zu der Leitidee Funktionaler Zusammenhang treten u. a. bei der Behandlung von Kreisen und Kugeln (speziell in dem Abschn. 4.6.3) sowie verschiedener Kurven und Flächen (Abschn. 5.3, 5.4, 5.5 und 5.6) auf.

Genetisches Prinzip

Lehrbücher der Mathematik weisen überwiegend einen axiomatisch-deduktiven Aufbau mathematischer Texte auf. Leider orientieren sich auch manche Schulbücher hieran. Dieser Aufbau ist an sich nichts Schlechtes, zeigt ein axiomatisch-deduktives Vorgehen doch gerade das charakteristische Merkmal und eine Stärke der Mathematik. Allerdings ist dieser Aufbau das Produkt eines langen Entwicklungsprozesses, nicht dessen Ausgangspunkt und für Anfänger, also insbesondere für Schülerinnen und Schüler, absolut ungeeignet. Viel sinnvoller ist die auch in diesem Buch verfolgte Beherzigung des „genetischen Prinzips", das untrennbar mit dem Namen Martin Wagenschein (1896–1988) verbunden ist (Wagenschein, 1970; Wittmann, 1981, S. 144f). Den Lernenden soll nicht „fertige", am Kalkül orientierte Mathematik vorgesetzt, sondern eine individuelle, schrittweise eigene (Re-)Konstruktion der mathematischen Theorie ermöglicht werden. Durch interessante Problemkreise soll dadurch die Genese des fachlichen Denkens bei den Lernenden ermöglicht werden; sie sollen erfahren, wo und wie Mathematik entstanden ist.

Formenvielfalt

Ein einseitig auf der Linearen Algebra basierender Aufbau der Analytischen Geometrie führt unter den in der Schule gegebenen fachlichen und zeitlichen Voraussetzungen zu einer geometrischen Verarmung des Unterrichts, was Freudenthal folgendermaßen beschreibt: *„Die Geometrie, die mit linearer Algebra auf der Schule möglich ist, ist ein trübes Abwasser. Der Höhepunkt ist etwa, zu beweisen, dass zwei verschiedene Geraden einen oder keinen Schnittpunkt haben, und dass diese Zahlen für Kreise 0, 1, 2 sind"* (Freudenthal, 1973, Bd. 2, S. 411). Interessante und ästhetisch ansprechende Formen zu betrachten, erfordert somit die Einbeziehung verschiedener Ansätze, um diese zu beschreiben und zu untersuchen. Hans Schupp fordert daher, *„Methodendemonstration (die auf Dauer unweigerlich mit Objektverarmung verbunden ist) weit häufiger als bisher ab[zu]lösen, zumindest [zu] unterbrechen durch Objektexploration"* (Schupp, 2000b, S. 53). Er führt aus, dass das Studium interessanter geometrischer Objekte einer *„Kombination vektorieller, traditionell analytischer, algebraischer, synthetischer und nicht zuletzt konstruktiver (sowohl direkt nachbildender als auch computergraphischer) Mittel"* bedarf (Schupp, 2000b, S. 56). Diesem Ansatz folgen wir in dem vorliegenden Buch, wobei

---

„spiralig" organisiert sein, wobei die wesentlichen Begriffe schon früh aufgeworfen und behandelt, dann immer wieder aufgegriffen und mit zunehmender Mathematisierung, Systematisierung und mit wachsendem Abstraktionsgrad vertieft werden.

sich – wie oben bereits erwähnt – herausstellt, dass Vernetzungen unterschiedlicher Gebiete der Formenvielfalt sehr zugutekommen können.

Anwendungen und Modellierungen

Es wurde bereits erwähnt, dass authentische Anwendungen der Analytischen Geometrie/ Linearen Algebra meist einen recht komplexen Charakter haben und sich daher oftmals nicht auf einzelne Aufgaben reduzieren lassen. Trotzdem werden in den meisten Abschnitten des Buches Realitäts- bzw. Anwendungsbezüge aufgezeigt, die – mit teilweise reduziertem Komplexitätsgrad – auch zur Motivierung bzw. Einführung von Begriffen und Kalkülen dienen, siehe z. B. die Abschn. 4.4.4 und 6.1.1. Komplexere Anwendungen, die jeweils mehrere Unterrichtsstunden erfordern, behandeln wir hauptsächlich in dem Kap. 5. Der *Einsatz des Computers* ist dabei von besonderer Bedeutung, wobei diesbezüglich zwei Aspekte zu unterscheiden sind:

- Der Einsatz des *Computers als Werkzeug* ist für alle drei Winter'schen Grunderfahrungen gleichermaßen bedeutsam und hilfreich: Zum einen ist der Computer ein leistungsfähiges Werkzeug zur Unterstützung von Modellbildungen und Simulationen, also der ersten Grunderfahrung. Zum anderen kann der Computer – vor allem durch dynamische Visualisierungen – den Aufbau adäquater Grundvorstellungen mathematischer Begriffe und Ergebnisse positiv beeinflussen, was die zweite Grunderfahrung betrifft. Schließlich beflügelt der Computer durch die Möglichkeit heuristisch-experimentellen Arbeitens beim Problemlösen die dritte Grunderfahrung. Wir gehen daher in allen Kapiteln auf den Computereinsatz im Unterricht ein.
- Wesentliche mathematische Grundlagen der Computergraphik können als Anwendungen von Kerninhalten des Unterrichts der Analytischen Geometrie betrachtet werden. *Computeranwendungen* und die ihnen zugrunde liegenden Modelle werden somit zu *Gegenständen des Unterrichts*, die ein hohes Motivierungspotenzial besitzen, siehe die Abschn. 5.2, 5.6, 6.2.6 und 6.2.7.

1.2 Grundvorstellungen und fundamentale Ideen

Zu den wichtigsten Forderungen an die Entwicklung des Mathematikunterrichts gehören die Herausbildung von Grundvorstellungen und – im Zusammenhang damit – die Orientierung an fundamentalen Ideen, siehe Abschn. 1.1. Die in den Bildungsstandards (KMK, 2012, S. 10) festgeschriebenen Leitideen[7]

[L1] Algorithmus und Zahl,
[L2] Messen,

---

[7] Eine ausführliche Beschreibung dieser Leitideen finden Sie in Blum et al. (2015).

[L3] Raum und Form[8],

[L4] funktionaler Zusammenhang sowie

[L5] Daten und Zufall

können nur eine sehr grobe Orientierung für die Behandlung einzelner Inhaltsbereiche geben; es ist daher eine Präzisierung anhand der spezifischen Inhalte und Methoden der jeweiligen mathematischen Teilgebiete erforderlich. Um eine derartige Präzisierung vorzunehmen, analysierte Uwe-Peter Tietze bereits 1979 **fundamentale Ideen der Analytischen Geometrie/Linearen Algebra** und gliederte sie in die drei Kategorien *Leitideen*[9], *zentrale Mathematisierungsmuster* und *bereichsspezifische Strategien*, siehe Tietze (1979, S. 145–153) und Tietze et al. (2000, S. 2–71).[10] Grundlegende Elemente aller drei Kategorien werden auch als „zentrale Ideen" oder „fundamentale Ideen" bezeichnet. Wir verwenden die zuletzt genannte Bezeichnung und stellen in diesem Abschnitt fundamentale Ideen der Analytischen Geometrie/Linearen Algebra heraus, die für den Mathematikunterricht der Schule besonders bedeutsam sind.[11]

In engem Zusammenhang mit fundamentalen Ideen sehen wir die Herausbildung von **Grundvorstellungen** zu zentralen Begriffen und Konzepten der Analytischen Geometrie/ Linearen Algebra. Den Begriff „Grundvorstellungen" verwenden wir im Sinne der von Rudolf vom Hofe gegebenen Charakterisierung:

„Die Grundvorstellungsidee beschreibt Beziehungen zwischen mathematischen Inhalten und dem Phänomen der individuellen Begriffsbildung. [Sie] charakterisiert … insbesondere drei Aspekte dieses Phänomens:

- *Sinnkonstituierung eines Begriffs durch Anknüpfung an bekannte Sach- oder Handlungszusammenhänge bzw. Handlungsvorstellungen,*
- *Aufbau entsprechender (visueller) Repräsentationen bzw. ‚Verinnerlichungen', die operatives Handeln auf der Vorstellungsebene ermöglichen,*
- *Fähigkeit zur Anwendung eines Begriffs auf die Wirklichkeit durch Erkennen der entsprechenden Struktur in Sachzusammenhängen oder durch Modellieren des Sachproblems mit Hilfe der mathematischen Struktur."* (vom Hofe, 1995, S. 97f.)

---

[8] Die EPA enthalten die Leitidee „Räumliches Strukturieren/Koordinatisieren" für die Analytische Geometrie (KMK, 2002, S. 8). Im Sinne der Vereinheitlichung für alle Schulstufen tritt in den Bildungsstandards (KMK, 2012, S. 10) stattdessen „Raum und Form" auf.

[9] Der Begriff „Leitideen" wurde von Tietze allerdings in einem anderen Sinne gebraucht als heute in den Bildungsstandards, nämlich als *„Begriffe und Sätze, die innerhalb des Implikationsgefüges einer mathematischen Theorie eine zentrale Bedeutung haben, indem sie gemeinsame Grundlage zahlreicher Aussagen dieser Theorie sind und/oder einem hierarchischen Aufbau dienen"* (Tietze et al., 2000, S. 2). Zu den oben genannten Leitideen der Bildungsstandards analoge Konzepte bezeichnete er als „universelle Ideen".

[10] Dass eine „scharfe" Trennung von Inhalten, Strategien und Mathematisierungsmustern allerdings nicht in jedem Falle möglich bzw. sinnvoll ist, wird z. B. anhand der Idee des funktionalen Zusammenhangs deutlich, die sich allen drei Kategorien zuordnen lässt. Wir verzichten hier daher auf eine derartige Einordnung fundamentaler Ideen in Kategorien.

[11] Wir greifen hierbei Überlegungen sowohl von Tietze als auch von Wittmann (2003b) und Vohns (2012) zu „zentralen" bzw. „globalen Ideen" der Analytischen Geometrie auf.

Zum Verhältnis von fundamentalen Ideen und Grundvorstellungen führt vom Hofe u. a. aus:

„Eine ‚fundamentale Idee' läßt sich in zahlreichen, als normative Kategorien verstandenen Grundvorstellungen konkretisieren, jeder solchen normativen Kategorie entspricht schließlich eine Fülle individueller Erklärungsmodelle" (vom Hofe, 1995, S. 128f.).

Grundvorstellungen und Strategien hinsichtlich der folgenden *fundamentalen Ideen* sind *grundlegend für die Analytische Geometrie*, unabhängig davon, ob dabei mit Vektoren oder lediglich mit Koordinaten von Punkten gearbeitet wird:

1. Beschreibung von Punkten (im Sinne räumlicher Positionen) durch Koordinaten, verbunden mit „koordinatengebundener Anschauung" (Vorstellungen bezüglich des Einflusses von Koordinatenwerten auf die Lage von Punkten).
2. Beschreibung geometrischer Objekte (Kurven/Flächen mit den Spezialfällen Geraden/Ebenen) durch Gleichungen; Verständnis von Gleichungen als Bedingungen an Punkte bzw. Koordinatentupel, denen jeweils Teilmengen aller Punkte des Raumes genügen (welche die geometrischen Objekte darstellen); Transfer zwischen Gleichungen als algebraisch formulierten Bedingungen und der geometrischen Interpretation ihrer Lösungsmengen als Punktmengen.
3. Geometrisches und elementares algebraisches Verständnis für Schnittmengen von Objekten als Grundlage geometrischer Anwendungen der Linearen Algebra. Ein solches Grundverständnis umfasst inhaltliche Vorstellungen bezüglich der Verwendung linearer Gleichungssysteme für Schnittberechnungen und ein intuitives „Dimensionsverständnis" in dem Sinne, dass Bedingungen in Form von Gleichungen die Zahl der „Ausdehnungsrichtungen" der durch sie beschriebenen Objekte einschränken.
4. Wahl situationsadäquater Koordinatensysteme als Strategie zum Lösen geometrischer Probleme.
5. Für die Analytische Geometrie des dreidimensionalen Raumes sind Analogiebetrachtungen zwischen ebenen und räumlichen geometrischen Objekten und Sachverhalten, die Rückführung räumlicher auf ebene Probleme sowie Betrachtungen von Schnittfiguren fundamentale Strategien.

Die folgenden Grundvorstellungen und fundamentalen Ideen beziehen sich auf den *Vektorbegriff* und die Nutzung von *Vektoren in der Geometrie*:

6. Vektoren als abstrahierende Objekte, die verschiedene Sachverhalte beschreiben und miteinander in Verbindung bringen; Verbindung und Transfer zwischen arithmetisch-algebraischen und geometrischen Repräsentationsmodi von Vektoren (Sierpinska, 2000, S. 232ff.); Gemeinsamkeiten von Zahlen und Vektoren (Vohns, 2011, S. 863ff.); Rechengesetze als Grundlage eines (ansatzweisen) strukturellen Verständnisses von Vektorräumen.

7. Vereinfachung von Darstellungen und Berechnungen in der Geometrie durch die Verwendung von Vektoren; Vektorrechnung als geometrische Operationen beschreibender Kalkül; Linearkombinationen als Grundlage problemangemessener Koordinatisierungen; Grundverständnis des Begriffs der Basis.

Die folgenden *fundamentalen Ideen bezüglich Parameterdarstellungen* verbinden die Leitideen „Raum und Form" sowie „funktionaler Zusammenhang":

8. Vektorielle Parameterdarstellungen von Geraden und Ebenen als Beschreibungen dieser Gebilde durch Punkte und „Ausdehnungsrichtungen".
9. Geraden und Ebenen (sowie Kurven und Flächen) als Punktmengen; Parameterdarstellungen als Funktionen der Koordinaten von Punkten des Raumes in Abhängigkeit von reellen Zahlen; kinematische Vorstellungen von durch Parameterdarstellungen beschriebenen Kurven als Bewegungsbahnen.

Die folgenden *fundamentalen Ideen der metrischen Geometrie des Raumes* verbinden die Leitideen „Raum und Form" sowie „Messen":

10. Skalarprodukt als Grundlage einer Metrik des Anschauungsraumes im Sinne einer analytischen Beschreibung von Längen- und Winkelmessungen.
11. Metrische Beziehungen als Grundlage der Beschreibung geometrischer Objekte (z. B. von Kreisen und Kugeln durch Abstände sowie von Geraden und Ebenen durch Normalengleichungen).

Im Sinne eines stimmigen „Gesamtbildes von Geometrie" und des Anschlusses an *abbildungsgeometrische Inhalte* des Mathematikunterrichts der S I halten wir die Berücksichtigung der folgenden fundamentalen Ideen für wünschenswert:

12. Geometrische Abbildungen als Hilfsmittel zum Erkennen und Beschreiben von Beziehungen zwischen geometrischen Objekten; Invarianten von Abbildungen als deren kennzeichnende geometrische Merkmale.
13. Transfer zwischen geometrischen und algebraischen Operationen mittels matrizieller Beschreibung geometrischer Abbildungen.

Schließlich ist noch eine fundamentale Idee zu nennen, die auch *nichtgeometrische Aspekte* des Unterrichts in Linearer Algebra umfasst:

14. Vektoren und Matrizen als universelle Mathematisierungsmuster geometrischer und nichtgeometrischer Anwendungen der Mathematik.

Wir gehen auf alle hier aufgezählten fundamentalen Ideen und die Herausbildung entsprechender Grundvorstellungen im Zusammenhang mit den entsprechenden mathematischen Inhalten in allen Kapiteln des Buches näher ein.

Lineare Algebra und/oder Analytische Geometrie?

Unser Buch heißt „Didaktik der Analytischen Geometrie und Linearen Algebra". Dennoch enthält die obige Liste fundamentaler Ideen keinen der wichtigen Begriffe der Linearen Algebra wie „linear unabhängig", „Bilinearform", „lineare Abbildung" etc. Dies soll im Folgenden kurz begründet werden.

Jeder Studiengang im Fach Mathematik (oder in einem mathematikaffinen Fach) sieht zu Recht die Vorlesung „Lineare Algebra" als wichtige Anfängervorlesung vor. Diese weist in der Regel den typischen axiomatisch-deduktiven Aufbau einer mathematischen Theorie auf. Den Studierenden traut man das nötige Durchhaltevermögen zu – schließlich sollen sie möglichst schnell an aktuelle Forschungsfragen der Mathematik herangeführt werden. Sehr oft sind in weiterführenden Vorlesungen grundlegende Kenntnisse der Linearen Algebra notwendig, man denke etwa an mehrdimensionale Analysis, Hilbert-Räume und Funktionalanalysis, Fourieranalyse, Differential- und Integralgleichungen, Quantenmechanik, Markov-Ketten und Graphentheorie, an Lösungsverfahren für große LGS, an den Trägheitstensor in der Mechanik, an Faktorenanalyse in der multivarianten Statistik und vieles mehr – praktisch kein Gebiet der Mathematik kommt ohne fundamentale Kenntnisse der Linearen Algebra aus.

Es gibt also ein sehr reichhaltiges Beziehungsfeld, das aber für Lernende erst nach einer langen und mühsamen, eher beziehungsarmen Einführungsphase zugänglich ist. Die Theorie der Linearen Algebra ist zunächst mit der Erschaffung und Absicherung ihrer eigenen Substanz beschäftigt. Ein Unterricht in „echter" Linearer Algebra müsste sich mit den Mühen der Grundlegung herumschlagen, aber aufhören, bevor es zu den ersten fruchtbaren Beziehungen kommt. Definitionen und Absicherungsbetrachtungen treten in den Vordergrund, deren Erfolg unsichtbar bleibt, der Unterricht wird zum „general abstract nonsens".

Man beachte den Unterschied zur Analysis in der Schule: Sie findet ihr Substrat (reelle Funktionen) bereits aus der Sekundarstufe I vor und kann tiefer liegende und ergebnisträchtigere Eigenschaften des Substrats auf einem anschaulichen Niveau darstellen, z. B. Differential-/Integralrechnung mit den Hauptsätzen, Kinematik (Geschwindigkeit, Beschleunigung) u. v. m. Absicherungsprobleme treten bei den in der Schule betrachteten Funktionen nicht auf und können einem zweiten, strengeren Durchlauf (an der Universität) überlassen werden.

Natürlich ist gerade die Möglichkeit, eine mathematische Aufgabe durch einen von allen semantischen Bezügen befreiten Kalkül zu lösen, die besondere Kraft der Mathematik. Jedoch muss jeder Kalkül eine semantische Verankerung haben. Der Ableitungskalkül der Analysis ist wichtig und hilfreich, aber nur, wenn die Lernenden adäquate Grundvorstellungen vom Übergang von Sekanten zu Tangenten oder von mittleren zu lokalen Änderungsraten haben. Bei den Kalkülen der Linearen Algebra ist in der Regel keine semantische Verankerung in der Schule möglich. Schon Immanuel Kant gibt zu bedenken: *„Gedanken ohne Inhalt sind leer, Anschauungen ohne Begriffe sind blind."* Fassen wir zusammen:

- Die Lineare Algebra besitzt (im Gegensatz zur Analysis) Besonderheiten der Beziehungsstruktur, die es verhindern, dass diese Beziehungsstruktur im Rahmen des normalen Oberstufenunterrichts verdeutlicht werden kann.
- Die Analytische Geometrie auf elementargeometrischer Grundlage – unter ungezwungener Einbeziehung von Vektoren und linearen Abbildungen – enthält einen Beziehungsreichtum, der von den an Linearer Algebra orientierten Entwürfen bei Weitem nicht erreicht wird. In der Schule sollte die Analytische Geometrie mit einigen Methoden der Linearen Algebra (Vektorgeometrie) im Vordergrund stehen. Auf den damit gewonnenen Grundvorstellungen kann gegebenenfalls die Hochschule den dann semantisch gestützten Kalkül der Linearen Algebra aufbauen.

Lineare Gleichungssysteme

2

Inhaltsverzeichnis

Das Lösen von Gleichungen ist von alters her eine wichtige Aufgabe der Mathematik. Viele inner- und außermathematische Aufgaben führen auf Gleichungen und die Bestimmung der Lösungsmengen dieser Gleichungen. Ein Beispiel ist die Frage nach dem Effektivzins bei einem Kredit, die zu einer algebraischen Gleichung führt, für die i. Allg. nur numerische Lösungen angegeben werden können. Andere Beispiele sind Differentialgleichungen, wie die Newton'sche Gleichung „Kraft gleich Masse mal Beschleunigung", oder partielle Differentialgleichungen wie die Wärmeleitungsgleichung, die die Ausbreitung thermischer Veränderungen eines Körpers durch *Wärmeleitung* oder die Ausbreitung eines gelösten Stoffes durch *Diffusion* beschreibt.

Der berühmte, aus dem 16. Jahrhundert v. Chr. stammende Papyrus Rhind der alten Ägypter war ein Lehrbuch, in dem einfache lineare Gleichungen, nach wachsender Schwierigkeit geordnet, behandelt wurden. In den frühen Hochkulturen wurden auch quadratische und kubische Probleme und ebenfalls schon Gleichungssysteme behandelt. Aus dem China des 13. Jahrhunderts stammen die „Neun Bücher arithmetischer Technik" (Alten et al., 2003, S. 118f.); im achten Buch werden lineare Gleichungssysteme (LGS) mit einem Lösungsalgorithmus behandelt, der ein Vorgänger des Gauß-Algorithmus ist.

In der Grundschule lernen die Schüler einfache lineare Gleichungen kennen. Von den linearen Gleichungen gelangt man zu quadratischen Gleichungen in der S I und zu li-

© Springer-Verlag Berlin Heidelberg 2015
H.-W. Henn, A. Filler, *Didaktik der Analytischen Geometrie und Linearen Algebra*,
Mathematik Primarstufe und Sekundarstufe I + II, DOI 10.1007/978-3-662-43435-2_2

nearen Gleichungssystemen in der S I und S II. Es kommt sehr selten vor, dass es für
einen Gleichungstyp eine Lösungsformel gibt, die zu den exakten Lösungen der Glei-
chung führt. Eines dieser seltenen Beispiele sind die quadratischen Gleichungen, deren
Lösungsformel in manchen Bundesländern „Mitternachtsformel"[1] genannt wird. Diese
Formel kann man „händisch"[2] ausführen, was zu einer maßlosen Überschätzung dieser
Formel in der Schule geführt hat. Eine weitere Gleichungsart, für die es *stets* einen exakten
Lösungsalgorithmus gibt, sind die in diesem Kapitel im Mittelpunkt stehenden linearen
Gleichungssysteme (LGS). Sehr viele Probleme der Anwendungswissenschaften, von der
Computertomographie in der Medizin bis zu vielfältigen Problemen in den Wirtschafts-
wissenschaften, lassen sich mithilfe von LGS modellieren; dies macht die Bedeutung der
LGS aus. Allerdings führt die theoretische Existenz einer Lösungsformel, die durch den
Gauß'schen Algorithmus gesichert ist, nur für „kleine" LGS zur exakten Lösung; bei den
in der Praxis auftretenden Systemen mit einer „großen" Zahl von Gleichungen lässt sich
die Lösungsformel nicht durchführen; hier sind numerische Methoden notwendig. Keine
andere Wissenschaft kennt dieses für die Mathematik charakteristische Problem, dass man
zwar beweisen kann, dass es eine Lösungsformel gibt, man aber diese – bis auf einfache
Fälle – nicht anwenden kann, um direkt exakte Ergebnisse zu erhalten.

Eines der zentralen Ergebnisse der internationalen Schuluntersuchungen TIMSS[3] und
PISA[4] war, dass der deutsche Mathematikunterricht bei insgesamt mäßigen Leistungen
stark kalkülorientiert ist. Der unterrichtliche Schwerpunkt liegt zu einseitig auf Methoden
und Verfahren, die zu exakten, formelmäßig darstellbaren Lösungen führen, und zu wenig
auf der Durchdringung der zugrunde liegenden mathematischen Ideen. Um dem entgegenzuwirken, sollte nicht das routinierte Lösen von LGS mithilfe des Gauß-Algorithmus
im Vordergrund stehen, sondern das Verständnis dieser Methode, das Erkennen der Struktur der Lösungsmenge und ein Überblick über die vielfältigen Anwendungen von LGS.
Die Beschäftigung mit LGS im zwei- und dreidimensionalen Fall sollte die geometrische
Anschauung aktivieren und zu der wichtigen Erkenntnis führen, dass ein LGS mit einer
Gleichung und n Lösungsvariablen im Normalfall ein $(n-1)$-dimensionales Objekt beschreibt, bei zwei Gleichungen mit n Lösungsvariablen ein $(n-2)$-dimensionales usw. Da
bei praktisch allen „ernsthaften" Anwendungen Computerhilfe notwendig ist, ist in der
Schule die Vermittlung der Einsicht dessen, was ein Computer beim Lösen eines LGS tut
bzw. nicht tut, essenziell.

---

[1] Auch um Mitternacht geweckt muss man sofort diese Formel aufsagen können.
[2] Umformungen, die mit Bleistift und Papier gemacht werden, nennt man in Österreich „händische
Rechnungen" im Gegensatz zu Rechnungen, die der Computer ausführt. Der Begriff hat sich auch
in Deutschland eingebürgert.
[3] Third International Mathematics and Science Study
(vgl. http://de.wikipedia.org/wiki/TIMSS)
[4] Programme for International Student Assessment
(vgl. http://de.wikipedia.org/wiki/PISA-Studien)

2.1 Algebra in der Schule

Algebra in der Schule bedeutet den sinnvollen Umgang mit Variablen, Termen und Gleichungen. Eine gute Leitvorstellung hierfür beschreibt Franziska Siebel:

„Elementare Algebra ist die Lehre vom Rechnen mit allgemeinen Zahlen, die zu ‚guten‘ Beschreibungen quantifizierbarer Zusammenhänge befähigt. Dafür haben sich Mathematisierungsmuster herausgebildet, die durch eine geeignete Fachsprache explizit gemacht werden können:

- *Mit Variablen werden allgemeine, Lösungsvariablen und veränderliche Zahlen dargestellt und handhabbar gemacht.*
- *Zahlen und Variablen werden durch Operationen zu Termen und Gleichungen als Denkeinheiten verbunden und durch verschiedene Begriffe von Gleichheit in Zusammenhang gebracht.*
- *Durch die symbolische Darstellung von Zahlen, Variablen und Zusammenhängen wird ein kontextunabhängiger und regelgeleiteter Zeichengebrauch ermöglicht.“* (Siebel, 2004, S. 19)

2.1.1 Variablen

Die Verwendung von Variablen macht die Algebra aus Sicht der Schüler so schwierig. Variablen und damit Terme und Formeln erlauben es, irgendwelche Sachverhalte allgemein darzustellen und zu bearbeiten. In der S I müssen Schüler lernen, wie man mit Variablen arbeitet, und stimmige Vorstellungen von Variablen entwickeln. In der Gleichungslehre der 70er Jahre des letzten Jahrhunderts wurden viele aus heutiger Sicht überflüssige, die Schüler verwirrende Bezeichnungen eingeführt (Vollrath/Weigand, 2006, S. 182f.). Die „Wiederentdeckung des Inhaltlichen“ führte zu verschiedenen Kontexten von und verschiedenen Kategoriensystemen für Variablen. Bewährt haben sich die drei Grundvorstellungen zu Variablen, wie sie Günther Malle beschreibt (Malle, 1993, S. 46):

Gegenstandsaspekt: Variable als Name einer Lösungsvariablen oder unbestimmten oder nicht näher bestimmbaren Zahl.

Einsetzungsaspekt: Variable als Platzhalter für gewisse Zahlen bzw. als Leerstelle, in die man Zahlen einsetzen darf.

Kalkülaspekt: Variable als bedeutungsloses Zeichen, mit dem nach gewissen Regeln operiert werden darf.

Einige Beispiele sollen die drei Aspekte verdeutlichen.

Abb. 2.1 „Ohm'sches
Dreieck"

Gegenstandsaspekt

- Beate stellt Andreas ein Zahlenrätsel: „Ich denke mir eine Zahl …" Für Andreas ist diese Zahl unbekannt, er nennt sie z. B. a.
- Es gilt $3 - 3 = 0$, $12 - 12 = 0$, also gilt für eine x-beliebige Zahl a ebenfalls $a - a = 0$.
- Die Funktion f mit $f(x) = x^5 + 3x^3 + 1$ hat eine positive Nullstelle bei $\approx -0{,}66$, eine Lösungsformel gibt es aber nicht. Also nenne ich diese Zahl z. B. a. Analoges gilt für die wohldefinierten, aber nicht genau angebbaren Zahlen wie die Kreiszahl π oder die Euler'sche Zahl e.

Einsetzungsaspekt

- Betrachte die Gleichung $x + y = 5$ als Aussageform, in die du beliebige natürliche Zahlen einsetzen darfst; es entstehen wahre oder falsche Aussagen.
- $\sqrt{x^2} = x$ für alle $x \in \mathbb{R}^+$ (x im Simultanaspekt für den Bereich $\mathbb{R}^+$, d. h., x steht für beliebige Zahlen aus einem Bereich, die alle gleichzeitig repräsentiert werden).
- $f : \mathbb{R} \to \mathbb{R}, x \mapsto x^2$ (x im Veränderlichenaspekt für den Bereich $\mathbb{R}$, d. h., x wird als Veränderliche aufgefasst, die alle Zahlen aus einem Bereich „nacheinander durchläuft").

Kalkülaspekt

- Äquivalenzumformungen bei Gleichungen, z. B. $2x = x + 3 \Leftrightarrow x = 3$.
- Das folgende Beispiel zeigt die Gefahr beim Kalkülaspekt: Auszubildende im Elektrikerhandwerk lernen oft das Ohm'sche Gesetz als „Ohm'sches Dreieck" kennen (siehe Abb. 2.1): Halte einen Buchstaben zu, dann zeigt der sichtbare Rest die richtige Formel.

Diese Unterscheidung von Variablen nach drei Aspekten ist eine didaktische, keine mathematische „Fallunterscheidung". Dies bedeutet, dass der „Anwender" eine subjektive, normative Sicht auf eine Situation haben und damit Variablen unter unterschiedlichen Aspekten deuten kann. Wesentlich ist eine bewusste und sachgemäße Entscheidung.

2.1.2 Gleichungen

Aus Sicht der Schule sind Gleichungen Aussageformen mit Variablen im Einsetzungsaspekt. Werden für die Variablen Zahlen eingesetzt, so entsteht eine wahre oder eine falsche Aussage. Diejenigen Zahlen, die beim Einsetzen zu einer wahren Aussage führen, heißen **Lösungen** der Gleichung.

Diejenigen Variablen, in die (aus einer vorher festzulegenden Zahlenmenge) eingesetzt werden darf, nennen wir *Lösungsvariablen*. Für die Gleichung

$$2x^2 + 3x = 1$$

ist klar, dass x die Lösungsvariable ist. Für die Gleichung

$$ax^2 + bx = c$$

muss aber zuerst festgelegt werden, was Lösungsvariable ist. Das kann z. B. die Variable x sein, die Variablen a, b und c kann man dann z. B. als feste, aber unbekannte Zahlen im Gegenstandsaspekt sehen; solche Variablen nennen wir in Zukunft *Koeffizienten*. Was macht eine Gleichung zu einer linearen Gleichung? Wikipedia definiert: „Eine lineare Gleichung ist eine *mathematische Bestimmungsgleichung*, in der ausschließlich *Linearkombinationen* der *Lösungsvariablen* vorkommen." Für die Schule sind solche Definitionen weniger hilfreich; dort sollte man den Begriff durch die Betrachtung verschiedener Gleichungen herausarbeiten. „Linear" heißt eine Gleichung, wenn die Variablen im Einsetzungsaspekt nur in der ersten Potenz und nicht als Produkte vorkommen. Die Gleichung

$$3x + 4y = 3$$

kann in diesem Sinne als lineare Gleichung mit den Lösungsvariablen x und y gesehen werden. Man könnte aber auch nur y als Lösungsvariable ansehen und x als Koeffizienten. Die Gleichung

$$3x \cdot 4y = 3$$

ist dagegen keine lineare Gleichung, wenn man x und y als Lösungsvariablen betrachtet. Betrachtet man dagegen wiederum nur y als Lösungsvariable, so hat man wieder eine lineare Gleichung. Das letzte Beispiel zeigt übrigens eine tückische Falle für Anfänger, die Lehrer oft nicht erkennen. Wir sind es gewohnt, anstelle $3 \cdot x$ verkürzend nur $3x$ (aber seltsamerweise niemals $x3$) zu schreiben. Zu Beginn sollte man alle Rechenzeichen schreiben, immer wieder auf die Vereinfachungen durch das Kommutativgesetz und die anderen Rechengesetze hinweisen, um nicht falsche Grundvorstellungen für den Umgang mit Zahlen und Variablen zu provozieren.

Zurück zu den linearen Gleichungen: Ein schon komplexeres Beispiel ist die Gleichung

$$a \cdot b \cdot x + b \cdot y + c \cdot z = 10,$$

die eine lineare Gleichung für die Lösungsvariablen x, y und z, jedoch keine lineare Gleichung für die Lösungsvariablen a, b und c ist. Bei der Ausgangsgleichung müssen also zuerst über die Rolle der Variablen a, b, c, x, y und z Festlegungen getroffen werden, wofür die oben stehenden Grundvorstellungen von Variablen nach Malle sehr hilfreich sind.

Wie oben festgelegt, bezeichnen wir hier und im Folgenden die im Einsetzungsaspekt gewählten Variablen als Lösungsvariablen. Die anderen vorkommenden Variablen gehören zu den Koeffizienten und können durchaus unterschiedlich gesehen werden. Ein Beispiel soll das verdeutlichen: Wir lösen der Reihe nach lineare Gleichungen wie

$$3x + 5y = 3 \; ; \quad 2x - 7y = 3 \; ; \quad \ldots$$

mit konkreten Zahlen als Koeffizienten und jeweils x und y als Lösungsvariablen. Nun betrachten wir diesen Gleichungstyp anhand der Gleichung $ax + by = c$ mit den Lösungsvariablen x und y. Die Variablen a, b und c können wir nun als unbestimmte Zahlen, also im Gegenstandsaspekt betrachten. Wir können aber auch sagen, dass wir die konkreten Umformungen zuerst mit Zahlen als Koeffizienten und nun formal mit bedeutungslosen Zeichen a, b und c machen und damit a, b und c im Kalkülaspekt sehen. Schließlich könnte man bei der Aufgabe

„Löse die lineare Gleichung $ax + by = c$ für alle $a, b, c \in \mathbb{R}$.“

die Variablen a, b und c ebenfalls im Einsetzungsaspekt, nicht aber als Lösungsvariablen sehen. Zusammenfassend kann man sagen, dass für das Lösen der Gleichung nur die Festlegung der Lösungsvariablen notwendig ist; die Sicht der eventuell bei den Koeffizienten vorkommenden Variablen ist nicht wesentlich. Das sieht man besonders deutlich, wenn man eine Gleichung mit dem Computer lösen lässt (siehe hierzu den Abschnitt 2.6). Der Befehl

```
solve([a*x+b*y=c])
```

(in der Syntax des Computeralgebrasystems Maxima) führt zur Nachfrage des Computers, nach welchen Variablen aufgelöst werden soll, also was die Lösungsvariablen sein sollen. Erst die Präzisierung

```
solve([a*x+b*y=c],[x,y])
```
oder
```
solve([a*x+b*y=c],[a])
```
oder ...

führt zu einer Aktion des Rechners. Etwas anders verhält sich das CAS-Modul der Software GeoGebra. Die Eingabe

```
Löse[a*x+b*y=c]
```

liefert hier das Ergebnis

$$\left\{ x = \frac{-y\, b + c}{a} \right\} \; ;$$

GeoGebra nimmt generell x als Lösungsvariable an, wenn keine Angaben gemacht werden. Soll eine andere Lösungsvariable gewählt oder sollen Gleichungen mit mehr als einer

Lösungsvariablen betrachtet werden, ist auch hier deren explizite Festlegung nötig, z. B. durch

$$\texttt{Löse[a*x+b*y=c, \{x,y\}]} \quad \text{oder} \quad \texttt{Löse[a*x+b*y=c, a]} \quad \text{oder} \quad \ldots$$

Nachdem geklärt ist, was eine „lineare Gleichung" sein soll, ist der Begriff „lineares Gleichungssystem", d. h. „System von linearen Gleichungen" (kurz LGS genannt), evident: Ein LGS besteht aus beliebig vielen linearen Gleichungen mit denselben Lösungsvariablen; Lösungen sind diejenigen Zahlen, die beim Einsetzen in alle linearen Gleichungen zu wahren Aussagen führen.

> Wie wir beweisen werden, sind lineare Gleichungen und Systeme von solchen (im Prinzip) stets exakt – in der Realität zumindest, wenn es nicht zu viele Gleichungen sind – sehr leicht lösbar. Dagegen sind nichtlineare Gleichungen praktisch immer extrem schwer oder gar nicht zu lösen.

Auch hier ist wieder auf eine beliebte Missdeutung hinzuweisen: Dass eine Gleichung nicht (durch eine Lösungsformel) lösbar ist, bedeutet nicht, dass sie keine Lösungen hat. Die Polynomgleichung $x^5 + 3x^3 + 1 = 0$ hat natürlich eine reelle Lösung a (und noch vier komplexe), für die wir z. B. dem Graphen die Näherung $a \approx -0{,}66$ entnehmen können. Die Zahl a selbst können wir aber nicht durch Wurzeln ausdrücken, wie wir seit Galois und Abel wissen.

Schon in der Grundschule kommen lineare Gleichungen in der anschaulichen Form $3 + \square = 7$, $3 \cdot \square + 1 = 10$ oder $3 \cdot \square = 12$ vor. Die Kinder suchen nach den Zahlen, die man in den „Platzhalter" einsetzen darf, so dass eine wahre Aussage entsteht. Hierfür stehen in der Grundschule nur die natürlichen Zahlen zur Verfügung. Die Kinder entdecken selbst, dass diese Gleichungen nicht immer lösbar sind. Dieser „Mangel" führt in der frühen Sekundarstufe I aus mathematischer Sicht zur Suche nach neuen Zahlen und damit zu Brüchen, negativen Zahlen und (zunächst) abschließend zu $\mathbb{Q}$ – im Unterricht werden hierfür geeignete Fragestellungen thematisiert, damit zu den „neuen Zahlen" adäquate Grundvorstellungen entwickelt werden. Mit Blick auf das Lösen von Gleichungen wird in der S I gemäß dem Spiralprinzip die Mathematisierung zu der allgemeinen linearen Gleichung $a \cdot x = b$, $a, b \in \mathbb{Q}$ vollzogen (die Verallgemeinerungen $c + x = d$ und $c \cdot x + e = f$ sind Fälle mit $a = 1$ und $b = d - c$ bzw. mit $a = c$ und $b = f - e$). Das adäquate Umgehen mit Variablen und die für die Bestimmung der Lösungsmenge notwendigen Fallunterscheidungen sind durchaus abstrakt und anspruchsvoll. Wesentlich ist der Aufbau stimmiger Grundvorstellungen zu Variablen und Formeln. Die obige Gleichung $a \cdot x = b$ ist eine „lineare Gleichung" mit der Lösungsvariablen x und den beiden Koeffizienten a und b.

Die beiden ersten Aspekte von Variablen, der Gegenstandsaspekt und der Einsetzungsaspekt, sind für Anfänger besonders wichtig, der dritte Aspekt, der Kalkülaspekt, macht zwar die Kraft der Mathematik aus, kann aber von Schülern nur sinnvoll benutzt werden, wenn sie über solide Grundvorstellungen zum Gegenstandsaspekt und zum Einsetzungsaspekt verfügen. Bei unserer obigen Gleichung $a \cdot x = b$ „verraten" die Buchstaben, dass a und b zu den Koeffizienten gehören und x als Lösungsvariable im Einsetzungsaspekt gemeint ist; gesucht sind alle Zahlen x aus einer vorgeschriebenen Grundmenge, etwa $x \in \mathbb{N}$ oder $x \in \mathbb{Q}$, die beim Einsetzen zu einer wahren Aussage führen. Die von der Kalkül-Grundvorstellung gesteuerte Umformung „Auflösen nach x" liefert in diesem Fall die gesuchte Lösung $x = \frac{b}{a}$ (für $a \neq 0$). Die Bezeichnungen von x als „Lösungsvariable" und von a und b als „Koeffizienten" sind beim Umgang mit Gleichungen übliche, leicht verständliche Sprechweisen, die im Rahmen der Malle'schen Variablenaspekte angemessen sind. Die Bedeutung der Variablen hängt aber nicht davon ab, ob man die Namen a, b und x am Anfang oder am Ende des Alphabets wählt! Es muss den Schülern schon an dieser Stelle klar sein, dass die Auszeichnung von x als Lösungsvariable zwar durchaus üblich, aber willkürlich ist.[5] Es ist eine normative Entscheidung des „Gleichungslösers", welche Variablen er als „Lösungsvariablen" im Sinne des Einsetzungsaspekts und welche er als „Koeffizienten" betrachtet.

2.2 LGS in der Schule – ein Überblick

2.2.1 Überblick über die Sekundarstufe I

In der S I werden auch die Fundamente zur Funktionenlehre, zunächst in Form von proportionalen und antiproportionalen Funktionen, später von linearen[6], quadratischen und weiteren Funktionen gelegt. Die linearen Funktionen

$$f : x \mapsto y = ax + b$$

gestatten es, die bisher im Sinne der „synthetischen Geometrie"[7] betrachteten Punkte und Geraden der Euklidischen Ebene mit Zahlen zu beschreiben; der erste Schritt zur „Analytischen Geometrie"[8] ist getan. Der eindeutig bestimmte Schnittpunkt zweier nichtparalleler Geraden kann jetzt nicht nur konstruiert, sondern auch berechnet werden. Die Deutung der linearen Gleichung $ax + by = c$ zweier Lösungsvariablen x und y als Gleichung einer Geraden $y = \frac{1}{b}(-ax + c)$ für $b \neq 0$ ist jetzt naheliegend. Auch für

---

[5] Die Wahl der ersten Buchstaben des Alphabets für Koeffizienten sowie der letzten Buchstaben für Lösungsvariablen geht auf Descartes zurück.

[6] Aus fachlicher Sicht wäre der Begriff „affin lineare Funktionen" angebracht, aus Sicht der Schule denkt man aber an Funktionen, deren Graph eine Gerade ist, so dass die „einfachere" Sprechweise schulgemäß ist.

[7] In der synthetischen Geometrie wird versucht, die Geometrie aus Axiomen herzuleiten. Es ist die Geometrie Euklids, bei der Punkte, Geraden und Ebenen Grundobjekte sind.

[8] Die Analytische Geometrie (Koordinatengeometrie) beschreibt die geometrischen Objekte durch Zahlen und Gleichungen.

$b = 0$ erhält die Gleichung eine geometrische Deutung als Parallele zur y-Achse. Diese geometrische Verankerung liefert eine vollständige Übersicht über die Lösungen eines linearen Gleichungssystems mit zwei Lösungsvariablen und zwei Gleichungen. Viele Anwendungsprobleme führen zu solchen linearen Gleichungen mit zwei Lösungsvariablen, wobei die Lösungsvariablen unterschiedliche Bedeutungen tragen können. Aus konkreten Aufgabenstellungen entwickeln sich „fast von selbst" gewisse Lösungsmethoden. Voraussetzung hierfür ist, dass in der frühen S I adäquate Grundvorstellungen zu linearen Gleichungen einer Lösungsvariablen und den hierfür angemessenen Lösungsmethoden angelegt werden, siehe auch Stahl (2001). Näheres hierzu wird in dem Abschnitt 2.3 ausgeführt.

2.2.2 Überblick über die Sekundarstufe II

Üblicherweise werden lineare Gleichungssysteme wieder in der Sekundarstufe II betrachtet. Hierbei sind drei Szenarien möglich:

a) Man stößt auf LGS im Rahmen der Beschreibung des „Anschauungsraumes" durch Vektoren. Man stößt wieder auf LGS bei der Koordinatendarstellung von Geraden und Ebenen. Die Lösungsmenge einer linearen Gleichung mit drei Lösungsvariablen kann jetzt als Ebene im Raum gedeutet werden. Die Erkundung der verschiedenen Lösungsmöglichkeiten von LGS mit drei Lösungsvariablen und ein, zwei oder drei Gleichungen wird durch die geometrische Anschauung gestützt.

b) In manchen Bundesländern, z. B. in Niedersachsen, wird auf Analytische Geometrie zugunsten von LGS und Matrizenrechnung mit rein algebraischem Zugang verzichtet. Ohne geometrische Vorarbeit kann aber nicht geschlossen werden, dass die Gleichung $ax + by + cz = d$ eine Ebene beschreibt. Zwar ist es einsichtig, dass zu jeder Wahl von x und y (i. Allg.) genau ein z existiert, das zu einer wahren Aussage führt, aber diese Erkenntnis liefert nur die geometrische Deutung, dass die Lösungsmenge eine Fläche ist. Man verzichtet also auf die Deutung der Lösungsmenge als Ebene und die wesentliche Visualisierung der möglichen Lösungsmengen von LGS mit drei Lösungsvariablen als Ebenenschnitte.

c) Es kommt vor, dass der Lehrplan zwar Analytische Geometrie vorsieht, jedoch etwa aufgrund eines Beschlusses der Fachgruppe vor der Analytischen Geometrie in der Analysis „Steckbriefaufgaben" behandelt werden müssen. Das sind Aufgaben vom Typ „Bestimme eine ganzrationale Funktion vom Grad 3, deren Graph durch vier vorgegebene Punkte verläuft", siehe Abschnitt 2.7.2.[9] Das Einsetzen der Punktkoordinaten führt zu einem LGS mit vier Lösungsvariablen a, b, c und d, dessen Lösung die

---

[9] Vereinzelt treten derartige Aufgaben (Bestimmung der Koeffizienten quadratischer Funktionen) schon in der Klassenstufe 8 oder 9 auf.

fragliche Funktion f mit $f(x) = ax^3 + bx^2 + cx + d$ ergibt. Damit hat man beim Zugang zu LGS dieselben Probleme wie bei b).

Im Folgenden gehen wir davon aus, dass LGS im Rahmen der Analytischen Geometrie thematisiert wurden. Im Sinne des Spiralprinzips werden zunächst lineare Gleichungen und Gleichungssysteme mit zwei und drei Lösungsvariablen untersucht. Die in 2.3 diskutierten Lösungsmethoden für den Fall $n = 2$ lassen sich übertragen – zu einer sinnvollen Verallgemeinerung führt allerdings nur die Methode mit Zeilenoperationen (Additionsverfahren), die für die S I eher zu kompliziert erscheint. Dank der geometrischen Vorstellung der Lösungsmengen in den Fällen $n = 1, 2$ und 3 als Schnitte von Geraden bzw. Ebenen ist jetzt der Übergang zu Gleichungssystemen mit mehr als drei Lösungsvariablen „spiralig" motiviert: Für $n = 1, 2$ und 3 weiß man, dass eine einzige Gleichung mit n Lösungsvariablen i. Allg. eine „$(n-1)$-dimensionale" Lösungsmenge hat, dass ein LGS mit n Lösungsvariablen und n Gleichungen i. Allg. genau eine Lösung oder auch keine hat und für $1 < m < n$ Gleichungen i. Allg. eine $(n-m)$-dimensionale Lösungsmenge oder auch keine Lösung.

Zu den ersten (bereits in der S I behandelten) Situationen, die auf lineare Gleichungen (mit $n = 2$) führen, gehören die linearen Funktionen und ihre Graphen. Der Graph einer Funktion ist in heutiger Sicht eine Menge von Punkten $(x \mid f(x))$. Insofern ist die 2-Tupel-Schreibweise $(3|4)$ oder $(x|ax + b)$ für Lösungen einer linearen Gleichung naheliegend; eine alternative 2-Tupel-Schreibweise ist $(3; 4)$. Manche Schulbücher verwenden die erste Schreibweise $(a|b)$ für „echte" Punkte, die zweite $(a;b)$ für Lösungen von LGS; dies halten wir für übertrieben.

In der Sekundarstufe II kommt man (auch bei LGS mit $n > 2$) zunächst mit der aus der S I bekannten „Punkt"-Schreibweise aus. In leistungsstarken Kursen der S II erkundet man die Struktur der Lösungsmenge eines LGS genauer, macht die Unterscheidung zwischen dem Ausgangs-LGS, dem „inhomogenen System", und dem zugehörigen „homogenen System" und entdeckt z. B., wie man aus zwei Lösungen des homogenen Systems durch „Addition" eine weitere Lösung erhält. Die Schüler kennen schon die Vektoraddition. Die Deutung der Addition der beiden Lösungen als Vektoraddition führt anstelle der Punktschreibweise

$$(a|b|c)$$

im Anschauungsraum zur Vektorschreibweise

$$\begin{pmatrix} a \\ b \\ c \end{pmatrix}$$

für die Lösungen.

In einem weiteren Abstraktionsschritt wird die Matrizenmultiplikation eingeführt. Damit können geometrische Abbildungen klassifiziert, aber auch viele weitere Anwendungen von Matrizen erkundet werden. Diese Sichtweise in der Schule wird im Sinne des

Spiralprinzips an der Universität zur Darstellung eines LGS als

$$A \cdot \vec{x} = \vec{b}$$

mit der Matrix A des homogenen Systems, dem Vektor

$$\vec{b} = \begin{pmatrix} b_1 \\ \vdots \\ b_n \end{pmatrix}$$

für den inhomogenen Teil des LGS und dem Vektor

$$\vec{x} = \begin{pmatrix} x_1 \\ \vdots \\ x_n \end{pmatrix}$$

mit den Lösungsvariablen abstrahiert. Die Lösungen des homogenen LGS bilden einen Untervektorraum, die Lösungen des inhomogenen LGS eine Nebenklasse dazu (falls überhaupt Lösungen existieren).

Für den Spezialfall der leeren Menge sind zwei Schreibweisen üblich: In der Schule wird oft {} geschrieben, während sonst die von dem prominenten Bourbaki-Mitglied André Weil vorgeschlagene Schreibweise mit dem dänischen Buchstaben Ø verwendet wird. Die Schreibweise mit den Mengenklammern soll verdeutlichen, dass die leere Menge „nicht nichts" ist, sondern eine Menge, die „nichts enthält".

Die unterschiedlichen Schreibweisen für die Lösungen eines LGS in der Schule und an der Universität entsprechen auch den unterschiedlichen Zugängen:

- In der Schule geht man von Punkten, Geraden, Ebenen und alles umfassend dem „Anschauungsraum" aus. Von vornherein werden kartesische Koordinatensysteme zugrunde gelegt. Vektoren sind eher „Hilfsgrößen", die es erlauben, mit den geometrischen Konstrukten im Sinne der Analytischen Geometrie besser umgehen zu können.
- An der Universität steht der Begriff des Vektorraumes im Vordergrund. Ihm wird später ein affiner (oder metrischer) Raum zugeordnet. Eine Basis des Vektorraumes führt zu einem Koordinatensystem des affinen Raumes.

Das Studium der LGS mit $n = 3$ und einiger ausgesuchter mit $n > 3$ legt es nahe, die Zeilenoperationen, die zur Lösungsmenge führen, zum Gauß'schen Algorithmus weiterzuentwickeln. Die Matrixschreibweise[10] ergibt sich in natürlicher Weise zur Schreiberleichterung bei der Durchführung des Gauß'schen Algorithmus. Damit werden die Kalküle

---

[10] In diesem Kapitel zu LGS sind Matrizen zunächst nur Schreibfiguren, die das Lösen von LGS besser strukturieren. Als eigenständige mathematische Objekte werden Matrizen dann in dem Kap. 6 betrachtet.

„LGS" und „Matrizen" bereitgestellt, die später in der Linearen Algebra und der Analytischen Geometrie sowie in vielen weiteren inner- und außermathematischen Gebieten ein wichtiges und mächtiges Hilfsmittel werden (siehe Kap. 6). Die Matrizen erweisen sich z. B. als ungeheuer praktisch zur Beschreibung geometrischer Abbildungen, die Verkettung von Abbildungen entspricht der Matrizenmultiplikation. In einem weiteren Abstraktionsprozess gelangt man (an der Hochschule) zur Matrizenalgebra.

Zusammenfassend ist das Themengebiet Lineare Gleichungssysteme ein schönes Beispiel für das Spiralprinzip und für Vernetzungen:

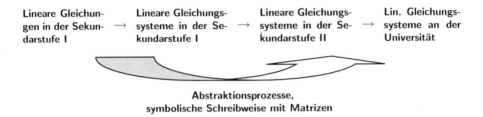

Lineare Gleichun-   Lineare Gleichungs-   Lineare Gleichungs-   Lin. Gleichungs-
gen in der Sekun- → systeme in der Se- →   systeme in der Se- →   systeme an der
darstufe I   kundarstufe I   kundarstufe II   Universität

Abstraktionsprozesse,
symbolische Schreibweise mit Matrizen

Die Lösungen lassen sich in den einfachen Fällen geometrisch deuten:

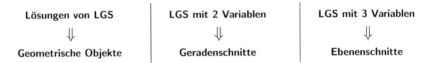

Lösungen von LGS | LGS mit 2 Variablen | LGS mit 3 Variablen
      ⇓ | ⇓ | ⇓
Geometrische Objekte | Geradenschnitte | Ebenenschnitte

2.3 LGS in der Sekundarstufe I

2.3.1 Lineare Gleichungen mit zwei Variablen und lineare Funktionen

LGS mit zwei Variablen werden in der S I behandelt. Schüler lernen schon in der Grundschule Gleichungen als Aussageformen kennen (was natürlich nicht heißt, dass sie diese Fachbegriffe kennen sollten). Eine Aussageform enthält (mindestens) eine Lösungsvariable „als Leerstelle", in die Zahlen einer vorher festgelegten oder durch den Kontext bestimmten Zahlenmenge eingesetzt werden können. Die zugrunde liegende Variablengrundvorstellung ist also die Einsetzungsvorstellung. Genau dann, wenn hierbei eine wahre Aussage entsteht, nennt man die eingesetzte Zahl (bzw. die eingesetzten Zahlen) eine Lösung der Gleichung. Von vornherein sollten Funktionen und zugehörige Gleichungen parallel behandelt werden – ein Gedanke, der spiralig bis zum Abitur weiterentwickelt wird: Zur Funktion $f : A \to B$, $x \mapsto f(x)$ gehören die Funktionsgleichung $y = f(x)$ und die Gleichung $f(x) = 0$, die nach den Nullstellen, später die Gleichung $f(x) = a$, die nach den „a-Stellen" fragt.

In der S I betrachtet man in sehr anschaulicher Weise zunächst lineare Funktionen, Geraden und lineare Gleichungen mit zwei Lösungsvariablen x und y. Alle drei Aspekte hängen eng zusammen und sollten auch im Zusammenhang unterrichtet werden:

- Eine lineare Funktion hat als Graphen eine Gerade; die Punkte der Geraden sind genau die Lösungen einer linearen Gleichung mit zwei Lösungsvariablen.
- Eine Gerade ist (bis auf die Parallelen zur y-Achse) Graph einer linearen Funktion.
- Eine lineare Gleichung mit zwei Lösungsvariablen hat als Lösungsmenge eine Gerade.

Die lineare Funktion f mit $f(x) = 2x + 3$ hat einen Graphen, der eine Gerade ist. Diese Gerade besteht genau aus den Punkten $P(x|y)$, deren Koordinaten die Gleichung $y = 2x + 3$ erfüllen. Die Gleichung $y = 2x + 3$ lässt sich unabhängig von der linearen Funktion als Aussageform auffassen, aber jetzt mit zwei Lösungsvariablen x und y, in die man (zunächst in der S I) rationale Zahlen einsetzen kann. Lösungen dieser neuen Gleichungsart sind Zahlenpaare, die man umgekehrt wieder als Punkte auf dem Graphen der zugehörigen linearen Funktion deuten kann. So ist ganz pragmatisch die Bezeichnung „lineare Gleichung mit zwei Lösungsvariablen" verständlich. Die Frage, ob auch $2x + 3y + 4 = 0$ (ebenfalls eine lineare Gleichung mit zwei Lösungsvariablen) als Gleichung für eine Gerade gedeutet werden kann, lässt sich durch Auflösen nach y positiv beantworten. Erst später, wenn man die Koeffizienten derartiger Gleichungen nicht als konkrete Zahlen, sondern als Variablen betrachtet, also als $ax + by + c = 0$, ist für $b = 0$ (wobei $a \neq 0$ sein muss) das Auflösen nach y nicht möglich; trotzdem bleibt die Interpretation der Lösungsmenge als Gerade, dieses Mal parallel zur y-Achse, erhalten. Nur die Deutung als lineare Funktion ist nicht mehr möglich.

Lineare Gleichungen mit mehr als einer Variablen ergeben sich schon aus recht einfachen Anwendungskontexten, wie das folgende Beispiel zeigen soll:

Beispiel 2.1

Auf einem Mobiltelefon befindet sich ein Prepaid-Guthaben von 20 €. Eine SMS kostet 0,15 €, eine Minute Telefonieren 0,20 €. Wie viele Minuten lang kann mit dem Guthaben telefoniert und wie viele SMS können verschickt werden?

Die gegebene Anwendungssituation lässt sich durch die Gleichung

$$0{,}15 \cdot x + 0{,}2 \cdot y = 20$$

beschreiben, wobei x die Anzahl der SMS und y die Anzahl der Gesprächsminuten angibt. Lösungen dieser Gleichung sind keine einzelnen Zahlen, sondern Zahlenpaare $(x; y)$, zum Beispiel $(0; 100)$, $(4; 97)$, $(8; 94)$, ... Diese Zahlenpaare lassen sich in einem Koordinatensystem darstellen, siehe Abb. 2.2a.

Es zeigt sich, dass die den Lösungen zugeordneten Punkte auf einer Strecke liegen. Aufgrund der gegebenen Anwendungssituation sind nur Paare natürlicher Zahlen sinnvolle Lösungen. Betrachtet man jedoch – unabhängig von dem behandelten Kontext – alle Lösungen der obigen Gleichung, d. h. alle Paare reeller Zahlen, welche die

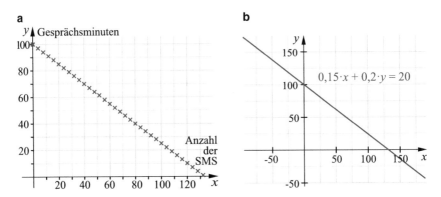

Abb. 2.2 a Einige Lösungen einer linearen Gleichung mit zwei Variablen, **b** Lösungsmenge einer linearen Gleichung mit zwei Variablen

Gleichung erfüllen, so wird diese Lösungsmenge durch eine Gerade dargestellt, siehe Abb. 2.2b. Diese Gerade ist zugleich Graph der linearen Funktion, deren Funktionsterm sich ergibt, wenn die Gleichung nach y umgestellt wird, also der Funktion f mit $f(x) = -\frac{3}{4} \cdot x + 100$. ◆

2.3.2   Lineare Gleichungssysteme mit zwei Lösungsvariablen

Die oben beschriebene gemeinsame Sichtweise als lineare Gleichung und als Graph einer linearen Funktion führt dazu, dass Schüler schnell die Lösungsmengen von zwei (oder mehr) linearen Gleichungen mit zwei Lösungsvariablen überblicken. Hat man „ein System" von zwei solchen Gleichungen, so erfüllen genau diejenigen Punkte beide Gleichungen gemeinsam, die auf beiden zugehörigen Geraden liegen. Die Lösungsmenge besteht also aus dem Schnittpunkt der beiden Geraden, falls ein solcher existiert. Im ersten Sonderfall, dass die beiden Graphen zwei verschiedene Parallelen sind, gibt es keine Lösung. Der zweite Sonderfall, dass die zu den beiden linearen Gleichungen gehörigen Geraden gleich sind, führt zu keinen neuen Bedingungen für die Lösungen; die Lösung besteht also genau aus den Punkten der Geraden.[11]

Graphisches Lösen von LGS mit zwei Lösungsvariablen
Bei der Behandlung von LGS sollte von vornherein die geometrische Interpretation mitbetrachtet werden. Die hierdurch mögliche graphische Lösung als Schnitt von Geraden ist

---

[11] In Schulbüchern wird oft geschrieben, dass „die zweite Gerade auf der ersten liegt". Diese Ausdrucksweise ist aus mathematischer Sicht zumindest unschön und impliziert unterschwellig, dass es sich um verschiedene Punkte handelt, „die aufeinander liegen". Man sollte von vornherein die Sprechweise mit den drei Fällen „zwei Geraden schneiden sich", „. . . sind parallel und verschieden" oder „. . . sind identisch" verwenden.

Abb. 2.3 Graphische (näherungsweise) Lösung eines
linearen Gleichungssystems
mit zwei Gleichungen und
zwei Lösungsvariablen

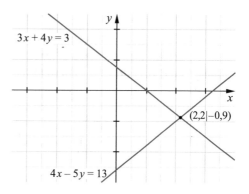

keinesfalls nur eine „Notlösung", auf die dann im Folgenden nach der Behandlung rechne-
rischer Lösungsmethoden verzichtet werden kann. Sie ist vielmehr *„ein Erkenntnismittel,
das wesentliche Einsichten über das vorliegende Gleichungssystem liefern kann, die auch
beim weiteren Vorgehen nützlich sind"* (Kirsch, 1991, S. 299). Außerdem werden Geometrie und Algebra vernetzt. Der Schwerpunkt bei der graphischen Lösung liegt auf der
mathematischen Idee, eine „grobe Handskizze" ist also ausreichend.

Beispiel 2.2

Die Lösungsmengen der beiden Gleichungen des Gleichungssystems

$$4\,x \;-\; 5\,y \;=\; 13$$
$$3\,x \;+\; 4\,y \;=\; 3$$

werden durch zwei Geraden repräsentiert, siehe Abb. 2.3. Lösungen des gesamten
Systems müssen beiden Lösungsmengen angehören. Das Gleichungssystem hat somit
genau eine Lösung, sie entspricht dem Schnittpunkt der beiden Geraden. Durch die
Ermittlung dieses Schnittpunktes ist es möglich, ein lineares Gleichungssystem näherungsweise zu lösen.   ◆

Hat man mehr als zwei lineare Gleichungen mit zwei Lösungsvariablen, so zeigt die
geometrische Anschauung, dass (abgesehen von eventuell vorkommenden Parallelen) alle
zugehörigen Geraden durch denselben Punkt gehen müssen, damit eine Lösung existiert;
dieser Punkt ist dann auch die einzige Lösung des LGS. Man kann sich also auf den eigentlich interessanten Fall von zwei Gleichungen und zwei Lösungsvariablen beschränken.

Rechnerische Lösungsverfahren für LGS mit zwei Lösungsvariablen

Geometrisch hat man durch die bisherigen Überlegungen eine Übersicht über die möglichen Lösungen von LGS mit zwei Variablen und kann Lösungen mehr oder weniger genau
ablesen. Die Frage ist nun, wie man Lösungen algebraisch bestimmen kann. Hierfür ist,
wie oben erwähnt, eine Sicherheit im Umgang mit linearen Gleichungen einer Lösungs-

variablen, die auf die Form $ax = b$ mit der Lösungsvariablen x zurückgeführt werden können, unumgänglich (Stahl, 2001).

Im Folgenden werden einige anregende Beispiele vorgestellt, die zur schulischen Einführung in das Arbeiten mit LGS mit zwei Lösungsvariablen und zum „Entdecken" von algebraischen Methoden zur Lösung dieser LGS geeignet sind. Lässt man Schüler nach Lösungsmöglichkeiten für eine Aufgabe nachdenken, so ist damit zu rechnen, dass sie eigene Lösungswege entwickeln, die nicht immer den mathematischen Zielen des Lehrers entsprechen. Es ist Aufgabe des Lehrers, einerseits solche speziellen Lösungen zu loben und andererseits die Schüler für die Entwicklung von allgemeinen Lösungsmethoden zu motivieren. Neben realitätsnahen Problemen sind durchaus auch „Knobelaufgaben" geeignet, Schüler zu aktivieren. Viele Schüler lösen gerne solche Aufgaben und freuen sich, wenn sie mühelos „durch einen x-Ansatz" ein Problem lösen können, an dem ihre Freunde und Eltern verzweifeln. Horst Hischer (2012, S. 4) spricht in diesem Zusammenhang von „Mathematik zwischen ‚homo faber' und ‚homo ludens'".

Die folgenden Beispiele wurden so gewählt, dass bestimmte Lösungsverfahren dafür besonders geeignet sind. So finden die Schüler in der Regel selbst eine Lösung und entdecken dabei implizit die üblichen Lösungsmethoden *Einsetzungsverfahren*, *Gleichsetzungsverfahren* und bei geeigneter Lenkung eventuell auch das *Additionsverfahren*. Allerdings wird man i. Allg. keines der Verfahren favorisieren können: Wenn die beiden Gleichungen nicht speziell sind, führen bei den betrachteten LGS mit zwei Lösungsvariablen alle Methoden mit ähnlichem Aufwand zum Ziel. Bei speziellen LGS wie

$$\begin{aligned}
\text{(I)} \quad & 2x + 5y = 13 \\
\text{(II)} \quad & y = 3
\end{aligned}$$

wird man natürlich die besondere Struktur des LGS ausnutzen (so wie es unsinnig wäre, auf die Gleichung $x^2 - 4 = 0$ die „Mitternachtsformel loszulassen").

Bei linearen Gleichungen mit zwei Lösungsvariablen ist auf eine typische Fehlvorstellung zu achten: Beim Einsetzen von Zahlen in Variablen gemäß der Einsetzungsvorstellung muss für gleiche Variablennamen auch die gleiche Zahl eingesetzt werden. Schüler interpretieren dies oft umgekehrt und falsch, dass für verschiedene Variablen verschiedene Zahlen eingesetzt werden müssen.

Beispiel 2.3

Zwei T-Shirts und zwei Flaschen Cola kosten zusammen 22 €. Ein T-Shirt und drei Flaschen Cola kosten zusammen 15 €. Was sind die Einzelpreise für ein T-Shirt bzw. eine Flasche Cola?

Natürlich sollte man Aufgaben dieser Art nicht als Anwendungsaufgaben bezeichnen, es sind höchstens eingekleidete Textaufgaben, die allerdings durchaus motivierend sind. Diese Aufgabe ist gut geeignet als Einstiegsaufgabe für Schüler ohne jede Vorerfahrung mit LGS, dementsprechend erhält man oft sehr schöne Lösungsideen. So zeichnet Beate das folgende Bild und argumentiert wie in Abb. 2.4 dargestellt. Links

Abb. 2.4 Beates Lösung

kann man ablesen, dass ein T-Shirt und eine Flasche Cola zusammen 11 € kosten. Aus dem rechten Bild ergibt sich, dass für zwei Flaschen Cola 4 € übrig bleiben. Also kostet eine Flasche Cola 2 € und ein T-Shirt 9 €.

Für diese inhaltliche Lösung ist Beate sehr zu loben, allerdings hat die Argumentation ihre Grenzen. Wie sollte man vorgehen, wenn der Gesamtpreis für 26 T-Shirts und 33 Colaflaschen gegeben ist? Um von konkreten Werten unabhängig zu sein, wird die Situation algebraisiert, indem der Preis für ein T-Shirt x € und der Preis für eine Flasche Cola y € betragen möge. Die gegebenen Daten lassen sich nun in zwei Gleichungen übertragen, die mit römischen Zahlen nummeriert werden, um auf sie einfacher Bezug nehmen zu können:

$$\text{(I)} \quad 2x + 2y = 22$$
$$\text{(II)} \quad x + 3y = 15.$$

Lösen können die Schüler bisher nur lineare Gleichungen mit einer Lösungsvariablen. Eine in der Regel schnell entdeckte Möglichkeit, um aus den beiden Gleichungen zu nur einer Gleichung mit einer Lösungsvariablen zu kommen, ist das Auflösen der zweiten Gleichung nach x und dann das Einsetzen in die erste Gleichung. Die Schüler entdecken damit das *Einsetzungsverfahren*:

Auflösen von (II) nach x:	$x = 15 - 3y$
Einsetzen in (I):	$2(15 - 3y) + 2y = 22$
Vereinfachen dieser Gleichung mit einer Variablen:	$30 - 6y + 2y = 22$
	$8 = 4y$
	$2 = y$

Schüler vermeiden gern negative Zahlen, so dass y auf der rechten Seite steht. Damit soll auch das unreflektierte, kalkülorientierte „Lösungsvariablen nach links, Rest nach rechts" vermieden werden. Das Ergebnis für y kann nun in die erste oder die zweite Ausgangsgleichung eingesetzt werden. Manchmal erscheint das Einsetzen in die eine Gleichung einfacher als in die andere. Hier verwenden wir die erste Gleichung:

$$2x + 2 \cdot 2 = 22$$
$$x = 9$$

In jedem Fall sollte als Rechenkontrolle eine Probe gemacht werden, wobei die gefundenen Ergebnisse in die nicht zum Auflösen nach x benutzte Gleichung eingesetzt werden sollten. Später, bei Gleichungen mit mehr Variablen, wird das beim „händischen" Rechnen besonders wichtig. Eine einhundertprozentige Kontrolle würde das Einsetzen in alle Gleichungen erfordern; aus Zeitgründen kann man sich mit einer Gleichung begnügen – in der Regel reicht das!

Als Ergebnis haben wir, dass ein T-Shirt 9 €, eine Flasche Cola 2 € kosten. Während eine Reflexion und Evaluation der mathematischen Lösung im Kontext der Aufgabenstellung unumgänglich ist, ist es unnötig, bei solchen „inhaltlichen" Aufgaben in der S I auf eine formale Schreibweise der Lösungsmenge in der Form $L = \{(2|9)\}$ zu bestehen. Eine neue Erkenntnis ist, dass bei dieser Aufgabe *eine* Lösung aus *zwei* Zahlen besteht. Weiter erkennt man die Tragweite dieser Lösungsmethode: Während Beates Ansatz seine Grenzen hat, ist der algebraische Ansatz auch bei anderen gegebenen Daten durchführbar.   ◆

Beispiel 2.4

Der Sportverein Balltreter hat 150 Jugendliche und 200 Erwachsene als Mitglieder. Der Monatsbeitrag beträgt 5 € für die Jugendlichen und 7 € für die Erwachsenen. Im neuen Jahr braucht man für die Renovierung der Sporthalle 1600 € extra. Für das nächste Jahr soll daher der Beitrag erhöht werden, und zwar für die Erwachsenen um einen Euro mehr als für die Jugendlichen. Bestimme die neuen Beiträge.

Diese Aufgabe ist zunächst ein übliches, auch als Einstiegsaufgabe geeignetes Beispiel für LGS mit zwei Lösungsvariablen. Die Aufgabe hat jedoch noch darüber hinausgehendes didaktisches Potenzial. Zunächst soll die Aufgabe in obiger Form gelöst werden. Die Beitragserhöhung für die Jugendlichen möge x €, für die Erwachsenen y € betragen. Die zusätzliche Beitragseinnahme möge gerade die Renovierungskosten abdecken. Die gegebene Information führt zu den beiden Gleichungen (gemessen in €):

$$
\begin{aligned}
\text{(I)} \qquad y &= x + 1 \\
\text{(II)} \quad 150\,x + 200\,y &= 1600
\end{aligned}
$$

Die Form der Gleichungen legt wieder das Einsetzungsverfahren nahe: Die erste Gleichung kann direkt in die zweite eingesetzt werden, was zu

$$150x + 200\,(x + 1) = 1600$$

und weiter zu $x = 4$ führt. Als Ergebnis ergibt sich eine Erhöhung um 4 € für die Jugendlichen, um 5 € für die Erwachsenen.   ◆

So weit, so gut! Arnold Kirsch (1991) kritisiert zu Recht, dass sich im Mathematikunterricht schnell Rechenroutinen einschleifen, wenn nur Aufgaben dieser Art gestellt werden. Die Schüler wissen, dass es um LGS mit zwei Lösungsvariablen geht, und müssen nur noch die „richtigen" Zahlen aus dem Text herauspicken und den LGS-Kalkül anwenden. Nachdenken muss man eigentlich nicht. Kirsch schlägt vor, die enge, einen eindeutigen Rechenansatz ansteuernde Aufgabenstellung zu erweitern, indem die Angabe für die Änderung des Beitrags durch die Frage „Wie sollen die neuen Beiträge festgesetzt werden?" ersetzt wird. Schon diese kleine „divergente" Erweiterung der Fragestellung gibt der Aufgabe mehr Sinngehalt. Die Schüler müssen jetzt zuerst darüber nachdenken und eine Entscheidung treffen, wie der neue Beitrag angesetzt werden soll. Hier gibt es viele mögliche Vorschläge, und ein solcher eigener Ansatz bedeutet eine normative Modellierung, die jeweils begründet werden muss. Die Jugendlichen könnten beispielsweise von einer Beitragserhöhung ausgenommen werden, für alle könnte dieselbe Erhöhung angesetzt werden, die neuen Beträge könnten im selben Verhältnis wie die alten stehen oder viele andere Möglichkeiten mehr. In jedem Fall wird dann der irrige Eindruck vermieden, es gäbe genau einen „richtigen" Ansatz. Die Lernenden müssen „über Mathematik sprechen" und ihre Ansätze den anderen vorstellen. Die verschiedenen Wege sind zu diskutieren und zu werten. Unelegante, formal mangelhafte Formulierungen sind zunächst zu akzeptieren, wenn sie inhaltlich sinnvolle Begründungskeime und Ansätze enthalten. Gerade Ansätze von schwächeren oder nicht so schnellen Schülerinnen und Schülern kämen so zur Sprache. Werner Blum und Mark Biermann (2001) berichten über eine Unterrichtsstunde, in der die „Sportverein-Aufgabe" im Sinne von Kirsch gestellt wurde. Es ist zu erwarten, dass auf Dauer so eine größere Methodenkompetenz, Flexibilität und vor allem sehr viel mehr Selbstvertrauen bei den Schülerinnen und Schülern bewirkt werden. Die Öffnung von Aufgaben ist natürlich kein Allheilmittel, auch komplexe Aufgaben können trivialisiert und in eine vorgefertigten Schublade gepackt werden.

Beispiel 2.5

Auf der Autobahn A2 sind es ziemlich genau 500 km von Dortmund nach Berlin. Um Mitternacht (0:00 Uhr) startet Beate in Dortmund und fährt nach Berlin, zur selben Zeit startet Andreas in Berlin und fährt nach Dortmund. Da bei Nacht fast kein Verkehr herrscht, fährt Andreas forsch mit 170 km/h, während die vorsichtige Beate nur mit 130 km/h unterwegs ist. Zu welcher Uhrzeit und an welchem Ort treffen sich Andreas und Beate?

Auch bei dieser Aufgabe ist ein einfacher inhaltlicher Lösungsansatz möglich: Zum Zeitpunkt t (ab Mitternacht in Stunden gemessen) treffen sich die beiden. Für die in km gemessenen Strecken gilt dann

$$170\,t + 130\,t = 500\,,$$

woraus sofort $t = \frac{5}{3}$ folgt. Allerdings erfordert dies eine größere Denkleistung als der Ansatz eines LGS mit zwei Lösungsvariablen: Wenn wir mit x die „Autobahnkilometer ab Dortmund" bezeichnen und mit t die Zeit ab Mitternacht (in Stunden), so können wir dem Text die folgenden Gleichungen entnehmen:

$$\text{(I) Beate:} \quad x = 130\,t$$
$$\text{(II) Andreas:} \quad x = 500 - 170\,t$$

Gesucht sind diejenigen Werte von x und t, die eingesetzt in beide Gleichungen zu einer wahren Aussage führen. Beide Gleichungen sind schon „nach x aufgelöst", so dass durch das Gleichsetzen der rechten Seiten eine Gleichung mit einer Lösungsvariablen entsteht, die sofort gelöst werden kann. Diese Aufgabe führt also „fast automatisch" auf das *Gleichsetzungsverfahren*:

$$130\,t = 500 - 170\,t$$
$$300\,t = 500$$
$$t = \frac{5}{3} = 1,\bar{6}$$

Eingesetzt in die erste Gleichung erhalten wir:

$$x = 130 \cdot \frac{5}{3} = \frac{650}{3} = 216,\bar{6}$$

Es wäre allerdings unsinnig, diese exakten Zahlen der mathematischen Lösung als Lösung des Problems aus der Realität anzugeben. Bei der Zeit kann man verwenden, dass 1/3 Stunde gleich 20 Minuten sind. Bei der Kilometerangabe muss man aber auf jeden Fall problemangemessen runden. Ein sinnvolles Ergebnis ist hier: Andreas und Beate begegnen sich etwa um 1:40 Uhr, und zwar etwa 217 km (oder wohl sinnvoller etwa 220 km) von Dortmund entfernt.   ◆

Beispiel 2.6

Die Dortmunder Energie- und Wasserversorgung DEW bietet zwei verschiedene Tarife für Elektrizitätsversorgung an:

Tarif „Unser Strom Standard": Jahresgrundpreis 92,00 €, Verbrauchspreis je kWh (incl. MwSt.) 23,80 Cent.

Tarif „Unser Strom Maxi":   Jahresgrundpreis 118,24 €, Verbrauchspreis je kWh (incl. MwSt.) 22,10 Cent.

Beate fragt Andreas, welchen Tarif sie wählen sollte.

Derartige „Tarif-Aufgaben" sind durchaus realitätsnah; die Wahl des Tarifs muss in der Tat jeder Haushalt selbst vornehmen. Weitere für Schüler relevante Tarife sind Handytarife. Da hier ständig neue Tarife, insbesondere Flatrate-Tarife, angeboten werden, muss auch der Lehrer immer neue Daten beschaffen. Wie könnte Andreas die Frage von Beate beantworten? Der Maxi-Tarif hat einen höheren Jahresgrundpreis, dafür aber einen niedrigeren Verbrauchspreis. Bei kleinem Verbrauch wird der Standard-Tarif günstiger sein, bei großem Verbrauch der Maxi-Tarif. Was ist aber „klein" oder „groß"? Bei einem Verbrauch von x kWh sind die Kosten (gemessen in €):

$$\text{Tarif Standard:} \quad y = 92 + 0{,}238x$$
$$\text{Tarif Maxi:} \quad y = 118{,}24 + 0{,}221x$$

Abb. 2.5 Elektrizitätstarife

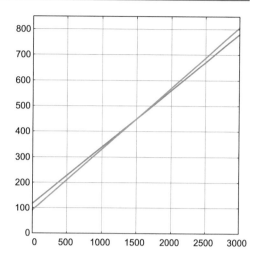

Geometrisch kann man die beiden Gleichungen als Geradengleichungen deuten, der Schnittpunkt der Geraden bedeutet gleiche Kosten für beide Tarife (siehe Abb. 2.5); die Abszisse des Schnittpunkts ist etwa 1500. Algebraisch bedeutet die Suche nach diesem Schnittpunkt das Lösen des LGS mit den beiden Lösungsvariablen x und y. Die Form der Gleichungen legt wieder das Gleichsetzungsverfahren nahe: Aus

$$92 + 0{,}238\,x = 118{,}24 + 0{,}221\,x$$

folgt

$$x = \frac{26{,}24}{0{,}017} \approx 1544\,.$$

Ab einem Jahresverbrauch von 1544 kWh ist also der Maxi-Tarif günstiger. Jetzt sollten die Schüler zuhause nach dem Familienverbrauch fragen, um dieses Ergebnis mit realen Daten verbinden zu können. Ein weiterer Diskussionspunkt ist die Tatsache, dass bei Tarifen (in der Regel) diskrete, ganzzahlige Werte abgerechnet werden, während unserer Rechnung ein stetiges Modell zugrunde liegt (vgl. auch Beispiel 2.1). ◆

Beispiel 2.7

Andreas ist heute 24 Jahre jünger als seine Mutter Beate. In fünf Jahren wird Beate dreimal so alt wie Andreas sein.

Aufgaben dieser Art sind beliebte „Denksportaufgaben", die man auch durch Probieren, eine durchaus respektable Methode, lösen kann. Gerade das systematische Probieren ist oft eine gute Methode, die allerdings ihre Grenzen hat. Bei diesem Beispiel könnte man wie folgt systematisch probieren: Wir nehmen an, dass Andreas 10 Jahre alt ist, dann gilt:

Andreas heute	Andreas in 5 J.	Mutter heute	Mutter in 5 J.	Unterschied
10	15	34	39	$3 \cdot 15 - 39 = 6$
9	14	33	38	$3 \cdot 14 - 38 = 4$

Wir vermuten, dass die Verringerung des Alters von Andreas um ein Jahr den Unterschied um zwei Jahre verringert. Also:

Andreas heute	Andreas in 5 J.	Mutter heute	Mutter in 5 J.	Unterschied
7	12	31	36	$3 \cdot 12 - 36 = 0$

Die Kraft des LGS-Kalküls erspart die Mühe des Probierens und hat einen viel größeren Anwendungsbereich. Es macht Schülern in der Regel Spaß, wenn im Mathematikunterricht solche Aufgaben „enträtselt" werden. Das heutige Alter von Andreas und Beate möge x bzw. y Jahre sein. Der Text macht Angaben über zwei Zeitpunkte, „heute" und „in fünf Jahren". Dies führt zu den beiden Gleichungen:

$$\text{Heute:} \quad x + 24 = y$$
$$\text{In fünf Jahren:} \quad 3\,(x + 5) = y + 5$$

Man könnte die bisher angewandten Lösungsmethoden verwenden, die erste Gleichung ist ja schon nach y aufgelöst. Durch gelenkte Erkundung könnte ein Schüler auf die Idee kommen, die beiden Ypsilons voneinander zu subtrahieren und damit das *Additionsverfahren* zu entdecken. Für dieses Verfahren sollte man von Anfang an eine konsequente Schreibweise verwenden; die Mehrarbeit hierfür zahlt sich aus, wenn später das Additionsverfahren zum Gauß-Algorithmus weiterentwickelt wird.

$$\text{(I)} \qquad x = y - 24$$
$$\text{(II)} \qquad 3\,x + 15 = y + 5$$
$$\text{(II)} - \text{(I)} \qquad 3\,x + 15 - x = y + 5 - (y - 24)$$

Aus der letzten Gleichung folgen $2x + 15 = 29$ oder $x = 7$ und nach Einsetzen in die erste Gleichung $y = 31$. $\blacklozenge$

Die Schreibweise für die dritte Gleichung in dem obigen Beispiel symbolisiert, dass von der zweiten Gleichung die erste abgezogen wird. Dahinter stecken wichtige Eigenschaften des Gleichheitszeichens, die schon Euklid als Axiome formuliert hat. In der folgenden Tabelle steht links die Formulierung von Euklid, rechts die Anwendung auf unser Additionsverfahren:

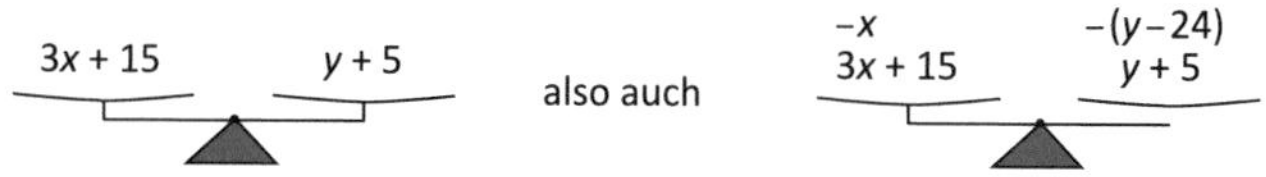

$$3x + 15 \qquad y + 5 \qquad \text{also auch} \qquad \overset{-x}{3x + 15} \qquad \overset{-(y-24)}{y + 5}$$

Abb. 2.6 Waagemodell

Was demselben gleich ist, ist auch einander gleich.	$A = C$ und $B = C$, so auch $A = B$
Wenn Gleichem Gleiches hinzugefügt wird, sind die Ganzen gleich.	$A = B$ und $C = D$, so auch $A + C = B + D$
Wenn von Gleichem Gleiches weggenommen wird, sind die Reste gleich.	$A = B$ und $C = D$, so auch $A - C = B - D$

Man kann natürlich bei dem ersten Auftreten von Zeilenoperationen auch das Waagemodell verwenden: Die Waage bleibt im Gleichgewicht, wenn auf beiden Seiten die gleiche Operation durchgeführt wird; Abb. 2.6 visualisiert dies für das obige Beispiel.

Im Gegensatz zum Einsetzungsverfahren und zum Gleichsetzungsverfahren liegt die besondere begriffliche Schwierigkeit für Schüler der S I darin, dass beim Additionsverfahren nicht Zahlen oder Variablen, sondern ganze Gleichungen („Zeilenoperationen") manipuliert werden. Vorher waren Zahlen und Variablen die betrachteten Objekte, jetzt treten Gleichungen als eigenständige Objekte auf. Dies ist durchaus ein Grund, auf dieses Verfahren in der S I zu verzichten; für alle vorkommenden Aufgaben, die auf ein LGS mit zwei Lösungsvariablen führen, reichen die beiden anderen Verfahren.

Beispiel 2.8

Zwei Stahlsorten enthalten 12 % bzw. 30 % Nickel. Man will aus beiden Stählen einen Stahl mit 25 % Nickel und einer Masse von 180 kg schmelzen. Wieviel Stahl von jeder Sorte wird benötigt, wenn man bei der Rechnung von Verlusten beim Schmelzen absieht?

Auch hier sei zunächst eine inhaltliche Lösung angedeutet: Die erste Legierung hat 13 % zu wenig, die zweite 5 % zu viel Nickelanteil:

$$12\,\% \overset{13\,\%}{\longrightarrow} 25\,\% \overset{5\,\%}{\longleftarrow} 30\,\%,$$

man nehme also fünf Teile der 12-prozentigen und 13 Teile der 30-prozentigen Legierung. Dann hat man $5 \cdot 12\,\% = 5 \cdot 0{,}12 = 0{,}6$ Anteile Nickel von der ersten Legierung und analog $13 \cdot 30\,\% = 13 \cdot 0{,}3 = 3{,}9$ Anteile Nickel von der zweiten Legierung, also zusammen 4,5 Anteile Nickel von insgesamt 18 Teilen. Wenn man für einen Teil 10 kg wählt, so erhält man den geforderten Nickelgehalt von 30 % und die geforderte Masse von 180 kg. Auch hier ist die inhaltliche Lösung komplexer, außerdem fehlt eine „allgemeine" Erklärung, „wieso das klappt". Der folgende algebraische Ansatz dagegen ist wieder verallgemeinerbar auf andere Mischungsprobleme.

Es mögen x kg der ersten, y kg der zweiten Stahlsorte nötig sein. Zum Ansatz von Gleichungen bilanziert man die Anteile von Nickel und von reinem Stahl: Wenn eine Stahlsorte $a\,\%$ Nickel enthält, so ist der Rest von $(100-a)\%$ Stahl. Dies führt zu den Gleichungen (wobei die Massen in kg gemessen seien):

$$\text{(I) Nickelanteil:} \quad 0{,}12\,x + 0{,}30\,y = 0{,}25 \cdot 180 = 45$$
$$\text{(II) Stahlanteil:} \quad 0{,}88\,x + 0{,}70\,y = 0{,}75 \cdot 180 = 135$$

Zum Vergleich wenden wir alle drei bisher gefundenen Lösungsmethoden an:

Einsetzungsverfahren: Wir lösen die erste Gleichung nach y auf und setzen dies in die zweite Gleichung ein:

$$y = \frac{45}{0{,}3} - \frac{0{,}12}{0{,}3}\,x = 150 - 0{,}4x$$
$$0{,}88\,x + 0{,}7\,(150 - 0{,}4\,x) = 135$$
$$0{,}88\,x + 105 - 0{,}28\,x = 135$$
$$0{,}6\,x = 30$$
$$x = 50$$
$$y = 150 - 0{,}4 \cdot 50 = 130$$

Gleichsetzungsverfahren: Wir lösen beide Gleichungen nach y auf:

$$y = 150 - 0{,}4\,x \quad \text{(wie oben)}$$
$$y = \frac{135 - 0{,}88\,x}{0{,}7} = \frac{1350}{7} - \frac{8{,}8}{7}\,x$$
$$150 - 0{,}4\,x = \frac{1350}{7} - \frac{8{,}8}{7}\,x \qquad\qquad |\cdot 7$$
$$1050 - 2{,}8\,x = 1350 - 8{,}8\,x$$
$$6\,x = 300$$
$$x = 50 \quad \text{(und } y = 130 \text{ wie oben)}$$

Additionsverfahren: Die Ausgangsgleichungen (I) und (II) werden so multipliziert, dass bei y derselbe Faktor steht:

$$7 \cdot \text{(I)}: \quad 0{,}84\,x + 2{,}1\,y = 315$$
$$3 \cdot \text{(II)}: \quad 2{,}64\,x + 2{,}1\,y = 405$$
$$3 \cdot \text{(II)} - 7 \cdot \text{(I)}: \quad 1{,}8\,x = 90$$
$$x = 50$$
$$\text{Eingesetzt in (II)}: \quad 0{,}3\,y = 45 - 0{,}12 \cdot 50 = 39$$
$$y = 130 \qquad\qquad\qquad \blacklozenge$$

Bisher gibt es eigentlich noch keine Präferenz für eine Methode, wenngleich das Mischungsbeispiel vermuten lässt, dass der Rechenaufwand beim Additionsverfahren geringer ist. Der gravierende Vorteil dieses Verfahrens zeigt sich aber erst ab $n = 3$. Folglich ist es vertretbar, das Additionsverfahren erst in der S II einzuführen. „Lernen auf Vorrat" ist wenig sinnvoll und motivierend.

Zusammenfassende Analyse der Lösungsmethoden

Erst nach dem möglichst eigenständigen Erkunden durch die Schüler an genügend vielen Beispielen sollte man in der S I zusammenfassend die Lösungsmethoden genauer analysieren. Alle Methoden haben zum Ziel, von zwei Gleichungen mit zwei Lösungsvariablen zu einer Gleichung mit einer Lösungsvariablen, die man leicht lösen kann, zu kommen. Anhand von gut gewählten konkreten Aufgaben sollten die verschiedenen Lösungsmethoden, das Einsetzungsverfahren, das Gleichsetzungsverfahren und ggf. das Additionsverfahren, genauer thematisiert und verglichen werden. Eine weitere Systematisierung von LGS mit zwei Lösungsvariablen durch Untersuchung allgemeiner Gleichungen, bei denen auch die Koeffizienten Variablen sind, sollte eher der S II vorbehalten bleiben.

Hingegen ist die zusammenfassende Beschreibung der möglichen Lösungsmengen anhand paradigmatischer Zahlenbeispiele eine gute Vorbereitung für die spätere Verallgemeinerung auf mehr als zwei Lösungsvariablen. Die hierfür verwendeten Beispiele sollten kontextlose LGS sein; im Sinne der Winter'schen Grunderfahrungen (vgl. Kap. 1) geht es „nur" um die „reine" Mathematik der zweiten Grunderfahrung. Jetzt ist auch eine behutsame Einführung der üblichen Mengenschreibweise für Lösungsmengen angemessen; dies ist der erste Schritt zur späteren Analyse der möglichen Lösungsmengen beliebiger LGS in der S II.

Kleine Ursache – große Wirkung: schleifende Schnitte

Während man LGS, bei denen auch Koeffizienten Variablen (im Gegenstandsaspekt) sind, in der S I eher vermeiden sollte, kann man implizit an geeigneten Aufgaben analoge Überlegungen anregen. Das Beispiel 2.9 macht einen diesbezüglichen Vorschlag.

Beispiel 2.9

Das folgende LGS soll untersucht werden:

$$\begin{aligned}
\text{(I)} \quad & 3x + 4y = 5 \\
\text{(II)} \quad & 4x + 5y = 10
\end{aligned}$$

Die Steigungen der zugehörigen Geraden (Abb. 2.7a) sind $-\frac{3}{4} = -0{,}75$ bzw. $-\frac{4}{5} = -0{,}8$. Die beiden Geraden sind zwar fast, aber nicht ganz parallel; es gibt also genau einen Schnittpunkt, der zur Lösungsmenge $L = \{(15 \mid -10)\}$ führt.

Wie muss der Koeffizient bei x in der ersten Gleichung verändert werden, damit beide Geraden parallel werden? Wenn die Zahl 3 durch die Zahl a mit $-\frac{a}{4} = -0{,}8$, also $a = 3{,}2$ ersetzt wird, so werden beide Geraden parallel, aber verschieden; die

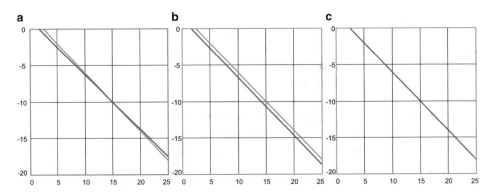

Abb. 2.7 Zwei Geraden

Lösungsmenge ist $L = \emptyset$ (Abb. 2.7b). Dieses Ersetzen kann geometrisch durch eine Drehung der ersten Geraden gedeutet werden. Wie muss jetzt noch der absolute Koeffizient 5 ersetzt werden, damit beide Geraden identisch werden? Kurze Rechnung ergibt, dass man die Zahl 5 durch $b = 8$ ersetzen muss (Abb. 2.7c), was geometrisch als eine Verschiebung der ersten Geraden gedeutet werden kann. Jetzt gibt es unendlich viele Lösungen; genauer ist $L = \{(x|y) \mid y = -0{,}8\,x + 2\}$. An diesem Beispiel kann schon in der S I das Problem der „schleifenden Schnitte", das beim numerischen Rechnen zu Rundungsproblemen führen kann, angesprochen werden.   ♦

2.4 LGS in der Sekundarstufe II

2.4.1 Überblick

Das Vorgehen bei der Behandlung linearer Gleichungssysteme in der S II wird wesentlich dadurch bestimmt, wann und wozu diese zum ersten Mal im Unterricht benötigt werden. Das hängt zunächst davon ab, ob der Lehrplan den Schwerpunkt auf (Analytische) Geometrie oder auf (Lineare) Algebra legt.

- Die rein arithmetisch-algebraische Sicht der Linearen Algebra wird z. B. derzeit in Niedersachsen vertreten. Vektoren sind Listen und die LGS werden rein algebraisch behandelt. Dieser Weg soll schnell zu relevanten Anwendungen der Mathematik wie Populationsentwicklungen in der Biologie oder Materialverflechtung in der Volkswirtschaftslehre führen. Die behandelten Anwendungen sind durchaus reichhaltig und interessant, allerdings bleibt vom Modellbildungskreislauf oft nur der mathematische Teil mit dem Aufstellen einer Matrix und ihrer kalkülgesteuerten Manipulation. Die eigentliche Modellbildung und die Deutung und Evaluation der mathematischen Ergebnisse sind in der Regel zu komplex für die Schule. So besteht die Gefahr, dass derlei

Aufgaben letztendlich dieselbe Rolle wie die teilweise zu Recht, teilweise zu Unrecht verpönten Aufgaben zur „Kurvendiskussion" spielen. Die Herausnahme der Geometrie aus dem Oberstufencurriculum verleugnet die Herkunft der Mathematik. Mit dem Verzicht auf die Analytische Geometrie wird man kaum mehr ein stimmiges Bild von Mathematik aufbauen können.

- Steht dagegen die Geometrie im Vordergrund, so können die LGS und ihre Lösungsmengen zunächst für $n = 2$ und $n = 3$ geometrisch als Schnitte von Geraden bzw. Ebenen gedeutet werden. Bei der Weiterentwicklung der Geometrie, die zu reichhaltigen, spannenden Aktivitäten führen kann, tauchen immer wieder LGS (und auch andere Gleichungstypen) auf. Die Lösungsmengen von LGS mit zwei und drei Lösungsvariablen führen zu Parameterdarstellungen von Geraden und Ebenen. In der mathematisch einfachen Verallgemeinerung können Parameterdarstellungen von nichtlinearen geometrischen Gebilden wie Kreisen, Ellipsen und vielen anderen Kurven dem Spiralprinzip entsprechend untersucht werden. Für die konkrete Lösung erweist sich ein Computeralgebrasystem (CAS) bzw. ein Dynamisches Geometriesystem (DGS) nicht nur als Rechenknecht als sehr hilfreich. Unabhängig von der Geometrie führen andere Problemkreise ebenfalls zu LGS. Man vergleiche hierzu die schönen Vorschläge von Hans Schupp (2000b) und den „Kanon für den Geometrieunterricht in den Sekundarstufen" von Heinrich Winter (2008). Für eine bewusste Begegnung des Individuums mit der Welt ist die Geometrie und sind Raum und Zeit unverzichtbar.
- Aber auch wenn die Analytische Geometrie vorgesehen ist, werden möglicherweise LGS vor der Analytischen Geometrie benötigt. Dies ist z. B. der Fall, wenn vor der Analytischen Geometrie Analysis unterrichtet wird und dort „Steckbriefaufgaben" (siehe Abschn. 2.7.2) behandelt werden sollen.

Es ist schlichte Schulrealität, dass man beim (Wieder-)Aufgreifen der LGS in der Sekundarstufe II meistens auf wenig aktive Grundvorstellungen zurückgreifen kann. Allerdings sollten die Schüler jetzt den Umgang mit Variablen und Gleichungen mehr oder weniger gut beherrschen, so dass man mit der geometrischen Vorstellung „Geraden und ihre Schnitte" relativ zügig und in höherem Abstraktionsgrad als in der S I zunächst Systeme mit zwei Lösungsvariablen und zwei Gleichungen behandeln kann.

2.4.2 LGS mit zwei und drei Lösungsvariablen

Lineare Gleichungen mit zwei Lösungsvariablen lassen sich stets in die allgemeine Form

$$ax + by = c$$

bringen, wobei x und y die Lösungsvariablen und die Koeffizienten a, b und c konkrete Zahlen oder ebenfalls Variablen sind. Variablen erfordern stets das Nachdenken über die Definitionsmenge, also darüber, welche Zahlen für a, b und c gewählt werden können.

Wenn man eine solche Gleichung als Geradengleichung deuten will, so wird schnell klar, dass a und b nicht beide null sein dürfen, während für c keine Einschränkung besteht. Für $b \neq 0$ kann man sofort zur üblichen Form der Geradengleichung nach y auflösen. Für $b = 0$ erhält man die Gleichung einer Parallelen zur y-Achse. Man beachte im Fall von z. B. $b = 0$, dass die Gleichung $a\,x = c$ allein gesehen eine lineare Gleichung mit einer Lösungsvariablen und mit der Lösungsmenge $\left\{\frac{c}{a}\right\}$ ist. Erst die Sicht als Gleichung in der Ebene führt zur unendlichen, als Parallele zur y-Achse gedeuteten Lösungsmenge $\left\{\left(\frac{c}{a} \mid y\right) \mid y \in \mathbb{R}\right\}$. Diese für uns selbstverständliche Sicht ist für Lernende keinesfalls selbstverständlich, sondern muss geklärt werden. Sonst können Verständnisprobleme bei den Schülern entstehen, die der Lehrer nicht erkennt. Der Fall $a = b = 0$ sollte nicht zu Beginn problematisiert werden, wenngleich er später beim Gauß'schen Algorithmus durchaus eine wichtige Rolle spielt: Kommt in einem LGS mit n Lösungsvariablen x_1, ..., x_n eine Gleichung

$$0 \cdot x_1 + 0 \cdot x_2 + \ldots + 0 \cdot x_n = c$$

vor, so kann diese Gleichung für $c = 0$ weggelassen werden, da sie für jede Einsetzung eine wahre Aussage ist, während diese Gleichung für $c \neq 0$ zur Unlösbarkeit des gesamten LGS führt.

Wir beschreiben im Folgenden die Untersuchung der verschiedenen Lösungsmengen für LGS mit zwei oder drei Lösungsvariablen. Die Schüler sollten geometrische Vorkenntnisse aus der S I über die Darstellung von Geraden in der x-y-Ebene in der Form $y = sx + t$ haben. Diese erste Form einer Geradengleichung wird in der S II verallgemeinert zur Darstellung durch eine lineare Gleichung $ax + by = c$ und zur Darstellung von Ebenen durch eine lineare Gleichung $ax + by + cz = d$ (vgl. die Abschn. 4.3.2 und 4.3.4). Nun werden Gleichungssysteme mit mehreren Gleichungen für die Fälle $n = 2$ und $n = 3$ betrachtet.[12] Zunächst *enaktive*[13] Überlegungen – Bleistifte auf dem Tisch für Geraden, Papierblätter im Raum für Ebenen – machen die möglichen Lösungsmengen im Falle von $n = 2$ oder $n = 3$ Lösungsvariablen klar. Mithilfe geeigneter Software können diese Lösungsmengen *ikonisch* zweidimensional und dreidimensional dargestellt werden (vgl. 2.6.3). Nachdem die möglichen Lösungsmengen geometrisch erfasst sind, kann die algebraische Beschreibung der Lösungsmengen als *symbolische* Darstellung gesehen werden. Die einzelnen Lösungen können als Punkte in der Ebene oder im Raum gedeutet werden. Später, wenn man $n > 3$ Lösungsvariablen betrachtet, ist keine graphische Veranschaulichung der Lösungen möglich; eine Lösung besteht aus n reellen Zahlen und wird ***n-Tupel*** genannt. Die bekannten Lösungen für $n = 2$ und $n = 3$ können dann auch 2-Tupel (Paare) bzw. 3-Tupel (Tripel) genannt werden.

---

[12] Wir bezeichnen im Folgenden die Anzahl der Gleichungen eines LGS mit m und die Anzahl der Lösungsvariablen mit n.

[13] Der amerikanische Psychologe Seymour Bruner, auf den auch das Spiralprinzip zurückgeht, fordert, dass ein mathematischer Sachverhalt in den drei Darstellungsebenen enaktiv (handelnd), ikonisch (bildlich) und symbolisch (formal) erfasst werden sollte.

Zunächst müssen die erlaubten Manipulationen der Gleichungen zur algebraischen Bestimmung der Lösungsmengen diskutiert werden. Auch hierbei wird an die Vorkenntnisse aus der S I angeknüpft werden. Die folgende theoretische Analyse ist ein typisches Beispiel für die zweite Winter'sche Grunderfahrung.

Lösungsmengen von LGS mit zwei Lösungsvariablen

Für $n = 2$ hat ein LGS mit einer (also $m = 1$) Gleichung $ax + by = c$ unendlich viele Lösungen, die sich als Lösungsmenge

$$L = \begin{cases} \{(t \mid -\frac{a}{b}t + \frac{c}{b}) \mid t \in \mathbb{R}\} & \text{falls} \quad b \neq 0 \\ \{(\frac{c}{a} \mid t) \mid t \in \mathbb{R}\} & \text{falls} \quad b = 0 \end{cases}$$

schreiben lassen. Wir setzen voraus, dass höchstens einer der Koeffizienten a und b gleich null sein darf. In die Variable t darf jede beliebige reelle Zahl eingesetzt werden. Wir nennen diese die Lösungsmenge beschreibende Variable t, die hier ebenfalls im Einsetzungsaspekt auftritt, einen *Parameter* und die Lösungsmenge „einparametrig" oder „eindimensional"; der letztere Begriff ist motiviert durch die eindimensionale Zahlengerade, die ebenfalls durch „$t \in \mathbb{R}$" beschrieben werden kann.

Wir haben hier sorgfältig auf *verschiedene Namen für verschiedene Variablenbedeutungen* geachtet. In manchen Schulbüchern verzichtet man darauf und schreibt nur:

$$L = \begin{cases} \{(x \mid -\frac{a}{b}x + \frac{c}{b}) \mid x \in \mathbb{R}\} & \text{falls} \quad b \neq 0 \\ \{(\frac{c}{a} \mid y) \mid y \in \mathbb{R}\} & \text{falls} \quad b = 0 \end{cases}$$

Hierbei werden die Variablennamen x bzw. y in zwei verschiedenen Deutungen verwendet. Zunächst sind x und y Lösungsvariablen der Ausgangsgleichung. Später wird x im ersten Fall bzw. y im zweiten Fall zum Parameter, der die Lösungen beschreibt. Formal ist dagegen nichts einzuwenden, da x als Parameter in der Mengenklammer der Lösungsmenge gebunden ist. Wenn man allerdings diese einfachere Schreibweise in der Schule verwendet, muss man die Lernenden darauf hinweisen und immer wieder nach den Bedeutungen der Variablennamen fragen, sonst können verhängnisvolle Fehldeutungen auftreten. Der flexible und sachangemessene Umgang mit verschiedenen Deutungen von Variablen ist ja wünschenswert; wie oben ausgeführt kann eine Variable verschiedene, vom Anwender gesetzte Bedeutungen tragen. Der korrekte Umgang mit Variablen ist aber eine der großen Hürden in der Schule. Wenn der Lehrer hier nicht sorgfältig auf die Vorstellungen seiner Schüler achtet, werden diese oft ohne semantische Bindung auf rein kalkülmäßiger Ebene mit Variablen umgehen.

Für ein LGS mit $m = 2$ Gleichungen

$$ax + by = c$$
$$dx + ey = f$$

findet man im „Normalfall", dass die beiden zugehörigen Geraden nicht parallel sind, genau eine gemeinsame Lösung; die Lösungsmenge kann man als „nulldimensional" bezeichnen. „Parallel" oder „nicht parallel" lässt sich an den Koeffizienten a und b bzw. d und e ablesen. Sind beide Geraden parallel, so entscheiden die Koeffizienten c und f, ob die Geraden verschieden sind, es also keinen gemeinsamen Punkt und damit keine Lösung gibt, oder ob die beiden Geraden identisch sind, was wieder zu einer einparametrigen Lösungsmenge führt.

Es wird deutlich, dass wir schon jetzt sechs Koeffizienten haben. Für $n = 3$ Lösungsvariablen und $m = 3$ Gleichungen werden $4 \cdot 3 = 12$ Koeffizienten benötigt – anstelle a, b, c … müssen dann andere Bezeichnungen gewählt werden.

Für $m > 2$ Gleichungen sind keine Lösungen zu erwarten, da drei Geraden in der Regel keinen gemeinsamen Schnittpunkt haben. Nur in speziellen Fällen mit kopunktalen Geraden (Geraden, die einen gemeinsamen Punkt besitzen, was bei mehr als zwei Geraden ein Ausnahmefall ist) können Lösungen auftreten; dies führt jedoch zu keinen neuen Lösungsmengen und wird deshalb zunächst nicht weiter betrachtet.

Lösungsmengen einzelner Gleichungen mit drei Lösungsvariablen
Für $n = 3$ lässt sich eine lineare Gleichung auf die Form

$$ax + by + cz = d$$

bringen. Mindestens einer der Koeffizienten a, b und c muss ungleich null sein, ggf. nach einer Umbenennung möge dies auf c zutreffen. Für beliebige Wahlen von x und y kann man damit stets genau ein z bestimmen, so dass das Einsetzen von x, y und z zu einer wahren Aussage führt. Ein LGS mit nur einer Gleichung, also $m = 1$, hat demnach unendlich viele Lösungen. Im Gegensatz zum Fall $n = 2$ mit nur einer Gleichung gibt es jetzt zwei Parameter s und t, die beliebig gewählt werden können, was durch die Sprechweise „zweiparametrige" oder „zweidimensionale" Lösungsmenge ausgedrückt wird. Da wir den Koeffizienten $c \neq 0$ voraussetzen konnten, ist die Lösungsmenge

$$L = \left\{ \left(s \,\middle|\, t \,\middle|\, -\frac{a}{c}s - \frac{b}{c}t + \frac{d}{c} \right) \quad \text{mit} \quad s, t \in \mathbb{R} \right\}.$$

Die Schreibweise wurde wieder so gewählt, dass die Lösungsvariablen und die Parameter verschiedene Bezeichner haben. Eine mögliche Schreibweise ist auch

$$L = \left\{ (x \mid y \mid z) \,\middle|\, x = s, \; y = t, \; z = -\frac{a}{c}s - \frac{b}{c}t + \frac{d}{c} \quad \text{mit} \quad s, t \in \mathbb{R} \right\}.$$

Wieder sind die Begriffe „zweiparametrig" und „zweidimensional" für die Lösungsmenge anschaulich klar.

Lösungsmengen von LGS mit drei Lösungsvariablen

Für mehr als eine Gleichung sollte man zuerst einige konkrete Beispiele betrachten. Beispielsweise hat das LGS

$$x - 2z = 0$$
$$y - 3z = -1$$

die eindimensionale Lösungsmenge $L = \{(2t \mid 3t - 1 \mid t) \text{ mit } t \in \mathbb{R}\}$ mit einem Parameter t. Für eine allgemeine Diskussion muss man über eine bessere Bezeichnung der Koeffizienten nachdenken. Die übliche Schreibweise verwendet eine doppelte Indizierung für Spalten und Zeilen. Genauer soll der Koeffizient a_{ij} derjenige Koeffizient sein, der in der i-ten Gleichung bei der j-ten Lösungsvariablen steht, b_i soll den variablenfreien Koeffizienten der i-ten Gleichung auf der rechten Seite bezeichnen. Für $m = 2$ schreibt man also das LGS als

$$a_{11} x + a_{12} y + a_{13} z = b_1$$
$$a_{21} x + a_{22} y + a_{23} z = b_2 \, .$$

Anstelle von x, y und z könnte man auch konsequent x_1, x_2 und x_3 schreiben, was eine weitere Indizierung bedeutet. Spätestens ab $n = 4$ wird diese Schreibweise sinnvoll werden. Diese Schreibweise mit der doppelten Indizierung ist allerdings sehr abstrakt und ungewohnt. Zwar lässt sie sich leicht auf beliebige LGS verallgemeinern und ist für den „Kenner" sehr elegant. Jedoch erinnere man sich an die eigene Studienzeit: Die doppelte Indizierung stellt für Anfänger eine große Verständnishürde dar; wenn der Lehrende dies nicht erkennt, kann es wieder zu sinnfreiem, kalkülgesteuertem Manipulieren mit Buchstaben führen. Als Lehrer sollte man also bewusst entscheiden, ob man einer konkreten Schulklasse („Spitzen-Leistungskurs" oder „normaler Grundkurs"?) diese Schreibweise zumuten kann. Eine einfachere alternative Schreibweise ist

$$a_1 x + a_2 y + a_3 z = c_1$$
$$b_1 x + b_2 y + b_3 z = c_2 \, .$$

Auch die Verallgemeinerung auf mehr als zwei Lösungsvariablen lässt sich in dieser Schreibweise durchführen, zumindest für paradigmatische Beispiele, beispielsweise mit vier Lösungsvariablen und vier Gleichungen.

Die geometrische Anschauung zeigt, dass sich die beiden Ebenen, die durch die beiden Gleichungen bestimmt sind, normalerweise in einer Geraden schneiden, es also eine eindimensionale Lösungsmenge mit einem Parameter gibt. Natürlich könnten die beiden Ebenen auch parallel und verschieden sein, dann ist die Lösungsmenge leer; oder beide Ebenen sind identisch, was zur schon bekannten zweidimensionalen Lösungsmenge der ersten Gleichung führt. Eines wird klar: Welcher dieser geometrisch klaren Fälle vorliegt, ist jetzt nicht so einfach an den Koeffizienten ablesbar.

Kommt eine weitere Gleichung hinzu, also $m = 3$, so ist der „Normalfall", dass die beiden ersten Gleichungen eine Gerade bestimmen, aus der die dritte Ebene genau einen Punkt ausschneidet. Die Lösungsmenge enthält dann ein einziges Element und ist damit nulldimensional. Im Falle von mindestens zwei parallelen Ebenen sind dann wieder

Tab. 2.1 Geometrische Deutung der Lösungsmengen von linearen Gleichungssystemen mit zwei oder drei Lösungsvariablen

Anzahl der Lösungsvariablen	Anzahl der Gleichungen	Lösungsmenge	Geometrische Deutung der Lösungsmenge L
$n = 2$	$m = 1$	eindimensional	$L = g$
$n = 2$	$m = 2$	nulldimensional	$L = g \cap h = \{P\}$
		eindimensional	$g \| h,\ L = g = h$
		leer	$g \| h,\ g \neq h,\ L = \emptyset$
$n = 3$	$m = 1$	zweidimensional	$L = E$
$n = 3$	$m = 2$	eindimensional	$L = E \cap F = g$
		zweidimensional	$E \| F,\ L = E = F$
		leer	$E \| F,\ E \neq F,\ L = \emptyset$
$n = 3$	$m = 3$	nulldimensional	$E \cap F = g,\ L = g \cap H = \{P\}$
		eindimensional	$E \cap F = g,\ g \| H,\ L = g \subset H$
		leer	$E \cap F = g,\ g \| H,\ L = g \cap H = \emptyset$
		zweidimensional	$E \| F \| H,\ L = E = F = H$
		leer	$E \| F \| H$, mindestens zwei Ebenen verschieden, $L = \emptyset$
		eindimensional	$E \| F;\ H,\ E = F;\ L = E \cap H = g$
		leer	$E \| F;\ H,\ E \neq F;\ L = \emptyset$

die zugehörigen Fälle für Lösungsmengen anschaulich klar; welcher Fall jedoch vorliegt, kann nicht direkt an den Koeffizienten abgelesen werden. Für $m > 3$ Gleichungen sind wieder bis auf spezielle Fälle identischer oder kopunktaler Ebenen keine Lösungen zu erwarten.

Schon an dieser Stelle (bevor Beispiele berechnet werden) zeigen die Lösungsmengen gewisse Strukturen, Tab. 2.1 enthält alle Möglichkeiten. In der letzten Spalte stehen g und h für Geraden sowie E, F und H für Ebenen. Die Abb. 2.8 veranschaulicht den ersten Fall mit $n = m = 3$ und nulldimensionaler Lösungsmenge.

Im „Normalfall" ist die Lösungsmenge eines LGS mit n Lösungsvariablen und m Gleichungen $(n - m)$-dimensional und wird durch $n - m$ Parameter beschrieben. In speziellen Fällen, die geometrisch durch die Parallelität von Geraden bzw. Ebenen repräsentiert werden, kommen weitere Lösungsmengen vor. Diese Struktur wird sich für $n > 3$, wofür es allerdings keine hilfreiche graphische Veranschaulichung mehr gibt, fortsetzen.

2.4.3 Äquivalenzumformungen

Nach der prinzipiellen Klärung möglicher Lösungsmengen für $n = 2$ und $n = 3$ möchte man diese Lösungen auch explizit mit algebraischen Methoden bestimmen. Diese Methoden sollen später auf LGS mit mehr als drei Lösungsvariablen, wofür die Lösungsmenge

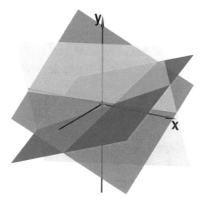

Abb. 2.8 Darstellung der Lösungsmengen der Gleichungen eines LGS mit drei Gleichungen und drei Lösungsvariablen:

$$\begin{aligned} \tfrac{3}{2}\,x - 2\,y + 4\,z &= 1 \\ 2\,x - \tfrac{9}{2}\,y - 2\,z &= -\tfrac{1}{2} \\ x + y - 3\,z &= 2 \end{aligned}$$

Die mittelgraue Ebene stellt die Lösungsmenge der ersten Gleichung, die hellgraue Ebene die der zweiten Gleichung und die blaue Ebene die der dritten Gleichung dar.

nicht mehr graphisch veranschaulicht werden kann, übertragbar sein. Das Lösen von LGS mit zwei Lösungsvariablen wird man in Analogie zum Vorgehen in der S I angehen. Man sollte genau darüber reflektieren, was die erlaubten algebraischen Manipulationen der Gleichungen sind. Bei jeder algebraischen Umformung wird aus einer Gleichung eine andere gewonnen. Damit dadurch die Lösungsmenge nicht verändert wird, sind nur „Äquivalenzumformungen" erlaubt. Äquivalenz bedeutet „Gleichwertigkeit"; hier geht es um die Gleichwertigkeit der Lösungen.

Analysieren wir beispielhaft für $n = 2$ das *Gleichsetzungsverfahren* (für das Einsetzungsverfahren gilt Analoges). Das LGS

$$\begin{aligned} \text{(I)} \quad & 4x - 5y = 13 \\ \text{(II)} \quad & 3x + 4y = 3 \end{aligned}$$

wird in das äquivalente Gleichungssystem

$$\begin{aligned} \text{(I')} \quad & y = \tfrac{4}{5}x - \tfrac{13}{5} \\ \text{(II')} \quad & y = -\tfrac{3}{4}x + \tfrac{3}{4} \end{aligned}$$

umgeformt. Hierfür benötigt man die beiden Äquivalenzumformungen

- Addition einer reellen Zahl oder eines Terms auf beiden Seiten der Gleichung,
- Multiplikation mit einer reellen Zahl bzw. mit einem Term ungleich null auf beiden Seiten der Gleichung.

Beide Operationen lassen sich im Waagemodell veranschaulichen. Die Auffassung von Subtraktion bzw. Division als Umkehroperationen von Addition bzw. Multiplikation macht algebraisch klar, dass statt Addition bzw. Multiplikation auch Subtraktion bzw. Division stehen könnte. Die folgende Gleichsetzung der rechten Seiten

$$\frac{4}{5}x - \frac{13}{5} = -\frac{3}{4}x + \frac{3}{4}$$

ist allerdings keine Äquivalenzumformung mehr.

Beim *Additionsverfahren* verwendet man mit der weiteren, ebenfalls mit dem Waagemodell motivierbaren Äquivalenzumformung

- Addition zweier Gleichungen

eine dritte Äquivalenzumformung, bei der ganze Gleichungen manipuliert werden. Im obigen Beispiel könnte man zunächst durch geeignete Multiplikation gleiche Koeffizienten etwa bei y erreichen:

$$4 \cdot (\text{I}) \quad 16x - 20y = 52$$
$$5 \cdot (\text{II}) \quad 15x + 20y = 15$$

Die Addition der beiden Gleichungen ergibt dann:

$$(\text{II*}) = 4 \cdot (\text{I}) + 5 \cdot (\text{II}) \quad 31x = 67$$

Äquivalent zum LGS mit den beiden Gleichungen (I) und (II) ist das LGS mit den Gleichungen (I) und (II*).

Der Vergleich zeigt, dass beim Additionsverfahren Brüche in der Regel erst später auftreten, was eventuell ein Vorteil bei der „händischen" Rechnung sein könnte. Eine weitere (letzte) Äquivalenzumformung, die bei $n = 2$ noch keine Rolle spielt und die zudem evident ist, ist die Beobachtung, dass das

- Vertauschen von zwei Gleichungen

die Lösungsmenge nicht beeinflusst. Zusammenfassend gilt also, dass bei Äquivalenzumformungen die Lösungsmenge eines LGS erhalten bleibt. Allerdings werden sich die Lösungsmengen der einzelnen linearen Gleichungen des LGS i. Allg. ändern.

2.4.4 Matrixschreibweise für LGS und Gauß'scher Algorithmus

Ab $n = 3$ Lösungsvariablen erweist sich das Additionsverfahren als den beiden anderen aus der S I bekannten Verfahren haushoch überlegen. Wenn man gleichzeitig die Schreibweise bei den Umformungen etwas standardisiert, lassen sich derartige LGS noch

Abb. 2.9 Lösen eines LGS in Matrixschreibweise

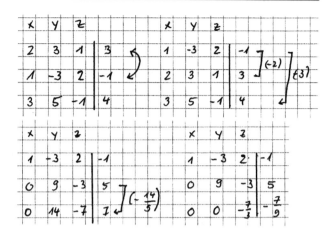

„händisch" rechnen, zumindest wenn die Zahl-Koeffizienten sorgfältig gewählt sind. Das Beispiel 2.10 soll dies verdeutlichen.

Beispiel 2.10

Gegeben ist das LGS:

$$
\begin{aligned}
\text{(I)} \quad & 2x + 3y + z = 3 \\
\text{(II)} \quad & x - 3y + 2z = -1 \\
\text{(III)} \quad & 3x + 5y - z = 4
\end{aligned}
$$

Im Gleichsetzungsverfahren könnte man die drei Gleichungen nach x auflösen, die erste mit der zweiten und die zweite mit der dritten gleichsetzen und würde somit ein LGS mit zwei Lösungsvariablen für y und z erhalten. Allerdings würden schnell unangenehme Brüche auftreten. Das Additionsverfahren zusammen mit einer ökonomischen Schreibfigur, in der nur noch die Koeffizienten des LGS vorkommen, erlaubt eine einfachere Darstellung des Rechenwegs, der später zum Gauß'schen Algorithmus verfeinert wird. Anstelle des obigen „kompletten" LGS schreiben wir nur noch das in Abb. 2.9 links stehende Schema aus den Koeffizienten des LGS, das auch „Matrixform des LGS" genannt wird.

Auf dieses Schema werden der Reihe nach Äquivalenzumformungen angewandt, was jeweils mit einer „Pfeil-Symbolik" am rechten Rand notiert wird. Zunächst werden die erste und die zweite Gleichung/Zeile vertauscht. Damit steht links oben eine 1. Nun wird das (-2)-fache der ersten Zeile zur zweiten und das (-3)-fache der ersten Zeile zur dritten addiert. Dadurch stehen unterhalb der oberen 1 nur noch Nullen. Im dritten Schritt wird das $(-\frac{14}{9})$-fache der zweiten Zeile zur dritten addiert. Nun haben wir eine besonders einfache Gestalt: In der „Hauptdiagonalen" stehen mit 1, 9 und $-\frac{7}{3}$ Zahlen ungleich null und unterhalb der Hauptdiagonalen nur Nullen. Jetzt können die Zeilen dieser „Endform" des LGS „von unten nach oben" wieder als Gleichungen geschrieben werden. Die dritte Zeile liefert

$$-\frac{7}{3}z = -\frac{7}{9}, \quad \text{also} \quad z = \frac{1}{3}.$$

Eingesetzt in die zweite Gleichung erhält man

$$9y - 3 \cdot \frac{1}{3} = 5, \quad \text{also} \quad y = \frac{2}{3}.$$

Schließlich liefert die erste Gleichung

$$x - 3 \cdot \frac{2}{3} + 2 \cdot \frac{1}{3} = -1, \quad \text{also} \quad x = \frac{1}{3}.$$

Damit ist die eindeutig bestimmte Lösungsmenge $L = \{(\frac{1}{3}|\frac{2}{3}|\frac{1}{3})\}$ gegeben. Geometrisch haben wir also drei Ebenen, die sich in einem Punkt schneiden (analog zu Abb. 2.8).

Die Schreibweise von LGS als Matrizen kann motiviert werden durch Schülern bekannte Spiele wie Schach und „Schiffe versenken"; eine solche problemadäquate Vereinfachung gehört zur fundamentalen Idee „Koordinatisieren", also eine gegebene Situation durch ein adäquates Koordinatensystem zu strukturieren. In Abb. 2.9 wurden noch über die einzelnen Spalten die Namen der jeweiligen Lösungsvariablen geschrieben. Das ist hilfreich, wenn man z. B. die Lösungsvariablen anders anordnet, da man dann besser den Überblick behält. Üblicherweise macht man das nicht, umfasst aber die Matrix mit zwei Klammern. Die erste Matrix oben links wird damit zu

$$\begin{pmatrix} 2 & 3 & 1 & \Big| & 3 \\ 1 & -3 & 2 & \Big| & -1 \\ 3 & 5 & -1 & \Big| & 4 \end{pmatrix}.$$

$\blacklozenge$

Im Unterricht sollten weitere, numerisch einfache Beispiele mit $n = 3$ und $m = 3$ folgen, die zu den anderen möglichen Typen von Endformen beim Additionsverfahren und damit den anderen möglichen Lösungsmengen führen. (Die LGS sollten „ausgesuchte" Koeffizienten besitzen; rechnerisch komplizierte Systeme per Hand zu rechnen, ist unsinnig.) Die Fälle $m = 1$ und $m = 2$ kann man durch Gleichungen der Form $0 \cdot x + 0 \cdot y + 0 \cdot z = 0$ auf den Fall $m = 3$ zurückführen. Der Fall $m > 3$ bringt nichts Neues und sollte hier nicht besonders diskutiert werden. Vermeiden sollte man LGS mit Koeffizienten, die ihrerseits Variablen sind (es sei denn, eine konkrete schulrelevante Anwendung erfordert das).

Anhand von Beispielen wie oben beschrieben findet man die möglichen Endformen und bereitet so auf die Theorie des Gauß'schen Algorithmus vor. Wir gehen aus von dem folgenden LGS mit $n = 3$ und $m = 3$, das schon in Matrixform geschrieben sei:

$$\begin{pmatrix} a_{11} & a_{12} & a_{13} & \Big| & b_1 \\ a_{21} & a_{22} & a_{23} & \Big| & b_2 \\ a_{31} & a_{32} & a_{33} & \Big| & b_3 \end{pmatrix}$$

Mindestens einer der Koeffizienten a_{ij} ist ungleich null. Ggf. durch Umreihung der Variablen und der Gleichungen kann vorausgesetzt werden, dass $a_{11} \neq 0$ ist. Addiert man geeignete Vielfache der ersten Zeile zur zweiten und zur dritten, so erhält man als erstes Element der zweiten und der dritten Zeile eine Null, also

$$(A) \begin{pmatrix} a_{11}\ a_{12}\ a_{13} & b_1 \\ 0\ \ a_{22}^*\ a_{23}^* & b_2^* \\ 0\ \ a_{32}^*\ a_{33}^* & b_3^* \end{pmatrix},$$

wobei sich an anderen Stellen der Matrix neue (mit einem Stern versehene) Koeffizienten ergeben. Sind in der Matrix (A) nun alle gesternten a-Koeffizienten gleich null, so haben wir die Matrix

$$(B) \begin{pmatrix} a_{11}\ a_{12}\ a_{13} & b_1 \\ 0\ \ \ 0\ \ \ 0 & b_2^* \\ 0\ \ \ 0\ \ \ 0 & b_3^* \end{pmatrix}.$$

Gilt jetzt $b_2^* = b_3^* = 0$, so ist die Lösungsmenge zweidimensional. Ist dagegen mindestens einer der beiden Koeffizienten ungleich null, so ist die Lösungsmenge leer. Ist dagegen in der Matrix (A) mindestens einer der gesternten a-Werte ungleich null, so können wir wie eben erreichen, dass es der Wert $a_{22}^* \neq 0$ ist. Jetzt kann man durch eine weitere Zeilenoperation $a_{32}^{**} = 0$ erreichen, was zu der Matrix

$$(C) \begin{pmatrix} a_{11}\ a_{12}\ a_{13} & b_1 \\ 0\ \ a_{22}^*\ a_{23}^* & b_2^* \\ 0\ \ \ 0\ \ a_{33}^{**} & b_3^{**} \end{pmatrix}$$

führt. Nun kommt es auf den Koeffizienten a_{33}^{**} an. Ist er ungleich null, so kann man wie im obigen Beispiel durch Einsetzen „von unten nach oben" die eindeutig bestimmte Lösung berechnen; die Lösungsmenge ist nulldimensional. Ist dagegen $a_{33}^{**} = 0$, so gibt es die beiden Fälle $b_3^{**} \neq 0$, was zur Lösungsmenge $L = \emptyset$ führt, und $b_3^{**} = 0$, was zu einer eindimensionalen Lösungsmenge führt. Das eben durchgeführte Verfahren ist der Gauß'sche Algorithmus für $n = 3$.

Geometrische Interpretation der Umformungsschritte des Gauß'schen Algorithmus

Ausgehend von der geometrischen Interpretation von Gleichungen mit drei Variablen als Ebenen lassen sich die Schritte des Gauß'schen Algorithmus für $n = 3$ veranschaulichen.

Beispiel 2.11

Wir gehen aus von dem bereits in der Abb. 2.8 betrachteten LGS mit drei Gleichungen – die Abbildung legt nahe, dass dieses LGS eine eindeutige Lösung besitzt. Auf das LGS wird nun der Gauß'sche Algorithmus angewendet, dargestellt in Matrixschreibweise, siehe Abb. 2.10.

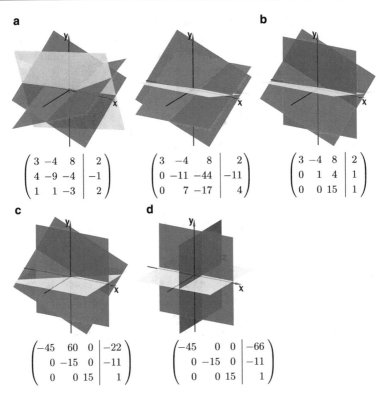

Abb. 2.10 Darstellung der Lösungsmengen der Gleichungen eines LGS mit drei Gleichungen und drei Lösungsvariablen nach den Lösungsschritten des Gauß'schen Algorithmus. Die mittelgrauen Ebenen stellen die Lösungsmengen der jeweils ersten Gleichung, die hellgrauen Ebenen die der zweiten Gleichung und die blauen Ebenen die der dritten Gleichung dar

Das bisher betrachtete Verfahren („einfacher Gauß'scher Algorithmus") endet bereits mit dem Schritt b – von hier aus können die Zeilen (wie in Beispiel 2.10 beschrieben) als Gleichungen geschrieben werden, und es lassen sich durch Einsetzen „von unten nach oben" die Lösungen ermitteln. Für die graphische Darstellung der Lösungen eines LGS ist es jedoch sinnvoll, den Gauß-Algorithmus weiterzuführen und die Gleichungen so umzuformen, dass in jeder Gleichung bzw. Zeile so wenige von null verschiedene Koeffizienten wie möglich auftreten (Schritte c und d in Abb. 2.10). Der Gauß-Algorithmus wird dabei in weiteren Schritten „von unten nach oben" durchgeführt. Dieses erweiterte Verfahren wird auch als *Gauß-Jordan-Algorithmus* bezeichnet. In dem betrachteten LGS bleibt dabei in jeder Zeile nur noch eine Variable mit einem von null verschiedenen Koeffizienten.

Die Zusammenfassung der Umformungsschritte in Abb. 2.10 zeigt, dass der Gauß'sche Algorithmus die drei Gleichungen (bzw. Zeilen) schrittweise so verändert, dass zugehörige Ebenen entstehen, die zunächst zu Koordinatenachsen und schließlich sogar zu Koordinatenebenen parallel sind. Sind alle drei durch das Gleichungssystem gegebenen Ebenen zu jeweils einer Koordinatenebene parallel, so befindet sich das System in der sogenannten Diagonalform (d); die Lösungen des LGS lassen sich als Schnittpunkte der Ebenen mit den Koordinatenachsen „ablesen". ♦

Es ist in Abb. 2.10 erkennbar, dass die durch den Gauß-Algorithmus vorgenommenen Umformungen den Schnittpunkt der drei Ebenen unverändert lassen, die Ebenen selbst jedoch verändern. Die Umformungsschritte sind somit Äquivalenzumformungen in Bezug auf das gesamte Gleichungssystem, nicht aber Äquivalenzumformungen in Bezug auf die einzelnen Gleichungen, deren – durch die jeweiligen Ebenen repräsentierten – Lösungsmengen sich offensichtlich verändern.

2.5 Verallgemeinerungen

2.5.1 Der Gauß-Algorithmus für LGS mit beliebig vielen Variablen und Gleichungen

Die Verallgemeinerung des Gauß'schen Algorithmus auf $n > 3$ wird durch viele inner- und außermathematische Anwendungen motiviert, die auf LGS mit zum Teil riesigen Anzahlen von Lösungsvariablen führen (vgl. Abschn. 6.1). Es kann natürlich kein Lernziel sein, größere LGS „per Hand" zu lösen, sondern es geht um das prinzipielle Verständnis dafür, dass es einen relativ einfachen und auch leicht programmierbaren Algorithmus gibt, der die spezielle Gleichungssorte „LGS" zumindest in der Theorie stets in endlich vielen Schritten exakt lösen kann. Wieder steht also die zweite Winter'sche Grunderfahrung im Vordergrund. Die genauere Analyse der Lösungsmengen wird zur abstrakten Linearen Algebra, nämlich der Theorie der Vektorräume führen. Die Schwierigkeit für Lernende steckt weniger in der konkreten Lösung eines LGS mit sechs Lösungsvariablen und acht Gleichungen – falls die Zahlen „rechenfreundlich" gewählt sind – als in dem abstrakten Schritt, das Lösungsverfahren für die konkreten Zahlen $n = 3$ und $m = 3$ auf den allgemeinen Fall mit beliebiger Anzahl n von Lösungsvariablen und m von Gleichungen zu übertragen. Hierin steckt einerseits die Kraft der Variablen im Kalkülaspekt und andererseits die besondere Schwierigkeit für Anfänger.

Wir gehen aus von einem LGS mit n Lösungsvariablen $x_1, x_2, \ldots, x_n$ und m Gleichungen, also:

$$
\begin{aligned}
a_{11} x_1 + a_{12} x_2 + \ldots + a_{1n} x_n &= b_1 \\
a_{21} x_1 + a_{22} x_2 + \ldots + a_{2n} x_n &= b_2 \\
\vdots \qquad \vdots \qquad\qquad \vdots \quad\ \vdots \\
a_{m1} x_1 + a_{m2} x_2 + \ldots + a_{mn} x_n &= b_m
\end{aligned}
$$

In der Schule kann man die folgende Analyse auch gut mit paradigmatischen Beispielen, etwa mit $n = 4$ und $m = 3$, in vereinfachter Schreibweise durchführen:

$$a_1 x_1 + a_2 x_2 + a_3 x_3 + a_4 x_4 = d_1$$
$$b_1 x_1 + b_2 x_2 + b_3 x_3 + b_4 x_4 = d_2$$
$$c_1 x_1 + c_2 x_2 + c_3 x_3 + c_4 x_4 = d_3$$

Damit erspart man sich auch die „drei Pünktchen" in der allgemeinen Schreibweise, da alle relevanten Variablen konkret aufgeschrieben sind. Diese von Mathematikern gerne verwendeten „drei Pünktchen" stellen auch eine Art der Variablenschreibweise dar, die für Anfänger keinesfalls so einfach zu verstehen ist!

Zurück zu dem Ausgangs-LGS mit n Lösungsvariablen und m Gleichungen! Wie im Falle von $n = 3$ vereinfachen wir das LGS durch die Matrixschreibweise:

$$\left(\begin{array}{cccc|c} a_{11} & a_{12} & \cdots & a_{1n} & b_1 \\ a_{21} & a_{22} & \cdots & a_{2n} & b_2 \\ \vdots & \vdots & \ddots & \vdots & \vdots \\ a_{m1} & a_{m2} & \cdots & a_{mn} & b_m \end{array} \right)$$

Die drei folgenden Äquivalenzumformungen, die in manchen Büchern auch „elementare Umformungen" genannt werden, umfassen die schon oben aufgezählten:

- Vertauschen von zwei Gleichungen, d. h. von zwei Zeilen der Matrix,
- Multiplikation einer Gleichung bzw. Zeile mit einem Faktor $k \in \mathbb{R} \backslash \{0\}$,
- Addition des k-fachen einer Gleichung bzw. Zeile zu einer anderen Gleichung bzw. Zeile mit einer beliebigen Zahl $k \in \mathbb{R}$.

Mit diesen Umformungen führen wir die Matrix sukzessive in eine Form über, an der sich die Lösung einfach ablesen lässt – wir machen es genauso wie oben im Falle von $n = 3$. Die im Folgenden entwickelte Methode heißt *Gauß'sches Eliminationsverfahren* oder *Gauß'scher-Algorithmus*. Nur eine, aber wesentliche Idee wird bei den einzelnen Schritten durchgeführt. Statt der konkreten Koeffizienten schreiben wir einfacher nur das Symbol *, das für eine reelle Zahl steht. Damit wird unsere Ausgangsmatrix zu

$$\left(\begin{array}{cccc|c} * & * & \cdots & * & * \\ * & * & \cdots & * & * \\ \vdots & \vdots & \ddots & \vdots & \vdots \\ * & * & \cdots & * & * \end{array} \right).$$

Durch die „*"-Schreibweise haben wir eine weitere Vereinfachung erreicht – die aber Schülern sorgfältig erklärt und begründet werden muss; schließlich handelt es sich um eine neue Schreibweise für Variablen! Mindestens einer der Koeffizienten a_{ij} im linken Block muss ungleich null sein. Ggf. durch Vertauschen von Zeilen und Ändern der Reihenfolge der Lösungsvariablen lässt sich erreichen, dass es der Koeffizient links oben ist. Durch Multiplikation der ersten Zeile mit einem geeigneten Faktor und Addition des jeweils geeigneten k-fachen der ersten Zeile zur 2., 3., ..., n-ten Zeile erreichen wir die folgende Form der Matrix:

$$\left(\begin{array}{cccc|c} 1 & * & \cdots & * & * \\ 0 & * & \cdots & * & * \\ \vdots & \vdots & \ddots & \vdots & \vdots \\ 0 & * & \cdots & * & * \end{array} \right)$$

Dieselbe Überlegung wenden wir auf das durch die zweite bis zur n-ten Spalte und durch die zweite bis zur m-ten Zeile gebildete Rechteck an. Sind alle diese Zahlen gleich null, so haben wir die Endform erhalten. Ist mindestens eine der Zahlen ungleich null, so können wir wieder erreichen, dass sie an die Stelle $(2 \mid 2)$ kommt, und erhalten als nächste Umformung der Matrix

$$\left(\begin{array}{cccc|c} 1 & * & \cdots & * & * \\ 0 & 1 & \cdots & * & * \\ \vdots & \vdots & \ddots & \vdots & \vdots \\ 0 & 0 & \cdots & * & * \end{array} \right).$$

Die Fortsetzung des Verfahrens führt nach höchstens n Schritten zur Endform

$$\begin{array}{c} \\ \\ \\ \\ \\ s \\ \\ \\ \\ m \end{array} \begin{array}{cc} s \qquad\qquad n \\ \left(\begin{array}{ccccccc|c} 1 & * & * & & * & * & \cdots & * & * \\ 0 & 1 & * & & * & * & \cdots & * & * \\ 0 & 0 & 1 & & * & * & \cdots & * & * \\ & & & \ddots & & & & & \\ 0 & 0 & 0 & & 1 & * & \cdots & * & * \\ 0 & 0 & 0 & & 0 & 0 & \cdots & 0 & * \\ \vdots & & & & & & & \vdots & \vdots \\ 0 & 0 & 0 & & 0 & & & 0 & * \end{array} \right). \end{array}$$

Es gibt $s \leq n$ Einsen an den Stellen $(1 \mid 1)$ bis $(s \mid s)$, auf den weiteren Stellen der Hauptdiagonalen und unterhalb der Hauptdiagonalen stehen Nullen. Für $s < m$ stehen in den Zeilen $s + 1$ bis m links vom Strich jeweils n Nullen. Steht in einer dieser Zeilen rechts vom Strich aber eine Zahl ungleich null, so haben wir eine unlösbare Gleichung „null = ungleich null" – die Lösungsmenge des LGS ist die leere Menge. Lösungen gibt es genau dann, wenn in diesen Zeilen $s + 1$ bis m rechts jeweils auch eine Null steht. In diesem Fall ist die Lösungsmenge $(n-s)$-dimensional: Die Lösungsvariablen x_{s+1} bis x_n werden als $n-s$ Parameter gedeutet und mit einer beliebigen reellen Zahl belegt. Die s-te Zeile ergibt dann eine eindeutig lösbare Gleichung für x_s, dann die $(s-1)$-te Gleichung eine eindeutig lösbare Gleichung für x_{s-1} etc.

Vergleicht man dieses Ergebnis mit Tab. 2.1 für die möglichen Lösungsmengen für $n = 2$ und $n = 3$, so erkennt man die Verallgemeinerung des früheren Ergebnisses, allerdings unter Verzicht einer graphischen Veranschaulichung. Man könnte jetzt in der bisherigen Endform noch oberhalb der Einsen ebenfalls Nullen „erzeugen", dies bringt aber keine neuen Erkenntnisse und ist überflüssig – per Hand rechnen will man mit diesen Endformen ohnedies nicht!

Die hier inhaltlich gewonnene Zahl s ist mathematisch gesehen der „Rang der Matrix des homogenen LGS". Die anschauliche Lösbarkeitsbedingung, dass es keine Zeilen geben darf, in denen links n Nullen, aber rechts eine Zahl ungleich null steht, ist die mathematische *Lösbarkeitsbedingung*

  „Rang der Matrix des homogenen Systems $=$ Rang der erweiterten Matrix" .

2.5.2   Strukturelle Überlegungen zu Lösungsmengen von LGS

Bisher können wir Lösungsmengen von LGS als „strukturlose" Mengen berechnen. (Nur für $n = 2,3$ haben wir eine geometrische Struktur.) Um bei beliebigen LGS die inneren Strukturen der Lösungsmengen zu erkennen, muss man zumindest implizit die Theorie der Vektorräume zu Rate ziehen.

Wir gehen von einem LGS mit n Lösungsvariablen und m Gleichungen aus und setzen voraus, dass es eine Lösung, etwa das n-Tupel $(s_1|s_2|\ldots|s_n)$, gibt. Dies bedeutet, dass das Einsetzen

$$a_{i1} s_1 + a_{i2} s_2 + \ldots + a_{in} s_n = b_i$$

in allen m Gleichungen von $i = 1$ bis $i = m$ eine wahre Aussage erzeugt. Kann man aus der Existenz von *einer* Lösung auch auf die Existenz von *weiteren* Lösungen schließen? Sicher nicht, denn wir wissen schon, dass es LGS mit genau einer Lösung gibt. Man betrachtet nun aber nicht das vollständige LGS, sondern ein spezielles, indem man alle Zahlen b_i auf der rechten Seite gleich null setzt. Man nennt dieses LGS das zugehörige „homogene LGS", also

$$\begin{aligned}
a_{11} x_1 + a_{12} x_2 + \ldots + a_{1n} x_n &= 0 \\
a_{21} x_1 + a_{22} x_2 + \ldots + a_{2n} x_n &= 0 \\
\vdots \qquad \vdots \qquad\qquad \vdots \qquad \vdots \\
a_{m1} x_1 + a_{m2} x_2 + \ldots + a_{mn} x_n &= 0
\end{aligned}$$

mit der zugehörigen Matrix

$$\left(\begin{array}{cccc|c}
a_{11} & a_{12} & \cdots & a_{1n} & 0 \\
a_{21} & a_{22} & \cdots & a_{2n} & 0 \\
\vdots & \vdots & \ddots & \vdots & \vdots \\
a_{m1} & a_{m2} & \cdots & a_{mn} & 0
\end{array} \right),$$

die man noch einfacher durch Weglassen der rechten Spalte als „Matrix des zugehörigen homogenen Systems" schreibt:

$$\begin{pmatrix} a_{11} & a_{12} & \cdots & a_{1n} \\ a_{21} & a_{22} & \cdots & a_{2n} \\ \vdots & \vdots & \ddots & \vdots \\ a_{m1} & a_{m2} & \cdots & a_{mn} \end{pmatrix}$$

Die Betrachtung dieses speziellen „homogenen" LGS hat einen entscheidenden Vorteil: Ein homogenes LGS hat *immer* wenigstens eine Lösung, nämlich das n-Tupel $(0\,|\,0\,|\ldots|\,0)$. Und zurück zur Ausgangsfrage, wenn $(s_1\,|\,s_2\,|\ldots|\,s_n)$ irgendeine Lösung des homogenen LGS ist, dann gibt es auch für jede reelle Zahl r die weiteren Lösungen $(r \cdot s_1 \,|\, r \cdot s_2 \,|\ldots|\, r \cdot s_n)$. Dies beweist man einfach durch Einsetzen dieses n-Tupels und Nachrechnen:

$$a_{i1} \cdot (r \cdot s_1) + a_{i2} \cdot (r \cdot s_2) + \ldots + a_{in} \cdot (r \cdot s_n) = r \cdot (a_{i1} \cdot s_1 + a_{i2} \cdot s_2 + \ldots + a_{in} \cdot s_n) = r \cdot 0 = 0 \, ;$$

verwendet haben wir hierbei die wesentlichen Gesetze der reellen Zahlen, also das Kommutativgesetz, das Assoziativgesetz und das Distributivgesetz! An dieser Stelle wird erneut die Bedeutung dieser Gesetze klar. Ist man so weit, dann erkennen Lernende oft, dass man Lösungen „addieren" kann, d. h. dass man von zwei Lösungen $(s_1\,|\,s_2\,|\ldots|\,s_n)$ und $(t_1\,|\,t_2\,|\ldots|\,t_n)$ auf die weitere Lösung

$$(s_1 + t_1 \,|\, s_2 + t_2 \,|\ldots|\, s_n + t_n)$$

schließen kann. Der Beweis erfolgt wiederum durch Nachrechnen unter Verwendung der Rechengesetze der reellen Zahlen:

$$\begin{aligned} a_{i1} \cdot (s_1 + t_1) &+ a_{i2} \cdot (s_2 + t_2) + \ldots + a_{in} \cdot (s_n + t_n) \\ &= (a_{i1} \cdot s_1 + a_{i2} \cdot s_2 + \ldots + a_{in} \cdot s_n) + (a_{i1} \cdot t_1 + a_{i2} \cdot t_2 + \ldots + a_{in} \cdot t_n) \\ &= 0 + 0 = 0 \end{aligned}$$

Klar, wenn das homogene LGS nur die eine „Nulllösung" hat, dann bringen das „r-fache" und „die Addition" der Nulllösung auch nicht mehr ... Bisher haben wir herausgefunden, wie aus existierenden Lösungen des homogenen Systems weitere konstruiert werden können. Dabei haben wir vom „r-fachen" und von der „Addition" von Lösungen gesprochen, was Schüler an dieser Stelle in der Regel auch tun. Die LGS wurden zuerst für die Fälle $n = 2$ und $n = 3$ untersucht, die ontologisch an Geraden und Ebenen gebunden waren. Die einzelnen Lösungen konnten als Punkte in der Ebene oder im Raum interpretiert werden. Dementsprechend schreibt man die Lösungen als Tupel $(u\,|\,v)$, $(u\,|\,v\,|\,w)$ und in Verallgemeinerung $(s_1\,|\,s_2\,|\ldots|\,s_n)$ (was allerdings keine ontologische Bindung mehr hat). Das r-fache von Punkten und die Summe von Punkten macht aber – zumindest aus Sicht der

Schulgeometrie – keinen Sinn. Wenn an dieser Stelle den Schülern der Vektorbegriff schon bekannt ist, liegt es nahe, die Lösungen eines LGS neu als Vektoren zu interpretieren und dementsprechend in Zukunft die Spaltenschreibweise

$$
\begin{pmatrix} u \\ v \end{pmatrix}, \quad \begin{pmatrix} u \\ v \\ w \end{pmatrix} \quad \text{bzw.} \quad \begin{pmatrix} s_1 \\ s_2 \\ \vdots \\ s_n \end{pmatrix}
$$

zu wählen. Dann werden in natürlicher Weise das r-fache und die Summe von Lösungen als die S-Multiplikation und Addition von Vektoren gedeutet, und die Lösungen des homogenen Systems werden zu einem Vektorraum, genauer einem Untervektorraum des jeweiligen Vektorraumes $\mathbb{R}^n$.

Auch wenn der Vektorbegriff vorher noch nicht im Unterricht behandelt wurde, sollten an dieser Stelle trotzdem die Spaltenschreibweise, die Sprechweise „Vektoren" und die Bezeichnungsweise „$\vec{s}$" eingeführt werden. Aus bereits bekannten Lösungen

$$
\vec{s} = \begin{pmatrix} s_1 \\ s_2 \\ \vdots \\ s_n \end{pmatrix} \quad \text{und} \quad \vec{t} = \begin{pmatrix} t_1 \\ t_2 \\ \vdots \\ t_n \end{pmatrix}
$$

des homogenen Systems werden neue Lösungen

$$
r \odot \vec{s} = \begin{pmatrix} r \cdot s_1 \\ r \cdot s_2 \\ \vdots \\ r \cdot s_n \end{pmatrix} \quad \text{und} \quad \vec{s} \oplus \vec{t} = \begin{pmatrix} s_1 + t_1 \\ s_2 + t_2 \\ \vdots \\ s_n + t_n \end{pmatrix}
$$

gebildet. Die Symbole „$\odot$" und „$\oplus$" sollen andeuten, dass es sich um neue Verknüpfungen zwischen reellen Zahlen und (Lösungs-)Vektoren bzw. zwischen zwei Vektoren handelt, die aber ähnliche Eigenschaften wie die Multiplikation und Addition reeller Zahlen haben.

Was kann man noch über die Lösungen des homogenen Systems sagen? Bei der durch den Gauß'schen Algorithmus erreichten Endform eines LGS hatten wir die Zahl s (mathematisch gesehen den Rang der Matrix) der in der Hauptdiagonalen stehenden Einsen betrachtet. Die Lösungsmenge war $(n - s)$-dimensional. Dies spiegelt sich bei der Lösungsmenge des homogenen Systems in der Eigenschaft, die Vektorraum-Dimension $n - s$ zu haben, wider.

Was folgt aus diesen Resultaten für das eigentlich interessierende LGS, bei dem eine Spalte mit den Koeffizienten b_i auf der rechten Seite steht? Nach der Auszeichnung des „homogenen Systems" war das Ausgangssystem das „inhomogene System" genannt worden. Wenn es überhaupt keine Lösungen des inhomogenen Systems gibt, wenn also mathematisch gesprochen der Rang der Matrix des homogenen Systems kleiner ist als der

Rang der Matrix des inhomogenen Systems, so ist nichts zu diskutieren. Wenn es aber mindestens eine Lösung $\vec{s}$ des inhomogenen Systems gibt, so ist für jede Lösung $\vec{t}$ des homogenen Systems der Vektor $\vec{s} \oplus \vec{t}$ ebenfalls eine Lösung des inhomogenen Systems, wie Schüler leicht nachrechnen können. Umgekehrt erhält man aus zwei Lösungen $\vec{s}$ und $\vec{t}$ des inhomogenen Systems die Lösung $\vec{s} \ominus \vec{t}$ des homogenen Systems, wobei $\ominus$ die Umkehroperation von $\oplus$ ist. Damit ist die Struktur des Lösungsraumes eines LGS zumindest für schulische Zwecke ausreichend beschrieben:

Das zu einem LGS gehörige homogene LGS möge den Lösungsraum L_{hom} haben. Falls das inhomogene System mindestens eine Lösung $\vec{x}_0$ hat, dann hat es die Lösungsmenge

$$L = \vec{x}_0 \oplus L_{\mathrm{hom}},$$

die mathematisch gesprochen eine Nebenklasse des Untervektorraumes der Lösungen des homogenen LGS ist.

Abschließend zu diesem Teilkapitel sei noch ein „technischer Kniff" erwähnt, der die simultane Bearbeitung mehrerer LGS mit demselben homogenen Teil, aber verschiedenen inhomogenen Teilen erlaubt. So etwas kommt beispielsweise bei der Berechnung der Umkehrmatrix vor. Angenommen, wir sollen die Lösungen der beiden LGS

$$\left(\begin{array}{ccc|c} a_{11} & a_{12} & a_{13} & b_1 \\ a_{21} & a_{22} & a_{23} & b_2 \\ a_{31} & a_{32} & a_{33} & b_3 \end{array} \right)$$

und

$$\left(\begin{array}{ccc|c} a_{11} & a_{12} & a_{13} & c_1 \\ a_{21} & a_{22} & a_{23} & c_2 \\ a_{31} & a_{32} & a_{33} & c_3 \end{array} \right)$$

mit demselben homogenen Teil bestimmen. Wir fassen hierzu die beiden Matrizen zu einer Matrix mit zwei „Inhomogenitätsspalten" zusammen, also

$$\left(\begin{array}{ccc|cc} a_{11} & a_{12} & a_{13} & b_1 & c_1 \\ a_{21} & a_{22} & a_{23} & b_2 & c_2 \\ a_{31} & a_{32} & a_{33} & b_3 & c_3 \end{array} \right).$$

Nun führen wir das „normale" Gauß'sche Verfahren durch und denken daran, dass es zwei Spalten auf der rechten Seite gibt.

2.6   Lösen linearer Gleichungssysteme mit dem Computer

Der Gauß'sche Algorithmus lässt sich leicht programmieren und führt – zumindest in der Theorie – für beliebige LGS zur exakten Lösung. Allerdings gibt es bei der Anwendung des Computers für das Lösen von LGS einiges zu beachten. Bei großen LGS –

was auch immer „groß" bedeutet – lässt sich der Gauß'sche Algorithmus nur numerisch mit gerundeten Zahlen (oder gar nicht) durchführen und führt damit zur Problematik der Rechenungenauigkeit und Fehlerfortpflanzung und zu anderen Problemen (vgl. Abschn. 2.6.4).

2.6.1 Computereinsatz in der Schule

Die einfache Gestalt des Gauß'schen Algorithmus lässt ihn prädestiniert zur Abarbeitung mit dem Computer erscheinen. Denn dieser kann stumpfsinnige Rechnungen fehlerfrei durchführen, was uns Menschen beim konkreten Durchrechnen dieses Algorithmus kaum gelingt. Unter keinen Umständen ist eine Fertigkeit beim händischen Lösen von LGS ein sinnvolles Lernziel. Das Verständnis des Gauß'schen Algorithmus und der Struktur der Lösungsmenge sind erstrebenswerte Lernziele; die konkrete Durchführung überlässt man besser dem Computer. Die Deutung seiner Ergebnisse ist dagegen wieder eine anspruchsvolle Aufgabe. Natürlich wird man die vielen einfachen LGS, die bei den in der Schule üblichen (Abitur-)Aufgaben vorkommen, in der Regel schneller per Hand als per Computer lösen.

Das Lösen von LGS mit dem Computer ist ein typisches Beispiel des von Bruno Buchberger 1989 für didaktische Zwecke formulierten „Black Box/White Box-Prinzips", siehe Heugl et al. (1996). In der Box steckt der Gauß'sche Algorithmus. Die Schüler haben ihn verstanden und an ausgesuchten Beispielen händisch durchgeführt. Nun wird der Deckel zugemacht, und in Zukunft werden (größere) LGS mit dem Computer gelöst, ohne jeweils darüber nachzudenken, wie das geht. Im Gegensatz zum unreflektierten Umgang mit dem Computer kann man aber hier beim Lösen von LGS jederzeit „den Deckel aufmachen", d. h. sich an die Lösungstheorie erinnern. Ein Beispiel für das Black Box/White Box-Prinzip „ohne Computer" ist die Ableitung der Sinusfunktion. Irgendwann wurde bewiesen, dass „$\sin' = \cos$" ist. Der Deckel wird zugemacht, und in Zukunft muss man nur noch diese Formel wissen. Man könnte aber jederzeit den Deckel aufmachen, d. h. seine alten Aufzeichnungen oder ein Buch in die Hand nehmen und den Beweis wieder rekapitulieren.

Heute gehören Computer in den meisten Schulen in irgendeiner Form zum Mathematikunterricht, wenngleich zwischen den Forderungen der Lehrpläne und der Realität eine oft große Kluft besteht. In fast allen Bundesländern sollen die Schüler in der S I Erfahrungen mit Dynamischen Geometriesystemen, Funktionenplottern und Tabellenkalkulation sammeln. Leider setzen in der S II nicht didaktische Überlegungen, sondern meistens das schriftliche Abitur die Maßstäbe für den Rechnereinsatz. Dementsprechend sind CAS-Taschenrechner (CAS-TR) wie der Casio ClassPad oder der TI-Nspire relativ verbreitet. In manchen Bundesländern sind zumindest graphikfähige Taschenrechner (GTR) verpflichtender Standard; andere Bundesländer verlangen GTR oder CAS-TR und bieten sogar zwei verschiedene Abiturformen an. Allerdings ist diese Unterscheidung zwischen GTR und CAS-TR aus technischer Sicht eher sinnlos; Geräte und ihre Möglichkeiten ändern sich rasant. Die Fixierung auf GTR und CAS-TR liegt vor allem an der Überbewertung des schriftlichen Abiturs, für das man nur die „von der Schulaufsicht beherrschbaren" TR zulassen will. Zwar beherrschen insbesondere die CAS-TR alle in der Schule denkbaren Aufgaben; dem Vorteil der leichten Verfügbarkeit steht aber der Nachteil der schlechten Graphik und umständlichen Bedienung gegenüber. Hier setzen heute schon Smartphones und Tablets technisch neue Maßstäbe (womit die Problematik der Zulassung zum Abitur noch größer wird). Für den Mathematikunterricht in der Sekundarstufe II halten wir aber Computer bzw. Laptops, die heute praktisch für alle Schüler verfügbar sind und auf denen spezifische, zum Teil speziell für die Schule geschriebene Programme laufen, für das Mittel der Wahl.[14]

Vor jedem Computereinsatz sollte man folgende Aspekte bedenken: Programme, die man in der Schule verwendet, erfordern eine nicht zu unterschätzende Einarbeitungszeit. Die Sprache des Computers ist nicht die der Mathematik, auch wenn sich in den letzten Jahren die Bedienung der für die Schule einschlägigen Software stark vereinfacht hat. Noch immer gilt die Warnung von Michèle Artigue (2000), dass die Probleme bei der Integration komplexer Technologien oft unterschätzt werden. Von einem Computer angebotene Visualisierungen sind nicht notwendigerweise a priori eine Erleichterung für Schüler – das Lesen und Verstehen solcher Visualisierungen muss erst gelernt werden. Für uns motivierende dreidimensionale Darstellungen von Flächen, die man mit der Maus nach allen Seiten drehen kann, sind für den Anfänger oft zunächst unverständlich. Man sollte nie vergessen, dass ein 3D-Computerbild in Wirklichkeit eine 2D-Darstellung ist. Die Welt, in der wir leben, ist dreidimensional, aber die Abbilder, die wir uns von ihr machen, sind fast immer zweidimensional. Die Kunstgeschichte zeigt, dass es ein langer und mühsamer Weg war, bis die Künstler die dreidimensionale Natur adäquat auf ebenen Trägern darstellen konnten. Vielleicht wird es hierfür in naher Zukunft neue, leicht verfügbare und preiswerte Techniken geben. Was aber sicher bleiben wird, ist die alte Erkenntnis von Euklid, dass es keinen Königsweg zur Mathematik gibt.

2.6.2   Software für den Unterricht in Analytischer Geometrie und Linearer Algebra

Für den Unterricht in Analytischer Geometrie und Linearer Algebra kommen vor allem drei Kategorien von Software in Frage:[15]

---

[14] Diese Einschätzung bezieht sich auf das Jahr 2014. Da die technische Entwicklung bei Smartphones und Tablets derzeit sehr rasant verläuft, ist nicht auszuschließen, dass diese Geräte auch in Bezug auf die dafür verfügbare Software in wenigen Jahren als gleichwertig anzusehen sind. Bereits heute gibt es Geräte, die Laptop und Tablet-PC in einem sind.

[15] Wir gehen hier nicht mehr auf spezielle Programme mit beschränktem Funktionsumfang (wie Vectory und DreiDGeo) ein, die um die Jahrtausendwende für den Unterricht in Analytischer Geometrie entwickelt wurden, siehe hierzu (Filler, 2008, S. 175ff.). Die Funktionen derartiger kleiner

- **Computeralgebrasysteme (CAS)** können alle in der Schule und an der Universität auftretenden Berechnungen ausführen sowie graphische Darstellungen geometrischer Objekte und Relationen in der Ebene und im Raum generieren. Allerdings erfordert die Bedienung von CAS ein gewisses Maß an Einarbeitungszeit. Wir verwenden an einigen Stellen dieses Buches das CAS Maxima[16], das laufend weiterentwickelt wird und kostenfrei verwendet werden darf, was für die Schule nicht unwichtig ist.[17] Eine Kurzanleitung zu Maxima findet man auf der Internetseite zu diesem Buch.
- **Dynamische Geometriesysteme (DGS)** eignen sich naturgemäß besonders gut für geometrische Konstruktionen. Ursprünglich für die synthetische Geometrie der S I entwickelt, bieten DGS wie Euklid DynaGeo[18], Cinderella[19] und GeoGebra[20] heute sehr gute Visualisierungsmöglichkeiten für die Analysis und die Analytische Geometrie, allerdings weitgehend beschränkt auf die Ebene. Ein wesentlicher Vorteil von DGS besteht darin, dass sie für die Schule entwickelt werden und sehr leicht zu bedienen sind.
- Für Visualisierungen und Konstruktionen in der Raumgeometrie gibt es spezielle **3D-DGS**.[21] Ein sehr schönes, auch für Visualisierungen in der Analytischen Geometrie des Raumes geeignetes Programm ist Archimedes Geo3D[22]. Im Unterricht der Analytischen Geometrie kann auch **3D-Computergraphiksoftware** sinnvoll eingesetzt werden, siehe Filler (2008). Da derartige Software im Mathematikunterricht allerdings weniger universell einsetzbar ist als CAS und DGS, erscheint ihre Nutzung nur dann sinnvoll, wenn Aspekte der Computergraphik als Anwendungen der Analytischen Geometrie im Unterricht thematisiert werden (siehe die Abschn. 5.1 und 5.2).

Die ursprünglich als DGS „gestartete" Software GeoGebra vereint mittlerweile Module, die allen drei genannten Kategorien von Software zuzuordnen sind: GeoGebra weist eine Vernetzung von ebener Geometrie, Algebra und Tabellenkalkulation auf, und auch ein CAS-Modul existiert mittlerweile. Seit der im Herbst 2014 veröffentlichten Version 5 besitzt GeoGebra zudem ein 3D-Modul und kann dadurch für räumliche Darstellungen genutzt werden. Da GeoGebra auf sehr vielen Gebieten des Mathematikunterrichts eingesetzt werden kann (und mittlerweile auch wird), werden wir diese Software auch

---

Spezialprogramme werden mittlerweile auch von CAS und/oder DGS (die wesentlich universeller im Unterricht einsetzbar sind) bereitgestellt.

[16] http://maxima.sourceforge.net

[17] Natürlich kann man genauso gut mit CAS wie Maple, Mathematica oder (mit gewissen Einschränkungen) Derive arbeiten. Allerdings sind Maple und Mathematica teure kommerzielle Programme, während Derive nicht mehr offiziell verkauft und nicht gepflegt wird.

[18] http://www.dynageo.de

[19] http://www.cinderella.de

[20] http://www.geogebra.org

[21] Genannt sei hier Cabri 3D, eine gute Raumgeometrie-Software für die Sekundarstufe I (http://www.cabri.com/cabri-3d.html), die aber vorrangig für die synthetische Raumgeometrie konzipiert und daher für die Analytische Geometrie weniger gut geeignet ist.

[22] http://www.raumgeometrie.de

in diesem Buch hauptsächlich verwenden – in der Schule eingesetzte Programme sollten einen breiten Anwendungsbereich haben. Allerdings weisen „richtige" CAS wie Maxima einige Vorteile auf, z. B. hinsichtlich der Übersichtlichkeit der Eingabe von LGS mit vielen Gleichungen und der Möglichkeit, Lösungsmengen von Gleichungen und LGS „direkt" (ohne vorherige Umformungen) graphisch darzustellen. Aus diesem Grunde geben wir im Folgenden auch Beispiele mit Maxima an.

2.6.3 Lösen linearer Gleichungssysteme mit GeoGebra und Maxima

Wir verdeutlichen die Vorgehensweise beim Lösen linearer Gleichungssysteme anhand des in Abb. 2.9 „händisch" gelösten Beispiels. Starten Sie bei Verwendung von **Maxima** die Benutzeroberfläche wxMaxima, mit der sich dieses CAS besonders gut bedienen lässt, und geben Sie ein:

```
solve([2*x+3*y+z=3, x-3*y+2*z=-1, 3*x+5*y-z=4 ], [x,y,z]);
```

Durch gleichzeitiges Drücken der Shift- und Enter-Taste übergibt man die Anweisung an Maxima zur Berechnung. Maxima gibt sofort die Lösungsmenge in folgender Form aus:

$$[[x = \tfrac{1}{3}, \ y = \tfrac{2}{3}, \ z = \tfrac{1}{3}]]$$

Alternativ zur Eingabe des Befehls kann auch der Dialog GLEICHUNG LÖSEN im Menü GLEICHUNGEN aufgerufen werden, wo dann die Gleichungen und die Variablen, nach denen sie gelöst werden sollen, eingegeben werden.

Die Vorgehensweise beim Lösen linearer Gleichungssysteme mit **GeoGebra** ist sehr ähnlich zu der in Maxima. Wir verwenden dazu das CAS-Modul in GeoGebra, das sowohl exakte Lösungen als auch Näherungslösungen berechnen kann. Öffnen Sie (im Menü AN-SICHT) ein{ CAS-Fenster; geben Sie dort ein:

```
Löse[{2*x+3*y+z=3, x-3*y+2*z=-1, 3*x+5*y-z=4 }, {x,y,z}]
```

und bestätigen Sie mit Enter. GeoGebra gibt die Lösung in folgender Form aus:

$$\left(x = \tfrac{1}{3} \quad y = \tfrac{2}{3} \quad z = \tfrac{1}{3} \right)$$

Leerzeichen dürfen in Maxima und GeoGebra beliebig (aber nicht innerhalb von Namen wie solve bzw. Löse) eingefügt werden; hingegen ist unbedingt auf *Groß- und Kleinschreibung* sowie die *Verwendung der richtigen Klammern* zu achten. In Maxima dürfen außerdem Zeilenumbrüche an beliebigen Stellen von Eingabeblöcken eingefügt werden, was der Übersichtlichkeit bei LGS mit vielen Gleichungen sehr zugutekommt. In Geo-Gebra ist dies derzeit (Ende 2014) nicht möglich, für sehr große LGS ist diese Software daher weniger gut geeignet.

Festlegen der Lösungsvariablen

Der `solve`- bzw. Löse-Befehl löst einzelne (nicht nur lineare) Gleichungen und Gleichungssysteme. Man muss Maxima oder GeoGebra die Gleichungen mitteilen (im ersten eckig bzw. geschweift eingeklammerten Block) und außerdem (im zweiten eckig bzw. geschweift eingeklammerten Block) angeben, *nach welchen Variablen* die Gleichungen bzw. LGS gelöst werden sollen. Bei dem obigen Beispiel wird vielleicht nicht ganz verständlich, warum dies notwendig ist, denn es treten hier nur drei Variablen auf, und nach diesen soll das LGS auch gelöst werden. Jedoch können in einem Gleichungssystem auch durch Buchstaben bezeichnete Konstanten auftreten, und Variablen können beliebige Namen haben. Ohne die Angabe, nach welchen Variablen ein LGS gelöst werden soll, kann ein CAS dann natürlich keine Lösung angeben.

Wir haben in den vorhergehenden Abschnitten ausführlich die Problematik der verschiedenen, im Zusammenhang mit der Lösung von LGS vorkommenden Aspekte von Variablen besprochen. Zum Verständnis dieser Aspekte ist es sinnvoll, in einem CAS Beispiele zu untersuchen, bei denen sich unterschiedliche Lösungsvariablen festlegen lassen. Wir betrachten dazu das LGS

$$x + y = a$$
$$x - y = b \,.$$

Es bestehen hierbei verschiedene Möglichkeiten für die Festlegung der Lösungsvariablen, wie die folgenden Beispiele für Maxima und GeoGebra zeigen.

	Maxima	Geogebra
E1	`solve([x+y=a, x-y=b],[x,y]);`	`Löse[{x+y=a, x-y=b},{x,y}]`
A1	$[x = \frac{b+a}{2}, y = \frac{a-b}{2}]$	$x = \frac{a+b}{2} \qquad y = \frac{a-b}{2}$
E2	`solve([x+y=a, x-y=b],[x,y,a]);`	`Löse[{x+y=a, x-y=b},{x,y,a}]`
A2	$[x = \%r1, y = \%r1 - b, a = 2\%r1 - b]$	$x = \frac{b+c_1}{2} \qquad y = \frac{-b+c_1}{2} \qquad a = c_1$
E3	`solve([x+y=a, x-y=b], [x]);`	`Löse[{x+y=a, x-y=b},{x}]`
A3	$[]$	$\{\}$

In der ersten Eingabezeile (E1) soll das in den Klammern des Befehls `solve` bzw. Löse stehende LGS gelöst werden; die zwei Gleichungen stehen zwischen den ersten eckigen (Maxima) bzw. geschweiften (GeoGebra) Klammern. Es gibt die Variablennamen x, y, a und b. Innerhalb des zweiten eckigen bzw. geschweiften Klammerpaars stehen jeweils diejenigen Variablen, die als Lösungsvariablen gewählt wurden, hier x und y; alle anderen Variablen werden dann automatisch als Koeffizienten betrachtet. In der ersten Ausgabezeile (A1) berechnen Maxima bzw. GeoGebra die eindeutig bestimmte Lösung.

In der zweiten Eingabezeile (E2) werden x, y und a als Lösungsvariablen gewählt. Nun erhalten wir eine eindimensionale Lösungsmenge, die von Maxima und Geogebra unterschiedlich dargestellt wird, da Maxima $\%r1 := x$ und Geogebra $c_1 := a$ als Parameter setzt.

In der dritten Eingabezeile (E3) wird nur x als Lösungsvariable gewählt. Jetzt ist die Lösungsmenge leer (was Maxima durch das Symbol [] und GeoGebra durch {} andeutet). Dieses letzte Beispiel, bei dem nur x Lösungsvariable ist, ist besonders interessant: Schüler könnten hier die beiden Gleichungen addieren und auf die scheinbare Lösung $x = \frac{a+b}{2}$ schließen. Dies ist aber keine Lösung der ersten bzw. der zweiten Ausgangsgleichung – auch wenn für spezielle Wahlen von y, a und b durchaus Lösungen existieren!

Beispiele dieser Art können Schülern helfen, einerseits stimmige Vorstellungen von den verschiedenen Variablenaspekten zu festigen und andererseits die Syntax und Semantik des verwendeten CAS zu verstehen.

Lösungsmengen mit Parametern

Besonders interessant ist, wie CAS die Lösungsmengen von nicht eindeutig lösbaren LGS angeben, insbesondere wie die hierbei auftretenden Parameter ausgewählt und bezeichnet werden. Die Eingabe

```
solve([3*x-4*y+8*z=2, 6*x-y+5*z=4, -x-y+z=-2/3], [x,y,z]);
```

(in Maxima) bzw.

```
Löse[{3*x-4*y+8*z=2, 6*x-y+5*z=4, -x-y+z=-2/3}, {x,y,z} ]
```

(in GeoGebra) führt zu der Ausgabe

$$\left[\left[x = -\tfrac{12\,\%r1-14}{21},\ y = \tfrac{11\,\%r1}{7},\ z = \%r1\right]\right]$$

bzw.

$$\left(x = \tfrac{-12\,c_1+14}{21}\quad y = \tfrac{11\,c_1}{7}\quad z = c_1\right).$$

Maxima und GeoGebra haben also jeweils z als Parameter gewählt und ihm den Namen $\%r1$ bzw. c_1 gegeben. Maxima gibt außerdem noch die interessante Zusatzinformation `solve: dependent equations eliminated: (3)`. Die Software hat also erkannt, dass eine Gleichung von den anderen abhängt, und diese „eliminiert".

Leicht lässt sich auch die Wahl einer anderen Variablen als Parameter erreichen, wenn bekannt ist, dass ein LGS unendlich viele Lösungen besitzt. Durch

```
solve([3*x-4*y+8*z=2, 6*x-y+5*z=4, -x-y+z=-2/3], [y,z]);
```

bzw.

```
Löse[{3*x-4*y+8*z=2, 6*x-y+5*z=4, -x-y+z=-2/3}, {y,z} ]
```

erreicht man, dass die Software x als konstant annimmt. Man erhält

$$\left[\left[y = -\tfrac{33\,x-22}{12},\ z = -\tfrac{21\,x-14}{12}\right]\right]$$

bzw.

$$\left(y = \tfrac{-33\,x+22}{12}\quad z = \tfrac{-21\,x+14}{12}\right)\ .$$

Diese Ausgabe lässt sich aber auch in dem Sinne interpretieren, dass x als Parameter gewählt wird, denn x kann beliebige Werte annehmen, falls es eine Lösungsvariable ist.

Graphische Darstellung von Lösungsmengen linearer Gleichungssysteme

Wir haben mehrfach die Bedeutung graphischer Veranschaulichungen von Lösungsmengen linearer Gleichungssysteme (mit zwei oder drei Variablen) betont. Stellt man alle Gleichungen eines LGS nach derselben Variablen um (was allerdings nicht in allen Fällen möglich ist), so lassen sich ihre Lösungsmengen als Funktionsgraphen (Geraden für $n = 2$ und Ebenen für $n = 3$) darstellen. Man kann aber auch mithilfe von z. B. Maxima und GeoGebra „implizit" gegebene Objekte direkt darstellen. Mit „implizit" ist gemeint, dass Graphen (z. B. Geraden oder Ebenen) nicht direkt (explizit) durch Funktionsgleichungen, sondern durch Gleichungen gegeben sind und die Software selbst Lösungen bestimmt, um die betreffenden Geraden/Ebenen darzustellen.

Obwohl sich mithilfe des 3D-Moduls von GeoGebra sehr leicht Ebenen darstellen lassen, erklären wir hier die etwas kompliziertere Vorgehensweise in Maxima, da dessen CAS-Funktionalität der von GeoGebra überlegen ist und es oft sinnvoll ist, Berechnungen und Visualisierungen mit derselben Software vorzunehmen. Um die Lösungsmengen der Gleichungen eines LGS mit zwei Gleichungen und zwei Variablen mithilfe von Maxima darzustellen, gibt man z. B.

```
Gl11: 4*x-5*y=13;
Gl12: 3*x+4*y=3;
load(draw);
draw2d(color = blue, implicit(Gl11, x,-4,4, y,-4,4),
       color = red , implicit(Gl12, x,-4,4, y,-4,4) );
```

in Maxima ein. Die Geraden werden dann innerhalb der für x und y angegebenen Intervalle (jeweils $[-4; 4]$) dargestellt – dazu öffnet sich ein separates Fenster (Abb. 2.11a). Innerhalb der `draw2d`-Anweisung lassen sich zahlreiche Optionen angeben, die in der

a   **b**

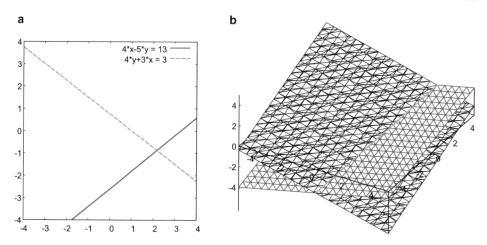

Abb. 2.11 Darstellungen der Lösungsmengen von Gleichungen in Maxima

Maxima-Hilfe erklärt sind. So bewirkt

```
user_preamble = ["set size ratio 1" , "set zeroaxis"]
```

dass x- und y-Achse gleich skaliert und die Achsen gezeichnet werden.

   In ähnlicher Weise lassen sich Lösungsmengen von Gleichungen mit drei Variablen
als Ebenen darstellen. Durch die folgende Eingabe werden die durch zwei Gleichungen
beschriebenen Ebenen „gezeichnet":

```
Gl1 : (3/2)*x-2*y+4*z=1;
Gl2 : x+y-3*z=2;
load(draw);
draw3d(user_preamble = ["set size ratio 1"],
   surface_hide = true,
   color = black, implicit(Gl1, x,-5,5, y,-5,5, z,-5,5),
   color = blue , implicit(Gl2, x,-5,5, y,-5,5, z,-5,5) );
```

Es öffnet sich wiederum ein separates Graphikfenster (siehe Abb. 2.11b), in welchem sich
die Darstellung mit der Maus interaktiv drehen und dadurch aus verschiedenen Richtungen betrachten lässt. Die Darstellung erfolgt in dem Bereich, der durch die x-, y- und
z-Werte -5 und 5 begrenzt wird. Der Darstellungsbereich lässt sich verändern, indem die
Werte in x,-5,5 y,-5,5 z,-5,5 (für beide Gleichungen) angepasst werden. Die
Option surface_hide = true bewirkt, dass verdeckte Bereiche von Ebenen nicht
dargestellt werden. Die Ebenen werden zunächst recht grob aufgelöst durch Dreiecke dargestellt. Für eine feinere Auflösung kann vor der mit color = black beginnenden

Zeile eine Zeile

```
x_voxel=20, y_voxel=20, z_voxel=20,
```

eingefügt werden. Höhere Werte bewirken hierbei eine feiner aufgelöste Darstellung, verlängern aber die für die Berechnung der Graphiken benötigte Zeit.

Dateien (für Maxima bzw. GeoGebra) mit allen in diesem Abschnitt besprochenen Beispielen stehen auf der Internetseite dieses Buches zur Verfügung. Zudem kann dort eine Maxima-Datei heruntergeladen werden, in welcher der Gauß-Jordan-Algorithmus für ein LGS mit drei Gleichungen und drei Variablen schrittweise „durchgerechnet" wird und nach jedem Umformungsschritt die durch die drei Gleichungen beschriebenen Ebenen dargestellt werden.

2.6.4   Probleme mit dem Computer

Es gibt nur sehr wenige Gleichungstypen, für die eine Lösungsformel existiert; zu diesen wenigen gehören die quadratischen Gleichungen und die LGS. Jedoch sind LGS nur theoretisch exakt lösbar; große LGS kann man, wie andere Gleichungen auch, nur numerisch lösen. Die heutige Computertechnik erlaubt die Durchführung beliebiger Algorithmen – insbesondere des Gauß'schen Algorithmus. Berechnet der Computer wirklich eine Näherung der wahren Lösung, und wie genau ist diese Lösung? Diesen Fragen wird im Folgenden nachgegangen.

Numerische Methoden sind kein minderwertiger Ersatz, sondern der Regelfall bei allen Anwendungen der Mathematik. Ihre mathematische Analyse ist ein höchst komplexes und wichtiges Forschungsfeld. Die numerischen und algorithmischen Aspekte der Mathematik sollten auch im Mathematikunterricht angemessen diskutiert werden, was schon vor vielen Jahren Arthur Engel gefordert hat (Engel, 1977). Leider dominiert auch in den neueren Lehrplänen immer noch die analytisch-algebraische Sichtweise der Mathematik, numerische Aspekte kommen praktisch nicht vor. Zu einem stimmigen Bild von Mathematik gehört aber auch die Numerik. Mit einem CAS ist es einerseits unumgänglich, diese Aspekte zu diskutieren, und es ist andererseits leicht möglich, adäquate Grundvorstellungen schon in der Sekundarstufe I anzulegen. Dabei geht es natürlich nicht um möglichst exakte Fehlerrechnungen, sondern um ein prinzipielles Verständnis für die Grenzen von Modellierungen. Es gibt die „idealen" Zahlen der Mathematik, bei denen selbstverständlich $2 = 2{,}0 = 2{,}00$ gilt, und die realen Zahlen des täglichen Lebens, die sehr oft eigentlich Intervalle sind und wo 2 keinesfalls gleich 2,0 ist. Meistens, z. B. bei Messungen, stellen Intervalle und nicht exakte Zahlen das adäquate Modell der Situation dar. Intervalle führen aber zur Fehlerfortpflanzung bei fortgesetzten Modellrechnungen. Vergisst man das, werden die Ergebnisse schnell beliebig. Hinzu kommen heute die Computerzahlen, die ein ganz eigenes Leben führen. Zwar hat sich die Geschwindigkeit der Prozessoren rasant gesteigert, eine Fehleranalyse der implementierten Gleitkommaarithmetik wurde aber sträflich vernachlässigt. Mit einem CAS kann man sehr einfach die absolut undurchsichtige Fehlerfortpflanzung bei rekursiven Berechnungen demonstrieren, siehe z. B. Kulisch (1998) und Henn (2004).

Wir zeigen in diesem Abschnitt einige Probleme auf, die bei der numerischen, computergestützten Behandlung von LGS auftreten können. Das Verständnis dessen, was eine mit Computerhilfe berechnete Modellierung wirklich wert ist, ist von nicht überschätzbarer Wichtigkeit – unsere Schüler als zukünftige Entscheidungsträger sollten unbedingt erste Erfahrungen damit in der Schule machen.

Rechenaufwand beim Lösen „großer" LGS

Der Gauß'sche Algorithmus beweist, dass ein beliebig großes LGS exakt gelöst werden kann. Wenn aber ein Computer dies konkret ausführen soll, so sollte zunächst der Rechenaufwand abgeschätzt werden, siehe z. B. Kirchgraber/Bettinaglio (1995). Für den Algorithmus sind Additionen und Multiplikationen (sowie Subtraktionen und Divisionen als Umkehroperationen) notwendig. Bei heutigen Rechnern werden Additionen im Vergleich zu anderen Operationen so schnell durchgeführt, dass man sie vernachlässigen kann. Wir schätzen ab, wie viele Operationen für die Durchführung des Gauß'schen Algorithmus bei einem LGS mit n Lösungsvariablen und n Gleichungen notwendig sind. Der erste Schritt besteht darin, die folgende links stehende Ausgangsmatrix in die rechts stehende zu überführen:

$$\begin{pmatrix} * & * & \cdots & * & | & * \\ * & * & \cdots & * & | & * \\ \vdots & \vdots & \ddots & \vdots & | & \vdots \\ * & * & \cdots & * & | & * \end{pmatrix} \rightarrow \begin{pmatrix} 1 & * & \cdots & * & | & * \\ 0 & * & \cdots & * & | & * \\ \vdots & \vdots & \ddots & \vdots & | & \vdots \\ 0 & * & \cdots & * & | & * \end{pmatrix}$$

Zuerst wird in der ersten Zeile links eine 1 geschrieben, und die anderen n (durch „*" angedeutete) Zahlen der Zeile werden durch die erste Zahl dividiert. Dazu sind n Multiplikationen nötig. Dann wird ein geeignetes Vielfaches der ersten Zeile von der zweiten subtrahiert. Für diese Rechnung sind n Additionen und n Multiplikationen nötig. Wir zählen nur die n Multiplikationen. Dann kommen analog die dritte bis zur n-ten Zeile an die Reihe, jedes Mal sind n Multiplikationen nötig. Insgesamt benötigt die erste Matrixumformung n^2 Multiplikationen. Nun kommt die nächste Umformung, die eine Eins an der Stelle $(2|2)$ und Nullen an den Stellen $(3|2)$ bis $(n|2)$ erzeugt. Die gleiche Überlegung wie eben zeigt, dass jetzt $(n-1)^2$ Multiplikationen nötig sind. Insgesamt benötigt der Gauß'sche Algorithmus also

$$n^2 + (n-1)^2 + (n-2)^2 + \ldots + 1^2 = \frac{n(n+1)(2n+1)}{6} \approx \frac{n^3}{3}$$

Multiplikationen. Wesentlich für das Wachstum der nötigen Rechenschritte ist nur die Potenz n^3, wie man durch das Zeichnen eines Graphen oder numerische Experimente erkennt. Die Summenformel für die ersten n Quadratzahlen kann mitgeteilt oder im Internet bzw. in der Formelsammlung gesucht werden.

Wenn man nicht mehr als 10 bis 20 Lösungsvariablen hat, stellt der Gauß'sche Algorithmus für die Rechenleistung heutiger Rechner kein Problem dar. 2012 lag der Rekord an Rechenleistung bei mehr als 10^{16} Multiplikationen pro Sekunde. Für gute Bilder bei der Computertomographie und andere technische Anwendungen benötigt man LGS mit mehr als einer Million Lösungsvariablen, dabei können auch Supercomputer an ihre Grenzen stoßen. Außerdem hat heute zwar fast jedes Krankenhaus einen Computertomographen, ein Supercomputer zum Betrieb des Geräts würde allerdings jegliche finanzielle Möglichkeit sprengen!

Hinzu kommt, dass neben unserer schlichten Aufwandsabschätzung ein weiterer Punkt extrem relevant ist. Wir sind bisher davon ausgegangen, dass unser Computer das LGS, wie es sich gehört, exakt löst. Wenn wir von exakten Ausgangszahlen, die z. B. endliche Dezimalbrüche sind, ausgehen, so verdoppelt sich im Schnitt bei jedem Rechenschritt die Anzahl der Ziffern unserer Dezimalbrüche. Dies bedeutet aber ein noch viel dramatischeres exponentielles Wachstum mit $f(x) \approx 2^x$. Alle diese Zahlen müssen im Hauptspeicher des Rechners gespeichert werden – eine unmögliche Forderung, heute und vermutlich auch in Zukunft. Der Ausweg ist, dass jeder Computer näherungsweise numerisch rechnet, was aber schnell zu großen, oft unbekannten und unübersichtlichen Problemen führt. Während man in der Schule nach klar definierten Rundungsregeln rechnet – mit zwei Nachkommastellen oder mit 10.000 Nachkommastellen –, ist es in der Regel unbekannt, wie die interne Rundung im Prozessor eines Computers aussieht, vgl. Kulisch (1998). Aber auch mit „bekannten" Rundungsregeln kann ein Computer manches anstellen. Zwei wichtige Aspekte bei der numerischen Lösung von LGS, die Wahl des Pivotelements und das Problem schlecht konditionierter LGS, sollen im Folgenden kurz angesprochen werden.

Schlecht konditionierte LGS; Pivotelement

Im ersten Schritt des Gauß'schen Algorithmus wird an die Stelle $(1|1)$ ein Koeffizient gesetzt, der ungleich null ist. Sind von vornherein alle Koeffizienten a_{1j}, $j = 1, \ldots, n$, ungleich null, so könnte man im Prinzip durch Umordnen der Lösungsvariablen jeden dieser Koeffizienten an die erste Stelle bekommen, und das Gauß'sche Verfahren würde immer die exakte Lösung finden. In der Praxis, in der Computer nur mit einer gewissen Stellenzahl rechnen können, ist das dramatisch anders: Nimmt man z. B. das kleinste Element a_{1j}, so können sehr große Rundungsfehler auftreten. Die Wahl des „numerisch richtigen" Elements ist ein wichtiger Punkt beim Abarbeiten des Algorithmus; man nennt dieses „richtige Element" das „Pivotelement" nach dem französischen Wort für Dreh- oder Angelpunkt.[23]

Ein schönes Beispiel für schlecht konditionierte Gleichungssysteme beschreiben Hans Humenberger und Hans-Christian Reichel (1995, S. 121). Sie betrachten das folgende

---

[23] Man wählt hierbei den betragsgrößten Koeffizienten als Pivotelement.

LGS:

$$0{,}89x + 0{,}53y = 0{,}36$$
$$0{,}47x + 0{,}28y = 0{,}19$$

Es hat, wie man leicht nachrechnet, die Lösung $x = 1$ und $y = -1$. Verändert man den Koeffizienten 0,19 nur um 0,01 auf 0,20, so ändert sich die Lösung dramatisch zu $x = -50$ und $y = 88$. Man könnte dieses Szenario deuten als näherungsweises Rechnen mit zwei Dezimalstellen. Wie kann eine kleine Ungenauigkeit im Bereich von einem Hundertstel die Lösung um fast den Faktor 100 verändern? Man betrachte die beiden Geraden, die zu den beiden Gleichungen gehören: sie haben die Steigungen

$$m_1 = -1{,}6792\ldots, \quad m_2 = -1{,}6785\ldots,$$

sind also fast parallel. Man spricht von einem „schleifenden Schnitt" (siehe auch Beispiel 2.9). Kleinste, z. B. durch Rundungsfehler bedingte Änderungen der Steigungen führen zu dramatischen, unvorhersagbaren Änderungen bei der Lösung. Solche „sensitiven Systeme" spielen heute in vielen Bereichen eine große Rolle; ein Stichwort ist die sogenannte Chaostheorie, konkrete Beispiele sind Modelle für die Wettervorhersage und für das Entstehen eines Verkehrsstaus.

Zusammenfassend ist zu sagen, dass große LGS, die bei vielen Anwendungen der Mathematik vorkommen, einerseits nur mit Computerhilfe gelöst werden können, hierbei aber andererseits der „normale" Gauß'sche Algorithmus nicht geeignet ist. Die numerische Mathematik stellt hierfür spezielle (z. B. iterative) Algorithmen zur Verfügung, die aber kaum in der Schule behandelt werden können, siehe z. B. Reichel/Zöchling (1990) sowie Humenberger/Reichel (1995).

2.7 Beispiele aus dem Unterricht

Sehr viele inner- und außermathematische Probleme aus ganz unterschiedlichen Gebieten führen auf LGS. In diesem Teilkapitel werden Beispiele vorgestellt, die direkt in den Unterricht der S I oder S II eingebracht werden können. Es werden jeweils Lösungen angegeben und didaktische Anmerkungen zum besonderen Potenzial der einzelnen Aufgaben gemacht. Bewusst fehlen Beispiele aus der Analytischen Geometrie, da solche noch in großer Anzahl in den folgenden Kapiteln dieses Buches vorkommen werden.

2.7.1 Zahlenmauern

Zahlenmauern sind ein sehr erfolgreiches Übungsformat aus der Grundschule, das sich auch in der Sekundarstufe I bewährt hat. Abb. 2.12a zeigt eine einfache dreireihige Zahlenmauer. Die einzelnen Steine werden so mit Zahlen belegt, dass die Summe von zwei nebeneinanderstehenden Zahlen die Zahl im darüberliegenden Stein ergibt.

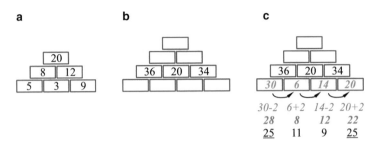

Abb. 2.12 **a** Zahlenmauer, **b** Zahlenmauer-Aufgabe, **c** Operatives Prinzip

Jan Hendrik Müller (2005) gibt einen schönen Überblick, wie mit Zahlenmauern in der S I gearbeitet werden kann. Das folgende Beispiel zeigt, dass dieses Aufgabenformat im Sinne des Spiralprinzips sogar von der Grundschule bis zur S II eingesetzt werden kann: Die Zahlenmauer-Aufgabe in Abb. 2.12b kann gegen Ende der Grundschulzeit gestellt werden. Die Kinder sollen die Zahlenmauer so ausfüllen, dass in der untersten Reihe links und rechts dieselbe Zahl steht. Das kann man durch „blindes" Probieren lösen, aber auch durch „reflektiertes" Probieren gemäß dem operativen Prinzip, was Abb. 2.12c zeigt. Man beginnt links unten z. B. mit 30, dann ergeben sich in der unteren Reihe nach der Mauerregel die weiteren Zahlen 6, 14 und 20. Die 30 ist also noch zu groß. Man macht die linke Zahl um zwei kleiner, was rechts zu einer um zwei größeren Zahl führt. Also muss man links die um fünf kleinere Zahl 25 wählen und erhält dann rechts, wie gewünscht, ebenfalls die Zahl 25.

Diese Aufgabe lässt sich auch aus Sicht der linearen Gleichungssysteme angehen (Abb. 2.13). Die für die untere Reihe gesuchten Zahlen werden als Lösungsvariablen eines LGS betrachtet, dessen Lösung – per Hand oder Computer ermittelt – die gesuchte Lösung der Zahlenmauer-Aufgabe ist.

Nun könnte man die konkreten Zahlen in der zweiten Reihe variieren und müsste jedes Mal ein neues LGS lösen. Jetzt zeigt sich die Kraft des Kalkülaspekts: Wir betrachten die Zahlen in der zweiten Reihe als Variablen im Gegenstandsaspekt und schreiben sie als a, b und c. Damit können wir „alle" derartigen Gleichungen auf einmal erledigen (Abb. 2.14).

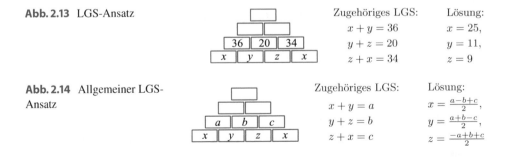

Abb. 2.13 LGS-Ansatz

Zugehöriges LGS:
$$x + y = 36$$
$$y + z = 20$$
$$z + x = 34$$

Lösung:
$$x = 25,$$
$$y = 11,$$
$$z = 9$$

Abb. 2.14 Allgemeiner LGS-Ansatz

Zugehöriges LGS:
$$x + y = a$$
$$y + z = b$$
$$z + x = c$$

Lösung:
$$x = \frac{a - b + c}{2},$$
$$y = \frac{a + b - c}{2},$$
$$z = \frac{-a + b + c}{2}$$

Hier stellt sich nun z. B. die Frage, für welche Werte von a, b und c diese Aufgabe in der Grundschule, wo nur natürliche Zahlen vorkommen, gestellt werden kann.

2.7.2 Bestimmung der Koeffizienten ganzrationaler Funktionen aus gegebenen Wertepaaren

„Steckbriefaufgaben"

a. Niveau der S I: Gegeben seien zwei Punkte A und B in der Ebene. Wie viele Geraden durch A und B gibt es? Wie viele Parabeln durch A und B gibt es? Gegeben seien drei Punkte A, B und C in der Ebene mit denselben Fragen wie eben.
b. Gegeben seien n Punkte in der Ebene. Der Graph einer ganzrationalen Funktion f vom Grad m soll durch diese Punkte verlaufen.

Jede der betrachteten Funktionen f hat eine Gleichung

$$f(x) = a_m\, x^m + a_{m-1}\, x^{m-1} + \ldots + a_1\, x + a_0 \,.$$

Das Einsetzen der Koordinaten eines Punktes liefert eine lineare Gleichung für die $m+1$ Koeffizienten. Damit eine eindeutige Lösung existiert, müssen $m+1$ Gleichungen vorliegen, also müssen $n = m + 1$ Punkte vorgegeben sein. Wie man leicht überlegt, dürfen wegen der verlangten Eindeutigkeit zwei verschiedene Punkte nicht dieselbe x-Komponente haben. Der Vorteil dieser Interpolationsmethode ist, dass man mit Polynomen sehr gut rechnen kann. Aufgaben zu diesem Thema verbinden sehr gut geometrische Anschauung, funktionale Abhängigkeiten, Darstellung von Graphen mithilfe des Computers usw.

Allerdings ist die Bestimmung des Interpolationspolynoms mit einem LGS sehr unökonomisch; die Langrange'sche Interpolationsformel liefert einen schnelleren Ansatz. Außerdem ist eine Interpolation mit Polynomen in der Regel sehr schlecht; die Lösungskurven neigen zum „wilden Durchschwingen". In der Praxis gibt es wesentlich bessere Interpolationsmethoden, etwa Splines oder (spezieller) die in dem Abschn. 5.6 besprochenen Bézierkurven.

2.7.3 Aufgaben aus der Unterhaltungsmathematik

Die folgenden Beispiele sind Denksportaufgaben, die bei Schülern und (hoffentlich) auch Lehrern beliebt sind. Als Knobelaufgaben kann man sie der dritten Winter'schen Grunderfahrung (siehe Kap. 1) zuordnen. Allerdings ist die Behandlung solcher Aufgaben mit einem LGS kalkülorientiert – die Kraft der Mathematik macht „Knobeln" unnötig!

Abb. 2.15 Alice meets Tweedledum and Tweedledee

Tweedledum und Tweedledee

Das erste Beispiel stammt aus einem englischen Schulbuch und verwendet die fiktiven
Gestalten Tweedledum und Tweedledee aus Lewis Carrolls „*Through the Looking-Glass,
and What Alice Found There*" (siehe Abb. 2.15).[24]

> Tweedledum said to Tweedledee:
> „The sum of your weight and twice mine is 361 pounds."
> Tweedledee said to Tweedledum:
> „Contrariwise, the sum of your weight and twice mine is 362 pounds."
> How much does each one weigh?

Diese Aufgabe kann wieder ohne viel Kalkül mit dem gesunden Menschenverstand
angegangen werden. Beate argumentiert:

$$\text{Tweedledee} + \text{Tweedledum} + \text{Tweedledum} = 361$$
$$\text{Tweedledum} + \text{Tweedledee} + \text{Tweedledee} = 362$$

Folglich ist Tweedeldee nur 1 pound schwerer also Tweedledum. Also wiegt jeder etwa
ein Drittel von 361. Dies führt sofort zu 120 und 121 pounds.

Um auf ein LGS zu kommen, kann man zwei Gleichungen mit zwei Lösungsvariablen
aufstellen. Es sei etwa x das Gewicht von Tweeledum und y das Gewicht von Tweedledee,
beide gemessen in pounds. Man erhält

$$\text{(I)} \quad y + 2x = 361$$
$$\text{(II)} \quad x + 2y = 362$$

---

[24] Eine solche Aufgabe kann in Zusammenarbeit mit dem Englischlehrer bearbeitet werden. Zunächst kommen in der Regel Fragen, was das englische Wort „pounds" genau bedeutet.

Man kann z. B. (II) nach x auflösen und das Einsetzungsverfahren anwenden, was schnell zu $y = 121$ und $x = 120$ führt.

Bauer Fritz und seine Tiere

Für 100 € kauft Bauer Fritz 100 Tiere und zwar Ziegen (je 10 €), Hasen (je 3 €) und Hühner (je 0,50 €). Von jeder Sorte kauft er mindestens ein Tier. Wie sieht sein Einkauf aus?

Es bezeichne x, y und z die Anzahlen der Ziegen, Hasen und Hühner. Damit erhalten wir das LGS

$$x + y + z = 100 \quad \text{(Anzahl-Bedingung)}$$
$$10\,x + 3\,y + 0{,}5\,z = 100 \quad \text{(Preis-Bedingung)}.$$

Die Theorie der LGS sagt, dass unsere Lösungsmenge eindimensional ist. Wir haben allerdings bislang nicht berücksichtigt, dass als Lösungen nur natürliche Zahlen (ungleich null) erlaubt sind (es geht also um „diophantische" Gleichungen). Das einfache LGS wird von Hand umgeformt, indem man z. B. die zweite Gleichung mit 2 multipliziert, davon die erste subtrahiert und

$$19\,x + 5\,y = 100$$

erhält. Aus der letzten Gleichung folgt, dass x durch 5 teilbar sein muss. Wegen der anderen Bedingungen bleibt nur $x = 5$, woraus $y = 1$ und $z = 94$ folgen.

Wird es noch einfacher, wenn man die Lösung vom Computer berechnen lässt? Maxima und GeoGebra liefern, wenn man das obige LGS in der in Abschn. 2.6.3 beschriebenen Weise löst, die einparametrige Lösungsmenge in der Form

$$x = \frac{5\,t - 400}{14}, \quad y = -\frac{19\,t - 1800}{14}, \quad z = t$$

(wobei Maxima den Parameter mit $\%r_1$, GeoGebra mit c_1 bezeichnet). Die weiteren Schlüsse werden damit deutlich komplizierter. Etwas übersichtlicher wird der Maxima- bzw. GeoGebra-Output, wenn wir x als Koeffizienten wählen und nur die eindeutige Lösung für die Lösungsvariablen y und z berechnen lassen (wie in Abschn. 2.6.3 beschrieben). Man erhält dann:

$$y = -\frac{19x - 100}{5}, \quad z = \frac{14x + 400}{5}.$$

Dieses Beispiel zeigt, dass man vor dem Einsatz des Rechners etwas nachdenken sollte, sonst macht man sich eventuell das Leben unnötig schwer.

Die neuen Kühe

Das Haus von Bauer Fritz ist von acht Gehegen umgeben, in jedem stehen fünf Kühe. Der Bauer sieht also aus jedem Fenster 15 Kühe (Abb. 2.16a). Sein Nachbar hat 16 Kühe. Als dessen Haus abbrennt, erlaubt Bauer Fritz seinem Nachbarn, dessen Kühe mit einzustellen, aber so, dass Bauer Fritz nach wie vor aus jedem Fenster 15 Kühe sieht.

Abb. 2.16 Die Kühe von Bauer Fritz und seinem Nachbarn

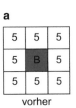 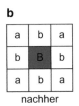

Die Forderung, wieder aus jedem Fenster 15 Kühe sehen zu können, führt bei einem symmetrischen Ansatz[25] zu der „Nachher"-Verteilung in Abb. 2.16b; die Anzahlen der Kühe in den Eckpferchen und den mittleren Pferchen sind aber unbekannt. Zusammen gibt es $40 + 16 = 56$ Kühe.

Dies führt zu den beiden Gleichungen

$$2a + b = 15$$
$$4a + 4b = 56$$

und der Lösung $a = 1$ und $b = 13$. Bei dieser Lösung darf durchaus kritisch nachgedacht werden: Die mittleren Ställe, in denen ursprünglich fünf Kühe standen, sollen jetzt 13 aufnehmen. Wie das wohl gehen soll – aber derartige Aufgaben dienen ja nur der Unterhaltung ...

Chinesische Rätselaufgabe

Beim Verkauf von zwei Büffeln und fünf Hammeln sowie dem Kauf von 13 Schweinen verbleiben 1000 Münzen. Beim Verkauf von drei Büffeln und drei Schweinen könnte man genau neun Hammel kaufen. Beim Verkauf von sechs Hammeln und acht Schweinen kauft man fünf Büffel, wobei 600 Münzen fehlen.

Die Lösungsvariablen b, h bzw. s mögen den Preis eines Büffels, Hammels bzw. Schweins (in der Einheit „Münze") bedeuten. Dies führt zu den drei Gleichungen

$$2b + 5h - 13s = 1000$$
$$3b + 3s - 9h = \quad 0$$
$$6h + 8s - 5b = -600 \, .$$

Es ergibt sich die Lösung $b = 1200$, $h = 500$ und $s = 300$. Interessant an dieser Aufgabe ist die Tatsache, dass sie von Anwärtern auf einen höheren Beamtenposten im alten China zur Zeit Lin Huis ($\sim$250 n. Chr.) gelöst werden musste. Man diskutiere dies unter heutigen Verhältnissen ...

Arithmogons

Arithmogons sind ebenfalls ein aus der Grundschule bekanntes Übungsformat. In der Grundschulversion befinden sich in den Eck-Kreisen des Dreiecks bzw. des Quadrats in

---

[25] Bei Verzicht auf die Symmetrie gibt es noch weitere Lösungen.

Abb. 2.17 Arithmogons

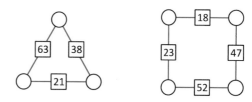

Abb. 2.17 konkrete Zahlen. Die Summe von zwei Eckzahlen muss in das dazwischenliegende quadratische Kästchen geschrieben werden.

Hier wird nun eine komplexere Aufgabe gestellt: Jetzt sind die Zahlen in den Quadraten vorgegeben. In die Eck-Kreise müssen Zahlen so eingefügt werden, dass die Zahlen in den Quadraten jeweils die Summen der zugehörigen Eckzahlen sind. Schreibt man in die Eckkreise die Lösungsvariablen a, b und c im Dreiecksfall, a, b, c und d im Quadratfall, so ergeben sich die beiden LGS

$$
\begin{aligned}
a + b &= 63 \\
b + c &= 38 \\
c + a &= 21
\end{aligned}
\qquad
\begin{aligned}
a + b &= 18 \\
b + c &= 47 \\
c + d &= 52 \\
d + a &= 23 \,.
\end{aligned}
$$

Interessanterweise hat das erste System die eindeutige Lösung

$$
\begin{pmatrix} 23 \\ 40 \\ -2 \end{pmatrix} \,,
$$

während das zweite System die einparametrige Lösung

$$
\begin{pmatrix} 23 - r \\ r - 5 \\ 52 - r \\ r \end{pmatrix}
=
\begin{pmatrix} 23 \\ -5 \\ 52 \\ 0 \end{pmatrix}
+ r \cdot
\begin{pmatrix} -1 \\ 1 \\ -1 \\ 1 \end{pmatrix}
$$

mit $r \in \mathbb{R}$ hat (rechnen Sie das nach!).

Jerry P. Becker und seine Mitautoren (1999) berichten über amerikanische und japanische Kinder, die diese beiden Aufgaben bearbeitet haben. Beobachtet wurden in den Staaten 368 Kinder des 8th grade und 246 des 11th grade. In Japan waren es 189 Schüler des 8th grade und 234 des 11th grade. Die Bearbeitungszeit betrug für beide Aufgaben 15 Minuten. Die Ergebnisse waren völlig unterschiedlich, siehe Tabelle 2.2. Es wurden verschiedene Lösungsmethoden angewandt, von „trial and error" bis zum Aufstellen und Lösen eines LGS. Wie kann man die unterschiedlichen Ergebnisse deuten?

Eine Deutung ist, dass amerikanische Kinder hauptsächlich das „trial and error"-Verfahren angewandt haben, das beim ersten Problem praktisch nie klappen kann, während man beim zweiten Problem oft eine Lösung findet. Japanische Kinder gehen

Tab. 2.2 Lösungshäufigkeiten von Schülern bei Arithmogon-Aufgaben

	Dreieck-Arithmogon	Viereck-Arithmogon
Amerikanische Kinder	8th grade: 15 %	8th grade: 26 % finden eine Lösung, 1 Schüler findet unendlich viele
	11th grade: 46 %	11th grade: 55 % finden eine Lösung, 0 % unendlich viele
Japanische Kinder	8th grade: 39 %	8th grade: 38 % finden eine Lösung, 1 % finden unendlich viele
	11th grade: 90 %	11th grade: 24 % finden eine Lösung, 1 % finden unendlich viele

systematisch beim Aufstellen eines LGS vor, was beim Dreieck-Arithmogon schnell zu der eindeutigen Lösung führt, während das LGS des Quadrat-Arithmogons mit unendlich vielen Lösungen deutlich komplizierter zu bearbeiten ist, wozu die Zeit nicht ausreicht. Testen Sie diese Aufgabe mit deutschen Schülern verschiedener Altersgruppen!

2.7.4   Zerlegung eines Rechtecks – die ICM-Briefmarke

Zum International Congress of Mathematicians 1998 in Berlin erschien in Deutschland die in Abb. 2.18a abgebildete Sonderbriefmarke. Ein großes Quadrat mit der Seitenlänge a scheint in elf kleine Quadrate der Seitenlängen $b, c, d, \dots, m$ zerlegt zu sein. Wählt man $b, c, d, \dots, m$ als elf Lösungsvariablen und a als Koeffizienten, so kann man leicht elf lineare Gleichungen für die elf Lösungsvariablen aufstellen.

In Abb. 2.18b kann man viele Gleichungen ablesen, etwa die folgenden zwölf:

$$
\begin{array}{llll}
b + c = a & g + h + k + m = a & f + h = g & i + k = h \\
b + g = a & d + e = c & i + j = k & j + k = m \\
c + e + m = a & h + i = f & j + m = e & c + d = b
\end{array}
$$

Für die Lösung von LGS mit derart vielen Gleichungen und Variablen ist natürlich die Verwendung des Computers sinnvoll. Prinzipiell können dafür die beiden in diesem Buch vorrangig verwendeten Programme Maxima und GeoGebra genutzt werden, allerdings ist die Eingabe großer LGS in GeoGebra recht unübersichtlich, da dort keine mehrzeiligen Eingabeblöcke möglich sind. Wir verwenden daher Maxima. Da es nur elf Lösungsvariablen gibt, geben wir nur die ersten elf Gleichungen ein und erhalten eine eindeutig bestimmte, von a abhängige Lösung:

```
solve([b+c=a, b+g=a, c+e+m=a, g+h+k+m=a, d+e=c, h+i=f,
       f+h=g, i+j=k, j+m=e, i+k=h, j+k=m],
       [b,c,d,e,f,g,h,i,j,k,m]);
```

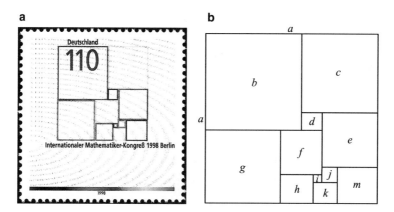

Abb. 2.18 ICM-Briefmarke

$$\left[b = \frac{4a}{7}, \quad c = \frac{3a}{7}, \quad d = \frac{2a}{21}, \quad e = \frac{a}{3}, \quad f = \frac{5a}{21}, \quad g = \frac{3a}{7}, \right.$$

$$\left. h = \frac{4a}{21}, \quad i = \frac{a}{21}, \quad j = \frac{2a}{21}, \quad k = \frac{a}{7}, \quad m = \frac{5a}{21} \right]$$

Wenn das die gewünschte Lösung ist, müssen auch alle anderen Gleichungen, die man aus Abb. 2.18 ablesen kann, erfüllt sein, also speziell auch die 12. Gleichung. Wenn wir aber Maxima das entsprechende System mit zwölf Gleichungen für elf Lösungsvariablen geben, so erweist sich das LGS als unlösbar.

```
solve([b+c=a, b+g=a, c+e+m=a, g+h+k+m=a, d+e=c, h+i=f,
       f+h=g, i+j=k, j+m=e, i+k=h, j+k=m, c+d=b],
       [b,c,d,e,f,g,h,i,j,k,m]);
                            []
```

Wir müssen also die Hypothese, dass die große Figur ein Quadrat der Kantenlänge a ist, aufgeben. Als nächste Hypothese nehmen wir an, dass die große Figur ein Rechteck mit den Kantenlängen a_1 und a_2 ist. Wir nehmen a_1 als Koeffizienten und a_2 als Lösungsvariable und lassen Maxima das modifizierte LGS mit nun zwölf Lösungsvariablen und zwölf Gleichungen lösen.

```
solve([b+c=a1, b+g=a2, c+e+m=a2, g+h+k+m=a1, d+e=c, h+i=f,
       f+h=g, i+j=k, j+m=e, i+k=h, j+k=m, c+d=b],
       [a2,b,c,d,e,f,g,h,i,j,k,m]);
```

$$
\left[a2 = \frac{176\,a1}{177}, \quad b = \frac{33\,a1}{59}, \quad c = \frac{26\,a1}{59}, \quad d = \frac{7\,a1}{59}, \quad e = \frac{19\,a1}{59}, \quad f = \frac{43\,a1}{177}, \right.
$$

$$
\left. g = \frac{77\,a1}{177}, \quad h = \frac{34\,a1}{177}, \quad i = \frac{3\,a1}{59}, \quad j = \frac{16\,a1}{177}, \quad k = \frac{25\,a1}{177}, \quad m = \frac{41\,a1}{177} \right]
$$

Das LGS ist also für $\frac{a2}{a1} = \frac{176}{177}$ lösbar. Setzen wir nun im LGS $a_1 = 177$, so erhalten wir das endgültige Ergebnis:

```
solve([b+c=177, b+g=a2, c+e+m=a2, g+h+k+m=177, d+e=c,
       h+i=f, f+h=g, i+j=k, j+m=e, i+k=h, j+k=m, c+d=b],
      [a2,b,c,d,e,f,g,h,i,j,k,m]);
```

$$
[a2 = 176, \quad b = 99, \quad c = 78, \quad d = 21, \quad e = 57, \quad f = 43,
$$

$$
g = 77, \quad h = 34, \quad i = 9, \quad j = 16, \quad k = 25, \quad m = 41]
$$

Diese Lösungen erfüllen auch jede weitere Gleichung, die wir aus der Ausgangsfigur ablesen können. Die Tatsache, dass das Rechteck die Seitenlängen 176 und 177 (in einer geeigneten Einheit) hat, zeigt, dass man es leicht mit einem Quadrat verwechseln kann. Genau genommen haben wir das Problem mit Computerhilfe gelöst, ohne allzuviel nachzudenken. Brockmeyer (1999) zeigt einen raffinierteren Ansatz, der ohne Computerhilfe zur Lösung führt.

2.7.5 Widerstandsnetze

Elektrische Stromkreise kann man sich recht einfach im „Elektronenmodell" vorstellen. Die elektrische Ladung Q besteht aus Elektronen. Die Spannungsquelle (Batterie, Steckdose) gibt den Elektronen Energie mit; die Spannung U ist ein Maß für die Energie pro Elektron. In einem Widerstand R (z. B. einer Glühlampe, einem Herd, ...) geben die Elektronen ihre Energie ab. Hierbei werden Leitungen stets als „widerstandslos" betrachtet. Der elektrische Strom I entspricht der Gesamtzahl der Elektronen, die in einer Zeit t fließen, also $I = \frac{Q}{t}$. Die gesamte Energie W, die in einem Widerstand R, d. h. in einem Verbraucher, in andere Energieformen umgewandelt wird, entspricht folglich dem Produkt aus Spannung (Energie des einzelnen Elektrons) und der geflossenen Ladung (Gesamtzahl der Elektronen), also $W = U \cdot Q = U \cdot I \cdot t$. Der Zusammenhang zwischen dem durch einen Widerstand R laufenden Strom I und der anliegenden Spannung U wird durch das „Ohm'sche Gesetz"

$$
R = \frac{U}{I}
$$

vermittelt. Aus diesem anschaulichen Modell ergeben sich die *Kirchhoff'schen Regeln* für Gleichstromnetze:

Abb. 2.19 Stromstärken in
einem verzweigten Stromkreis

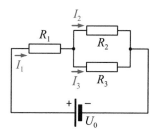

Knotenregel: Die Summe der Stromstärken aller zu einem „Knoten" hinfließenden Ströme ist gleich der Summe der Stromstärken aller wegfließenden Ströme.

Maschenregel: In jedem aus einem Leiternetz herausgegriffenen, in sich geschlossenen
Stromkreis („Masche") ist die Summe der Spannungen gleich der Summe
der Produkte aus den (gerichteten) Stromstärken und den Widerständen
der einzelnen Zweige.

Wir wenden diese Regeln auf einige Beispiele an.

Verzweigter Stromkreis

Wir betrachten den in Abb. 2.19 dargestellten verzweigten Stromkreis. In beiden Knoten
folgt aus der ersten Kirchhoff'schen Regel (Knotenregel) jeweils

$$I_1 = I_2 + I_3 \, .$$

In der Masche, die nur die Widerstände R_2 und R_3 enthält, gilt nach der Maschenregel:

$$R_2 \cdot I_2 - R_3 \cdot I_3 = 0 \, ,$$

da sich innerhalb dieser Masche keine Spannungsquelle befindet. (Dieses Ergebnis lässt
sich auch anhand der Tatsache nachvollziehen, dass an den Widerständen R_2 und R_3
dieselbe Spannung U_2 anliegt und nach dem Ohm'schen Gesetz $U_2 = R_2 \cdot I_2$ sowie
gleichzeitig $U_2 = R_3 \cdot I_3$ sein muss.)

Weiterhin lassen sich Maschen betrachten, die aus der Spannungsquelle U_0 und den
Widerständen R_1, R_2 sowie aus U_0, R_1 und R_3 bestehen. Hier gilt nach der Maschenregel

$$R_1 \cdot I_1 + R_2 \cdot I_2 = U_0 \quad \text{sowie}$$
$$R_1 \cdot I_1 + R_3 \cdot I_3 = U_0 \quad .$$

Wir fassen alle diese Zusammenhänge nun zu einem LGS zusammen:

$$
\begin{aligned}
I_1 - \quad I_2 - \quad I_3 &= 0 \\
R_2 \cdot I_2 - R_3 \cdot I_3 &= 0 \\
R_1 \cdot I_1 + R_2 \cdot I_2 \quad\quad &= U_0 \\
R_1 \cdot I_1 \quad\quad + R_3 \cdot I_3 &= U_0
\end{aligned}
$$

Abb. 2.20 Stromstärken in
einem Stromkreis mit zwei
Maschen

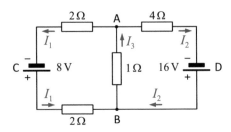

und lösen dieses nach den Stromstärken auf. Dabei lässt sich feststellen, dass das LGS eine eindeutige Lösung besitzt:

$$I_1 = U_0 \cdot \frac{R_2 + R_3}{R_1 R_2 + R_1 R_3 + R_2 R_3}$$

$$I_2 = U_0 \cdot \frac{R_3}{R_1 R_2 + R_1 R_3 + R_2 R_3}$$

$$I_3 = U_0 \cdot \frac{R_2}{R_1 R_2 + R_1 R_3 + R_2 R_3}$$

Als konkretes Beispiel betrachten wir einen Stromkreis mit einer Spannungsquelle mit $U_0 = 12\,\mathrm{V}$ und Widerständen $R_1 = 20\,\Omega$, $R_2 = 10\,\Omega$ und $R_3 = 20\,\Omega$. Durch Einsetzen dieser Werte ergibt sich $I_1 = 0{,}45\,\mathrm{A}$, $I_2 = 0{,}3\,\mathrm{A}$ und $I_3 = 0{,}15\,\mathrm{A}$. Hierbei werden die Ströme in A(mpere), die Spannungen in V(olt) und die Widerstände in Ω (Ohm) gemessen.

Die Nutzung des Computers kann bei diesem Beispiel zu einiger Zeitersparnis führen (siehe Abschn. 2.6.3; eine Beispieldatei für den hier betrachteten Stromkreis steht auf der Internetseite des Buches zur Verfügung).

Stromkreis mit zwei Maschen

In dem in Abb. 2.20 dargestellten Gleichstromnetz sollen die Stromstärken in den Zweigen berechnet werden.

Bei den Knoten A und B gilt:

$$I_1 + I_2 = I_3$$

In der Masche ABC gilt:

$$2 I_1 + I_3 + 2 I_1 = 8$$

In der Masche ABD gilt:

$$4 I_2 + I_3 = 16$$

Die Kirschhoff'schen Regeln haben also zu einem LGS geführt, für das man leicht die Lösung $I_1 = 1\,\mathrm{A}$, $I_2 = 3\,\mathrm{A}$ und $I_3 = 4\,\mathrm{A}$ erhält.

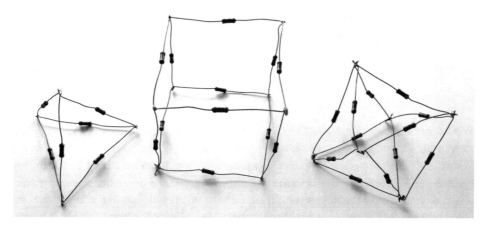

Abb. 2.21 Kantenmodelle von Tetraeder, Würfel und Oktaeder

Abb. 2.22 Kantenmodell eines Würfels

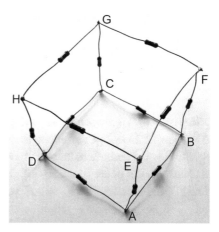

Stromkreise als Kantenmodelle Platonischer Körper

Eine ansprechende Aufgabenvariante zu Widerstandsnetzen ist die Berechnung des Gesamtwiderstands von Kantenmodellen Platonischer Körper, deren Kanten aus gleichartigen Widerständen bestehen. Abb. 2.21 zeigt drei aus gleichartigen Widerständen in einer Physik-AG zusammengelötete Körper (Tetraeder, Würfel und Oktaeder).

Es wurde jeweils der Gesamtwiderstand zwischen zwei beliebigen Ecken der Körper berechnet und anschließend gemessen. Um das zugehörige LGS aufstellen zu können, musste der dreidimensionale Körper zuerst in einen als Widerstand äquivalenten ebenen Graphen umgewandelt werden. Im Folgenden wird dies am Beispiel des Würfels demonstriert (siehe Abb. 2.22).

Aufgrund der Symmetrie des Würfels gibt es nur drei verschiedene Möglichkeiten, einen Gesamtwiderstand zu definieren: Es sind der Widerstand R_{AB} zwischen den Ecken A und B, R_{AC} zwischen A und C sowie R_{AG} zwischen A und G. An den beiden fraglichen Punkten liegt jeweils die Gesamtspannung U; bei A fließt der Gesamtstrom I in den

Abb. 2.23 Parallelschaltung
zweier Widerstände

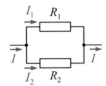

Würfel, am zweiten Punkt (B, C bzw. G) wieder heraus. Mithilfe der Kirchhoff'schen
Regeln für Knoten und Maschen könnte man für die fraglichen Ströme durch die zwölf
Widerstände Gleichungen aufstellen. Das wäre aber sehr umständlich. Aufgrund der Symmetrien des Würfels und der Tatsache, dass alle Widerstände denselben Wert R haben,
lassen sich die drei Situationen sehr vereinfachen. Wir entwickeln für jede der drei zu
betrachtenden Situationen ein problemangemessenes ebenes Ersatzschaltbild. Zunächst
betrachten wir jedoch eine einfachere Situation, die Parallelschaltung zweier Widerstände
R_1 und R_2 (Abb. 2.23). Wir suchen den Gesamtwiderstand R. Die Knotenregel ergibt für
die Ströme $I = I_1 + I_2$; nach dem Ohm'schen Gesetz folgt weiter $\frac{U}{R} = \frac{U}{R_1} + \frac{U}{R_2}$. Damit
erhalten wir für die Parallelschaltung die Formel

$$\frac{1}{R} = \frac{1}{R_1} + \frac{1}{R_2} \,.$$

Widerstand R_{AB} zwischen den Punkten A und B (in Abb. 2.22)
Abbildung 2.24a zeigt das ebene Ersatzschaltbild für diese Situation. Man kann dieses
Schaltbild als Parallelschaltung von zwei Widerständen betrachten, indem man $R_2 = R$
setzt und R_1 der obere Block aus elf gleichen Widerständen ist. Aufgrund der Symmetrie
sind die mittleren fünf mit G und H verbundenen Widerstände zwischen D, C, E und F
stromfrei, so dass R_1 als Parallelschaltung zweier Stränge aus je drei gleichen, in Serie geschalteten Widerstände aufgefasst werden kann. Damit gilt $\frac{1}{R_1} = \frac{1}{3R} + \frac{1}{3R}$ oder $R_1 = \frac{3}{2}R$.
Damit folgt für den gesuchten Widerstand $\frac{1}{R_{AB}} = \frac{2}{3R} + \frac{1}{R} = \frac{5}{3R}$ oder $R_{AB} = 0{,}6R$.

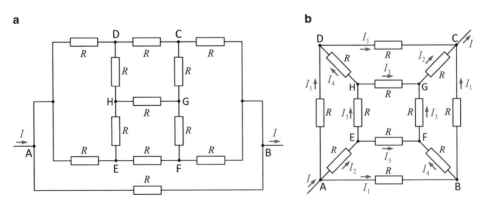

Abb. 2.24 a Ersatzschaltbild für R_{AB}, **b** Ersatzschaltbild für R_{AC}

Abb. 2.25 Ersatzschaltbild für R_{AG}

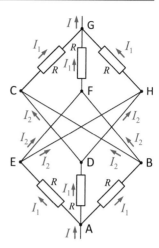

Widerstand R_{AC} zwischen den Punkten A und C (in Abb. 2.22)

Abbildung 2.24b zeigt das ebene Ersatzschaltbild für diese Situation. Aufgrund der Symmetrie müssen nur vier Ströme I_1, I_2, I_3 und I_4 unterschieden werden.

Die Knotenregel für die Knoten A, E und D ergibt die Gleichungen

$$I = 2 I_1 + I_2$$
$$I_2 = 2 I_3$$
$$I_1 = I_1 + I_4 \, .$$

Aus der letzten Gleichung folgt sofort $I_4 = 0$. Mit der Maschenregel lässt sich die Gesamtspannung U über die Wege $A \rightarrow D \rightarrow C$ bzw. $A \rightarrow E \rightarrow H \rightarrow G \rightarrow C$ ausdrücken als

$$U = R_{AC} \, I = R \, I_1 + R \, I \quad \text{bzw.} \quad U = R_{AC} \, I = R \, I_2 + R \, I_3 + R \, I_3 + R \, I_2 \, .$$

Kurze Umrechnung ergibt das Ergebnis $R_{AC} = 0{,}75 \, R$.

Widerstand R_{AG} zwischen den Punkten A und G (in Abb. 2.22)

Hierfür lässt sich aus Abb. 2.22 das in Abb. 2.25 dargestellte ebene Ersatzschaltbild entnehmen. In diesem Ersatzschaltbild sind aus Gründen der Übersichtlichkeit nur sechs der zwölf Widerstände eingezeichnet; nicht gezeichnet sind die Widerstände zwischen B und C, B und F, D und H, D und C, E und H sowie E und F. Aufgrund der Symmetrie der Situation ergibt die Knotenregel $I_1 = \frac{1}{3} I$ und $I_2 = \frac{1}{6} I$. Die Maschenregel liefert damit

$$U = R_{AG} \, I = R \, I_1 + R \, I_2 + R \, I_1 = R \left(\tfrac{2}{3} I + \tfrac{1}{6} I \right) = \tfrac{5}{6} R \, I \, ,$$

woraus sofort das Ergebnis $R_{AG} = \frac{5}{6} R$ folgt.

Bei der praktischen Durchführung dieser Modellierung waren die Schüler besonders gespannt, inwieweit die Ergebnisse der Messung mit der hier beschriebenen Theorie zusammenpassten. Mit einem empfindlichen Ohm-Meter wurde der Gesamtwiderstand bei den drei Schaltmöglichkeiten für einen Würfel aus $510\,\Omega$-Widerständen mit folgendem Ergebnis gemessen:

	theoretischer Wert	gemessener Wert
R_{AB}	$306\,\Omega$	$297\,\Omega$
R_{AC}	$383\,\Omega$	$382\,\Omega$
R_{AG}	$425\,\Omega$	$425\,\Omega$

Die Ergebnisse sprechen für sich!

2.7.6 Mischungsprobleme

Dieses letzte Beispiel ist die Vereinfachung von konkreten Prozessen aus Wirtschaft und Industrie. Ein metallurgischer Betrieb beabsichtigt, eine neue harte und relativ leichte Metalllegierung auf den Markt zu bringen. Die Ingenieure fordern, dass diese Legierung genau 4 % Titan und 2 % Chrom enthält, während der Rest aus Aluminium bestehen soll. Der Markt bietet reines Titan und Chrom nur zu sehr ungünstigen Preisen an; stattdessen stehen vier Legierungen L1, ..., L4 zur Verfügung, deren Titan- und Chromanteile in der folgenden Tabelle stehen.

Legierung	L1	L2	L3	L4
Titan	0,06	0,01	0,04	0,03
Chrom	0,01	0,03	0,00	0,04

Zur Herstellung der gewünschten Legierung müssen diese Legierungen entsprechend gemischt werden. Insgesamt soll zunächst eine Tonne der neuen Legierung hergestellt werden. Wieder führt die Analyse auf ein LGS: Gesucht sind die Mengen x_1, x_2, x_3, x_4 der Legierungen L1, L2, L3 und L4 (gemessen in Tonnen), die eingekauft werden müssen.

Die Betrachtung der Gesamtmenge, des Titananteils und des Chromanteils ergibt drei Gleichungen (jeweils in der Einheit Tonnen):

$$
\begin{aligned}
x_1 + \quad x_2 + \quad x_3 + \quad x_4 &= 1 \\
0{,}06\,x_1 + 0{,}01\,x_2 + 0{,}04\,x_3 + 0{,}03\,x_4 &= 0{,}04 \\
0{,}01\,x_1 + 0{,}03\,x_2 \qquad\quad + 0{,}04\,x_4 &= 0{,}02
\end{aligned}
$$

Da wir nur drei Gleichungen, aber vier Lösungsvariablen haben, berechnet der Computer erwartungsgemäß eine einparametrige Lösungsmenge:

$$L = \left\{ \frac{1}{9} \begin{pmatrix} 6 \\ 4 \\ -1 \\ 0 \end{pmatrix} + r \begin{pmatrix} -1 \\ -1 \\ 1 \\ 1 \end{pmatrix} \,\middle|\, r \in \mathbb{R} \right\}$$

Die Bestellmengen x_i dürfen nicht negativ werden. Hieraus folgt die Bedingung $\frac{1}{9} \leq r \leq \frac{4}{9}$ für den Parameter r.

Eine weitere Konkretisierung der Bestellmengen wird in der Praxis in der Regel durch die von den Einkaufspreisen der einzelnen Legierungen abhängige Forderung der Kostenminimierung geschehen.

Der Vektorbegriff

3

Inhaltsverzeichnis

Der Vektorbegriff gehört zu den zentralen Strukturbegriffen der Mathematik und besitzt mannigfaltige Anwendungen. Vektoren können in vielerlei Gestalt auftreten, sie beschreiben Verschiebungen, physikalische Größen, Stücklisten, Farben und vieles mehr, sogar Funktionen lassen sich strukturell sinnvoll als Vektoren deuten (siehe Beispiel 3.2). Diese Vielfalt an Repräsentanten und Beispielen bedingt jedoch auch zwangsläufig, dass der Vektorbegriff stark verallgemeinernd und somit „abstrakt" ist. Im Mathematikunterricht ist es notwendig, sich sehr leistungsfähigen Begriffen, die durch einen hohen Abstraktionsgrad gekennzeichnet sind, durch Beispiele und spezielle Fälle zu nähern, in diesen das Gemeinsame zu erkennen und sich somit schrittweise zu verallgemeinerten Begriffsbildungen „emporzuarbeiten".

Hans-Joachim Vollrath unterscheidet fünf Stufen der Herausbildung eines Verständnisses grundlegender Begriffe (Vollrath, 1984, S. 216):

1. Stufe: Intuitives Begriffsverständnis
2. Stufe: Inhaltliches Begriffsverständnis
3. Stufe: Integriertes Begriffsverständnis
4. Stufe: Strukturelles Begriffsverständnis
5. Stufe: Formales Begriffsverständnis

© Springer-Verlag Berlin Heidelberg 2015
H.-W. Henn, A. Filler, *Didaktik der Analytischen Geometrie und Linearen Algebra*,
Mathematik Primarstufe und Sekundarstufe I + II, DOI 10.1007/978-3-662-43435-2_3

Die folgenden Überlegungen zur Einführung des Vektorbegriffs und zum Arbeiten mit Vektoren orientieren sich an diesen Stufen, auf die dann auch jeweils näher eingegangen wird.

3.1 Wege der Einführung des Vektorbegriffs – Überblick

Für die Einführung von Vektoren im Mathematikunterricht waren bzw. sind vor allem drei Herangehensweisen gebräuchlich:

- *Vektoren als Klassen gleich langer, paralleler und gleich gerichteter Pfeile* (Pfeilklassen). Dieses Paradigma liegt den meisten aktuellen Schulbüchern zugrunde, wenngleich oft nicht mehr explizit von Pfeilklassen gesprochen wird. In neueren Schulbüchern lassen sich oftmals Einführungen des Vektorbegriffs finden, bei denen eine Veranschaulichung von Pfeilklassen unter Bezugnahme auf Translationen erfolgt. Als Beispiel sei die einführende Beschreibung des Begriffs „Vektor" in dem Lehrbuch von 2009 aus der Reihe Lambacher Schweizer angegeben:
  Vektoren: *In der Geometrie meint man mit der Bezeichnung Vektor den Spezialfall einer Verschiebung; deshalb wird ein Vektor in der Geometrie durch eine Menge zueinander paralleler, gleich langer und gleich gerichteter Pfeile beschrieben.* (Lambacher Schweizer, 2009, S. 255)
  Es deutet sich hierbei und bei ähnlichen Formulierungen ein sprachlich-inhaltliches Problem an. Die Einführung des Begriffs der Äquivalenzklasse soll vermieden werden; die Gleichsetzung von Vektoren mit einzelnen Pfeilen wird jedoch dem Vektorbegriff nicht gerecht, so dass eine „Umschreibung" des Klassenkonzepts erforderlich ist, um Vektoren angemessen durch Pfeile beschreiben zu können.
  Zu den Schwierigkeiten des „Pfeilklassenkonzepts" gehört die häufige Identifikation von Vektoren mit einzelnen Pfeilen, siehe u. a. (Malle, 2005c, S. 16f.). Uwe-Peter Tietze zitiert dazu die folgende Schüleräußerung:
  „Ein Vektor ist ein Pfeil in einem Raum. Er geht von einem bestimmten Punkt im Raum aus, zeigt in eine bestimmte Richtung und hat eine bestimmte Länge und beschreibt eine bestimmte Steigung." (Tietze et al., 2000, S. 134)
  Die Schwierigkeiten mit dem Pfeilklassenkonzept weisen auf ein grundsätzliches Problem bei der Behandlung von Vektoren hin: Einerseits kommt anschaulichen Vorstellungen eine wichtige Bedeutung für die Entwicklung intuitiven Begriffsverständnisses zu, auf der anderen Seite können aber Veranschaulichungen zu Begriffseinengungen und -verzerrungen führen, die den Blick auf das Wesentliche eines Strukturbegriffs verstellen. Hinsichtlich der Entwicklung inhaltlichen Begriffsverständnisses kommt der Auseinandersetzung mit der Fehlvorstellung „Vektor = Pfeil" daher grundlegende Bedeutung zu – in dem folgenden Abschnitt wird ausführlich darauf eingegangen.

- *Arithmetische Auffassung von Vektoren als n-Tupel* (speziell Paare und Tripel) reeller Zahlen. Um die Schwierigkeiten mit dem Pfeilklassenkonzept zu vermeiden, plädieren u. a. Günter Törner (1982) und Günther Malle (2005b) für eine primär arithmetisch-algebraisch orientierte Behandlung des Vektorbegriffs. Malle spricht von „algebraischen Vektoren mit geometrischer Deutung" und schlägt vor, Vektoren als Zahlenpaare bzw. -tripel einzuführen und diese für geometrische Anwendungen zu nutzen (wobei dann auch Pfeile für die Darstellung verwendet werden). Einem derartigen Ansatz folgen auch einige Schulbücher, z. B. Griesel/Postel (1986). Allerdings treten die genannten Probleme, insbesondere die Identifikation „Vektor = Pfeil", auch bei einer arithmetisch-algebraisch orientierten Einführung des Vektorbegriffs auf. Gerald Wittmann (2003a) betont, dass die arithmetische Vektorauffassung „verblasst", wenn Vektoren im folgenden Unterricht hauptsächlich in geometrischen Kontexten verwendet werden. Damit Schüler den Charakter von Vektoren als arithmetische bzw. algebraische Objekte erfassen, genügt es also nicht, sie auf diese Weise einzuführen, sondern es muss auch immer wieder in entsprechenden Kontexten mit ihnen gearbeitet werden.
- Vor allem in den 70er Jahren des 20. Jahrhunderts wurden Vektoren häufig allgemein (wie in der Hochschullehre üblich) anhand der *Vektorraumaxiome* eingeführt. Wenngleich diese Herangehensweise aus fachlicher Sicht „elegant" ist, wurde dabei verkannt, dass sich Begriffe (sowohl in ihrer historischen Entwicklung als auch hinsichtlich der Ausprägung von Begriffsverständnis bei Lernenden) nicht „Top-down" herausbilden, sondern auf dem Wege der Verallgemeinerung und Zusammenfassung von Beispielen und Spezialfällen. Eine Begriffsbildung durch Abstraktion setzt inhaltliches Begriffsverständnis anhand konkreter Vektormodelle und der Operationen mit ihnen voraus. Uwe-Peter Tietze bezeichnet die axiomatische Einführung von Vektoren daher als „didaktisch nicht zu rechtfertigen" (Tietze et al., 2000, S. 157). Dennoch ist ein verallgemeinertes, integriertes und (zumindest in Ansätzen) strukturelles Verständnis des Vektorbegriffs, dessen Leistungsfähigkeit ja u. a. gerade in der Verbindung geometrischer und algebraischer Vorgehensweisen besteht, auch für den Mathematikunterricht der Schule von Bedeutung, siehe z. B. (Ba/Dorier, 2011, S. 230f.).

Die aufgelisteten Schwierigkeiten mit allen drei Herangehensweisen verdeutlichen, dass es keinen „Königsweg" zur Entwicklung des Vektorbegriffs im Mathematikunterricht geben kann, sondern Elemente aller drei Herangehensweisen bedeutsam sind. Tragfähige Vorstellungen von einem vielfältige Modelle „vereinigenden" Strukturbegriff können nur aus der Betrachtung mehrerer verschiedener Repräsentationen und der Erkenntnis struktureller Gemeinsamkeiten erwachsen. Es ist daher sinnvoll und notwendig, arithmetische *und* geometrische Beispiele zur Behandlung von Vektoren heranzuziehen, der Identifikation von Vektoren mit einzelnen Pfeilen zumindest entgegenzuwirken und aus Gemeinsamkeiten „arithmetischer" und „geometrischer" Vektoren Rechenregeln zu verallgemeinern, die einen Teil der Vektorraumaxiome bilden.

3.2 Vektoren in geometrischen und physikalischen Kontexten

Meistens werden Vektoren in der Schule primär geometrisch eingeführt, wobei die Idee der *Pfeilklassen* zugrunde liegt. Hierfür werden im Folgenden Beispiele gegeben, und das Pfeilklassenkonzept wird (im Sinne von „Hintergrundwissen" für Lehrer) exaktifiziert.

3.2.1 Verschiebungen

Beispiele für Vektoren lernen Schüler bereits in der S I kennen. So werden Verschiebungen durch Verschiebungspfeile beschrieben. Mit Blick auf das (später auftretende) Problem der Identifikation von Vektoren mit Pfeilen sollte herausgestellt werden, dass eine Verschiebung durch „viele" (gleich lange, parallele, gleich gerichtete) Pfeile beschrieben werden kann. Bei der Einführung des Vektorbegriffs ist zu betonen, dass *Verschiebungen* selbst Vektoren sind und nicht einzelne *Verschiebungspfeile*. Die Grundidee von Pfeilklassen kommt bereits zum Tragen, wenn nach einer Definition des Begriffs „Verschiebung" gesucht wird.

▶ **Definition 3.1** Eine Abbildung der Ebene oder des Raumes auf sich selbst ist eine *Verschiebung*, falls für zwei beliebige Punkte P, Q und ihre Bildpunkte P', Q' gilt:

i. Die Abstände zwischen Original- und Bildpunkten sind gleich: $|PP'| = |QQ'|$

ii. Die durch Original- und Bildpunkte verlaufenden Geraden[1] sind parallel zueinander: $PP' \parallel QQ'$. (Parallelität wird hier so aufgefasst, dass sie die Identität mit einschließt, also jede Gerade zu sich selbst parallel ist.)

iii. Die geordneten Punktepaare (Pfeile) $\overrightarrow{PP'}$ und $\overrightarrow{QQ'}$ sind gleich orientiert.
    Falls $\overrightarrow{PP'}$ und $\overrightarrow{QQ'}$ auf verschiedenen Geraden „liegen", sind sie unter den Voraussetzungen $PP' \parallel QQ'$ und $|PP'| = |QQ'|$ genau dann gleich orientiert, wenn PQ und $P'Q'$ parallel sind. Gehören P, P', Q und Q' einer Geraden an, so sind die Pfeile $\overrightarrow{PP'}$ und $\overrightarrow{QQ'}$ gleich orientiert, falls sie identisch sind oder falls P' und Q zwischen P und Q' oder P und Q' zwischen P' und Q liegen, siehe Abb. 3.1.

Abb. 3.1 Gleich und entgegengesetzt orientierte Pfeile

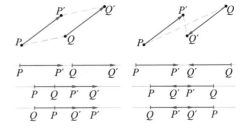

---

[1] Es wird hierbei auf die bei den Schülern vorhandenen, in der Primar- und der Sekundarstufe I aufgebauten, anschaulichen Vorstellungen von Geraden zurückgegriffen.

Wenngleich bei der Behandlung von Verschiebungen in der Sekundarstufe I noch keine exakte Definition von Verschiebungen (in obigem Sinne) herausgearbeitet werden kann, lässt sich durch geeignete Aufgaben gut herausarbeiten, dass ein und dieselbe Verschiebung durch „viele" (gleich lange, parallele, gleich gerichtete) Pfeile beschrieben werden kann.

Aufgabe für Schüler der Sekundarstufe I: Koordinatendifferenzen bei Verschiebungspfeilen

- Warum beschreiben die in der Abbildung dargestellten Pfeile dieselbe Verschiebung?
- Ermittle für jeden der Pfeile die Koordinaten des Anfangs- und des Endpunktes.
- Berechne für jeden Pfeil die Differenzen der x- und der y-Koordinaten:
  - x-Koordinatendifferenz $= x$-Koordinate der Pfeilspitze $- x$-Koordinate des Anfangspunktes
  - y-Koordinatendifferenz $= y$-Koordinate der Pfeilspitze $- y$-Koordinate des Anfangspunktes

Was stellst du fest?

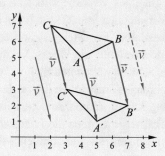

Durch das Lösen von Aufgaben dieser Art machen Schüler die Erfahrung, dass die Paare der Koordinatendifferenzen von Anfangs- und Endpunkten für alle Pfeile gleich sind, welche dieselbe Verschiebung beschreiben. Damit können erste Grundlagen eines arithmetische und geometrische Aspekte umfassenden Verständnisses des (wenngleich erst später explizierten) Vektorbegriffs gelegt werden, die sich dann in der Sekundarstufe II aufgreifen lassen.

3.2.2 Geschwindigkeiten und Kräfte

Aus dem Physikunterricht der Sekundarstufe I sollten Schüler mit *gerichteten Größen* wie Kräften, Geschwindigkeiten und Beschleunigungen vertraut sein. Diese sind durch

Abb. 3.2 Addition von
Kräften

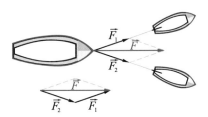

eine Maßzahl und die Maßeinheit nicht vollständig bestimmt, vielmehr sind zusätzlich
Richtung und Richtungssinn von Bedeutung.

Addition von Kräften

Wird ein Schiff durch zwei Boote gezogen, so hängt die resultierende Kraft $\vec{F}$ davon
ab, in welche Richtungen die Teilkräfte $\vec{F}_1$ und $\vec{F}_2$ wirken (Abb. 3.2). Die resultierende
Kraft kann durch Antragen eines Pfeils, der $\vec{F}_2$ darstellt, an einen Pfeil, der $\vec{F}_1$ beschreibt,
graphisch ermittelt werden. Eine andere Möglichkeit besteht darin, einen Pfeil, der die
resultierende Kraft ausdrückt, als (gerichtete) Diagonale eines Parallelogramms zu ermitteln, das von zwei die beiden Teilkräfte $\vec{F}_1$ und $\vec{F}_2$ repräsentierenden Pfeilen aufgespannt
wird.

   Schülervorstellungen bezüglich des Vektorbegriffs sind auch in der Sekundarstufe II
oftmals noch stark von der Verwendung von Vektoren für die Beschreibung von Kräften und Geschwindigkeiten bestimmt. Dazu trägt sicherlich bei, dass Schüler im Physikunterricht der Sekundarstufe I erstmals die Worte „Vektor" bzw. „vektorielle" Größe
verwenden. Vorkenntnisse der Schüler sollten natürlich aufgegriffen, und es sollte an im
Physikunterricht erlangte Erfahrungen hinsichtlich der zeichnerischen Addition von Kräften oder Geschwindigkeiten angeknüpft werden. Andererseits ergibt sich daraus aber auch
eine Gefahr: Oft ist bei physikalischen Größen die Interpretation als Pfeilklassen wenig
naheliegend, da – wie an dem obigen Beispiel deutlich wird – insbesondere Kräfte an
einzelnen Punkten angreifen und damit tatsächlich besser als „konkrete" Pfeile zu interpretieren sind, siehe dazu auch u. a. (Malle, 2005b, S. 10).

   Um eine frühzeitige Verankerung der Fehlvorstellung „Vektor = Pfeil" zumindest
   abzuschwächen, sollte deutlich werden, dass Geschwindigkeiten und Kräfte *im All-*
   gemeinen an verschiedenen Punkten angreifen können und eine Gleichsetzung mit
   einem einzelnen Pfeil daher „zu kurz greift".

Geeignete Beispiele hierfür sind die Fallbeschleunigung $\vec{g}$, die auf einen Körper unabhängig von seiner Lage wirkt (Abb. 3.3 zeigt dies anhand des Wurfs eines Körpers), sowie
Bewegungen, die durch Strömungsgeschwindigkeiten beeinflusst werden.

Abb. 3.3 Das Wirken der Fallbeschleunigung ist unabhängig von der Position eines Körpers

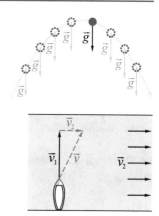

Abb. 3.4 Zusammensetzung von Geschwindigkeiten. Die grau eingezeichneten Pfeile sind nicht Bestandteil der Aufgabenstellung, sondern der Lösung

Aufgabe zur Addition von Geschwindigkeiten

Ein Boot fährt auf einem Fluss mit einer Geschwindigkeit von 12 km/h in zum Ufer senkrechter Richtung auf das andere Flussufer zu. Die Strömungsgeschwindigkeit des Flusses beträgt 6 km/h. Ermittle die Richtung und den Betrag der resultierenden Geschwindigkeit.

Lösung: Durch maßstabsgetreue Pfeile lassen sich die Beträge und die Richtungen der Geschwindigkeiten $\vec{v}_1$ und $\vec{v}_2$ darstellen, siehe Abb. 3.4. Die resultierende Geschwindigkeit $\vec{v}$ lässt sich daraus graphisch ermitteln. Indem an einen Pfeil, der die Geschwindigkeit $\vec{v}_1$ kennzeichnet, ein Pfeil angetragen wird, der $\vec{v}_2$ beschreibt, und der Anfangspunkt des ersten Pfeils mit der Spitze des zweiten Pfeils verbunden wird, entsteht ein Pfeil, der die resultierende Geschwindigkeit $\vec{v}$ repräsentiert. Ihr Betrag lässt sich aus der Länge des Pfeils ermitteln. In dem konkreten Fall ist, da $\vec{v}_1$ und $\vec{v}_2$ senkrecht zueinander sind, auch eine einfache Berechnung des Betrags der resultierenden Geschwindigkeit mithilfe des Satzes des Pythagoras möglich:

$$|\vec{v}| = \sqrt{(12\,\text{km/h})^2 + (6\,\text{km/h})^2} \approx 13{,}4\,\text{km/h}$$

3.2.3 Pfeilklassen

Als übergreifendes – die Beschreibung von Verschiebungen sowie von gerichteten physikalischen Größen umfassendes – Konzept liegt die Einführung von Vektoren als Pfeilklassen den meisten aktuellen Schulbüchern zugrunde, siehe z. B. das Schulbuchzitat zu Beginn von Abschn. 3.1. Bevor auf einige Vereinfachungen und Verkürzungen eingegangen wird, soll daher zunächst – vor allem als Hintergrundwissen für Lehrer – das Pfeilklassenkonzept in exakter Weise vorgestellt werden. Wie bei jeder auf Äquivalenzklassen beruhenden Begriffsbildung wird zunächst eine Äquivalenzrelation betrachtet (hier die

Abb. 3.5 Transitivität der
Relation „parallelgleich"

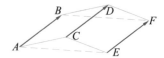

Relation „parallelgleich"), durch die sich dann Objekte (hier Pfeile), die zueinander in dieser Relation stehen, zu Klassen zusammenfassen lassen.

▶ **Definition 3.2** Zwei gerichtete Strecken (Pfeile) $\overrightarrow{AB}$ und $\overrightarrow{CD}$ nennt man *parallelgleich*, falls sie gleich lang und gleichsinnig parallel sind, d. h. wenn gilt:

i. Die Abstände zwischen Anfangs- und Endpunkt sind bei beiden Pfeilen gleich: $|AB| = |CD|$

ii. Die Geraden, denen die beiden Pfeile angehören, sind parallel: $AB \parallel CD$

iii. Die Pfeile $\overrightarrow{AB}$ und $\overrightarrow{CD}$ sind gleich orientiert (siehe Abb. 3.1).

Satz 3.1

Die Relation „parallelgleich" ist eine *Äquivalenzrelation* auf der Menge aller Pfeile der Ebene bzw. des Raumes, d. h.:

- Jeder Pfeil ist zu sich selbst parallelgleich (*Reflexivität*).
- Ist ein Pfeil $\overrightarrow{AB}$ parallelgleich zu einem Pfeil $\overrightarrow{CD}$, so ist auch $\overrightarrow{CD}$ parallelgleich zu $\overrightarrow{AB}$ (*Symmetrie*).
- Ist ein Pfeil $\overrightarrow{AB}$ parallelgleich zu einem Pfeil $\overrightarrow{CD}$ und $\overrightarrow{CD}$ parallelgleich zu einem Pfeil $\overrightarrow{EF}$, so ist $\overrightarrow{AB}$ parallelgleich zu $\overrightarrow{EF}$ (*Transitivität*).

Auf einen Beweis dieses Satzes (dessen Aussagen anschaulich plausibel sind, siehe etwa Abb. 3.5) wird verzichtet, er findet sich z. B. in (Filler, 2011, S. 107).

Es sei auf die „Verwandtschaft" der Definition der Parallelgleichheit (Definition 3.2) mit der Definition der Verschiebung (Definition 3.1) hingewiesen: In der Tat sind zwei Pfeile genau dann parallelgleich, wenn sie dieselbe Verschiebung beschreiben. Dieser Zusammenhang wird bei der Einführung von Vektoren in der Schule oft genutzt, um das Pfeilklassenkonzept anzuwenden, ohne es explizit zu behandeln, siehe dazu auch den Abschn. 3.2.4.

Eine Äquivalenzrelation zerlegt die Menge, auf der sie definiert ist, in nichtleere, disjunkte Teilmengen, sogenannte *Äquivalenzklassen*. Ein bekanntes Beispiel für Äquivalenzklassen sind die *gebrochenen Zahlen (Bruchzahlen)*[2]. Unter einem Bruch versteht

---

[2] Die Begriffe „gebrochene Zahl" und „Bruchzahl" werden synonym gebraucht.

Abb. 3.6 Verschiedene Repräsentanten einer Pfeilklasse

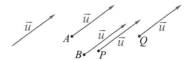

man ein konkretes Paar natürlicher Zahlen $(m|n)$ (das in der Form $\frac{m}{n}$ geschrieben wird). In diesem Sinne sind z. B. $\frac{1}{2}$ und $\frac{2}{4}$ verschiedene Brüche. Jedoch sind diese beiden Brüche *gleichwertig* (äquivalent), die zugehörige Äquivalenzrelation ist die Quotientengleichheit. Diese Relation zerlegt die Menge aller Brüche in Äquivalenzklassen quotientengleicher Brüche. Die Äquivalenzklassen sind die gebrochenen Zahlen. Sie werden ebenso bezeichnet wie die Brüche. Jedoch gehören zu der gebrochenen Zahl $\frac{1}{2}$ unendlich viele konkrete Brüche ($\frac{1}{2}$, $\frac{2}{4}$, $\frac{3}{6}$, $\frac{4}{8}$ usw.). Jeder dieser konkreten Brüche ist ein Repräsentant der gebrochenen Zahl (also der Äquivalenzklasse) $\frac{1}{2}$.[3]

Ebenso wie Brüche durch die Äquivalenzrelation „quotientengleich" als gleichwertig zusammengefasst werden, erfolgt durch die Äquivalenzrelation „parallelgleich" eine Zusammenfassung „gleichwertiger" Pfeile zu *Pfeilklassen*. Gleichwertig bzw. äquivalent sind die so zusammengefassten Pfeile z. B. in der Hinsicht, dass sie dieselben Verschiebungen, Geschwindigkeiten oder Kräfte beschreiben.

▶ **Definition 3.3** Als *Pfeilklasse* bezeichnet man eine Äquivalenzklasse bezüglich der Äquivalenzrelation „parallelgleich", d. h., eine Pfeilklasse $\vec{u}$ ist die Menge aller zu dem Pfeil $\vec{u}$ parallelgleichen Pfeile der Ebene bzw. des Raumes:

$$\vec{u} = \{\vec{x} \mid \vec{x} \quad \text{ist parallelgleich zu} \quad \vec{u}\}$$

Jeder Pfeil $\vec{x} \in \vec{u}$ heißt *Repräsentant* der Pfeilklasse $\vec{u}$.

Jeder Pfeil gehört somit zu genau einer Pfeilklasse, umgekehrt enthält jede Pfeilklasse unendlich viele Pfeile. Ist $\vec{u}$ eine beliebige Pfeilklasse in der Ebene oder im Raum, so existiert nämlich für jeden Punkt A der Ebene bzw. des Raumes ein Repräsentant (Pfeil) von $\vec{u}$ mit dem Anfangspunkt A (siehe Abb. 3.6).

Es ist zu beachten, dass im Sinne der Einfachheit der Bezeichnungen – wie auch in der Bruchrechnung für Brüche und gebrochene Zahlen – für Pfeile und Pfeilklassen dieselben Symbole (wie $\vec{u}$ und $\overrightarrow{AB}$) verwendet werden. Versuche, durch unterschiedliche Bezeichnungen mehr „Klarheit auf einen Blick" zu schaffen, konnten sich nicht durchsetzen. Um der oft auftretenden Fehlvorstellung „Vektor = Pfeil" zu begegnen, muss also jeweils deutlich klargestellt werden, ob z. B. mit $\overrightarrow{AB}$ ein konkreter Pfeil (Repräsentant einer Klasse) oder ein Vektor (also eine Pfeilklasse) gemeint ist.

---

[3] Eine genauere Beschreibung des Äquivalenzklassenkonzepts der Bruchrechnung findet sich in (Padberg, 2009, S. 20ff.).

Abb. 3.7 Addition von Pfeilklassen

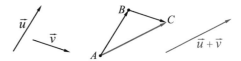

Mit der obigen Definition haben wir ein *Vektormodell* eingeführt, dabei jedoch nicht
das Wort *Vektor* verwendet, sondern *Pfeilklasse*. Die Ursache hierfür liegt darin,
dass der Begriff des Vektors wesentlich allgemeiner ist als der der Pfeilklasse.

In Schulbüchern (die den Begriff Pfeilklasse nicht verwenden) ist daher stattdessen oft
von „geometrischen Vektoren" oder „Vektoren in der Geometrie" die Rede, siehe z. B. den
Schulbuchauszug zu Beginn von Abschn. 3.1.

Addition und skalare Multiplikation von Pfeilklassen

Die elementaren Rechenoperationen mit Vektoren sind die Vektoraddition sowie die Multiplikation von Vektoren mit reellen Zahlen (Skalaren), auch skalare Multiplikation genannt.[4] Im Pfeilklassenmodell müssen diese Operationen durch geometrische Konstruktionen definiert und ausgeführt werden.

▶ **Definition 3.4** Es seien $\vec{u}$ und $\vec{v}$ Pfeilklassen sowie $\overrightarrow{AB} \in \vec{u}$ und $\overrightarrow{BC} \in \vec{v}$ Repräsentanten dieser Pfeilklassen (welche so gewählt sind, dass der Anfangspunkt des Repräsentan-
ten von $\vec{v}$ gleich dem Endpunkt des Repräsentanten von $\vec{u}$ ist). Als *Summe der Pfeilklassen*
$\vec{u}$ und $\vec{v}$ wird die Pfeilklasse bezeichnet, welche den Pfeil $\overrightarrow{AC}$ als einen Repräsentanten
besitzt (siehe Abb. 3.7):

$$\vec{u} + \vec{v} = \{\vec{x} \mid \vec{x} \ \text{ist parallelgleich zu} \ \overrightarrow{AC}\}$$

Bemerkung: In der obigen Definition werden der Begriff „Summe" und das Operationszeichen „+" verwendet, die vom Rechnen mit Zahlen her bekannt sind. Dennoch haben
der Begriff und das Symbol zunächst keinen Bezug zum Rechnen mit Zahlen und sind rein
geometrisch definiert. Wesentliche gemeinsame Eigenschaften der Addition von Pfeilklassen und der Addition von Zahlen stellen sich jedoch hinsichtlich Rechenregeln heraus,
siehe Abschn. 3.4.2.

Repräsentantenunabhängigkeit der Pfeilklassenaddition

Wird eine Operation mit Äquivalenzklassen anhand von Repräsentanten definiert – wie
in der obigen Definition die Addition von Pfeilklassen mithilfe des Antragens repräsen-

---

[4] Die skalare Multiplikation von Vektoren darf nicht mit dem Skalarprodukt verwechselt werden,
bei welchem zwei Vektoren eine reelle Zahl zugeordnet wird, siehe Abschn. 4.4.1.

Abb. 3.8 Repräsentantenunabhängigkeit der Addition von Pfeilklassen

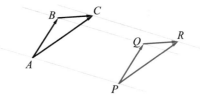

tierender Pfeile –, so muss abgesichert werden, dass eine derartige Definition *repräsentantenunabhängig* ist. Dies bedeutet, dass bei Wahl verschiedener Pfeile für $\vec{u}$ und $\vec{v}$ im Ergebnis Pfeile entstehen, welche dieselbe Pfeilklasse repräsentieren. Nur wenn dies der Fall ist, wird zwei Pfeilklassen $\vec{u}$ und $\vec{v}$ eindeutig eine Summe $\vec{u} + \vec{v}$ zugeordnet. Um die Bedeutung der Repräsentantenunabhängigkeit (mitunter auch „Wohldefiniertheit" genannt) zu verdeutlichen, sei nochmals auf die Bruchrechnung verwiesen. Die Addition gebrochener Zahlen wird durch die Addition konkreter Brüche definiert. Die beiden gebrochenen Zahlen $\frac{1}{2}$ und $\frac{2}{3}$ lassen sich unter Verwendung verschiedener Repräsentanten (Brüche) addieren, z. B. $\frac{1}{2} + \frac{2}{3} = \frac{7}{6}$ und $\frac{2}{4} + \frac{6}{9} = \frac{42}{36}$. Die beiden als Ergebnisse entstehenden Brüche sind gleichwertig (äquivalent), sie repräsentieren also dieselbe gebrochene Zahl. Nur dadurch, dass dies für beliebige Repräsentanten beliebiger gebrochener Zahlen zutrifft, ist die Addition gebrochener Zahlen „wohldefiniert". Der folgende Satz sichert, dass die Addition von Pfeilklassen ebenfalls repräsentantenunabhängig ist, zwei Pfeilklassen $\vec{u}$ und $\vec{v}$ also eindeutig eine Summe $\vec{u} + \vec{v}$ zugeordnet wird (siehe dazu Abb. 3.8).

Satz 3.2
Die Definition 3.4 der Summe von Pfeilklassen ist repräsentantenunabhängig, d. h.: Sind $\overrightarrow{AB}$ und $\overrightarrow{PQ}$ Repräsentanten einer Pfeilklasse $\vec{u}$ sowie $\overrightarrow{BC}$ und $\overrightarrow{QR}$ Repräsentanten einer Pfeilklasse $\vec{v}$, so sind $\overrightarrow{AC}$ und $\overrightarrow{PR}$ Repräsentanten ein und derselben Pfeilklasse.

Die Aussage dieses Satzes ist eine zentrale Grundlage für die vektorielle Analytische Geometrie, in der oft mit verschiedenen Repräsentanten (Pfeilen) von Vektoren gearbeitet wird und die Ergebnisse von Berechnungen auf andere Repräsentanten anzuwenden sind. Die Repräsentantenunabhängigkeit der Vektoraddition sollte (bei einer Einführung von Vektoren als Pfeilklassen) in der Schule thematisiert und anschaulich begründet werden (ein Beweis des obigen Satzes lässt sich in (Filler, 2011, S. 92f.) nachlesen). Zu beachten ist, dass Tatsachen der *Elementargeometrie* genutzt werden, um *algebraische Eigenschaften* von Vektoren (wie die Repräsentantenunabhängigkeit der Operationen sowie grundlegende „Rechenregeln", siehe Abschn. 3.4.2) zu begründen. Insbesondere bei vektoriellen Beweisen geometrischer Sätze (die in der Schule durchaus sinnvoll sind, siehe Abschn. 3.2.5) ist daher jeweils zu prüfen, ob diese nicht bereits in Begründungen der Eigenschaften der Operationen mit Vektoren „hineingesteckt" wurden.

Abb. 3.9 Multiplikation von
Pfeilklassen mit reellen Zahlen

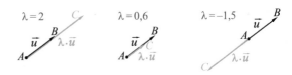

Multiplikation von Pfeilklassen mit reellen Zahlen (skalare Multiplikation)

▶ **Definition 3.5** Es seien $\vec{u}$ eine Pfeilklasse der Ebene oder des Raumes mit einem Repräsentanten $\overrightarrow{AB}$ sowie λ eine reelle Zahl. Als *Produkt* $\lambda \cdot \vec{u}$ *der Pfeilklasse* $\vec{u}$ *mit der Zahl* λ bezeichnet man die Pfeilklasse, die durch den Pfeil $\overrightarrow{AC}$ mit folgenden Eigenschaften repräsentiert wird (siehe Abb. 3.9):

- $|AC| = |\lambda| \cdot |AB|$
- Falls $\lambda > 0$ ist, so gehört C dem Strahl AB und für $\lambda < 0$ dem zu AB entgegengesetzten Strahl (mit demselben Anfangspunkt A) an.

(Für $\lambda = 0$ ist $\lambda \cdot \vec{u}$ wegen $|AC| = |\lambda| \cdot |AB| = 0$ die „Nullpfeilklasse".)

Bemerkungen:

- Die Definition weist Ähnlichkeiten mit *Definitionen zentrischer Streckungen* auf – der durch die Definition festgelegte Punkt C ist Bild des Punktes B bei der zentrischen Streckung mit dem Zentrum A und dem Streckungsfaktor λ.
- Die Multiplikation von Pfeilklassen mit reellen Zahlen ist eine *äußere Verknüpfung*, da Pfeilklassen mit Elementen einer anderen Menge (nämlich $\mathbb{R}$) verknüpft werden. Hingegen ist die Addition eine *innere Verknüpfung* (Operation), da jeweils zwei Pfeilklassen eine Pfeilklasse zugeordnet wird.
- Da in der obigen Definition die Multiplikation von Pfeilklassen $\lambda \cdot \vec{u}$ anhand von Repräsentanten definiert wird, ist es – wie schon in Bezug auf die Addition von Pfeilklassen – notwendig, die *Repräsentantenunabhängigkeit* dieser Definition zu sichern:
  Sind $\overrightarrow{AB}$ *und* $\overrightarrow{A'B'}$ *Repräsentanten einer Pfeilklasse* $\vec{u}$, *so sind die in der Definition festgelegten Pfeile* $\overrightarrow{AC}$ *und (analog dazu)* $\overrightarrow{A'C'}$ *Repräsentanten ein und derselben Pfeilklasse.*
  Eine anschauliche Begründung dieser Tatsache lässt sich mittels der durch die Pfeile $\overrightarrow{AB}$ und $\overrightarrow{A'B'}$ bzw. $\overrightarrow{AC}$ und $\overrightarrow{A'C'}$ erzeugten Parallelogramme geben, siehe Abb. 3.10; ein Beweis findet sich u. a. in (Filler, 2011, S. 96).

Für die Addition und für die skalare Multiplikation von Pfeilklassen gelten wesentliche, vom Rechnen mit Zahlen bekannte, Rechenregeln. Diese können durch elementargeometrische Überlegungen begründet werden. Da diese Rechenregeln übergreifend für verschiedene Vektormodelle gelten und den Begriff des Vektors strukturell bestimmen,

Abb. 3.10 Repräsentantenunabhängigkeit der Multiplikation von Pfeilklassen mit
reellen Zahlen

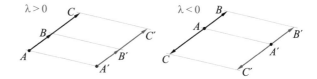

gehen wir hierauf erst später – nach der Betrachtung von Vektoren in arithmetischen Kontexten – ein (siehe Abschn. 3.4.2).

3.2.4 Einführung von Vektoren nach dem Pfeilklassenkonzept in Schulbüchern

Es wurde bereits erwähnt, dass das Pfeilklassenkonzept die Einführung von Vektoren in den meisten deutschsprachigen Schulbüchern und auch im praktischen Unterricht als dominierendes Hintergrundkonzept prägt. Häufig werden zur Beschreibung der Äquivalenz zweier Pfeile Verschiebungen herangezogen, was dadurch gerechtfertigt ist, dass *zwei Pfeile* tatsächlich *genau dann parallelgleich sind, wenn sie dieselbe Verschiebung beschreiben* (siehe dazu die Definitionen 3.1 und 3.2).

In dem Lehrwerk Bigalke/Köhler (2009) erfolgt die Einführung von Vektoren explizit als Pfeilklassen, wobei die Äquivalenz von Pfeilen mittels Verschiebungen illustriert und zusätzlich (in verkürzter Weise) durch die Parallelgleichheit beschrieben wird, siehe Abb. 3.11. Es fällt auf, dass hierbei Pfeilklassen und Vektoren praktisch identifiziert werden („eine solche Pfeilklasse bezeichnen wir als einen Vektor"). Hingegen folgt das Schulbuch Lambacher Schweizer (2009) zwar einem ähnlichen Ansatz (siehe das Zitat zu Beginn von Abschn. 3.1), vermeidet aber die Gleichsetzung der Begriffe Vektor und Pfeilklasse durch die Umschreibung „*in der Geometrie meint man mit der Bezeichnung Vektor* ..." und trägt damit der Tatsache Rechnung, dass der Begriff des Vektors wesentlich allgemeiner ist als der der Pfeilklasse und es auch andere (nicht geometrische) Deutungen von Vektoren gibt (siehe hierzu die folgenden Abschnitte).

Der Tatsache, dass ein Vektor durch unterschiedliche Pfeile repräsentiert wird, tragen Schulbücher durch Aufgaben Rechnung, in denen Schüler zu Vektoren jeweils verschiedene Pfeile identifizieren sollen, siehe Abb. 3.12.

Ebenfalls als Pfeilklassen werden Vektoren in dem Schulbuch zur Analytischen Geometrie des Duden Paetec Schulbuchverlags (Bossek/Heinrich, 2007, S. 42) eingeführt, auch hier wird der Bezug zu Verschiebungen betont, siehe Abb. 3.13. Zusätzlich bereitet das Beispiel die Komponentendarstellung von Vektoren (Verschiebung um fünf Einheiten nach rechts und um vier Einheiten nach oben) und damit die Zuordnung von n-Tupeln (in dem Beispiel Paaren) reeller Zahlen vor. Andere Schulbücher betonen den Zusammenhang von Verschiebungen und von Zahlenpaaren/-tripeln noch stärker; hierauf wird im Zusammenhang mit arithmetischen Vektorauffassungen näher eingegangen (Abschn. 3.3.5).

2. Vektoren

A. Vektoren als Pfeilklassen

Bei Ornamenten und Parkettierungen entsteht die Regelmäßigkeit oft durch *Parallelverschiebungen* einer Figur wie auch bei dem abgebildeten Muster des berühmten Malers *Maurits Cornelis ESCHER* (1898–1972).   ⊕ 031-1

Eine Parallelverschiebung kann man durch einen Verschiebungspfeil oder durch einen beliebigen Punkt A_1 und dessen Bildpunkt A_2 kennzeichnen.

Bei einer Seglerflotte, die innerhalb eines gewissen Zeitraumes unter dem Einfluss des Windes abtreibt, werden alle Schiffe in gleicher Weise verschoben.
Die Verschiebung wird schon durch jeden einzelnen der gleich gerichteten und gleich langen Pfeile $\overrightarrow{A_1A_2}$, $\overrightarrow{B_1B_2}$, $\overrightarrow{C_1C_2}$ eindeutig festgelegt.

> Wir fassen daher alle Pfeile der Ebene (des Raumes), die gleiche Länge und gleiche Richtung haben, zu einer Klasse zusammen. Eine solche Pfeilklasse bezeichnen wir als einen *Vektor* in der Ebene (im Raum).

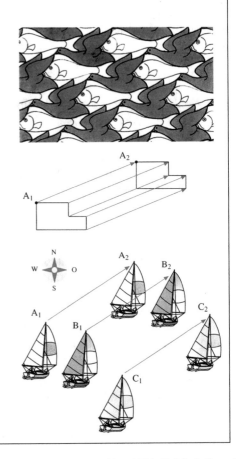

Abb. 3.11 Einführung von Vektoren in einem Schulbuch (Bigalke/Köhler, 2009, S. 31) © Cornelsen, Berlin

---

Übung 1
Welche der auf dem Quader eingezeichneten Pfeile gehören zum Vektor $\vec{a}$?

a) $\vec{a} = \overrightarrow{AB}$ b) $\vec{a} = \overrightarrow{EH}$ c) $\vec{a} = \overrightarrow{DH}$

d) $\vec{a} = \overrightarrow{CD}$ e) $\vec{a} = \overrightarrow{HG}$ f) $\vec{a} = \overrightarrow{AH}$

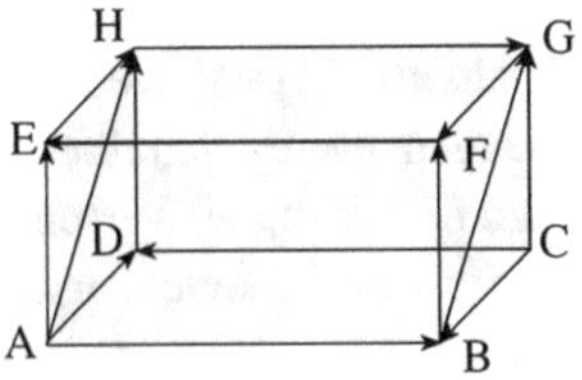

Abb. 3.12 Pfeile als Repräsentanten von Vektoren (Bigalke/Köhler, 2009, S. 32) © Cornelsen, Berlin

Die Menge aller Pfeile, die

- gleich lang sind,
- parallel zueinander verlaufen und
- in dieselbe Richtung zeigen,

fasst man zu einer **Pfeilklasse** zusammen.

Zur Beschreibung einer Pfeilklasse genügt die Angabe eines einzelnen Pfeils, den man **Repräsentant** der Pfeilklasse nennt. In der Geometrie bezeichnet man derartige Pfeilklassen auch als *Vektoren*.

> Die Menge aller Pfeile, die gleich lang, zueinander parallel und gleich gerichtet sind, heißt **Vektor**. Ein einzelner Pfeil aus dieser Menge ist ein *Repräsentant* des Vektors.

Pfeilklassen sind bereits bei der Durchführung und Beschreibung von **Verschiebungen** aufgetreten. Um das abgebildete Dreieck ABC an die Position A'B'C' zu verschieben, muss jeder Punkt des Dreiecks nach dem vorgegebenen Verschiebungspfeil $\overrightarrow{PQ}$ um 5 Einheiten nach rechts und 4 Einheiten nach oben verschoben werden.

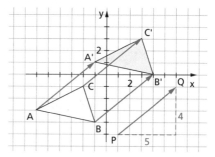

Die Verschiebungspfeile des Dreiecks, von denen nur drei gezeichnet sind, stimmen in Länge und Richtung überein. Man kann sie deshalb zu einer Klasse zusammenfassen und als Vektor $\overrightarrow{PQ}$ bezeichnen. Jeder Pfeil ist ein Repräsentant dieses Vektors.

Abb. 3.13 Einführung von Vektoren in einem Schulbuch (Bossek/Heinrich, 2007, S. 42) © Cornelsen, Berlin

Addition und skalare Multiplikation von Vektoren werden in Schulbüchern, die Vektoren primär nach dem Pfeilklassenkonzept behandeln, ähnlich eingeführt wie in unseren Definitionen 3.4 und 3.5. Zusätzlich wird oft (besonders bei der Vektoraddition) der Bezug zu Verschiebungen hergestellt, da sich die *Hintereinanderausführung von Verschiebungen* durch die Addition zugehöriger Pfeilklassen (bzw. „Verschiebungspfeile" als Repräsentanten) beschreiben lässt (Abb. 3.14).

Die Hintereinanderausführung von Verschiebungen dient auch in dem Schulbuch Bigalke/Köhler (siehe bereits Abb. 3.11) als die wesentliche geometrische Interpretation der Vektoraddition. Da hier aber (wie auch in vielen anderen Schulbüchern) nach der Einführung von Vektoren als Pfeilklassen und bereits vor der Behandlung der Addition und der skalaren Multiplikation die Beschreibung von Pfeilklassen bzw. Verschiebungen durch

In mehreren Beispielen wurde gezeigt, dass die Nacheinanderausführung zweier Verschiebungen wieder eine Verschiebung ist. Diese Nacheinanderausführung entspricht
der **Addition von Vektoren.**

Der durch die Vektoren $\vec{a} = \overrightarrow{PP'}$ und $\vec{b} = \overrightarrow{P'P''}$ eindeutig festgelegte Vektor
$\vec{c} = \overrightarrow{PP''}$ heißt **Summe der Vektoren** $\vec{a}$ und $\vec{b}$.
Die Operation $\vec{a} + \vec{b}$ heißt **Vektoraddition.**

Zeichnerisch kann die Addition von Vektoren durch Aneinanderlegen von Pfeilen ausgeführt werden.

Abb. 3.14 Addition von Vektoren in einem Schulbuch (Bossek/Heinrich, 2007, S. 48) © Cornelsen,
Berlin

A. Addition und Subtraktion von Vektoren

Der Punkt $P(1\,|\,1)$ wird zunächst mithilfe
des Vektors $\vec{a} = \binom{4}{1}$ in den Punkt $Q(5\,|\,2)$
verschoben. Anschließend wird der Punkt
$Q(5\,|\,2)$ mithilfe des Vektors $\vec{b} = \binom{2}{3}$ in
den Punkt $R(7\,|\,5)$ verschoben.

Offensichtlich kann man mithilfe des Vektors $\vec{c} = \binom{6}{4}$ eine direkte Verschiebung
des Punktes P in den Punkt R erzielen.

In diesem Sinne kann der Vektor $\vec{c}$ als
Summe der Vektoren $\vec{a}$ und $\vec{b}$ betrachtet
werden.

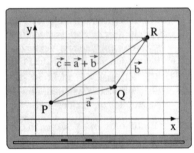

Addition von Vektoren:

$P(1|1) \xrightarrow{\binom{4}{1}} Q(5|2) \xrightarrow{\binom{2}{3}} R(7|5)$

$\binom{6}{4}$

Abb. 3.15 Einführung der Vektoraddition in (Bigalke/Köhler, 2009, S. 38) © Cornelsen, Berlin

Zahlenpaare bzw. -tripel behandelt wird, kommen bei der Einführung der Vektoraddition arithmetische und geometrische Vektorauffassungen gleichzeitig zum Tragen (siehe
Abb. 3.15).

3.2.5 Nutzung von Vektoren für Beweise geometrischer Sätze

Bereits nach der Einführung von Vektoren als Pfeilklassen sowie der Addition und der skalaren Multiplikation lassen sich einige bekannte Sätze der Schulgeometrie beweisen. Zu beachten ist dabei, dass (um „Zirkelschlüsse" zu vermeiden) keine Sätze bewiesen werden dürfen, die zur Begründung der Repräsentantenunabhängigkeit der Operationen mit Vektoren oder der Rechenregeln für Vektoren verwendet wurden, siehe die diesbezügliche Bemerkung nach Satz 3.2.

Der didaktische Wert des Führens vektorieller Beweise geometrischer Sätze besteht u. a. darin, dass das Pfeilklassenkonzept (vgl. die Definitionen 3.2 und 3.3) dabei angewendet wird. Danach folgt aus $\overrightarrow{AB} = \overrightarrow{CD}$ stets:

- Die Geraden AB und CD sind parallel (bzw. im Spezialfall identisch).
- Die Strecken $\overline{AB}$ und $\overline{CD}$ sind gleich lang.
- Da die Pfeile $\overrightarrow{AB}$ und $\overrightarrow{CD}$ gleich gerichtet sind, sind auch die Geraden AC und BD parallel (siehe Definition 3.1, iii).

> **Satz von Varignon**
> Die Mittelpunkte M_{AB}, M_{BC}, M_{CD} und M_{DA} der Seiten eines beliebigen (auch räumlichen) Vierecks $ABCD$ bilden ein Parallelogramm (Abb. 3.16).

Beweis: Nach den vorangegangenen Überlegungen ist lediglich zu zeigen, dass $\overrightarrow{M_{AB}M_{BC}} = \overrightarrow{M_{DA}M_{CD}}$ gilt.

Da M_{AB} der Mittelpunkt von $\overline{AB}$ und M_{BC} der Mittelpunkt von $\overline{BC}$ ist, gilt $\overrightarrow{M_{AB}M_{BC}} = \overrightarrow{M_{AB}B} + \overrightarrow{BM_{BC}} = \frac{1}{2}\overrightarrow{AB} + \frac{1}{2}\overrightarrow{BC} = \frac{1}{2}\overrightarrow{AC}$ und analog dazu

$\overrightarrow{M_{DA}M_{CD}} = \overrightarrow{M_{DA}D} + \overrightarrow{DM_{CD}} = \frac{1}{2}\overrightarrow{AD} + \frac{1}{2}\overrightarrow{DC} = \frac{1}{2}\overrightarrow{AC}$.

Damit ist die Behauptung $\overrightarrow{M_{AB}M_{BC}} = \overrightarrow{M_{DA}M_{CD}}$ erfüllt. □

Abb. 3.16 Seitenmitten-viereck

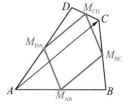

Abb. 3.17 Schwerpunkt eines
Dreiecks

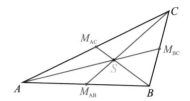

In dem folgenden Beispiel sind die Addition von Pfeilklassen und die skalare Multiplikation anzuwenden.

Schwerpunkt eines Dreiecks
In einem beliebigen Dreieck $\triangle ABC$ schneiden sich die Seitenhalbierenden in ei-
nem Punkt (der als *Schwerpunkt* des Dreiecks bezeichnet wird). Dieser teilt die
Seitenhalbierenden jeweils im Verhältnis 2 : 1.

Beweis: Wir zeigen, dass alle Seitenhalbierenden durch den Punkt S mit

$$\overrightarrow{AS} = \frac{1}{3}\overrightarrow{AB} + \frac{1}{3}\overrightarrow{AC}$$

verlaufen und dass S alle drei Seitenhalbierenden im Verhältnis 2 : 1 teilt. Dies ist genau
dann der Fall, wenn (mit den Bezeichnungen in Abb. 3.17) gilt:

$$\overrightarrow{AS} = \frac{2}{3}\overrightarrow{AM_{BC}}\,, \quad \overrightarrow{BS} = \frac{2}{3}\overrightarrow{BM_{AC}} \quad \text{sowie} \quad \overrightarrow{CS} = \frac{2}{3}\overrightarrow{CM_{AB}}\,.$$

Wegen

$$\overrightarrow{AM_{BC}} = \overrightarrow{AB} + \overrightarrow{BM_{BC}} = \overrightarrow{AB} + \frac{1}{2}\overrightarrow{BC} \quad \text{und} \quad \overrightarrow{BC} = \overrightarrow{BA} + \overrightarrow{AC} = \overrightarrow{AC} - \overrightarrow{AB}$$

ist

$$\frac{2}{3}\overrightarrow{AM_{BC}} = \frac{2}{3}\overrightarrow{AB} + \frac{2}{3}\cdot\frac{1}{2}\overrightarrow{BC} = \frac{2}{3}\overrightarrow{AB} + \frac{1}{3}\overrightarrow{AC} - \frac{1}{3}\overrightarrow{AB} = \frac{1}{3}\overrightarrow{AB} + \frac{1}{3}\overrightarrow{AC} = \overrightarrow{AS}\,.$$

Auf analoge Weise lässt sich zeigen, dass $\overrightarrow{BS} = \frac{2}{3}\overrightarrow{BM_{AC}}$ und $\overrightarrow{CS} = \frac{2}{3}\overrightarrow{CM_{AB}}$ gilt, der
Punkt S also alle drei Seitenhalbierenden im Verhältnis 2 : 1 teilt. $\square$
    Ihre Leistungsfähigkeit zeigen vektorielle Methoden zum Beweisen geometrischer Sät-
ze besonders beim *Übergang von ebenen zu räumlichen Sachverhalten.*

Abb. 3.18 Schwerpunkt eines
Tetraeders

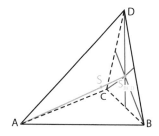

Schwerpunkt eines Tetraeders
In einem beliebigen Tetraeder $ABCD$ schneiden sich die vier Schwerlinien, d. h.
die Verbindungsstrecken $\overline{AS_{BCD}}$, $\overline{BS_{ACD}}$, $\overline{CS_{ABD}}$ und $\overline{DS_{ABC}}$ der Eckpunkte mit
den Schwerpunkten der jeweils gegenüberliegenden Seitenflächen, in einem Punkt.
Dieser teilt die Schwerlinien jeweils im Verhältnis $3 : 1$.

Beweis: Wir zeigen, dass alle Schwerlinien durch den Punkt S (den Schwerpunkt des
Tetraeders) mit

$$\overrightarrow{AS} = \frac{1}{4}\overrightarrow{AB} + \frac{1}{4}\overrightarrow{AC} + \frac{1}{4}\overrightarrow{AD}$$

verlaufen und dass dieser Punkt alle drei Schwerlinien im Verhältnis $3 : 1$ teilt. Für die
Schwerpunkte der Seitenflächen gilt (mit den Bezeichnungen in Abb. 3.18):

$$\overrightarrow{AS_{ABC}} = \frac{1}{3}\overrightarrow{AB} + \frac{1}{3}\overrightarrow{AC}\,, \quad \overrightarrow{AS_{ABD}} = \frac{1}{3}\overrightarrow{AB} + \frac{1}{3}\overrightarrow{AD}\,,$$

$$\overrightarrow{AS_{ACD}} = \frac{1}{3}\overrightarrow{AC} + \frac{1}{3}\overrightarrow{AD}\,, \quad \overrightarrow{BS_{BCD}} = \frac{1}{3}\overrightarrow{BC} + \frac{1}{3}\overrightarrow{BD}\,.$$

Um die Behauptung nachzuweisen, ist zu zeigen:

$$\overrightarrow{AS_{BCD}} = \frac{4}{3}\overrightarrow{AS}\,, \quad \overrightarrow{BS_{ACD}} = \frac{4}{3}\overrightarrow{BS}\,, \quad \overrightarrow{CS_{ABD}} = \frac{4}{3}\overrightarrow{CS}\,, \quad \overrightarrow{DS_{ABC}} = \frac{4}{3}\overrightarrow{DS}$$

Es gilt:

$$\overrightarrow{AS_{BCD}} = \overrightarrow{AB} + \overrightarrow{BS_{BCD}} = \overrightarrow{AB} + \frac{1}{3}\overrightarrow{BC} + \frac{1}{3}\overrightarrow{BD}$$

$$= \overrightarrow{AB} + \frac{1}{3}\left(-\overrightarrow{AB} + \overrightarrow{AC}\right) + \frac{1}{3}\left(-\overrightarrow{AB} + \overrightarrow{AD}\right)$$

$$= \frac{1}{3}\overrightarrow{AB} + \frac{1}{3}\overrightarrow{AC} + \frac{1}{3}\overrightarrow{AD}\,,$$

$$\frac{4}{3}\overrightarrow{AS} = \frac{4}{3}\left(\frac{1}{4}\overrightarrow{AB} + \frac{1}{4}\overrightarrow{AC} + \frac{1}{4}\overrightarrow{AD}\right) = \frac{1}{3}\left(\overrightarrow{AB} + \overrightarrow{AC} + \overrightarrow{AD}\right).$$

Somit ist also $\overrightarrow{AS_{BCD}} = \frac{4}{3}\overrightarrow{AS}$. Auf dieselbe Weise lässt sich nachweisen, dass auch $\overrightarrow{BS_{ACD}} = \frac{4}{3}\overrightarrow{BS}$, $\overrightarrow{CS_{ABD}} = \frac{4}{3}\overrightarrow{CS}$ und $\overrightarrow{DS_{ABC}} = \frac{4}{3}\overrightarrow{DS}$ gilt, der Punkt S also alle vier Schwerlinien im Verhältnis 3 : 1 teilt.   □

3.2.6   Didaktische Schwierigkeiten mit Vektoren und Punkten

Mit Punkten arbeiten Schüler schon lange, bevor sie Vektoren kennenlernen. Bei den vorangegangenen Überlegungen zur geometrischen Einführung von Vektoren wurde daher bereits auf Punkte zurückgegriffen. Die in der Hochschullehre übliche Vorgehensweise, zunächst Vektorräume zu behandeln, danach affine Punkträume einzuführen und damit einen „sauberen", klar bestimmten Begriff „Punkt" zu verwenden, verbietet sich daher in der Schule – hier ist dieser Begriff durch die Vorerfahrungen der Schüler bestimmt.

Um mit Vektoren Geometrie zu betreiben, müssen sehr oft Vektoren an Punkte angetragen bzw. Vektoren zu Punkten „addiert" werden. Hierbei handelt es sich nun allerdings um eine andere Art von Addition als bei der in Definition 3.4 mittels Pfeilklassen definierten Vektoraddition. Wird bei der Vektoraddition zwei Vektoren ein Vektor zugeordnet, entsteht bei der „Punkt-Vektor-Addition" durch Antragen eines Pfeils (d. h. eines geeigneten Repräsentanten eines Vektors) an einen Punkt ein anderer Punkt (siehe Abb. 3.19).

Die dafür übliche Schreibweise $A + \vec{u} = B$ ist weder „falsch" noch „ungenau", sie lässt sich in affinen Punkträumen exakt fundieren, siehe etwa (Filler, 2011, S. 203), wenngleich eine derartige Exaktifizierung in der Schule (wie bereits oben ausgeführt) nicht erfolgen wird. Um Missverständnisse zu vermeiden, sollte jedoch

1. der Unterschied zwischen der Vektoraddition und der „Punkt-Vektor-Addition" klar herausgearbeitet werden (trotz gleichen Operationszeichens – die Verwendung eines anderen Zeichens konnte sich nicht durchsetzen, und die Einführung neuer Symbole dürfte auch kaum zu mehr Klarheit führen) sowie
2. auf die geometrische Interpretation Wert gelegt werden: $A + \vec{u} = B$ bedeutet, dass B das Bild des Punktes A bei der Verschiebung um den Vektor $\vec{u}$ bzw. die „Pfeilspitze" eines an den Punkt A angetragenen, den Vektor $\vec{u}$ repräsentierenden Pfeils mit dem Anfangspunkt A ist.

Sinn und Unsinn des Konstrukts „Ortsvektor"
Um die Unterscheidung zwischen einer Vektoraddition und einer „Punkt-Vektor-Addition" zu umgehen, wird letztere in vielen Schulbüchern vermieden und stattdessen das

Abb. 3.19 „Punkt-Vektor-Addition"

D. Der Ortsvektor $\overrightarrow{OP}$ eines Punktes

Auch die Lage von Punkten im Koordinatensystem lässt sich vektoriell erfassen. Dazu verwendet man den Pfeil $\overrightarrow{OP}$, der vom Ursprung O des Koordinatensystems auf den gewünschten Punkt P zeigt. Dieser Vektor heißt *Ortsvektor* von P. Seine Koordinaten entsprechen exakt den Koordinaten des Punktes P. Man geht in der Ebene und im Raum analog vor.

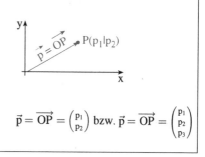

$$\vec{p} = \overrightarrow{OP} = \begin{pmatrix} p_1 \\ p_2 \end{pmatrix} \text{ bzw. } \vec{p} = \overrightarrow{OP} = \begin{pmatrix} p_1 \\ p_2 \\ p_3 \end{pmatrix}$$

Abb. 3.20 Der Begriff „Ortsvektor" in dem Schulbuch (Bigalke/Köhler, 2009, S. 33) © Cornelsen, Berlin

Hilfskonstrukt „*Ortsvektor*" eingeführt, siehe z. B. Abb. 3.20. Dieses Konstrukt wurde mehrfach kritisiert, siehe etwa (Malle, 2005b, S. 12f.). In der Tat führt die Einführung von Ortsvektoren unserer Ansicht nach zu mehr Verwirrung und Schwierigkeiten, als dass dadurch Probleme vermieden werden:

- Es ist für Schüler unnatürlich, die ihnen seit Langem vertrauten Punkte plötzlich „anders zu schreiben". Warum dies sinnvoll sein soll, wird auch durch Begründungen wie in der Abb. 3.20 nicht klar – auch ohne Ortsvektoren können Schüler Punkte durch Koordinaten darstellen. Insofern lässt sich die Einführung von Ortsvektoren nur *schwer motivieren*.

- Die Einführung von Ortsvektoren *erschwert die Schaffung begrifflicher Klarheit hinsichtlich des Vektorbegriffs*. Die Gleichsetzung von Vektoren mit konkreten Pfeilen, die zu den häufigsten Problemen beim Verständnis des Vektorbegriffs gehört, wird durch das Konstrukt des Ortsvektors geradezu provoziert – schließlich lässt sich dieser nur durch *einen* Pfeil sinnvoll veranschaulichen. Das daraus resultierende begriffliche Missverständnis wird in dem in Abb. 3.20 dargestellten Schulbuchtext besonders deutlich: Zunächst ist von einem „Pfeil $\overrightarrow{OP}$" die Rede, in Bezug darauf heißt es dann „dieser Vektor". Die Bemühungen desselben Schulbuches um begriffliche Exaktheit bei der Einführung von Vektoren (siehe Abb. 3.11) werden hier konterkariert.

- Ortsvektoren haben stets Bezug auf einen „ausgezeichneten" Punkt (i. Allg. den Ursprung eines Koordinatensystems). Die Idee des Koordinatisierens sollte aber auch die Betrachtung unterschiedlicher Koordinatensysteme beinhalten, womit dieselben Punkte unterschiedliche Ortsvektoren haben können. Da dies nun allerdings zu weiteren Verwirrungen von Schülern führen könnte, wird darauf i. Allg. nicht eingegangen und der Anschein erweckt, jeder Punkt habe einen „klar bestimmten" Ortsvektor – *die Idee des Koordinatisierens wird somit stark eingeengt*, da a priori Bezug auf einen (durch „höhere Gewalt" vorgegebenen?) Koordinatenursprung genommen wird.

- Der *Punktmengencharakter von Geraden und Ebenen bei deren Beschreibung durch Parameterdarstellungen* (auf die in dem Abschn. 4.1.2 noch eingegangen wird) *wird durch die Verwendung von Ortsvektoren „verdeckt"*. Bei Verwendung der „Punkt-Vektor-Addition" und der entsprechenden Schreibweise $P = P_0 + t \cdot \vec{a}$ für Parameterdarstellungen lässt sich eine Gerade unmittelbar als Punktmenge $g = \{P \mid P = P_0 + t \cdot \vec{a}\}$ angeben. Mit Ortsvektoren werden Parameterdarstellungen von Geraden in der Form $\vec{p} = \vec{p}_0 + t \cdot \vec{a}$ geschrieben, der Charakter von Geraden als Punktmengen wird hieran nicht deutlich.

3.3 Vektoren in arithmetischen Kontexten

Paare oder Tripel (allgemein: n-Tupel) reeller Zahlen werden im Mathematikunterricht oft schon kurz nach einer geometrischen Einführung von Vektoren zu deren arithmetischer Beschreibung verwendet. Um jedoch Vorstellungen von der Tragweite des Vektorbegriffs zu gewinnen, sollten Schülerinnen und Schüler erfahren, dass arithmetische Zugänge zum Vektorbegriff völlig „gleichberechtigt" sind, n-Tupel also nicht nur zur *Beschreibung* von Verschiebungen bzw. Pfeilklassen dienen, sondern ein „eigenständiges" Vektor*modell* bilden. Dazu dienen Beispiele, für welche eine Veranschaulichung durch Pfeile nicht naheliegt.

3.3.1 Stücklisten

Ein recht gebräuchliches und auch in Schulbüchern wie (Griesel/Postel, 1986, S. 7) zu findendes Beispiel für „arithmetische Vektoren" bilden Stücklisten.

Beispiel 3.1

Ein Modellbahnhersteller bietet verschiedene Gleisbauteile (siehe Abb. 3.21) sowohl einzeln als auch in Sortimentskästen an.

	Basissortiment	Ergänzungs-sortiment 1	Ergänzungs-sortiment 2
Gleisstück gerade (168,9 mm)	3	8	15
Gleisstück gebogen (45°)	8	4	8
Anschluss-Gleisstück	1	0	1
Weiche links	0	1	2
Weiche rechts	0	1	2
Weichenantrieb	0	2	4

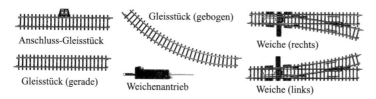

Abb. 3.21 Gleisteile für Modelleisenbahnen

Die Bestandteile der Sortimente lassen sich durch geordnete 6-Tupel natürlicher Zahlen angeben, die meist in Spaltenschreibweise geschrieben werden:

$$B = \begin{pmatrix} 3 \\ 8 \\ 1 \\ 0 \\ 0 \\ 0 \end{pmatrix}, \quad E_1 = \begin{pmatrix} 8 \\ 4 \\ 0 \\ 1 \\ 1 \\ 2 \end{pmatrix}, \quad E_2 = \begin{pmatrix} 15 \\ 8 \\ 1 \\ 2 \\ 2 \\ 4 \end{pmatrix}.$$

Unter Verwendung dieser 6-Tupel (bzw. allgemein mit n-Tupeln) lassen sich Rechenoperationen ausführen: Man addiert zwei n-Tupel, indem man jeweils zusammengehörige (an derselben Stelle stehende) Komponenten der beiden addiert, und multipliziert ein n-Tupel mit einer Zahl k, indem man jede Komponente des n-Tupels mit k multipliziert. So lässt sich z. B. übersichtlich darstellen, wie viele der jeweiligen Bauteile insgesamt in 18 Basissortimenten, zehn Ergänzungssortimenten 1 und fünf Ergänzungssortimenten 2 enthalten sind:

$$N = 18 \cdot \begin{pmatrix} 3 \\ 8 \\ 1 \\ 0 \\ 0 \\ 0 \end{pmatrix} + 10 \cdot \begin{pmatrix} 8 \\ 4 \\ 0 \\ 1 \\ 1 \\ 2 \end{pmatrix} + 5 \cdot \begin{pmatrix} 15 \\ 8 \\ 1 \\ 2 \\ 2 \\ 4 \end{pmatrix} = \begin{pmatrix} 54 \\ 144 \\ 18 \\ 0 \\ 0 \\ 0 \end{pmatrix} + \begin{pmatrix} 80 \\ 40 \\ 0 \\ 10 \\ 10 \\ 20 \end{pmatrix} + \begin{pmatrix} 75 \\ 40 \\ 5 \\ 10 \\ 10 \\ 20 \end{pmatrix} = \begin{pmatrix} 209 \\ 224 \\ 23 \\ 20 \\ 20 \\ 40 \end{pmatrix}$$

♦

3.3.2 Farbmischung in der elektronischen Bildwiedergabe

Fernsehgeräte und Monitore enthalten dicht benachbarte rote, grüne und blaue „Leuchtpünktchen" (Subpixel), mithilfe derer sie für jeden Bildpunkt (Pixel) jede darstellbare Farbe mischen. Das zugrunde liegende Farbmodell heißt wegen der verwendeten Grundfarben RGB-Modell. In diesem Modell wird jede Farbe durch ein Tripel

$$\begin{pmatrix} r \\ g \\ b \end{pmatrix}$$

beschrieben. Im Grundzustand (kein Subpixel leuchtet) wird ein Bildschirm als schwarz angenommen. Durch die Lichtintensitäten der drei Subpixel, die durch die Komponenten r, g, b des RGB-Tripels beschrieben sind, werden Helligkeiten addiert und Farben gemischt.

Da das Auge nicht beliebig kleine Farbabweichungen wahrnimmt, genügt es i. Allg., für jede Komponente 256 Werte zu unterscheiden. (Die Festlegung auf 256 Werte erfolgte, weil dadurch genau 8 Bit an Informationen für jede Komponente notwendig sind: $2^8 = 256$.) Die Komponenten r, g, b von Farbtripeln werden meist als natürliche Zahlen von 0 bis 255 oder (wie im Folgenden) als rationale Zahlen des Intervalls $[0, 1]$ dargestellt.

Die Addition von RGB-Tripeln ist durchaus eine sinnvolle Operation mit Farben. Die Addition zweier RGB-Tripel lässt sich durch zwei Scheinwerfer dieser Lichtfarben veranschaulichen, die gemeinsam eine schwarze Fläche beleuchten. Dabei addieren sich die Intensitäten der drei Farbkomponenten beider Scheinwerfer. Jedoch kann keine der resultierenden Komponenten den Maximalwert 1 überschreiten und als Gesamtfarbe kann es keine hellere Farbe als reines Weiß geben. Eine sinnvolle Addition zweier Farbtripel ist daher durch

$$\begin{pmatrix} r_1 \\ g_1 \\ b_1 \end{pmatrix} + \begin{pmatrix} r_2 \\ g_2 \\ b_2 \end{pmatrix} := \begin{pmatrix} \min(r_1 + r_2, 1) \\ \min(g_1 + g_2, 1) \\ \min(b_1 + b_2, 1) \end{pmatrix}$$

definiert.

Die Addition von Farben ist in einem Bildbearbeitungsprogramm wie Adobe Photoshop oder der freien Software The GIMP nachvollziehbar. Werden drei Kreise mit den Grundfarben Rot, Grün und Blau auf jeweils eine Ebene über einer schwarzen Hintergrundebene gelegt und wird für diese Ebenen der Modus „Addition" bzw. „Aufhellen" (der ebenfalls die Addition der r-, g- und b-Komponenten übereinanderliegender Pixel bewirkt) gewählt, so ergibt sich ein Bild wie in Abb. 3.22a. Pixel, die im Durchschnitt aller drei Kreise liegen, nehmen die Farbe Weiß (W) an:

$$R + G + B = \begin{pmatrix} 1 \\ 0 \\ 0 \end{pmatrix} + \begin{pmatrix} 0 \\ 1 \\ 0 \end{pmatrix} + \begin{pmatrix} 0 \\ 0 \\ 1 \end{pmatrix} = \begin{pmatrix} 1 \\ 1 \\ 1 \end{pmatrix} = W$$

Als Summe von Rot und Grün ergibt sich die Farbe Gelb (Y, von Yellow), als Summe von Rot und Blau Magenta (M) sowie von Grün und Blau Cyan (C):

$$R + G = \begin{pmatrix} 1 \\ 0 \\ 0 \end{pmatrix} + \begin{pmatrix} 0 \\ 1 \\ 0 \end{pmatrix} = \begin{pmatrix} 1 \\ 1 \\ 0 \end{pmatrix} = Y, \quad R + B = \begin{pmatrix} 1 \\ 0 \\ 1 \end{pmatrix} = M, \quad G + B = \begin{pmatrix} 0 \\ 1 \\ 1 \end{pmatrix} = C.$$

Die Summe zweier Grundfarben des RGB-Modells ist dabei jeweils die Komplementärfarbe der nicht an der Summenbildung beteiligten Grundfarbe; somit sind Gelb und Blau, Rot und Cyan sowie Grün und Magenta jeweils Paare von Komplementärfarben.

Abb. 3.22 a RGB-Farbmischung, **b** CMY-Farbmischung. Die Internetseite zu diesem Buch enthält Dateien, mithilfe derer die Farbaddition in Bildbearbeitungssoftware nachvollzogen werden kann

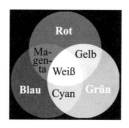 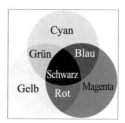

Die Komplementärfarben der RGB-Grundfarben sind vor allem für den Druck bedeutsam. Hier erfolgt die Farbmischung umgekehrt zur Darstellung auf Bildschirmen, da Papier im unbedruckten Zustand die größte Helligkeit aufweist. In seinem Ausgangszustand reflektiert ideales weißes Papier die gesamte auftreffende Helligkeit. Durch das Aufbringen von Farbpigmenten erfolgt eine Subtraktion von Helligkeitsanteilen, siehe Abb. 3.22b. Werden Pigmente aufgetragen, die bestimmte Farben absorbieren, nimmt Papier die Farbe des „Restlichtes" an, bei der es sich um die Komplementärfarbe der absorbierten Farbe handelt. Somit wird die Farbwiedergabe im Druck durch das subtraktive CMY-Modell mit den Grundfarben Cyan, Magenta und Gelb beschrieben. Zwischen dem RGB- und dem CMY-Tripel einer Farbe besteht der Zusammenhang

$$\begin{pmatrix} c \\ m \\ y \end{pmatrix} = \begin{pmatrix} 1 \\ 1 \\ 1 \end{pmatrix} - \begin{pmatrix} r \\ g \\ b \end{pmatrix}.$$

In der Praxis ist die Transformation vom RGB- in den CMY-Farbraum (die durch den Computer bzw. Drucker vorgenommen wird) allerdings komplizierter, da weder Papier noch Farbstoffe ein ideales Verhalten aufweisen. Insbesondere kann eine reale Druckmaschine aus den drei Grundfarben kein wirkliches Schwarz erzeugen. Als vierte Farbe kommt daher Schwarz zur Anwendung – das CMY-Modell erfährt eine Erweiterung zum CMYK-Modell (K für Blac<u>k</u>).

3.3.3 *n*-Tupel als eigenständiges Vektormodell

Wie die vorangegangenen Beispiele zeigen, lassen sich durch *n*-Tupel sehr unterschiedliche Sachverhalte beschreiben. Wir bezeichnen *n*-Tupel mit denselben Symbolen, z. B.

$$\vec{x} = \begin{pmatrix} x_1 \\ x_2 \end{pmatrix}, \quad \vec{y} = \begin{pmatrix} y_1 \\ y_2 \\ y_3 \end{pmatrix}, \quad \vec{z} = \begin{pmatrix} z_1 \\ z_2 \\ \vdots \\ z_n \end{pmatrix},$$

wie Pfeilklassen. Dies ist durch die strukturellen Gemeinsamkeiten von *n*-Tupeln und Pfeilklassen gerechtfertigt, auf die noch eingegangen wird. Für die Schule sind hauptsächlich $n = 2$ und $n = 3$ (Zahlenpaare und -tripel) von Bedeutung; Beispiel 3.1 und mehrere Beispiele in dem Kap. 2 zu linearen Gleichungssystemen zeigen aber, dass auch n-Tupel mit $n > 3$ sinnvoll im Unterricht betrachtet werden können.

Für n-Tupel lassen sich leicht eine Addition und eine skalare Multiplikation einführen – diese werden komponentenweise auf die entsprechenden Operationen mit reellen Zahlen zurückgeführt.

▶ **Definition 3.6** Es seien $\vec{x} = \begin{pmatrix} x_1 \\ x_2 \\ \vdots \\ x_n \end{pmatrix}$, $\vec{y} = \begin{pmatrix} y_1 \\ y_2 \\ \vdots \\ y_n \end{pmatrix}$ n-Tupel und $\lambda \in \mathbb{R}$.

• Als *Summe der n-Tupel $\vec{x}$ und $\vec{y}$* bezeichnet man das n-Tupel, welches durch Addition der einander entsprechenden Komponenten von $\vec{x}$ und $\vec{y}$ entsteht:

$$\vec{x} + \vec{y} = \begin{pmatrix} x_1 + y_1 \\ x_2 + y_2 \\ \vdots \\ x_n + y_n \end{pmatrix}$$

• Als *Produkt des n-Tupels $\vec{x}$ mit der reellen Zahl λ* wird das n-Tupel bezeichnet, das durch Multiplikation jeder Komponente von $\vec{x}$ mit λ entsteht:

$$\lambda \cdot \vec{x} = \begin{pmatrix} \lambda \cdot x_1 \\ \lambda \cdot x_2 \\ \vdots \\ \lambda \cdot x_n \end{pmatrix}$$

Zu beachten ist, dass die Operationszeichen „+" und „·" in der obigen Definition jeweils in zwei unterschiedlichen Bedeutungen auftreten: Sie bezeichnen innerhalb der n-Tupel Operationen mit reellen Zahlen und außerhalb die Addition bzw. skalare Multiplikation von n-Tupeln.

Für die in den Abschn. 3.3.1 und 3.3.2 betrachteten Beispiele sind Einschränkungen zu beachten, die dazu führen, dass weder „Teilevektoren" noch RGB-Tripel Vektorräume bilden. So sind Komponenten von Teilevektoren stets natürliche Zahlen; bei RGB-Tripeln treten nur Komponenten im Intervall [0;1] bzw. ganze Zahlen von 0 bis 255 auf, weshalb die Addition zu modifizieren ist (siehe 3.3.2). Einschränkungen dieser Art sind bei Modellierungen realer Sachverhalte durch Vektoren häufig vorzunehmen. Obwohl Vektoren hierbei also nicht in ihrer „idealen" Struktur verwendet werden, helfen derartige Anwendungen, ihre Universalität und Leistungsfähigkeit zu erfassen. Die Einschränkungen sollten hinsichtlich des Begriffsumfangs des Vektorbegriffs im Unterricht thematisiert werden. Insbesondere ist im Zusammenhang mit der Farbaddition herauszustellen, dass RGB-Vektoren „in strengem Sinne" keine Vektoren sind, aber Vorgehensweisen der Vektorrechnung hierfür sehr sinnvoll angewendet werden.

3.3.4 Beziehungen zwischen *n*-Tupeln und Pfeilklassen bzw. Verschiebungen

Unabhängig davon, ob im Mathematikunterricht Vektoren primär geometrisch (als Pfeilklassen bzw. Verschiebungen) oder arithmetisch als *n*-Tupel eingeführt werden, wird in der Vektorrechnung und Analytischen Geometrie stets auf das „Zusammenspiel" und die strukturellen Gemeinsamkeiten (genauer: die Isomorphie) beider Modelle zurückgegriffen. Wesentliche Gemeinsamkeiten bestehen in den Rechengesetzen, welche für die in den Definitionen 3.4 und 3.5 sowie in Definition 3.6 (zunächst völlig unterschiedlich) eingeführten Operationen gelten. Da diese Rechengesetze den Begriff des Vektorraumes und somit eine verallgemeinerte Sicht auf Vektoren begründen, wird darauf noch gesondert eingegangen, siehe Abschn. 3.4.2.

Pfeilklassen in einem Koordinatensystem
Verschiebungen (und damit Pfeilklassen) lassen sich bereits in der Sekundarstufe I in einem Koordinatensystem darstellen und durch Komponenten beschreiben, siehe Abschn. 3.2.1. Die in diesem Beispiel gewonnenen Erkenntnisse sind verallgemeinerbar: Pfeile, welche dieselbe Pfeilklasse repräsentieren (also parallelgleich sind), haben gleiche Koordinatendifferenzen der End- und Anfangspunkte. Für zwei beliebige parallelgleiche Pfeile $\overrightarrow{AB}$ und $\overrightarrow{CD}$ der Ebene oder des Raumes (siehe Abb. 3.23) gilt:

$$x_B - x_A = x_D - x_C, \ y_B - y_A = y_D - y_C \text{ (und im Raum } z_B - z_A = z_D - z_C \text{)}.$$

Die *Differenzen der End- und Anfangskoordinaten* sind somit ein gemeinsames Merkmal aller Pfeile einer Pfeilklasse, also *repräsentantenunabhängig*. Es besteht daher eine eineindeutige Zuordnung zwischen Pfeilklassen und *n*-Tupeln (Paaren bzw. Tripeln) reeller Zahlen bezüglich eines gegebenen Koordinatensystems.

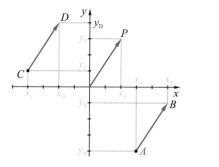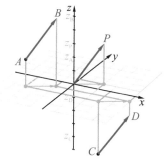

Abb. 3.23 Differenzen der Koordinaten der End- und Anfangspunkte von Pfeilen

Zuordnung von n-Tupeln zu Pfeilklassen und umgekehrt bezüglich eines Koordinatensystems

Gegeben sei ein Koordinatensystem in der Ebene oder im Raum. Jeder Pfeilklasse $\vec{p}$ lässt sich eindeutig ein Paar bzw. Tripel reeller Zahlen auf folgende Weise zuordnen: Ist $\overrightarrow{AB}$ ein beliebiger Repräsentant von $\vec{p}$, so wird $\vec{p}$ das Paar bzw. Tripel der Koordinatendifferenzen der Punkte A und B zugeordnet:

$$\vec{p} \mapsto \begin{pmatrix} x_B - x_A \\ y_B - y_A \end{pmatrix} \quad \text{bzw.} \quad \vec{p} \mapsto \begin{pmatrix} x_B - x_A \\ y_B - y_A \\ z_B - z_A \end{pmatrix}$$

Für spezielle Repräsentanten $\overrightarrow{OP}$ von $\vec{p}$, deren Anfangspunkt der Koordinatenursprung ist, vereinfacht sich diese Zuordnung:

$$\vec{p} \mapsto \begin{pmatrix} x_P \\ y_P \end{pmatrix} \quad \text{bzw.} \quad \vec{p} \mapsto \begin{pmatrix} x_P \\ y_P \\ z_P \end{pmatrix}$$

Umgekehrt lässt sich jedem Zahlenpaar $\begin{pmatrix} x \\ y \end{pmatrix}$ bzw. -tripel $\begin{pmatrix} x \\ y \\ z \end{pmatrix}$ (mit $x, y, z \in \mathbb{R}$) bezüglich eines gegebenen Koordinatensystems eindeutig eine Pfeilklasse der Ebene bzw. des Raumes zuordnen, die durch den Pfeil $\overrightarrow{OP}$ mit dem Anfangspunkt im Koordinatenursprung und dem Endpunkt $P(x|y)$ bzw. $P(x|y|z)$ repräsentiert wird.

Abhängigkeit der Zuordnung n-Tupel – Pfeilklassen vom Koordinatensystem

Die bisherigen Ausführungen (wie auch das Beispiel in Abschn. 3.2.1) bezogen sich auf ein vorgegebenes (i. Allg. kartesisches) Koordinatensystem.[5] Während in der Sekundarstufe I „das" Koordinatensystem leider meist als vorgegeben betrachtet wird, sollte spätestens bei der Behandlung der Analytischen Geometrie in der S II – im Sinne der Leitidee *Koordinatisieren* – deutlich werden, dass verschiedene Koordinatensysteme gewählt werden können, um geometrische Sachverhalte möglichst günstig arithmetisch bzw. algebraisch zu beschreiben. So müssen die Koordinatenachsen nicht notwendigerweise senkrecht zueinander sein, aber auch Koordinatensysteme mit senkrechten Achsen können sich durch die Skalierung der Achsen und ihre Lage in der Ebene bzw. im Raum unterscheiden.

---

[5] Unter einem kartesischen Koordinatensystem versteht man ein Koordinatensystem mit zueinander senkrechten Achsen mit gleicher Skalierung, wobei der Abstand zwischen zwei aufeinander folgenden ganzzahligen Achsenwerten der Länge einer Einheitsstrecke entspricht.

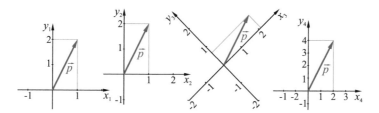

Abb. 3.24 Repräsentanten einer Pfeilklasse in verschiedenen Koordinatensystemen

Welches n-Tupel einer Pfeilklasse zugeordnet wird, hängt von der Wahl des Koordinatensystems ab. Lediglich bezüglich zweier Koordinatensysteme mit jeweils zueinander parallelen Achsen und gleicher Skalierung wird einer Pfeilklasse nach dem beschriebenen Verfahren dasselbe n-Tupel zugeordnet. In Abb. 3.24 sind verschiedene Repräsentanten derselben Pfeilklasse $\vec{p}$ dargestellt. Bezüglich der Koordinatensysteme mit den (reellen Zahlengeraden entsprechenden) Achsen x_1, y_1 und x_2, y_2 wird $\vec{p}$ jeweils das Zahlenpaar $\begin{pmatrix} 1 \\ 2 \end{pmatrix}$ zugeordnet, bezüglich des Koordinatensystems mit den Achsen x_3, y_3 das Paar $\begin{pmatrix} \frac{3}{2}\sqrt{2} \\ \frac{1}{2}\sqrt{2} \end{pmatrix} \approx \begin{pmatrix} 2{,}12 \\ 0{,}71 \end{pmatrix}$ und bezüglich des Koordinatensystems mit den Achsen x_4, y_4 das Paar $\begin{pmatrix} 2 \\ 4 \end{pmatrix}$.

Der Nutzen der Zuordnung: Pfeilklassen → Zahlenpaare/-tripel ist in mannigfaltiger Weise erfahrbar, denn diese Zuordnung ermöglicht es, geometrische Aufgaben auf arithmetischem bzw. algebraischem Wege zu lösen. Umgekehrt schafft, wie das folgende Beispiel des Farbwürfels zeigt, aber auch die *Interpretation von Zahlenpaaren oder -tripeln als Pfeilklassen* interessante Veranschaulichungsmöglichkeiten für Sachverhalte, die zunächst keinerlei geometrischen Bezug zu haben scheinen.

Der Farbwürfel

In dem Abschn. 3.3.2 wurde auf die Beschreibung von Farben durch Zahlentripel

$$\begin{pmatrix} r \\ g \\ b \end{pmatrix}$$

Abb. 3.25 RGB-Würfel. Auf der Internetseite zu diesem Buch befindet sich ein Video, das den RGB-Würfel aus verschiedenen Richtungen zeigt

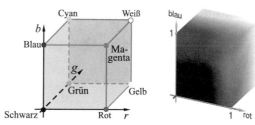

eingegangen. Dabei ist die Menge aller RGB-Tripel eine Teilmenge von $\mathbb{R}^3$ mit $0 \leq r, g, b \leq 1$. Den RGB-Tripeln entsprechen Pfeilklassen. Betrachtet man Repräsentanten dieser Pfeilklassen mit Anfangspunkten im Koordinatenursprung, so liegen deren Endpunkte innerhalb eines Würfels mit den Eckpunktkoordinaten $(0|0|0)$, $(1|0|0)$, $(1|1|0)$, $(0|1|0)$, $(0|0|1)$, $(1|0|1)$, $(1|1|1)$ und $(0|1|1)$, siehe Abb. 3.25. Die Eckpunkte des als Farb- bzw. RGB-Würfel bezeichneten Würfels kennzeichnen somit die Grundfarben des RGB-Modells, deren Komplementärfarben sowie Schwarz und Weiß. Komplementären Farben entsprechen jeweils gegenüberliegende Punkte des Würfels. Auf den Seitenflächen sind die Verläufe zwischen verschiedenen Farben erkennbar.

Die Strukturgleichheit zwischen der Menge der Pfeilklassen der Ebene bzw. des Raumes und $\mathbb{R}^2$ bzw. $\mathbb{R}^3$

Für die strukturelle Übereinstimmung von Pfeilklassen und n-Tupeln (und somit als Rechtfertigung, dafür den übergreifenden Begriff *Vektor* zu nutzen) ist es nicht ausreichend, dass sie sich eineindeutig einander zuordnen lassen. Vielmehr müssen die Addition und die skalare Multiplikation in beiden Modellen zu gleichen (bzw. einander entsprechenden) Ergebnissen führen. Dies ist, wie der folgende Satz aussagt und Abb. 3.26 veranschaulicht, tatsächlich der Fall.

Satz 3.3

Es seien $\vec{u}$ und $\vec{v}$ Pfeilklassen, denen bezüglich eines Koordinatensystems Paare bzw. Tripel reeller Zahlen zugeordnet sind:

$$\vec{u} \mapsto \begin{pmatrix} x_u \\ y_u \end{pmatrix}, \quad \vec{v} \mapsto \begin{pmatrix} x_v \\ y_v \end{pmatrix} \quad \text{bzw.} \quad \vec{u} \mapsto \begin{pmatrix} x_u \\ y_u \\ z_u \end{pmatrix}, \quad \vec{v} \mapsto \begin{pmatrix} x_v \\ y_v \\ z_v \end{pmatrix}.$$

Dann ergibt sich bei der „geometrischen" Addition der Pfeilklassen $\vec{u}$ und $\vec{v}$ (siehe Definition 3.4) eine Pfeilklasse $\vec{u} + \vec{v}$, der das Paar/Tripel entspricht, das sich durch „arithmetische" Addition (siehe Definition 3.6) der $\vec{u}$ und $\vec{v}$ zugeordneten Paare/ Tripel ergibt:

$$\vec{u} + \vec{v} \mapsto \begin{pmatrix} x_u \\ y_u \end{pmatrix} + \begin{pmatrix} x_v \\ y_v \end{pmatrix} \quad \text{bzw.} \quad \vec{u} + \vec{v} \mapsto \begin{pmatrix} x_u \\ y_u \\ z_u \end{pmatrix} + \begin{pmatrix} x_v \\ y_v \\ z_v \end{pmatrix}.$$

Ist weiterhin λ eine reelle Zahl, so führt die „geometrische" (durch Definition 3.5 beschriebene) Multiplikation von $\vec{u}$ mit λ zu einer Pfeilklasse $\lambda \cdot \vec{u}$, der das Paar/ Tripel entspricht, welches sich durch „arithmetische" Multiplikation (siehe Definition 3.6) des $\vec{u}$ zugeordneten Paars/Tripels mit λ ergibt:

$$\lambda \cdot \vec{u} \mapsto \lambda \cdot \begin{pmatrix} x_u \\ y_u \end{pmatrix} \quad \text{bzw.} \quad \lambda \cdot \vec{u} \mapsto \lambda \cdot \begin{pmatrix} x_u \\ y_u \\ z_u \end{pmatrix}.$$

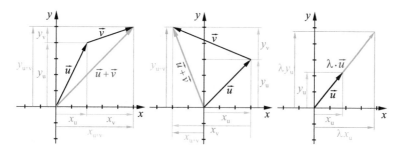

Abb. 3.26 Addition und skalare Multiplikation von Pfeilklassen sowie von n-Tupeln

Die in Abschn. 3.3.4 hergestellte Zuordnung und der obige Satz beinhalten, dass (bzgl. eines Koordinatensystems) die Mengen aller Pfeilklassen der Ebene bzw. des Raumes und $\mathbb{R}^2$ bzw. $\mathbb{R}^3$ bijektiv aufeinander abbildbar *und* dass die Addition sowie skalare Multiplikation übertragbar sind. Dieser enge Zusammenhang zwischen zunächst völlig unterschiedlichen Strukturen aus der Geometrie bzw. der Arithmetik wird als *Isomorphie* (Strukturgleichheit) bezeichnet.

3.3.5 Die Stellung von Vektoren als n-Tupel im Unterricht

Das n-Tupel-Modell ist bei der Behandlung der Analytischen Geometrie/Linearen Algebra in jedem Falle von Bedeutung, jedoch kann es in sehr unterschiedlicher Weise in den Unterricht eingebunden werden:

- Vektoren werden primär als n-Tupel eingeführt und erst später geometrisch interpretiert. Diesem Ansatz folgt z. B. das Schulbuch (Griesel/Postel, 1986, S. 7f.) unter der Überschrift „Rechnen mit Listen – Vektoren" und zieht als Einführungsbeispiel Stücklisten (ähnlich zu Beispiel 3.1) heran.
- Werden vor der Behandlung von Vektoren ausführlich lineare Gleichungssysteme behandelt, so ist es sinnvoll, Vektoren in diesem Zusammenhang ebenfalls als n-Tupel einzuführen, wie z. B. in dem Schulbuch Artmann/Törner (1988), in dem Vektoren im Zusammenhang mit der Matrizenschreibweise für Gleichungssysteme zunächst rein arithmetisch als „Listen" definiert werden:
  „... *Wir notieren noch ‚die rechte Seite' des LGS in Form einer Spalte (vertikalen Liste) mit* n *Eingängen oder Komponenten, eine solche Liste wird* Spaltenvektor, *kurz* Vektor, *genannt. In unserem Beispiel erhalten wir* $\begin{pmatrix} 1 \\ 1 \\ 7 \end{pmatrix}$, *allgemein* $\begin{pmatrix} b_1 \\ \vdots \\ b_n \end{pmatrix}$. *Auch solche Vektoren, meist als ‚Listen' getarnt, begegnen uns im Alltag auf Schritt und Tritt.*" (Artmann/Törner, 1988, S. 22)

- In dem Abschn. 3.2.4 wurden Schulbuchbeispiele vorgestellt, bei denen Vektoren primär geometrisch als Verschiebungen bzw. Pfeilklassen eingeführt werden. Vektoren werden dann aber recht bald in einem Koordinatensystem betrachtet und als n-Tupel beschrieben, wobei ähnlich wie in den Abschn. 3.2.1 und 3.3.4 vorgegangen wird.

- Eine geometrische Motivation der Einführung von Vektoren (mit der Beschreibung von Verschiebungen) kombinieren einige (vor allem neuere) Schulbücher mit einer arithmetischen Definition von Vektoren als n-Tupel, siehe z. B. den Auszug aus Fokus 11 in Abb. 3.27. Damit sollen einige der Schwierigkeiten des Pfeilklassenkonzepts vermieden werden, beispielsweise die bereits angesprochene Gefahr der Identifikation „Vektor = Pfeil" sowie die Einführung der Vektoroperationen mittels Repräsentanten. Bürger, Fischer, Malle und Reichel hatten bereits 1980 für ein derartiges Vorgehen *„arithmetische Vektoren mit geometrischer Deutung"* plädiert, siehe auch Malle (2005b). Als Vorteile eines solchen Vorgehens führen sie an:
  - *Freie Beweglichkeit zwischen verschiedenen Deutungen des Vektorbegriffs*: Arithmetische Vektoren lassen sich in verschiedener Weise geometrisch interpretieren; umgekehrt können z. B. Pfeile oder Punkte arithmetisch erfasst werden. Der Terminus Vektor bleibt dabei an die n-Tupel gebunden und ermöglicht als Bindeglied den Übergang zwischen Pfeil- und Punktdeutungen (Bürger et al., 1980, S. 172f.).
  - *Möglichkeit der Übertragung von Konzepten zwischen $\mathbb{R}^n$ und der Geometrie*: Eine derartige Übertragung von Konzepten sowie Sprechweisen kann einer sprachlichen Vereinfachung und einer „Geometrisierung der Sprache" dienen (Bürger et al., 1980, S. 177f.).
  Weitere Vorteile der Nutzung des n-Tupel-Modells als primäres Vektormodell bestehen darin, dass sich die Struktur der n-Tupel ausgehend von den Fällen $n = 2, 3$ gut verallgemeinern lässt und ein zentrales Mathematisierungsmuster darstellt. Insbesondere können n-Tupel als Bindeglied zwischen geometrischen Inhalten und Themen einer anwendungsorientierten Linearen Algebra fungieren, vgl. (Tietze et al., 2000, S. 164). Als weiteres Beispiel für eine arithmetische und geometrische Auffassungen integrierende Einführung des Vektorbegriffs zeigt Abb. 3.28 die entsprechende Seite aus dem Schulbuch „Neue Wege Mathematik 12".

So fundamental die Einführung des Vektorbegriffs für den Unterricht in Analytischer Geometrie/Linearer Algebra aus sachlogischer Sicht ist, so interessant sind andererseits Ergebnisse empirischer Untersuchungen von Gerald Wittmann, aus denen hervorgeht, dass die Art der Einführung des Vektorbegriffs und das dazu herangezogene Modell einen recht geringen Einfluss auf die individuellen Konzepte und Vorstellungen haben, die Schüler hinsichtlich von Vektoren aufbauen (Wittmann, 2003a, S. 110–123, 371–376). Als bestimmend hierfür erweisen sich in stärkerem Maße die *Kontexte, innerhalb derer Schüler im Verlauf des Unterrichts mit Vektoren arbeiten*. Für Schüler von Kursen, in denen der Vektorbegriff arithmetisch eingeführt und geometrisch interpretiert sowie im weiteren Un-

Auftrag 2 Nur ein wenig Schieberei

Der abgebildete Quader soll zunächst um 3 in x_1-Richtung, um 4 in x_2-Richtung und um -1 in x_3-Richtung verschoben werden. Zeichnen Sie den ursprünglichen und den verschobenen Quader in ein Koordinatensystem, geben Sie die Koordinaten der Ecken A', B', C', D', E', F', G' und H' sowie das von Ihnen verwendete Verfahren zur Bestimmung dieser Koordinaten an. In einem nächsten Schritt soll der Quader weiter um -5 in x_1-Richtung, um -6 in x_2-Richtung und um 3 in x_3-Richtung verschoben werden.

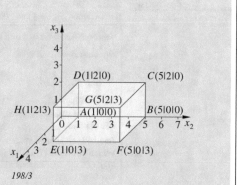

198/3

Geben Sie wieder die Koordinaten aller entstehenden Eckpunkte A'', B'', ... an und beschreiben Sie, wie mithilfe einer einzigen Verschiebung die gleiche Endlage erreicht werden kann.

▶ Beschreibung von Verschiebungen durch Vektoren

Bei der Quaderverschiebung von Auftrag 2 werden die x_1-Koordinaten aller Punkte um 1 kleiner, die x_2-Koordinaten um 3 und die x_3-Koordinaten jeweils um 4 größer. Damit hat der Punkt A' die Koordinaten $(0-1\,|\,1+3\,|\,0+4)$, d. h. A' ist der Punkt $(-1\,|\,4\,|\,4)$. Die Verschiebung lässt sich kürzer durch die drei Zahlen -1, 3, 4 beschreiben. Man bezeichnet ein solches Zahlentripel als **Vektor** und schreibt: $\begin{pmatrix} -1 \\ 3 \\ 4 \end{pmatrix}$. Allgemein definiert man:

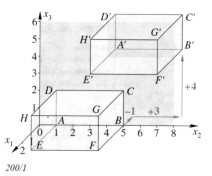

200/1

Definition 7.1 Unter einem **Vektor** versteht man ein Tripel $\begin{pmatrix} a_1 \\ a_2 \\ a_3 \end{pmatrix}$ reeller Zahlen.

a_1, a_2, a_3 heißen **Koordinaten des Vektors**.

Bezeichnungen für Vektoren sind $\vec{a}$, $\vec{A}$, $\vec{x}$, $\overrightarrow{AB}$, ...

Jeder Vektor $\begin{pmatrix} a_1 \\ a_2 \\ a_3 \end{pmatrix}$ lässt sich geometrisch als Verschiebung (Translation) im Raum interpretieren. Dabei wird ein Punkt $P(x_1|x_2|x_3)$ in den Punkt $P'(x_1+a_1|x_2+a_2|x_3+a_3)$ verschoben.

Abb. 3.27 Einführung von Vektoren in dem Schulbuch Fokus 11: Jahnke/Scholz (2009) © Cornelsen, Berlin

terricht für Gegenstände der Analytischen Geometrie (Parametergleichungen von Geraden und Ebenen, Skalarprodukt, Winkel- und Abstandsberechnungen, Normalengleichungen) angewendet wurde, konstatierte Wittmann

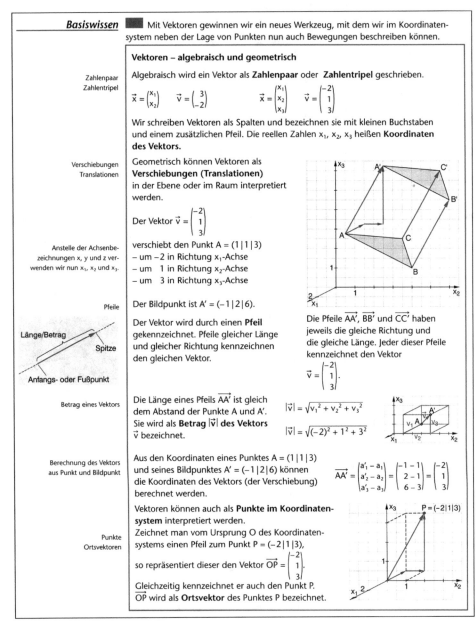

Vektoren – algebraisch und geometrisch

Zahlenpaar
Zahlentripel
Algebraisch wird ein Vektor als **Zahlenpaar** oder **Zahlentripel** geschrieben.

$$\vec{x} = \begin{pmatrix} x_1 \\ x_2 \end{pmatrix} \qquad \vec{v} = \begin{pmatrix} 3 \\ -2 \end{pmatrix} \qquad\qquad \vec{x} = \begin{pmatrix} x_1 \\ x_2 \\ x_3 \end{pmatrix} \qquad \vec{v} = \begin{pmatrix} -2 \\ 1 \\ 3 \end{pmatrix}$$

Wir schreiben Vektoren als Spalten und bezeichnen sie mit kleinen Buchstaben
und einem zusätzlichen Pfeil. Die reellen Zahlen x_1, x_2, x_3 heißen **Koordinaten
des Vektors.**

Verschiebungen
Translationen
Geometrisch können Vektoren als
Verschiebungen (Translationen)
in der Ebene oder im Raum interpretiert
werden.

Der Vektor $\vec{v} = \begin{pmatrix} -2 \\ 1 \\ 3 \end{pmatrix}$

*Anstelle der Achsenbe-
zeichnungen x, y und z verwenden wir nun x_1, x_2 und x_3.*
verschiebt den Punkt A = (1|1|3)
– um –2 in Richtung x_1-Achse
– um 1 in Richtung x_2-Achse
– um 3 in Richtung x_3-Achse

Pfeile
Der Bildpunkt ist A′ = (–1|2|6).

Der Vektor wird durch einen **Pfeil**
gekennzeichnet. Pfeile gleicher Länge
und gleicher Richtung kennzeichnen
den gleichen Vektor.

Die Pfeile $\overrightarrow{AA'}$, $\overrightarrow{BB'}$ und $\overrightarrow{CC'}$ haben
jeweils die gleiche Richtung und
die gleiche Länge. Jeder dieser Pfeile
kennzeichnet den Vektor

$$\vec{v} = \begin{pmatrix} -2 \\ 1 \\ 3 \end{pmatrix}.$$

Länge/Betrag
Spitze
Anfangs- oder Fußpunkt

Betrag eines Vektors
Die Länge eines Pfeils $\overrightarrow{AA'}$ ist gleich
dem Abstand der Punkte A und A′.
Sie wird als **Betrag** $|\vec{v}|$ **des Vektors**
$\vec{v}$ bezeichnet.

$$|\vec{v}| = \sqrt{v_1{}^2 + v_2{}^2 + v_3{}^2}$$

$$|\vec{v}| = \sqrt{(-2)^2 + 1^2 + 3^2}$$

*Berechnung des Vektors
aus Punkt und Bildpunkt*
Aus den Koordinaten eines Punktes A = (1|1|3)
und seines Bildpunktes A′ = (–1|2|6) können
die Koordinaten des Vektors (der Verschiebung)
berechnet werden.

$$\overrightarrow{AA'} = \begin{pmatrix} a'_1 - a_1 \\ a'_2 - a_2 \\ a'_3 - a_3 \end{pmatrix} = \begin{pmatrix} -1 - 1 \\ 2 - 1 \\ 6 - 3 \end{pmatrix} = \begin{pmatrix} -2 \\ 1 \\ 3 \end{pmatrix}$$

Punkte
Ortsvektoren
Vektoren können auch als **Punkte im Koordinaten-
system** interpretiert werden.
Zeichnet man vom Ursprung O des Koordinaten-
systems einen Pfeil zum Punkt P = (–2|1|3),

so repräsentiert dieser den Vektor $\overrightarrow{OP} = \begin{pmatrix} -2 \\ 1 \\ 3 \end{pmatrix}$.

Gleichzeitig kennzeichnet er auch den Punkt P.
$\overrightarrow{OP}$ wird als **Ortsvektor** des Punktes P bezeichnet.

Abb. 3.28 Einführung von Vektoren in (Schmidt/Zacharias/Lergenmüller, 2010, S. 28) © Schroedel, Braunschweig

„... die Neigung von Schülern, Begriffe wie ,Vektor' [...] oder ,Skalarprodukt zweier Vektoren' eher an konkret-gegenständliche geometrische Objekte und damit verbundene Operationen zu knüpfen als an n-Tupel oder Zahlen und damit verbundene Operationen. In den impliziten Teilkonzepten (der Schüler) besitzen n-Tupel nicht den Status eigenständiger Objekte, sondern dienen lediglich der gemeinsamen, verbindenden Beschreibung von Punkten und Pfeilen im Koordinatensystem. Verglichen mit dem intendierten arithmetischen Vektorbegriff stellt dies eine Umkehrung der Ontologie dar.“ (Wittmann, 2003a, S. 374)

Dieses Ergebnis bezieht sich allerdings auf einen Unterrichtsaufbau, bei dem Vektoren zunächst, gewissermaßen „vorbereitend“, arithmetisch eingeführt und im Folgenden fast ausschließlich in geometrischen Kontexten verwendet werden.

Im Sinne des Erwerbs eines verschiedene (nicht *nur* geometrische) Aspekte integrierenden Verständnisses des Vektorbegriffs ist es wesentlich, eine *arithmetische Vektorauffassung nicht nur bei der Einführung von Vektoren* und für die Beschreibung geometrischer Sachverhalte heranzuziehen, sondern die Schüler sollten auch *mit „eigenständigen"* *arithmetischen Beispielen für n-Tupel arbeiten*. Geeignete Beispiele hierfür wurden in den Abschn. 3.3.1 und 3.3.2 (trotz der hiermit verbundenen Einschränkungen, siehe Abschn. 3.3.3) aufgeführt, weiterhin sind natürlich Lösungen linearer Gleichungssysteme wichtige Beispiele für Vektoren. Auf weitere interessante und für den Schulunterricht geeignete Beispiele wird noch in dem Abschn. 3.4.3 eingegangen.

> Weder arithmetische noch geometrische Vektormodelle sind *allein* ausreichend, um Schülerinnen und Schülern einen adäquaten Einblick in die Tragweite und die Mächtigkeit des Vektorbegriffs zu vermitteln. Hierfür ist es notwendig, möglichst vielfältige Beispiele zu betrachten und Gemeinsamkeiten (insbesondere Rechengesetze) herauszuarbeiten, die dann ein integriertes und strukturelles Begriffsverständnis zumindest ansatzweise konstituieren.

Auf den zuletzt genannten Aspekt wird in dem folgenden Abschnitt näher eingegangen.

3.4 Der Vektorbegriff als verallgemeinernder Strukturbegriff; Vektorräume

Die folgenden Überlegungen sollen inhaltliches Begriffsverständnis, das Schüler anhand geometrischer und arithmetisch-algebraischer Vektormodelle erworben haben, vertiefen und zusammenführen und somit zu einem integrierten Begriffsverständnis beitragen sowie ansatzweise strukturelles und formales Verständnis des Vektorbegriffs vorbereiten. Dazu wird zunächst ein Blick auf die Definition des Begriffs „Vektorraum“ geworfen und anschließend überlegt, wie eine Annäherung an diesen Begriff anhand der in der Schule gebräuchlichen (in den vorhergehenden Abschnitten behandelten) konkreten Vektormodelle erfolgen kann.

3.4.1 Der Begriff des Vektorraumes

▶ **Definition 3.7** Eine nicht leere Menge V mit mit einer inneren Verknüpfung

$$+ : V \times V \to V , \quad (\vec{u}, \vec{v}) \mapsto \vec{u} + \vec{v}$$

und einer äußeren Verknüpfung

$$\cdot : \mathbb{R} \times V \to V , \quad (\lambda, \vec{u}) \mapsto \lambda \cdot \vec{u}$$

heißt *reeller Vektorraum* bzw. Vektorraum über dem Körper der reellen Zahlen, falls folgende Bedingungen erfüllt sind:[6]

A1. Für beliebige $\vec{u}, \vec{v} \in V$ gilt $\vec{u} + \vec{v} = \vec{v} + \vec{u}$ (*Kommutativität der Addition*).
A2. Für beliebige $\vec{u}, \vec{v}, \vec{w} \in V$ gilt $(\vec{u} + \vec{v}) + \vec{w} = \vec{u} + (\vec{v} + \vec{w})$
   (*Assoziativität der Addition*).
A3. Es existiert $\vec{o} \in V$, so dass für alle $\vec{u} \in V$ gilt: $\vec{u} + \vec{o} = \vec{u}$ (*Existenz eines Nullvektors*).
A4. Zu jedem $\vec{u} \in V$ existiert $-\vec{u} \in V$ mit $\vec{u} + (-\vec{u}) = \vec{o}$
   (*Existenz eines Gegenvektors zu jedem Vektor*).
S1. Für beliebige $\vec{u} \in V$ gilt $1 \cdot \vec{u} = \vec{u}$.
S2. Für beliebige $\vec{u} \in V$ und beliebige $\lambda, \mu \in \mathbb{R}$ gilt $(\lambda \cdot \mu) \cdot \vec{u} = \lambda \cdot (\mu \cdot \vec{u})$
   (*Assoziativität der Multiplikation von Vektoren mit reellen Zahlen*).
S3. Für beliebige $\vec{u}, \vec{v} \in V$ und beliebige $\lambda \in \mathbb{R}$ gilt $\lambda \cdot (\vec{u} + \vec{v}) = \lambda \cdot \vec{u} + \lambda \cdot \vec{v}$
   (*1. Distributivgesetz*).
S4. Für beliebige $\vec{u} \in V$ und beliebige $\lambda, \mu \in \mathbb{R}$ gilt $(\lambda + \mu) \cdot \vec{u} = \lambda \cdot \vec{u} + \mu \cdot \vec{u}$
   (*2. Distributivgesetz*).

Die Eigenschaften A3 und S1 scheinen einander (für die jeweiligen Verknüpfungen) zu entsprechen, jedoch ist ein wesentlicher Unterschied zu beachten: In A3 wird die *Existenz eines Nullvektors gefordert*, während S1 etwas über die Multiplikation eines beliebigen Vektors mit der Zahl 1 aussagt, deren *Existenz* in den reellen Zahlen *bereits gegeben* ist.

Die in der Definition geforderten Eigenschaften werden auch als *Vektorraumaxiome* bezeichnet. Damit kann der Begriff „Vektor" allgemein definiert werden: *Ist $(V, +, \cdot)$ ein Vektorraum, so heißen die Elemente von V Vektoren.*

---

[6] Die Bedingungen $+ : V \times V \to V$ sowie $\cdot : \mathbb{R} \times V \to V$ beinhalten die *Abgeschlossenheit* der Menge V bezüglich der Verknüpfungen $+$ und $\cdot$, d. h., für beliebige $\vec{u}, \vec{v} \in V$ ist $\vec{u} + \vec{v} \in V$ und für beliebige $\lambda \in \mathbb{R}, \vec{u} \in V$ ist $\lambda \cdot \vec{u} \in V$.

Das Vorgehen, Vektorräume axiomatisch einzuführen und auf dieser Basis den Vektorbegriff zu fundieren, ist aus fachlicher Sicht sehr elegant, da hiermit die wesentlichen strukturellen Eigenschaften aller Vektormodelle, also auch der in den vorangegangenen Abschnitten beschriebenen Pfeilklassen und n-Tupel, erfasst sind. Für den Mathematikunterricht ist eine derartige Einführung des Vektorbegriffs jedoch ungeeignet – die zu Beginn dieses Kapitels aufgeführte Stufenfolge zur Herausbildung von Begriffsverständnis würde hierbei „auf den Kopf gestellt". Das Erlernen eines grundlegenden Begriffs kann nicht auf den Stufen 4 und 5 (strukturelles und formales Begriffsverständnis) beginnen, sondern das Erreichen diese Stufen benötigt zunächst intuitive und inhaltliche Zugänge, durch deren Integration dann die „höheren" Stufen erreichbar sind.[7]

3.4.2   Rechengesetze als Gemeinsamkeiten verschiedener Vektormodelle

Einige der Vektorraumaxiome (siehe Definition 3.7) sind Schülern bereits als Rechengesetze innerhalb der reellen Zahlen bekannt. Die Gültigkeit dieser Rechengesetze kann nun in den zuvor behandelten konkreten Vektormodellen überprüft werden, womit sich mehrere Ziele verfolgen lassen:

- Erkennen von Analogien (aber auch Unterschieden) zwischen dem Rechnen mit Zahlen und mit Vektoren – Vektoren lassen sich gewissermaßen als „verallgemeinerte Zahlen" auffassen (Vohns, 2011, S. 863ff.), wobei im Sinne des Permanenzprinzips grundlegende Rechengesetze ihre Gültigkeit behalten;
- Herausarbeiten von Gemeinsamkeiten zwischen der graphischen Addition und skalaren Multiplikation von Pfeilklassen und dem Rechnen mit n-Tupeln;
- „Herauskristallisieren" (zumindest eines Teils) der Vektorraumaxiome als wesentlicher Merkmale von Vektoren.

Das folgende Beispiel verdeutlicht, wie ein Nachweis des *1. Distributivgesetzes* (Vektorraumaxiom S3) für Pfeilklassen und n-Tupel zwar völlig unterschiedlich geführt wird, aber zu demselben Ergebnis führt.

---

[7] Auch historisch bildete sich ein axiomatischer Vektorraumbegriff erst relativ spät heraus, nämlich am Übergang vom 19. zum 20. Jahrhundert; wesentliche Beiträge hierfür lieferten Grassmann, Peano und Weyl. Mit konkreten Vektormodellen wurde weit vorher gearbeitet; bereits 1679 legte Leibniz Vorstellungen dar, einen geometrischen Vektorkalkül zu schaffen. Die Axiomatisierung des Vektorraumbegriffs erfolgte also auch in der Geschichte der Mathematik auf der Grundlage vielfältiger, bereits gut bekannter konkreter Modelle. Zur Geschichte der Vektorrechnung und zur Herausbildung des Vektorraumbegriffs siehe u. a. (Alten et al., 2003, S. 410ff., S. 487, S. 557f.), (Dorier, 2000, S. 1–81) und (Tietze et al., 2000, S. 73–92).

Beweis des 1. Distributivgesetzes für Pfeilklassen und n-Tupel

Für beliebige Pfeilklassen $\vec{u}, \vec{v}$ bzw. n-Tupel $\vec{x}, \vec{y}$ und beliebige $\lambda \in \mathbb{R}$ gilt:

$$\lambda \cdot (\vec{u} + \vec{v}) = \lambda \cdot \vec{u} + \lambda \cdot \vec{v} \quad \text{bzw.} \quad \lambda \cdot (\vec{x} + \vec{y}) = \lambda \cdot \vec{x} + \lambda \cdot \vec{y}$$

Beweis für Pfeilklassen: Um einen Repräsentanten für $\lambda \cdot (\vec{u} + \vec{v})$ zu ermitteln, werden zunächst $\vec{u}$ und $\vec{v}$ nach Definition 3.4 addiert; anschließend wird ein Repräsentant $\overrightarrow{AD}$ von $\lambda \cdot (\vec{u} + \vec{v})$ bestimmt, siehe Abb. 3.29. Für $\overrightarrow{AD}$ gilt:

- $|AD| = |\lambda| \cdot |AC|$;
- D liegt auf dem Strahl AC, falls $\lambda > 0$, und auf dem zu AC entgegengesetzten Strahl, falls $\lambda < 0$.

Ist $\overrightarrow{AB'}$ ein Repräsentant von $\lambda \cdot \vec{u}$ und $\overrightarrow{B'C'}$ ein Repräsentant von $\lambda \cdot \vec{v}$, so ist $\overrightarrow{AC'}$ ein Repräsentant von $\lambda \cdot \vec{u} + \lambda \cdot \vec{v}$. Das Dreieck $\triangle AB'C'$ geht durch eine zentrische Streckung mit dem Streckfaktor λ und dem Zentrum A aus dem Dreieck $\triangle ABC$ hervor. Wegen der Eigenschaften zentrischer Streckungen bzw. nach dem 1. Strahlensatz gilt:

- $|AC'| = |\lambda| \cdot |AC|$;
- für $\lambda > 0$ liegt C' auf dem Strahl AC, für $\lambda < 0$ auf dem zu AC entgegengesetzten Strahl.

Die Pfeile $\overrightarrow{AD}$ und $\overrightarrow{AC'}$ sind somit identisch, es gilt daher

$$\lambda \cdot (\vec{u} + \vec{v}) = \lambda \cdot \vec{u} + \lambda \cdot \vec{v}\,.$$

Für $\lambda = 0$ gilt die Behauptung ebenfalls, da hierfür sowohl $\lambda \cdot (\vec{u}+\vec{v})$ als auch $\lambda \cdot \vec{u} + \lambda \cdot \vec{v}$ die Nullpfeilklasse (d. h. die Menge aller Pfeile, für die Anfangs- und Endpunkt übereinstimmen) ist.   □

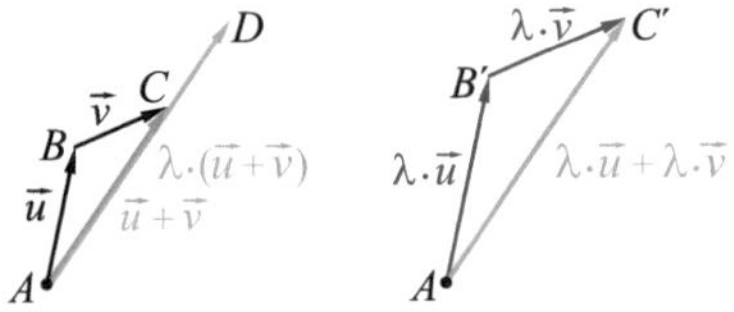

Abb. 3.29 1. Distributivgesetz
für Pfeilklassen

Beweis für n-Tupel:

Für beliebige einander entsprechende Komponenten x_i, y_i $(i = 1 \ldots n)$ zweier n-Tupel

$$\vec{x} = \begin{pmatrix} x_1 \\ x_2 \\ \vdots \\ x_n \end{pmatrix}, \quad \vec{y} = \begin{pmatrix} y_1 \\ y_2 \\ \vdots \\ y_n \end{pmatrix}$$

und für beliebige $\lambda \in \mathbb{R}$ gilt nach dem Distributivgesetz für reelle Zahlen $\lambda(x_i + y_i) = \lambda x_i + \lambda y_i$. Dies sowie die Definition der Addition und skalaren Multiplikation von n-Tupeln (siehe Definition 3.6) werden nun angewendet:

$$\lambda \cdot (\vec{x} + \vec{y}) = \lambda \cdot \left[\begin{pmatrix} x_1 \\ x_2 \\ \vdots \\ x_n \end{pmatrix} + \begin{pmatrix} y_1 \\ y_2 \\ \vdots \\ y_n \end{pmatrix} \right] = \lambda \cdot \begin{pmatrix} x_1 + y_1 \\ x_2 + y_2 \\ \vdots \\ x_n + y_n \end{pmatrix} = \begin{pmatrix} \lambda(x_1 + y_1) \\ \lambda(x_2 + y_2) \\ \vdots \\ \lambda(x_n + y_n) \end{pmatrix}$$

$$= \begin{pmatrix} \lambda x_1 + \lambda y_1 \\ \lambda x_2 + \lambda y_2 \\ \vdots \\ \lambda x_n + \lambda y_n \end{pmatrix} = \begin{pmatrix} \lambda x_1 \\ \lambda x_2 \\ \vdots \\ \lambda x_n \end{pmatrix} + \begin{pmatrix} \lambda y_1 \\ \lambda y_2 \\ \vdots \\ \lambda y_n \end{pmatrix} = \lambda \cdot \begin{pmatrix} x_1 \\ x_2 \\ \vdots \\ x_n \end{pmatrix} + \lambda \cdot \begin{pmatrix} y_1 \\ y_2 \\ \vdots \\ y_n \end{pmatrix}$$

$$= \lambda \cdot \vec{x} + \lambda \cdot \vec{y} \qquad \qquad \square$$

Analoge Beweise lassen sich auch für die anderen in Definition 3.7 auftretenden Rechengesetze sowohl innerhalb des Pfeilklassen- als auch innerhalb des n-Tupel-Modells führen, siehe z. B. (Filler, 2011, S. 93ff., S. 104f.).

Die Interpretation von Rechengesetzen in verschiedenen Modellen schafft Anhaltspunkte für das „Gemeinsame" zunächst sehr verschiedener Modellvorstellungen von Vektoren. Neben exakten Herleitungen (wie hier anhand des 1. Distributivgesetzes gezeigt) können Schüler diese „Gleichheit" des Geltens der Rechengesetze durch interaktive Visualisierungen mit sich simultan verändernden Pfeil- und Koordinatendarstellungen anschaulich erfahren, siehe Abb. 3.30.

Folgerungen aus den Vektorraumaxiomen

An sich ist jedes der Vektorraumaxiome für Schüler gut zugänglich. Abstrakter ist jedoch die Vorstellung, dass alle Wesensmerkmale von Vektoren bereits durch die Vektorraumaxiome bestimmt werden und keine Bezüge auf konkrete Modelle mehr erforderlich sind. Diese Stufe strukturellen und formalen Begriffsverständnisses wird in der Schule i. Allg. nicht erreicht. Sie kann aber durch einige kleinere Beweise anhand der Vektorraumaxiome zumindest in Leistungskursen ansatzweise vorbereitet werden, im Folgenden werden zwei Beispiele hierfür diskutiert.

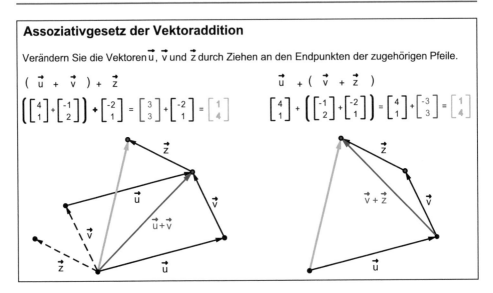

Assoziativgesetz der Vektoraddition

Verändern Sie die Vektoren $\vec{u}$, $\vec{v}$ und $\vec{z}$ durch Ziehen an den Endpunkten der zugehörigen Pfeile.

$(\ \vec{u} \ + \ \vec{v} \ ) + \ \vec{z}$

$\left(\begin{bmatrix} 4 \\ 1 \end{bmatrix} + \begin{bmatrix} -1 \\ 2 \end{bmatrix}\right) + \begin{bmatrix} -2 \\ 1 \end{bmatrix} = \begin{bmatrix} 3 \\ 3 \end{bmatrix} + \begin{bmatrix} -2 \\ 1 \end{bmatrix} = \begin{bmatrix} 1 \\ 4 \end{bmatrix}$

$\vec{u} \ + (\ \vec{v} \ + \ \vec{z} \ )$

$\begin{bmatrix} 4 \\ 1 \end{bmatrix} + \left(\begin{bmatrix} -1 \\ 2 \end{bmatrix} + \begin{bmatrix} -2 \\ 1 \end{bmatrix}\right) = \begin{bmatrix} 4 \\ 1 \end{bmatrix} + \begin{bmatrix} -3 \\ 3 \end{bmatrix} = \begin{bmatrix} 1 \\ 4 \end{bmatrix}$

Abb. 3.30 Simultane Visualisierung des Assoziativgesetzes für Pfeilklassen und n-Tupel. Ein Applet mit einer entsprechenden interaktiven Visualisierung steht (wie auch entsprechende Applets zu anderen Rechengesetzen) auf der Internetseite zu diesem Buch zur Verfügung

Der Nullvektor $\vec{o}$ ist eindeutig bestimmt.

Für n-Tupel und Pfeilklassen handelt es sich hierbei fast um eine „Selbstverständlichkeit": Nur die Klasse aller Pfeile, für die Anfangs- und Endpunkt übereinstimmen, bzw. n-Tupel, deren sämtliche Komponenten null sind, verhalten sich bei der Addition „neutral", erfüllen also das Vektorraumaxiom A3.

Ausgehend von den Vektorraumaxiomen ist die eindeutige Bestimmtheit des Nullvektors hingegen zunächst nicht trivial, denn in A3 (siehe Definition 3.7) wird nur die *Existenz* eines Vektors $\vec{o}$ mit $\vec{u} + \vec{o} = \vec{u}$ für alle Vektoren $\vec{u}$ gefordert. Der *Beweis der Eindeutigkeit* kann folgendermaßen geführt werden:

Wir nehmen an, es seien $\vec{o}$ und $\vec{o}^{\,*}$ zwei Nullvektoren. Dann gilt nach A3 sowohl $\vec{o} + \vec{o}^{\,*} = \vec{o}$ als auch $\vec{o}^{\,*} + \vec{o} = \vec{o}^{\,*}$ und somit $\vec{o}^{\,*} = \vec{o}^{\,*} + \vec{o} = \vec{o} + \vec{o}^{\,*} = \vec{o}$. $\qquad\Box$

Dieser Beweis ist zwar sehr kurz und nicht kompliziert. Jedoch besteht bei derartigen Beweisen in der Schule die Schwierigkeit der Motivation der Beweis*notwendigkeit* von (anhand der betrachteten Modelle) selbstverständlich erscheinenden Tatsachen. Etwas günstiger geeignet, um Schüler ansatzweise mit Beweisen auf der Grundlage der Vektorraumaxiome vertraut zu machen, ist das folgende Beispiel (bei dem allerdings die Eindeutigkeit des Nullvektors vorausgesetzt wird, also zumindest diskutiert werden muss), da hierbei die Vektorraumaxiome unmittelbar im Sinne von Rechenregeln anzuwenden sind.

Für alle $\lambda \in \mathbb{R}$ ist $\lambda \cdot \vec{o} = \vec{o}$.

Beweis: Nach dem Vektorraumaxiom A3 ist $\vec{u} + \vec{o} = \vec{u}$ für alle Vektoren $\vec{u}$, woraus $\lambda \cdot (\vec{u} + \vec{o}) = \lambda \cdot \vec{u}$ folgt. Nach dem 1. Distributivgesetz ergibt sich daraus $\lambda \cdot \vec{u} + \lambda \cdot \vec{o} = \lambda \cdot \vec{u}$. Setzt man $\vec{v} = \lambda \cdot \vec{u}$, so ist also einerseits $\vec{v} + \lambda \cdot \vec{o} = \vec{v}$ und andererseits $\vec{v} + \vec{o} = \vec{v}$. Sowohl $\vec{o}$ als auch $\lambda \cdot \vec{o}$ sind somit Nullvektoren. Da der Nullvektor eindeutig bestimmt ist, gilt $\lambda \cdot \vec{o} = \vec{o}$.   □

3.4.3   Weitere Beispiele für Vektorräume

Wird der Begriff des Vektorraumes (wie in einer Reihe von Lehrplänen vorgesehen) explizit thematisiert, so sollten neben Pfeilklassen und n-Tupeln (deren Behandlung, wie bereits ausgeführt, *vor* der Definition des Begriffs Vektorraum sinnvoll ist) weitere Beispiele für Vektorräume betrachtet werden, um die Tragweite des Vektorbegriffs für Schüler deutlich werden zu lassen. Hierbei lässt sich an Inhalte anderer Bereiche des Mathematikunterrichts anknüpfen.

Vektorräume von Funktionen
Die *Menge F_I der auf einem Intervall $I = [a; b]$ (mit $a, b \in \mathbb{R}$, $a < b$) definierten reellwertigen Funktionen* ist mit den aus dem Analysisunterricht bekannten Verknüpfungen (für beliebige Funktionen $f, g \in F_I$ und beliebige $\lambda \in \mathbb{R}$)

$$+ : F_I \times F_I \to F_I, \ (f + g)(x) := f(x) + g(x) \quad \text{für alle} \quad x \in I$$

und

$$\cdot : \mathbb{R} \times F_I \to F_I, \ (\lambda \cdot f)(x) := \lambda \cdot f(x) \quad \text{für alle} \quad x \in I$$

ein Vektorraum. (Man beachte, dass die Operationszeichen „+" und „·" hierbei jeweils in zwei unterschiedlichen Bedeutungen auftreten: Die Addition von *Funktionen* bzw. deren Multiplikation mit reellen Zahlen werden definiert durch die Addition bzw. Multiplikation von *Funktionswerten*, also reellen Zahlen.)

Für beliebige $f, g \in F_I$ und $\lambda \in \mathbb{R}$ sind durch $f + g$ und $\lambda \cdot f$ ebenfalls auf dem Intervall I definierte Funktionen gegeben (Abgeschlossenheit).

Auch von der Gültigkeit der Axiome A1–S4 überzeugt man sich leicht:

A1. Für alle $x \in I$ gilt $(f + g)(x) = f(x) + g(x) = g(x) + f(x) = (g + f)(x)$, also ist $f + g = g + f$ für beliebige $f, g \in F_I$.

A2. Wie die Kommutativität lässt sich auch die Assoziativität der Addition von Funktionen auf die Assoziativität der Addition reeller Zahlen (der Funktionswerte) zurückführen. Für alle $x \in I$ ist

$$((f+g)+h)(x) = (f(x)+g(x))+h(x) = f(x)+(g(x)+h(x)) = (f+(g+h))(x),$$

also $(f+g)+h = f+(g+h)$ für beliebige $f, g, h \in F_I$.

Auf analoge Weise lassen sich auch die Eigenschaften S1–S4 auf Rechenregeln reeller Zahlen zurückführen, worauf hier verzichtet wird.

A3. Die Funktion f_0 mit $f_0(x) = 0$ für alle $x \in I$ hat die Eigenschaft des Nullvektors, denn für beliebige $f \in F_I$ ist $(f+f_0)(x) = f(x)+f_0(x) = f(x)$ für alle $x \in I$ und somit $f+f_0 = f$.

A4. Ebenso lässt sich zeigen, dass für eine beliebige Funktion $f \in F_I$ die Funktion $-f$ mit $(-f)(x) = -f(x)$ (für alle $x \in I$) die Bedingung $f+(-f) = f_0$ erfüllt.

Durch die Betrachtung dieser Eigenschaften erkennen Schüler, dass sich mit Funktionen dieselben Operationen ausführen lassen wie mit n-Tupeln oder Pfeilklassen und dass dafür auch dieselben Rechengesetze gelten – völlig „neu" ist diese Erkenntnis jedoch nicht, denn sie haben Funktionen bereits im Analysisunterricht addiert und mit reellen Zahlen multipliziert. Diese Gemeinsamkeit zwischen scheinbar völlig unterschiedlichen Objekten (die zudem i. Allg. recht isoliert voneinander im Mathematikunterricht auftreten) sollte als weiterer „Baustein" die Tragweite des Vektorbegriffs untermauern.

Ohne **lineare Unterräume** im Unterricht explizit zu definieren, lässt sich anhand der Vektorraumdefinition (Definition 3.7) herausarbeiten, dass (nicht leere) *Teilmengen von Vektorräumen ebenfalls Vektorräume sind, wenn die Addition und die skalare Multiplikation von Elementen in jedem Falle wieder zu Elementen dieser Teilmengen führen.* So wissen Schüler wahrscheinlich bereits, dass die Summe zweier auf einem Intervall I differenzierbarer Funktionen ebenfalls auf I differenzierbar ist und dies auch für das Produkt einer auf I differenzierbaren Funktion mit einer reellen Zahl gilt. *Somit ist auch die Menge der auf einem vorgegebenen Intervall I differenzierbaren Funktionen ein Vektorraum* (nämlich ein Unterraum des Vektorraumes der auf I definierten Funktionen).

Betrachtet man speziellere (im Analysisunterricht ausführlich behandelte) Klassen von Funktionen, nämlich die ganzrationalen bzw. polynomialen Funktionen, so gelangt man zu Vektorräumen, die enge Zusammenhänge zu dem Vektorraum der n-Tupel reeller Zahlen aufweisen. In der Schule lässt sich dies z. B. anhand der (höchstens) quadratischen Funktionen nachvollziehen.

Beispiel 3.2

Die *Menge* $P_2 = \left\{ p \mid p(x) = a_2 x^2 + a_1 x + a_0; a_0, a_1, a_2 \in \mathbb{R} \right\}$ *der Polynome höchstens 2. Grades* bildet mit den unten definierten Verknüpfungen $+$ und $\cdot$ für beliebige $p, q \in P_2$ mit $p(x) = a_2 x^2 + a_1 x + a_0$ und $q(x) = b_2 x^2 + b_1 x + b_0$ sowie beliebige

$\lambda \in \mathbb{R}$ einen Vektorraum:

$$(p + q)(x) := p(x) + q(x) = (a_2 + b_2)x^2 + (a_1 + b_1)x + (a_0 + b_0) ,$$
$$(\lambda \cdot p)(x) := \lambda \cdot p(x) = \lambda a_2 x^2 + \lambda a_1 x + \lambda a_0 .$$

Sowohl die Abgeschlossenheit der Menge P_2 bezüglich der Verknüpfungen $+$ und $\cdot$ als auch die Gültigkeit der Vektorraumaxiome in diesem Modell lassen sich recht leicht und „geradlinig" zeigen, siehe z. B. (Filler, 2011, S. 170f.).

Interessant an diesem Modell ist die enge „Verwandtschaft" (genauer: Isomorphie) zum Vektorraum $\mathbb{R}^3$ der Tripel reeller Zahlen. Ordnet man jedem Polynom (höchstens 2. Grades) $p(x) = a_2 x^2 + a_1 x + a_0$ sein Koeffiziententripel $\begin{pmatrix} a_2 \\ a_1 \\ a_0 \end{pmatrix}$ zu, so lassen sich Operationen in P_2 auf Operationen in $\mathbb{R}^3$ zurückführen. ◆

Eine Erweiterung dieser Überlegungen auf Polynome n-ten Grades (für beliebige $n \in \mathbb{N}$) ist möglich, aber in der Schule nicht unbedingt notwendig – der Schluss, dass sich das Rechnen mit Polynomen höchstens n-ten Grades auf das Rechnen mit $n + 1$-Tupeln zurückführen lässt, ist bereits anhand des dargestellten Spezialfalls (mit $n = 2$) plausibel. Sinnvoll ist es, zu diskutieren, dass eine derartige Beschreibung durch Zahlentupel für die wesentlich „umfassenderen" Vektorräume der auf einem Intervall definierten reellwertigen Funktionen (oder auch nur der auf einem Intervall differenzierbaren Funktionen) nicht möglich ist. Diese Unmöglichkeit ist gleichbedeutend damit, dass die entsprechenden Vektorräume keine endliche Dimension besitzen, wofür Schüler durch die beschriebenen Überlegungen zumindest ein „vages Gefühl" entwickeln können (ohne dass der Anspruch erhoben wird, den Dimensionsbegriff exakt zu behandeln).

Magische Quadrate und Zahlenmauern

Der Vektorraumbegriff ermöglicht die Betrachtung bereits in der Grundschule oder in der Sekundarstufe I behandelter Objekte und Strukturen von einem höheren Standpunkt aus.

Magische Quadrate

Unter einem magischen Quadrat der Kantenlänge n versteht man (im engsten Sinne) eine quadratische Anordnung der Zahlen $1, 2, \ldots, n^2$, bei der die Summen der Zahlen aller Zeilen, Spalten und der beiden Diagonalen gleich sind. Das älteste bekannte magische Quadrat stammt aus China (3. Jahrtausend v. Chr.); es hat die Kantenlänge 3 und ist durch folgende Matrix gegeben:

$$\begin{pmatrix} 4 & 9 & 2 \\ 3 & 5 & 7 \\ 8 & 1 & 6 \end{pmatrix}$$

Das wahrscheinlich bekannteste magische Quadrat hat die Kantenlänge 4 und ist in Albrecht Dürers Kupferstich *Melencolia* I (von 1514, siehe Abb. 3.31, die beiden mittleren

Abb. 3.31 Albrecht Dürers Kupferstich *Melencolia* I mit vergrößertem Ausschnitt des enthaltenen magischen Quadrats

Zahlen in der unteren Reihe geben diese Jahreszahl an) dargestellt:

$$\begin{pmatrix} 16 & 3 & 2 & 13 \\ 5 & 10 & 11 & 8 \\ 9 & 6 & 7 & 12 \\ 4 & 15 & 14 & 1 \end{pmatrix}$$

Magische Quadrate lassen sich bereits in der Grundschule einsetzen, um Zahlenmuster und -gesetzmäßigkeiten zu untersuchen; siehe u. a. Koth (2005). Kinder können beispielsweise unvollständige magische Quadrate vervollständigen sowie Zeilen-, Spalten- und Diagonalensummen s (im Folgenden nur noch kurz als Zeilensummen bezeichnet) in magischen Quadraten ermitteln. Lässt man die Bedingung fallen, dass ein magisches Quadrat genau die Zahlen $1, 2, \ldots, n^2$ enthalten muss, so können magische Quadrate beliebiger Zeilensummen konstruiert werden. Die folgenden Aufgaben eignen sich gut als „Knobelaufgaben", z. B. zu Beginn der Sekundarstufe I:

1. Finde ein magisches Quadrat mit der Seitenlänge 4 und $s = 38$.
2. Finde ein magisches Quadrat mit der Seitenlänge 4 und $s = 35$.

Ausgehend von dem oben angegebenen Dürer-Quadrat (mit $s = 34$) erkennen Schüler meist recht schnell, dass es ausreicht, zu jeder auftretenden Zahl 1 hinzuzuaddieren, um ein Quadrat mit einer um 4 höheren Zeilensumme (also $s = 38$) zu erhalten. Schwieriger ist die zweite Frage zu beantworten. Bei Erprobungen der Aufgaben mit Schülern siebter Klassen erkannten jedoch einige Schüler, dass es einfacher ist, nach einem magischen Quadrat der Zeilensumme 1 zu suchen und dieses dann zu dem Dürer-Quadrat zu addieren. Ein Quadrat, bei dem in jeder Spalte, jeder Zeile und jeder Diagonale jeweils genau eine Eins steht und das ansonsten nur Nullen enthält, z. B.

$$\begin{pmatrix} 1\,0\,0\,0 \\ 0\,0\,1\,0 \\ 0\,0\,0\,1 \\ 0\,1\,0\,0 \end{pmatrix},$$

erfüllt die Bedingung $s = 1$ und eignet sich daher, das Dürer-Quadrat zu einem magischen Quadrat mit der Zeilensumme $s = 35$ zu verändern:[8]

$$\begin{pmatrix} 16 & 3 & 2 & 13 \\ 5 & 10 & 11 & 8 \\ 9 & 6 & 7 & 12 \\ 4 & 15 & 14 & 1 \end{pmatrix} + \begin{pmatrix} 1\,0\,0\,0 \\ 0\,0\,1\,0 \\ 0\,0\,0\,1 \\ 0\,1\,0\,0 \end{pmatrix} = \begin{pmatrix} 17 & 3 & 2 & 13 \\ 5 & 10 & 12 & 8 \\ 9 & 6 & 7 & 13 \\ 4 & 16 & 14 & 1 \end{pmatrix}$$

Die folgende Aufgabe führt zur Vervielfachung magischer Quadrate:

3. Finde ein magisches Quadrat mit der Seitenlänge 4 und $s = 37$.

Hierfür liegt es nun nahe, das Quadrat mit $s = 1$ dreifach zu dem Dürer-Quadrat zu addieren:

$$\begin{pmatrix} 16 & 3 & 2 & 13 \\ 5 & 10 & 11 & 8 \\ 9 & 6 & 7 & 12 \\ 4 & 15 & 14 & 1 \end{pmatrix} + 3 \cdot \begin{pmatrix} 1\,0\,0\,0 \\ 0\,0\,1\,0 \\ 0\,0\,0\,1 \\ 0\,1\,0\,0 \end{pmatrix} = \begin{pmatrix} 19 & 3 & 2 & 13 \\ 5 & 10 & 14 & 8 \\ 9 & 6 & 7 & 15 \\ 4 & 18 & 14 & 1 \end{pmatrix}$$

Schüler gelangen anhand dieser Überlegungen zu zwei Erkenntnissen, welche den Zusammenhang zwischen magischen Quadraten und Vektorräumen vorbereiten:

---

[8] Dass hierbei mit Matrizen gerechnet wird, muss nicht explizit thematisiert werden; die komponentenweise Addition von Matrizen ist (zumindest an dem konkreten Beispiel der magischen Quadrate) auch für Schüler der Mittelstufe plausibel. Sollten Matrizen in der Sekundarstufe II behandelt werden, so lassen sich magische Quadrate natürlich als spezielle Matrizen betrachten.

- Die Summe zweier magischer Quadrate ist wiederum ein magisches Quadrat.
- Das Produkt eines magischen Quadrats mit einer (zunächst natürlichen) Zahl ist ebenfalls ein magisches Quadrat.[9]

Wesentlich schwieriger als die bisher gestellten ist die folgende Aufgabe:

4. Finde ein magisches Quadrat mit der Seitenlänge 3 und $s = 16$.

Auch hier liegt es nahe, z. B. von dem bekannten chinesischen 3×3-Quadrat mit $s = 15$ auszugehen und ein magisches Quadrat mit $s = 1$ hinzuzuaddieren. Ein 3×3-Quadrat, bei dem in jeder Spalte, jeder Zeile und jeder Diagonale jeweils genau eine Eins steht und welches ansonsten nur Nullen enthält, existiert aber nicht. Um ein magisches 3×3-Quadrat der Zeilensumme 1 zu erhalten, muss die *Bedingung aufgegeben werden, dass nur natürliche Zahlen als Elemente auftreten.* Dann lässt sich das magische 3×3-Quadrat

$$\begin{pmatrix} \frac{2}{3} & \frac{1}{3} & 0 \\ -\frac{1}{3} & \frac{1}{3} & 1 \\ \frac{2}{3} & \frac{1}{3} & 0 \end{pmatrix}$$

konstruieren, für welches $s = 1$ ist und mit dem sich die Aufgabe 4 ebenso lösen lässt wie zuvor bereits die Aufgabe 2.

Von der beschriebenen Lösung der Aufgabe 4 ist es nur noch ein recht kleiner Schritt dahin, magische Quadrate zu betrachten, die aus beliebigen reellen Zahlen bestehen. Es lässt sich dann herausarbeiten, dass die Menge aller magischen Quadrate mit vorgegebener Kantenlänge n einen Vektorraum bildet. Die beiden hierfür wichtigsten, anhand von Spezialfällen gewonnenen Erkenntnisse lassen sich verallgemeinern: Sowohl die Summe zweier magischer Quadrate als auch das Produkt eines magischen Quadrats mit einer rellen Zahl sind wieder magische Quadrate.[10] Beide Verknüpfungen führen somit nicht aus

---

[9] Die Anwendung dieser beiden Überlegungen stellte eine wesentliche Grundlage dafür dar, dass der Kandidat Robin Wersig am 28. Dezember 2011 zu „Deutschlands Superhirn" gekürt wurde. In der gleichnamigen ZDF-Sendung füllte er „blind" (aus dem Kopf) ein Schachbrett mit einem magischen Quadrat (der Kantenlänge 8) aus, wobei die Zeilen- und Spaltensumme vom Publikum vorgegeben wurde – die Diagonalenbedingung wurde nicht gestellt, es handelte sich um ein „halbmagisches" Quadrat. Als zusätzliche Schwierigkeit musste der Kandidat das Quadrat aber im „Rösselsprung" (mit den Zügen eines Springers auf dem Schachbrett) ausfüllen. Es ist davon auszugehen, dass sich Robin Wersig ein festes magisches Quadrat eingeprägt hatte und durch Addition eines Vielfachen eines (ebenfalls eingeprägten) Quadrats der Zeilensumme 1 das Quadrat mit der vom Publikum gewünschten Zeilensumme im Kopf berechnete. Zu Wersigs Vorgehensweise und alternativen Möglichkeiten, die „Superhirn-Aufgabe" zu lösen, siehe ausführlicher Griewank et al. (2012).
[10] Vollständige Beweise hierfür werden u. a. in (Filler, 2011, S. 174f.) geführt.

der Menge der magischen Quadrate hinaus.[11] Weiterhin ist das „Nullquadrat" offensichtlich ein magisches Quadrat. Multipliziert man alle Elemente eines magischen Quadrats mit -1, so entsteht ein magisches Quadrat, welches die Eigenschaft des Gegenvektors (Vektorraumaxiom A4, Definition 3.7) besitzt. Die Gültigkeit der weiteren Vektorraumaxiome (bei denen es sich um Rechenregeln handelt) lässt sich aus der Gültigkeit dieser Rechenregeln für Matrizen folgern, falls das Rechnen mit Matrizen im Unterricht behandelt wurde. Ansonsten lassen sich magische Quadrate der Kantenlänge n auch als spezielle m-Tupel reeller Zahlen (mit $m = n^2$) auffassen, die „anders geschrieben" sind – dass die in den Vektorraumaxiomen geforderten Rechenregeln hierfür gelten, wurde bereits begründet.

Magische Quadrate lassen sich auch **als Lösungsmengen homogener linearer Gleichungssysteme** betrachten. Die Bedingung, dass die Summen aller Zeilen, aller Spalten und der beiden Diagonalen gleich sein müssen, führt bei magischen Quadraten der Kantenlänge 3, die sich allgemein in der Form

$$\begin{pmatrix} a_{11} & a_{12} & a_{13} \\ a_{21} & a_{22} & a_{23} \\ a_{31} & a_{32} & a_{33} \end{pmatrix}$$

schreiben lassen, zu folgendem LGS mit acht Gleichungen und den Variablen $a_{11}, a_{12}, \ldots,$ a_{33} und s (der Summe jeder der Zeilen, Spalten und Diagonalen):

$$
\begin{array}{llllll}
a_{11} & + \; a_{12} & + \; a_{13} & & & -\;s = 0 \\
& a_{21} & + \; a_{22} & + \; a_{23} & & -\;s = 0 \\
& & a_{31} & + \; a_{32} & + \; a_{33} & -\;s = 0 \\
a_{11} & & + \; a_{21} & & + \; a_{31} & -\;s = 0 \\
& a_{12} & & + \; a_{22} & & + \; a_{32} \quad -\;s = 0 \\
& a_{13} & & + \; a_{23} & & + \; a_{33} \;-\;s = 0 \\
a_{11} & & + \; a_{22} & & + \; a_{33} & -\;s = 0 \\
& a_{13} & + \; a_{22} & + \; a_{31} & & -\;s = 0
\end{array}
$$

---

[11] Nach dem Unterraumkriterium, siehe etwa (Filler, 2011, S. 172), genügt diese Abgeschlossenheit (zusammen mit der Tatsache, dass magische Quadrate beliebiger Kantenlänge existieren, also nicht die leere Menge betrachtet wird), um zu begründen, dass die Menge aller magischen Quadrate mit einer vorgegebenen Kantenlänge n einen Vektorraum bildet, nämlich einen Unterraum des Vektorraumes der $n \times n$-Matrizen. Da aber nicht davon ausgegangen werden kann, dass das Unterraumkriterium in der Schule thematisiert wird, wird hier eine Begründung gegeben, die lediglich von der Definition des Begriffs Vektorraum ausgeht.

Man erhält (bevorzugt mithilfe des Computers) als Lösungsmenge dieses LGS:

$$
L = \left\{ \begin{pmatrix} a_{11} \\ a_{12} \\ a_{13} \\ a_{21} \\ a_{22} \\ a_{23} \\ a_{31} \\ a_{32} \\ a_{33} \end{pmatrix} \middle| \begin{pmatrix} a_{11} \\ a_{12} \\ a_{13} \\ a_{21} \\ a_{22} \\ a_{23} \\ a_{31} \\ a_{32} \\ a_{33} \end{pmatrix} = \lambda_1 \begin{pmatrix} -1 \\ 1 \\ 0 \\ 1 \\ 0 \\ -1 \\ 0 \\ -1 \\ 1 \end{pmatrix} + \lambda_2 \begin{pmatrix} 0 \\ -1 \\ 1 \\ 1 \\ 0 \\ -1 \\ -1 \\ 1 \\ 0 \end{pmatrix} + s \begin{pmatrix} \frac{2}{3} \\ \frac{1}{3} \\ 0 \\ -\frac{1}{3} \\ \frac{1}{3} \\ 1 \\ \frac{2}{3} \\ \frac{1}{3} \\ 0 \end{pmatrix} ; \; \lambda_1, \lambda_2, s \in \mathbb{R} \right\}
$$

Mithilfe dieser Darstellung lassen sich leicht magische Quadrate mit frei wählbarer Zeilen-, Spalten- und Diagonalensumme s aus den „Basisquadraten"

$$
\begin{pmatrix} -1 & 1 & 0 \\ 1 & 0 & -1 \\ 0 & -1 & 1 \end{pmatrix} , \quad \begin{pmatrix} 0 & -1 & 1 \\ 1 & 0 & -1 \\ -1 & 1 & 0 \end{pmatrix} \quad \text{und} \quad \begin{pmatrix} \frac{2}{3} & \frac{1}{3} & 0 \\ -\frac{1}{3} & \frac{1}{3} & 1 \\ \frac{2}{3} & \frac{1}{3} & 0 \end{pmatrix}
$$

konstruieren.

Zahlenmauern

Zahlenmauern wurden bereits im Zusammenhang mit LGS betrachtet, siehe 2.7.1. Sie lassen sich auch als Beispiel für Vektorräume heranziehen, wobei ähnliche Überlegungen wie bei den magischen Quadraten anzustellen sind:

- Zahlenmauern können als n-Tupel von Zahlen aufgeschrieben und für beliebige reelle Zahlen betrachtet werden.
- Die Summe zweier „gültiger" Zahlenmauern ist wieder eine Zahlenmauer.
- Das Produkt einer Zahlenmauer mit einer reellen Zahl ist ebenfalls eine Zahlenmauer.

3.5   Linearkombinationen von Vektoren; Basen und Koordinaten

3.5.1   Ein anschaulicher Zugang zu Basisvektoren

Linearkombinationen treten in diversen Anwendungssituationen auf – häufig müssen Vektoren durch andere Vektoren „dargestellt" werden.

Abb. 3.32 Zerlegung einer
Kraft in Komponenten

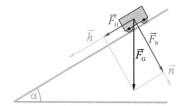

Beispiel 3.3

Bei der Bewegung eines Körpers entlang einer geneigten Ebene ergeben sich die (für die Beschleunigung des rollenden Objekts entscheidende) *Hangabtriebskraft* sowie die *Normalkraft* (mit der das Objekt die Fahrbahn belastet) als Komponenten der Gewichtskraft entlang zweier vorgegebener Richtungen (der Richtung der geneigten Ebene sowie der dazu senkrechten Richtung), die durch Vektoren angegeben werden können (in Abb. 3.32 mit $\vec{h}$ und $\vec{n}$ bezeichnet). Da sich die Gewichtskraft des rollenden Objekts in Hangabtriebskraft $\vec{F}_H$ und Normalkraft $\vec{F}_N$ zerlegen lässt ($\vec{F}_G = \vec{F}_H + \vec{F}_N$), müssen zur Bestimmung dieser Kräfte (bei bekannter Gewichtskraft $\vec{F}_G$) Koeffizienten λ und μ ermittelt werden, so dass

$$\vec{F}_G = \lambda\,\vec{h} + \mu\,\vec{n}$$

gilt. Die Hangabtriebskraft und die Normalkraft ergeben sich dann als $\vec{F}_H = \lambda\,\vec{h}$ bzw. $\vec{F}_N = \mu\,\vec{n}$. ◆

Anhand von Beispiel 3.3 (und ähnlicher Beispiele, siehe z. B. Abschn. 3.2.2) lassen sich zentrale Begriffe zunächst rein anschaulich und exemplarisch einführen:

- Der Vektor $\vec{F}_G$ wird durch $\vec{F}_G = \lambda\,\vec{h} + \mu\,\vec{n}$ als *Linearkombination* der Vektoren $\vec{h}$ und $\vec{n}$ dargestellt.
- Durch $\vec{h}$ und $\vec{n}$ lässt sich jeder Vektor in der Ebene auf diese Weise darstellen: $\vec{h}$ und $\vec{n}$ bilden daher ein *Erzeugendensystem* für alle Vektoren der Ebene.
- Erzeugendensysteme der Ebene müssen offensichtlich immer aus mindestens zwei Vektoren bestehen. Die Vektoren $\vec{h}$ und $\vec{n}$ bilden daher in der Ebene ein *minimales Erzeugendensystem*, genannt *Basis*.
- Die Koeffizienten λ und μ in der o. a. Linearkombination nennt man *Koordinaten* *des Vektors* $\vec{F}_G$ *bezüglich der Basis* $\{\vec{h}; \vec{n}\}$.

Hierbei handelt es sich natürlich nicht um exakte Definitionen der Begriffe Linearkombination, Erzeugendensystem und Basis – teilweise treten diese in den Lehrplänen nicht auf und werden daher im Unterricht nicht immer explizit behandelt. Ein anschaulichplausibles Grundverständnis von Basen und Koordinaten sowie die Fähigkeit, für inner- oder außermathematische Anwendungen geeignete Basisvektoren auszuwählen, sind jedoch unverzichtbar für den Unterricht in Analytischer Geometrie (zu dessen zentralen Elementen das Koordinatisieren zählt). Für Basen im Ein- bis Dreidimensionalen lassen sich folgende Betrachtungen anstellen:

- Im *eindimensionalen Fall* kann jeder Vektor eindeutig als Vielfaches eines beliebigen Vektors (außer $\vec{o}$) dargestellt werden.
- Im *zweidimensionalen Fall* kann jeder Vektor als Linearkombination zweier „geeigneter" Vektoren, im *dreidimensionalen Fall* dreier „geeigneter" Vektoren dargestellt werden. Was „geeignet" heißt, lässt sich auf ikonischer Ebene mithilfe von zwei bzw. drei Bleistiften gut veranschaulichen.
- Die Mitteilung, dass die „geeigneten" Vektoren dann linear unabhängig[12] heißen, ist unproblematisch und klar verständlich. Bei „nicht geeigneten" Vektoren lässt sich einer durch die anderen darstellen – sie heißen linear abhängig. Etwas präziser heißen also *n* Vektoren linear unabhängig, wenn keiner als Linearkombination der anderen dargestellt werden kann.

Ziel ist es, aus möglichst wenigen Vektoren alle anderen *eindeutig* darstellen zu können (wobei sich herausstellt, dass die Forderungen nach möglichst wenigen Vektoren sowie der Eindeutigkeit der Darstellung einander entsprechen). Dazu müssen die Vektoren einerseits linear unabhängig sein, und es müssen andererseits genügend viele sein, damit sich alle Vektoren daraus *erzeugen* (d. h. als Linearkombinationen darstellen) lassen. Wenn eine Menge von Vektoren diese Forderungen erfüllt, nennt man sie eine *Basis*. Wieder machen drei Bleistifte im Anschauungsraum die Verhältnisse klar. Eine besonders hübsche Illustration von Basisvektoren des dreidimensionalen Raumes findet sich in einem ungarischen Schulbuch (siehe Abb. 3.33).

3.5.2 Exaktifizierung des Begriffs „Linearkombination"; Berechnung von Koeffizienten

Nach einer zunächst anschaulichen Einführung von Linearkombinationen und Basen (wie auf den vorangegangenen Seiten beschrieben) stellt sich natürlich die Frage nach einer rechnerischen Ermittlung der Koeffizienten. Die Klärung dieser Frage führt zu einer genaueren Begriffsbestimmung und deckt zugleich einen wesentlichen Zusammenhang

---

[12] Die Begriffe „linear (un)abhängig" treten in den Bildungsstandards der KMK (2012) und auch in den Lehrplänen einiger Bundesländer nicht auf. Stattdessen wird mitunter von kollinearen bzw. komplanaren Vektoren gesprochen (womit zwei bzw. drei linear abhängige Vektoren gemeint sind). Zumindest in der hier beschriebenen anschaulichen Weise kann jedoch auch problemlos von linear ab- bzw. unabhängigen Vektoren gesprochen werden.

Abb. 3.33 Basisvektoren in einem ungarischen Schulbuch: Sokszínű matematika (Vielfarbige Mathematik) © Mozaik Verlag, Szeged

zwischen Linearkombinationen von Vektoren und linearen Gleichungssystemen auf, da die folgende Definition gleichzeitig eine Berechnungsvorschrift ist:

▶ **Definition 3.8** Als *Linearkombination* von Vektoren $\vec{u}_1, \vec{u}_2, \ldots, \vec{u}_k$ bezeichnet man die Darstellung eines Vektors $\vec{x}$ mit

$$\vec{x} = \lambda_1 \cdot \vec{u}_1 + \lambda_2 \cdot \vec{u}_2 + \ldots + \lambda_k \cdot \vec{u}_k \quad (\text{mit } \lambda_1, \lambda_2, \ldots, \lambda_k \in \mathbb{R}) .$$

Beispiel 3.4

Der Vektor $\vec{x} = \begin{pmatrix} 5 \\ 2 \end{pmatrix}$ soll als Linearkombination der Vektoren $\vec{u} = \begin{pmatrix} -1 \\ 3 \end{pmatrix}$ und

$\vec{v} = \begin{pmatrix} 4 \\ -2 \end{pmatrix}$ dargestellt werden. Dazu sind geeignete Koeffizienten λ und μ so zu be-

stimmen, dass $\vec{x} = \lambda \vec{u} + \mu \vec{v}$ gilt, also $\begin{pmatrix} 5 \\ 2 \end{pmatrix} = \lambda \cdot \begin{pmatrix} -1 \\ 3 \end{pmatrix} + \mu \cdot \begin{pmatrix} 4 \\ -2 \end{pmatrix}$. Um die

Koeffizienten λ und μ zu bestimmen, ist das lineare Gleichungssystem

$$-\lambda + 4 \cdot \mu = 5$$
$$3 \cdot \lambda - 2 \cdot \mu = 2$$

zu lösen, es ergibt sich dabei $\lambda = \frac{9}{5}$ und $\mu = \frac{17}{10}$. Der Vektor $\vec{x}$ lässt sich also in folgender Weise als Linearkombination der Vektoren $\vec{u}$ und $\vec{v}$ darstellen:

$$\vec{x} = \frac{9}{5} \cdot \vec{u} + \frac{17}{10} \cdot \vec{v}$$

◆

Geometrisch lässt sich die Darstellung eines Vektors $\vec{x}$ als Linearkombination zweier Vektoren $\vec{u}$ und $\vec{v}$ folgendermaßen deuten: Die Vektoren $\vec{u}$ und $\vec{v}$ geben die Richtungen der Seiten eines Parallelogramms an. Gesucht sind Koeffizienten λ, μ, mit denen $\vec{u}$ und

Abb. 3.34 Darstellung eines Vektors $\vec{x}$ als Linearkombination zweier Vektoren $\vec{u}$ und $\vec{v}$

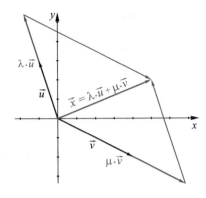

$\vec{v}$ multipliziert werden müssen, damit der Vektor $\vec{x}$ eine Diagonale des von $\lambda\vec{u}$ und $\mu\vec{v}$ aufgespannten Parallelogramms beschreibt (siehe Abb. 3.34).

Um zu einem Grundverständnis von Basen zu gelangen, sollten Schüler anhand geeigneter Beispiele erkennen, dass sich ein Vektor *nicht immer als eine Linearkombination gegebener Vektoren darstellen* lässt und dass nicht in allen Fällen, in denen dies möglich ist, die *Koeffizienten eindeutig bestimmt* sind.

- Der Vektor $\vec{x} = \begin{pmatrix} 5 \\ 2 \end{pmatrix}$ soll als Linearkombination von $\vec{u} = \begin{pmatrix} -6 \\ \frac{3}{4} \end{pmatrix}$ und $\vec{v} = \begin{pmatrix} 8 \\ -1 \end{pmatrix}$ dargestellt werden.

  Um λ und μ so zu finden, dass $\vec{x} = \lambda\,\vec{u} + \mu\,\vec{v}$ gilt, wird wie in Beispiel 3.4 ein LGS aufgestellt:

$$-6 \cdot \lambda + 8 \cdot \mu = 5$$
$$\tfrac{3}{4} \cdot \lambda - \mu = 2$$

  Es ergibt sich daraus $0 = 21$, das LGS ist nicht lösbar. Der Vektor $\vec{x}$ kann daher nicht als Linearkombination von $\vec{u}$ und $\vec{v}$ dargestellt werden. Geometrisch lässt sich dies dadurch veranschaulichen, dass der Vektor $\vec{v}$ durch Multiplikation des Vektors $\vec{u}$ mit $-\frac{4}{3}$ entsteht. Beide Vektoren werden somit durch parallele Pfeile dargestellt (siehe Abb. 3.35). Da der Vektor $\vec{x}$ nicht durch Pfeile repräsentiert wird, die dazu parallel sind, lässt er sich nicht in der Form $\lambda\,\vec{u} + \mu\,\vec{v}$ darstellen.

Abb. 3.35 Beispiel für eine nicht mögliche Linearkombination

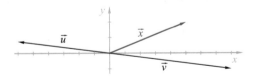

- Der Vektor $\vec{x} = \begin{pmatrix} 4 \\ 3 \end{pmatrix}$ soll als Linearkombination von $\vec{u} = \begin{pmatrix} -2 \\ \frac{3}{4} \end{pmatrix}$, $\vec{v} = \begin{pmatrix} 2 \\ 6 \end{pmatrix}$ und

  $\vec{w} = \begin{pmatrix} -1 \\ 6 \end{pmatrix}$ dargestellt werden.

  Um Koeffizienten für eine Linearkombination $\vec{x} = \lambda\,\vec{u} + \mu\,\vec{v} + \nu\,\vec{w}$ zu bestimmen, ist folgendes LGS zu lösen:

$$
\begin{array}{rrrr}
-2 \cdot \lambda + 2 \cdot \mu - & \nu = 4 \\
\frac{3}{4} \cdot \lambda + 6 \cdot \mu + 6 \cdot \nu = 3
\end{array}
\quad \text{bzw.} \quad
\begin{array}{rrrr}
-2 \cdot \lambda + 2 \cdot \mu - & \nu = 4 \\
6 \cdot \mu + 5 \cdot \nu = 4
\end{array}
$$

Es existiert somit eine einparametrige Lösungsmenge. Setzt man $t = \nu$, so ist $\mu = \frac{2}{3} - \frac{5}{6}t$ und $\lambda = -\frac{4}{3} - \frac{4}{3}t$. Es gilt also

$$
\vec{x} = \left(-\frac{4}{3} - \frac{4}{3}t\right) \cdot \vec{u} + \left(\frac{2}{3} - \frac{5}{6}t\right) \cdot \vec{v} + t \cdot \vec{w}
$$

für beliebige $t \in \mathbb{R}$.

Die Beispiele bestätigen einige bereits zuvor durch anschauliche Überlegungen (siehe Abschn. 3.5.1) gewonnene Vermutungen:

- Um alle Vektoren der Ebene (bzw. von $\mathbb{R}^2$) als Linearkombinationen darstellen zu können, werden mindestens zwei „Basisvektoren" benötigt.
- Zwei Vektoren, von denen einer ein Vielfaches des anderen ist (kollineare bzw. linear abhängige Vektoren), sind nicht als Basisvektoren geeignet.
- Ein Vektor $\vec{x} \in \mathbb{R}^2$ lässt sich *niemals eindeutig als Linearkombination von mehr als zwei Vektoren darstellen*, da hierbei stets LGS mit zwei Gleichungen und mehr als zwei Variablen entstehen. Diese besitzen stets unendlich viele oder keine Lösungen.
- Von Basen verlangt man, dass *jeder* Vektor *eindeutig* als Linearkombination der Basisvektoren darstellbar ist. Basen von $\mathbb{R}^2$ bestehen also stets aus zwei nicht kollinearen Vektoren.

Damit sind die wesentlichen Eigenschaften von Basen von $\mathbb{R}^2$ sowohl unter anschaulichem als auch unter rechnerischem Gesichtspunkt erarbeitet. Analoge Überlegungen lassen sich – wiederum anhand von Beispielen – für den räumlichen Fall anstellen, wobei Schülern nach den bisher geschilderten Überlegungen bereits klar ist, dass Basen von $\mathbb{R}^3$ aus drei Vektoren bestehen müssen.

Abb. 3.36 Darstellung eines Vektors $\vec{x} \in \mathbb{R}^3$ als Linearkombination dreier Vektoren $\vec{u}$, $\vec{v}$ und $\vec{w}$

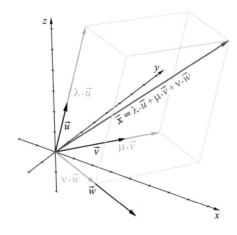

Linearkombination von Vektoren in $\mathbb{R}^3$

Beispiel 3.5

Der Vektor $\vec{x} = \begin{pmatrix} 4 \\ 8 \\ 3 \end{pmatrix}$ wird als Linearkombination dreier Vektoren $\vec{u} = \begin{pmatrix} 0 \\ 1 \\ 2 \end{pmatrix}$,

$\vec{v} = \begin{pmatrix} 1 \\ 4 \\ -1 \end{pmatrix}$ und $\vec{w} = \begin{pmatrix} 5 \\ -1 \\ -1 \end{pmatrix}$ in der Form $\vec{x} = \lambda \vec{u} + \mu \vec{v} + \nu \vec{w}$ dargestellt. Dazu ist das

folgende lineare Gleichungssystem zu lösen:

$$1 \cdot \mu + 5 \cdot \nu = 4$$
$$\lambda + 4 \cdot \mu - 1 \cdot \nu = 8$$
$$2 \cdot \lambda - 1 \cdot \mu - 1 \cdot \nu = 3$$

Mithilfe des Gauß'schen Algorithmus erhält man die (eindeutige) Lösung $\lambda = \frac{5}{2}$, $\mu = \frac{3}{2}$, $\nu = \frac{1}{2}$. Es gilt also $\vec{x} = \frac{5}{2} \cdot \vec{u} + \frac{3}{2} \cdot \vec{v} + \frac{1}{2} \cdot \vec{w}$.   ◆

Geometrisch lässt sich die Darstellung eines Vektors $\vec{x} \in \mathbb{R}^3$ als Linearkombination dreier Vektoren $\vec{u}$, $\vec{v}$ und $\vec{w}$ folgendermaßen veranschaulichen: Die Vektoren $\vec{u}$, $\vec{v}$, $\vec{w}$ geben die Richtungen der Seiten eines Parallelepipeds (Spats) vor. Darunter versteht man einen Körper, der von sechs paarweise kongruenten und in parallelen Ebenen liegenden Parallelogrammen begrenzt wird, siehe Abb. 3.36. Werden $\vec{u}$, $\vec{v}$, $\vec{w}$ mit den in dem obigen Beispiel ermittelten Koeffizienten λ, μ, ν multipliziert, so spannen die Vektoren $\lambda \vec{u}$, $\mu \vec{v}$ und $\nu \vec{w}$ ein Parallelepiped auf, in dem der Vektor $\vec{x}$ eine Diagonale beschreibt.[13]

---

[13] Genauer müsste davon gesprochen werden, dass ein den Vektor $\vec{x}$ repräsentierender Pfeil eine Diagonale eines Parallelepipeds bildet, welches von Pfeilen aufgespannt wird, die Repräsentanten der Vektoren $\lambda \vec{u}$, $\mu \vec{v}$ und $\nu \vec{w}$ sind. Vektoren verfügen nicht über eine Lage im Raum und können

Abb. 3.37 Darstellung eines Vektors $\vec{x} \in \mathbb{R}^3$ als Linearkombination zweier Vektoren $\vec{u}, \vec{v}$

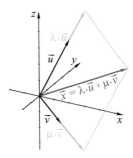

In gewissen Fällen lässt sich ein Vektor $\vec{x} \in \mathbb{R}^3$ auch als Linearkombination von nur zwei Vektoren $\vec{u}, \vec{v} \in \mathbb{R}^3$ darstellen.

Beispiel 3.6

Der Vektor $\vec{x} = \begin{pmatrix} 3{,}5 \\ 5 \\ 0{,}5 \end{pmatrix}$ wird als Linearkombination von $\vec{u} = \begin{pmatrix} 1 \\ 2 \\ 3 \end{pmatrix}$ und $\vec{v} = \begin{pmatrix} 1 \\ 1 \\ -2 \end{pmatrix}$

dargestellt (siehe Abb. 3.37). Das lineare Gleichungssystem

$$\begin{aligned} \lambda \ + \quad \mu &= 3{,}5 \\ 2 \cdot \lambda \ + \quad \mu &= 5 \\ 3 \cdot \lambda \ - \ 2 \cdot \mu &= 0{,}5 \end{aligned}$$

ist lösbar, als Lösung erhält man $\lambda = \frac{3}{2}, \mu = 2$. Es gilt also

$$\vec{x} = \frac{3}{2} \cdot \vec{u} + 2 \cdot \vec{v} \ .$$

Die drei Vektoren $\vec{u}, \vec{v}$ und $\vec{x}$ in diesem Beispiel werden durch Pfeile repräsentiert, die in einer Ebene liegen; man sagt, $\vec{u}, \vec{v}$ und $\vec{x}$ sind *komplanar* bzw. *linear abhängig*. Hingegen trifft für keine Auswahl von drei der vier Vektoren $\vec{u}, \vec{v}, \vec{w}$ und $\vec{x}$ aus Beispiel 3.5 zu, dass sie komplanar sind. ◆

Anhand anschaulicher Überlegungen (vgl. hierzu auch Abschn. 3.5.1), ggf. ergänzt durch rechnerische Beispiele, wird für Schüler gut verständlich, dass sich nur spezielle Vektoren von $\mathbb{R}^3$ als Linearkombinationen dreier linear abhängiger Vektoren darstellen lassen, dass also *jede Basis von $\mathbb{R}^3$ aus drei linear unabhängigen (nicht komplanaren) Vektoren bestehen* muss.

---

deshalb auch keinen Körper begrenzen. Um eine zu komplizierte Sprechweise zu vermeiden, wird dennoch gesagt, dass Vektoren ein Parallelogramm oder Parallelepiped aufspannen, wobei dann jeweils repräsentierende Pfeile gemeint sind.

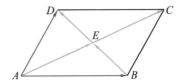

Abb. 3.38 Diagonalen eines
Parallelogramms

3.5.3 Anwendung von Linearkombinationen in der Geometrie

Mithilfe von Linearkombinationen lassen sich viele geometrische Sätze beweisen – vor allem solche, in denen Längenverhältnisse auftreten. Eine dabei oft sinnvolle Strategie besteht darin, durch Punkte geometrischer Figuren gegebene Vektoren als Linearkombinationen geeigneter Basisvektoren auszudrücken (die ebenfalls anhand der betrachteten Figuren festgelegt werden). Durch Koeffizienten- bzw. Koordinatenvergleiche (unter Nutzung der Tatsache, dass Koordinaten von Vektoren bezüglich einer Basis eindeutig bestimmt sind) werden dann unbekannte Streckenverhältnisse ermittelt. Die folgenden Aufgaben verfolgen somit insbesondere das Ziel, Fähigkeiten im Koordinatisieren zu entwickeln.

Satz
In jedem Parallelogramm halbieren die Diagonalen einander.

Um diesen Satz zu beweisen, betrachten wir ein Parallelogramm $ABCD$ mit dem Diagonalenschnittpunkt E, siehe Abb. 3.38. Da gegenüberliegende Seiten in einem Parallelogramm parallel und gleich lang sind, repräsentieren $\overrightarrow{AB}$ und $\overrightarrow{DC}$ sowie $\overrightarrow{BC}$ und $\overrightarrow{AD}$ jeweils denselben Vektor, es gilt $\overrightarrow{BC} = \overrightarrow{AD}$ und $\overrightarrow{AB} = -\overrightarrow{CD}$.

Da der Diagonalenschnittpunkt E den Strecken $\overline{AC}$ und $\overline{BD}$ angehört, sind die Vektoren $\overrightarrow{AE}$ und $\overrightarrow{AC}$ sowie $\overrightarrow{BE}$ und $\overrightarrow{BD}$ jeweils kollinear. Somit existieren also $\lambda, \mu \in \mathbb{R}$ mit $\overrightarrow{AE} = \lambda \cdot \overrightarrow{AC}$ und $\overrightarrow{BE} = \mu \cdot \overrightarrow{BD}$.

Wir weisen nach, dass $\lambda = \mu = \frac{1}{2}$ sein muss. Dazu wählen wir $\overrightarrow{AB}$ und $\overrightarrow{AD}$ als Basisvektoren (da diese Vektoren ein Parallelogramm aufspannen, sind sie nicht kollinear und bilden daher eine Basis) und stellen $\overrightarrow{AE}$ und $\overrightarrow{BE}$ als Linearkombinationen dieser Basisvektoren dar:

$$\overrightarrow{AE} = \lambda \cdot \overrightarrow{AC} = \lambda \cdot \left(\overrightarrow{AB} + \overrightarrow{BC}\right) = \lambda \cdot \overrightarrow{AB} + \lambda \cdot \overrightarrow{BC} = \lambda \cdot \overrightarrow{AB} + \lambda \cdot \overrightarrow{AD} \qquad (1)$$

$$\overrightarrow{BE} = \mu \cdot \overrightarrow{BD} = \mu \cdot \left(\overrightarrow{BC} + \overrightarrow{CD}\right) = \mu \cdot \overrightarrow{BC} + \mu \cdot \overrightarrow{CD} = \mu \cdot \overrightarrow{AD} - \mu \cdot \overrightarrow{AB} \qquad (2)$$

Um einen Koeffizientenvergleich bezüglich der Basisvektoren vornehmen zu können, formen wir (2) durch Addition von $\overrightarrow{AB}$ um:

$$\overrightarrow{AE} = \overrightarrow{AB} + \overrightarrow{BE} = \overrightarrow{AB} + \mu \cdot \overrightarrow{AD} - \mu \cdot \overrightarrow{AB} = (1-\mu) \cdot \overrightarrow{AB} + \mu \cdot \overrightarrow{AD} \qquad (2')$$

Aus (1) und (2') ergibt sich, da in Linearkombinationen von Vektoren bezüglich einer Basis die Koeffizienten eindeutig bestimmt sind:

$$\lambda = 1 - \mu$$
$$\lambda = \mu$$

Es ergeben sich $\lambda = \mu = \frac{1}{2}$ und somit die Behauptung $\overrightarrow{AE} = \frac{1}{2} \cdot \overrightarrow{AC}$, $\overrightarrow{BE} = \frac{1}{2} \cdot \overrightarrow{BD}$.

Eine etwas andere Beweisführung stützt sich auf die Tatsache, dass der Nullvektor nur als triviale Linearkombination der linear unabhängigen Vektoren $\overrightarrow{AB}$ und $\overrightarrow{AD}$ darstellbar ist. Es gilt:

$$\overrightarrow{AB} = \overrightarrow{AE} + \overrightarrow{EB} = \lambda \cdot \overrightarrow{AC} + (-\mu) \cdot \overrightarrow{BD} = \lambda \cdot \left(\overrightarrow{AB} + \overrightarrow{BC}\right) - \mu \cdot \left(\overrightarrow{BC} + \overrightarrow{CD}\right)$$
$$= \lambda \cdot \left(\overrightarrow{AB} + \overrightarrow{BC}\right) + \mu \cdot \left(-\overrightarrow{BC} + \overrightarrow{AB}\right) = (\lambda + \mu) \cdot \overrightarrow{AB} + (\lambda - \mu) \cdot \overrightarrow{BC}$$

bzw.

$$(\lambda + \mu - 1) \cdot \overrightarrow{AB} + (\lambda - \mu) \cdot \overrightarrow{BC} = \vec{o}$$

Da der Nullvektor nur auf triviale Weise als Linearkombination von $\overrightarrow{AB}$ und $\overrightarrow{BC}$ entstehen kann, müssen beide Koeffizienten in dieser Gleichung null sein:

$$\lambda + \mu - 1 = 0\,, \quad \lambda - \mu = 0\,,$$

woraus wiederum $\lambda = \mu = \frac{1}{2}$ und somit die Behauptung folgen.   □

Satz

In jedem Parallelogramm schneiden sich die Verbindungsstrecke eines beliebigen Eckpunktes mit dem Mittelpunkt der gegenüberliegenden Seite und die Diagonale durch die benachbarten Eckpunkte (siehe Abb. 3.39) im Verhältnis 1 : 2.

Abb. 3.39 Eine Schnittpunkt-
eigenschaft im Parallelogramm

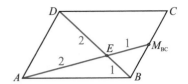

Beweis: Es sei E der Schnittpunkt der Verbindungsstrecke des Punktes A mit dem Mittelpunkt der Seite $\overline{BC}$ und der Diagonalen $\overline{BD}$ (Abb. 3.39). Zu zeigen ist, dass gilt:

$$\overrightarrow{BE} = \frac{1}{3}\,\overrightarrow{BD} \quad \text{und} \quad \overrightarrow{AE} = \frac{2}{3}\,\overrightarrow{AM_{BC}}\,.$$

Dazu wählen wir wiederum $\overrightarrow{AB}$ und $\overrightarrow{AD}$ als Basisvektoren.
$\overrightarrow{BE}$ und $\overrightarrow{BD}$ sowie $\overrightarrow{AE}$ und $\overrightarrow{AM_{BC}}$ sind jeweils kollinear, es existieren also $\lambda, \mu \in \mathbb{R}$ mit

$$\overrightarrow{BE} = \lambda\,\overrightarrow{BD} \quad \text{und} \quad \overrightarrow{AE} = \mu\,\overrightarrow{AM_{BC}}\,.$$

Des Weiteren ist $\overrightarrow{BD} = \overrightarrow{BC} - \overrightarrow{DC}$ und $\overrightarrow{AM_{BC}} = \overrightarrow{AB} + \frac{1}{2}\,\overrightarrow{BC}$. Da $ABCD$ ein Parallelogramm ist, gilt $\overrightarrow{DC} = \overrightarrow{AB}$, also $\overrightarrow{BD} = \overrightarrow{BC} - \overrightarrow{AB}$. Es ergibt sich:

$$\overrightarrow{BE} = \lambda\,\overrightarrow{BC} - \lambda\,\overrightarrow{AB} = -\lambda\,\overrightarrow{AB} + \lambda\,\overrightarrow{AD} \tag{1}$$

$$\overrightarrow{AE} = \mu\,\overrightarrow{AB} + \frac{\mu}{2}\,\overrightarrow{BC} = \mu\,\overrightarrow{AB} + \frac{\mu}{2}\,\overrightarrow{AD} \tag{2}$$

Um einen Koeffizientenvergleich bezüglich der Basisvektoren vornehmen zu können, formen wir (1) durch Addition von $\overrightarrow{AB}$ um:

$$\overrightarrow{AE} = \overrightarrow{AB} + \overrightarrow{BE} = \overrightarrow{AB} - \lambda\,\overrightarrow{AB} + \lambda\,\overrightarrow{AD} = (1-\lambda)\,\overrightarrow{AB} + \lambda\,\overrightarrow{AD} \tag{1'}$$

Aus (1′) und (2) ergibt sich (da in Linearkombinationen von Vektoren bezüglich einer Basis die Koeffizienten eindeutig bestimmt sind):

$$1 - \lambda = \mu$$
$$\lambda = \frac{\mu}{2}$$

Lösen dieses LGS ergibt $\lambda = \frac{1}{3}$, $\mu = \frac{2}{3}$, es folgen $\overrightarrow{BE} = \frac{1}{3}\,\overrightarrow{BD}$, $\overrightarrow{AE} = \frac{2}{3}\,\overrightarrow{AM_{BC}}$ und somit die Behauptung. $\qquad\square$

3.6   Vektorrechnung und -darstellung mithilfe des Computers

Aufgaben der Vektorrechnung lassen sich gut mit den in Abschn. 2.6 beschriebenen Programmen GeoGebra und Maxima lösen, auch graphische Darstellungen von Vektoren als Pfeile sind in beiden Programmen möglich. Da Letzteres mit GeoGebra leichter gelingt, ziehen wir im Folgenden diese Software heran. Allerdings bietet Maxima bei umfangreichen Berechnungen den Vorteil der übersichtlicheren Eingabe (siehe Abschn. 2.6). Daher stellen wir auf der Internetseite dieses Buches ergänzend eine Einführung in die Vektorrechnung und -darstellung mit Maxima zur Verfügung.[14]

Eingabe und graphische Darstellung von Vektoren in GeoGebra
Vektoren werden in der Eingabezeile von GeoGebra als Paare oder Tripel in runden (innen) und eckigen (außen) Klammern eingegeben, z. B.:

$$u=\text{Vektor}[(3,2,12)]   \qquad   v=\text{Vektor}[(-8,2.5,-3)]$$

Die Eingabe jedes Vektors ist mit Enter abzuschließen. Die Vektoren werden dann sofort als Spaltenvektoren im Algebra-Fenster angezeigt und im Grafik-3D-Fenster als im Koordinatenursprung beginnende Pfeile dargestellt. Eine andere Positionierung der Pfeile im Raum, z. B. mit dem Anfangspunkt $(3|2|12)$ und dem Endpunkt $(-5|4,5|9)$, ist mittels Vektor[(3,2,12),(-5,4.5,9)] möglich,[15] siehe Abb. 3.40. Die 3D-Ansicht lässt sich drehen und dadurch aus allen Richtungen betrachten, was der Anschaulichkeit sehr zugutekommt.

Addition von Vektoren und Multiplikation mit Skalaren
Für die Addition von Vektoren verwendet man erwartungsgemäß das Operationszeichen „+", für die skalare Multiplikation „*", z. B.:

$$u+v   \qquad   1/3*u   \qquad   3*u+7*v$$

Rechnen kann man mit Vektoren sowohl mithilfe der Eingabezeile als auch im CAS-Fenster, wobei ein wesentlicher Unterschied besteht: Im CAS-Fenster rechnet GeoGebra mit exakten Werten, in der Eingabezeile mit Näherungswerten. Gibt man 1/3*u in der Eingabezeile ein, so erhält man (falls u wie auf der vorherigen Seite festgelegt wurde) im Algebra-Fenster $\begin{pmatrix} 1 \\ 0.67 \\ 4 \end{pmatrix}$, beim Rechnen im CAS-Fenster hingegen das Ergebnis $\left(1, \frac{2}{3}, 4\right)$

---

[14] Außerdem können auf der Buch-Internetseite sowohl GeoGebra- als auch Maxima-Dateien mit allen im Folgenden besprochenen Beispielen heruntergeladen werden.
[15] Leider wird hiermit sprachlich der Vektor-Pfeil-Identifikation Vorschub geleistet, was wir aus didaktischer Sicht für unglücklich halten.

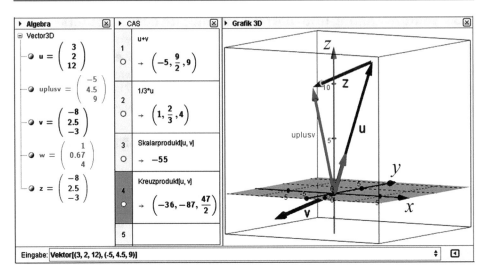

Abb. 3.40 Vektorrechnung und -darstellung in GeoGebra

in Zeilenschreibweise, siehe Abb. 3.40.[16] Eine automatische graphische Darstellung der Ergebnisse als Pfeile erfolgt nur bei Verwendung der Eingabezeile.

Linearkombinationen

Um Vektoren als Linearkombinationen anderer Vektoren darzustellen, sind Vektorgleichungen zu lösen, die man beim Rechnen „von Hand" als lineare Gleichungssysteme schreibt und diese dann löst, siehe Abschn. 3.5.2. In GeoGebra können Koeffizienten von Linearkombinationen hingegen sehr elegant direkt als Lösungen von Vektorgleichungen ermittelt werden.

Um einen Vektor $\vec{a}$ als Linearkombination dreier Vektoren $\vec{u}$, $\vec{v}$ und $\vec{w}$ darzustellen, gibt man zunächst die vier Vektoren (einzeln) ein:

$$a=\texttt{Vektor[(1,3,2)]} \qquad u=\texttt{Vektor[(-1,3,-4)]}$$
$$v=\texttt{Vektor[(3,-5,-2)]} \qquad w=\texttt{Vektor[(7,-9,-4)]}$$

Danach werden die Koeffizienten r, s, t in der Darstellung $\vec{a} = r \cdot \vec{u} + s \cdot \vec{v} + t \cdot \vec{w}$ durch Lösen dieser Vektorgleichung nach den Variablen r, s und t bestimmt:

$$\texttt{Löse[r*u+s*v+t*w=a, \{r,s,t\}]}$$

Als Ausgabe erhält man: $\{r = -\frac{3}{10},\ s = -\frac{21}{5},\ t = \frac{19}{10}\}$.

---

[16] Vektoren lassen sich auch mit anderer Syntax als Listen oder einspaltige Matrizen eingeben, die auch im CAS-Fenster in Spaltenform erscheinen, siehe Abschn. 6.1.3. Allerdings könnte es verwirren, wenn man für die Eingabe von Vektoren nicht den Vektor-Befehl verwenden soll.

Skalarprodukt und Vektorprodukt

Das (im folgenden Kapitel behandelte) Skalarprodukt zweier Vektoren wird (nachdem zwei Vektoren $\vec{u}$ und $\vec{v}$ zuvor, wie beschrieben, eingegeben wurden) folgendermaßen berechnet:

Eingabe: Skalarprodukt[u,v]   Ausgabe: -55

Die Berechnung des Vektorprodukts zweier Vektoren erfolgt analog dazu:

Eingabe: Kreuzprodukt[u,v]   Ausgabe: $\left(-36, -87, \dfrac{47}{2}\right)$

Gibt man Kreuzprodukt[u,v] in der Eingabezeile ein, so wird das Ergebnis auch sofort als Pfeil in der 3D-Ansicht dargestellt.

Analytische Geometrie

4

Inhaltsverzeichnis

Vor über 2500 Jahren haben die alten Griechen damit begonnen, geometrische Fragestellungen, die schon in vielen alten Kulturen aus Realsituationen entstanden waren, in einer neuen, abstrakten Sicht zu betrachten. Euklid (lebte um 360 v. Chr.) hat in seiner berühmten 13-bändigen Abhandlung *Die Elemente* (Euklid, 1980) das mathematische Wissen seiner Zeit zusammengefasst und damit das erste Werk exakter Wissenschaft geschaffen. Seine *Elemente* prägen die in der Schule betriebene Mathematik bis heute.

Nach der auf René Descartes (1596–1650) zurückgehenden Algebraisierung der Geometrie können wir geometrische Objekte durch Zahlen darstellen und gelangen so zur Analytischen Geometrie. Sie erlaubt es, den „Anschauungsraum", in dem wir leben, mit algebraischen Methoden zu beschreiben. Bereits mithilfe des elementargeometrischen Satzes des Pythagoras und seiner Verallgemeinerung zum Kosinussatz können wir Längen und Winkel nicht mehr nur messen, sondern auch berechnen. Das „kartesische Koordinatensystem" führt zu der syntaktisch eleganten Schreibweise des Skalarprodukts. Die Koordinatisierung geometrischer Sachverhalte erweist sich als fundamentale Idee der Mathematik; die Koordinaten sind das Bindeglied zwischen Geometrie und Algebra. Jetzt werden z. B. Punkte in der Ebene durch Zahlenpaare $(x|y)$ und Geraden durch lineare Gleichungen vom Typ $y = a \cdot x + b$ oder $x = a$ beschrieben. Was ein Punkt bzw. eine Gerade ist, wird dadurch immer noch nicht erklärt. Wir haben aber mit dem zugrunde liegenden Modell des Euklidischen Raumes $\mathbb{R}^3$ einen sehr bequemen Formalismus erhal-

© Springer-Verlag Berlin Heidelberg 2015
H.-W. Henn, A. Filler, *Didaktik der Analytischen Geometrie und Linearen Algebra*,
Mathematik Primarstufe und Sekundarstufe I + II, DOI 10.1007/978-3-662-43435-2_4

ten. Besonders übersichtlich wird das Arbeiten in der Analytischen Geometrie durch die Einführung von Vektoren.

In der Schule werden primär die (seit der Grundschule bekannten) Punkte, Geraden und anderen geometrischen Gegenstände des „Anschauungsraumes" betrachtet; Vektoren und Skalarprodukt sind sehr hilfreiche, aber sekundäre Begriffsbildungen. Die Hochschule geht gerade umgekehrt vor. Ausgangspunkt ist ein (im einfachsten Fall) reeller, endlich dimensionaler Vektorraum V. Ihm wird ein „affiner Raum" zugeordnet, d. h. eine Menge A, deren Elemente „Punkte" genannt werden, mit einer Abbildung $A \times V \to A, (P, \vec{x}) \mapsto P + \vec{x}$ und mit der Eigenschaft, dass für alle $P, Q \in A$ genau ein Vektor $\vec{x} \in V$ existiert mit $Q = P + \vec{x}$. Ein Skalarprodukt ist im abstrakten Fall eine Abbildung von $V \times V \mapsto \mathbb{R}$, für welche die im Falle des Anschauungsraumes *hergeleiteten Eigenschaften* Symmetrie, Bilinearität und positive Definitheit nunmehr *axiomatisch verlangt* werden. Jetzt kann man durch syntaktische Nachahmung der im Anschauungsraum semantisch erklärten Begriffe ebenfalls Längen und Winkel definieren. Durch den axiomatischen Ansatz wird die Theorie auf eine tragfähige Basis gestellt; natürlich wird der axiomatische Aufbau so gewählt, dass die Theorie – hoffentlich – als optimales Modell für die Welt, in der wir leben, dienen kann.

Zurück zur Geometrie in der Schule! Geometrische Objekte werden in der Analytischen Geometrie durch Gleichungen beschrieben, und zwar lineare Gleichungen für Geraden und Ebenen sowie nichtlineare für Kreise, Ellipsen, Hyperbeln und viele andere spannende Objekte. In diesem Zusammenhang wird oft von „Parameterdarstellungen" gesprochen. Dieser Begriff „Parameter", den wir schon mehrmals verwendet haben, muss noch genauer beleuchtet werden.

Die später gemachte Unterscheidung zwischen affinen und metrischen Eigenschaften des Anschauungsraumes gehört zum Basiswissen des Lehrers, wird aber im konkreten Unterricht nicht expliziert.

4.1 Grundlegende Bemerkungen zur Analytischen Geometrie

4.1.1 Was sind Punkte und Geraden?

Zwei Grundelemente der Geometrie sind Punkte und Geraden. Euklid hat versucht, die Geometrie axiomatisch zu begründen und deduktiv aufzubauen, vgl. Filler (1993, S. 51ff.) und Henn (2012, S. 12f.). Seine erste Definition beschreibt Punkte: „*Ein Punkt ist, was keine Teile hat.*" Komplizierter geht er bei den Geraden vor: Definition 2 beschreibt zuerst Linien: „*Eine Länge ohne Breite ist eine Linie.*" Dann kommt er in Definition 4 zu den Strecken: „*Eine gerade Linie (Strecke) ist eine solche, die zu den Punkten auf ihr gleichmäßig liegt.*" Geraden werden von Euklid nicht definiert, aber im Postulat 2 verlangt er, „*dass man eine begrenzte gerade Linie zusammenhängend gerade verlängern kann*". Es wird deutlich, dass Euklid die Probleme des Unendlichen kennt und bei der Definition von Geraden vermeiden will. Euklids Definitionen schaffen es nicht, sich von der Bindung an die Realität zu lösen. Wahrscheinlich war er sich dieser Problematik auch bewusst, denn bei seinem in den Elementen vollzogenen deduktiven Aufbau der Geometrie greift er auf die Definitionen nicht mehr zurück, sondern nur noch auf seine Axiome und Postulate (wenngleich auch diese nicht den heutigen Ansprüchen an logische Strenge entsprechen).

Axiomatische Fundierung geometrischer Grundbegriffe

Erst viel später hat David Hilbert in seinen 1899 erschienenen *Grundlagen der Geometrie* (Hilbert, 1968) einen heutigen Ansprüchen genügenden axiomatischen Aufbau der Geometrie vorgeschlagen – für die Schule ist dieser Ansatz aber ungeeignet. Bei Hilbert vollzog sich die Trennung des Mathematisch-Logischen vom Sinnlich-Anschaulichen; die Loslösung der ontologischen Bindung der Geometrie an die Wirklichkeit wurde ein für alle Mal vollzogen. Zunächst müssen also die Axiome aus ihrer mathematisch ohnedies irrelevanten Bindung an die naive Raumerfahrung gelöst werden. Anders ausgedrückt: Wenn für drei Grunddinge Punkte, Geraden und Ebenen deren gegenseitige Beziehungen so beschaffen sind, dass dabei alle Axiome der Geometrie erfüllt sind, so gelten für diese Grunddinge alle Lehrsätze der Geometrie. Hilbert drückte das in einem Brief an Frege vom 29.12.1899 noch drastischer aus:

„Wenn ich unter meinen Punkten irgendwelche Systeme von Dingen, z. B. das System Liebe, Gesetz, Schornsteinfeger . . . , denke und dann nur meine sämtlichen Axiome als Beziehungen zwischen diesen Dingen annehme, so gelten meine Sätze, z. B. der Pythagoras, auch von diesen Dingen."

Analoges haben wir in der Linearen Algebra, wo z. B. im Vektorraum der Polynome (oder der stetigen Funktionen, . . .) auch „Winkel" zwischen Polynomen, . . . definiert werden. In der Stochastik haben die Axiome von Kolmogorov ebenfalls die ontologische Bindung des Wahrscheinlichkeitsbegriffs an die Realität aufgegeben: Eine Wahrscheinlichkeitsverteilung ist „nur noch" eine durch gewisse mengentheoretische Axiome definierte reellwertige Funktion. Allerdings stellt man nicht „irgendwelche" Axiome auf, sondern definiert den abstrakten Euklidischen Raum bzw. einen Wahrscheinlichkeitsraum so, dass die abstrakten Objekte als Modelle für die Welt, in der wir leben, dienen können.

Es gibt auch Konkretisierungen von Hilberts Geometrie, die völlig unanschaulich sind. Einfachstes Beispiel ist das „Minimalmodell" einer affinen Ebene. Eine affine Ebene besteht aus einer nicht leeren Menge E, deren Elemente Punkte genannt werden, und einer Teilmenge Γ der Potenzmenge von E, deren Elemente Geraden genannt werden. Ist ein Punkt Element einer Gerade, so sagt man, der Punkt liegt auf der Geraden. Gefordert wird nun, dass es mindestens drei nicht auf einer Geraden liegende Punkte gibt, zu zwei Punkten eine Gerade, die die beiden enthält („Verbindungsgerade"), und zu einem Punkt P und einer Geraden g eine Gerade p gibt mit $P \in p$ und $g \cap p = \emptyset$ („Parallele"). Natürlich ist unsere Euklidische Zeichenebene eine affine Ebene in diesem Sinne. Aber auch die folgende Menge aus vier Elementen ist eine affine Ebene! Die „Visualisierung" dieser Ebene in Abb. 4.1 muss man zuerst richtig lesen lernen!

$$E = \{A, B, C, D\} \,, \quad \Gamma = \{\{A, B\}, \{A, C\}, \{A, D\}, \{B, C\}, \{B, D\}, \{C, D\}\} \,.$$

Abb. 4.1 Minimalmodell

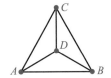

Weitere abstrakte Beispiele für Punkte und Geraden liefern die projektiven Ebenen; in der projektiven Geometrie sind die Begriffe „Punkt" und „Gerade" austauschbar. Beispiele dieser Art gehören nicht zum obligatorischen Schulstoff, werden aber gern in Arbeitsgemeinschaften thematisiert.

Die heutige Schulgeometrie fußt auf Euklids Elementen, auch wenn dies weitgehend in Vergessenheit geraten und die eigentliche Motivation Euklids in den Hintergrund getreten ist. Die Analytische Geometrie bringt nicht nur die Algebraisierung der Geometrie, sondern kann zumindest implizit auch die geometrischen Grundelemente präzisieren; dies wird im Folgenden genauer beschrieben.

Grundvorstellungen von Basisobjekten der Geometrie

Es ist eine nicht zu unterschätzende Geistesleistung von Schülerinnen und Schülern der Sekundarstufe I, adäquate Grundvorstellungen zu den Basisobjekten der Euklidischen Geometrie aufzubauen. Dabei ist sehr hilfreich, wenn sich die Kinder in der Grundschule mit Würfeln und Quadern beschäftigen. Hieraus können erste Vorstellungen der geometrischen Konstrukte gewonnen werden: Ecken führen zu den Punkten, Kanten zu Strecken und Geraden und Flächen zu „allgemeinen" Flächen und Ebenen. Weitere Erfahrungen bringen Faltlinien und Kreuzungen von Faltlinien, Spiegelachsen und das Zeichnen von Parallelen und Senkrechten mithilfe des Geodreiecks. Grundschulkinder müssen die Elemente der Geometrie erst in ihre Gedankenwelt übertragen. In dieser Gedankenwelt sind Punkte und Geraden durchaus abstrakte Begriffe, die (in der Schule) nicht genauer definiert werden können. Beim Zeichnen auf Papier stellen wir Geraden durch möglichst dünne Linien und Punkte als Schnitte von Geraden dar. Aber auch der feinste Bleistiftstrich wird, wie in Abb. 4.2 unter der Lupe betrachtet, zu einem Band von Bleistiftteilchen vergröbert.

Auch in der Arithmetik der Grundschule werden Geraden verwendet: Die Kinder beginnen, die „leere Zahlengerade" als Rechenhilfsmittel zu benutzen; dazu wird diese durch

Abb. 4.2 „Punkte" und „Geraden"

Null-Punkt und Eins-Punkt strukturiert und erforscht, was in der Grundschule zur Entdeckung der natürlichen Zahlen auf der Zahlengeraden und in der Sekundarstufe I zur Entdeckung der weiteren Zahlentypen bis hin zu den reellen Zahlen im Sinne des Spiralprinzips führt. Eine „Definition" der Grundbegriffe im mathematischen Sinne verbietet sich natürlich – man kann nur das definieren, was man kennengelernt und verinnerlicht hat.

In Schulbüchern für den Beginn der Sekundarstufe I werden in der Regel die geometrischen Begriffe wiederholt und vertieft. Punkte werden nicht besonders erwähnt oder gar „definiert". Für Geraden gehen die Schulbücher ähnliche Wege, beispielsweise die folgenden:

- Fokus Mathematik 5: „Jede Seite [eines Rechtecks] ist eine **Strecke**, das ist die geradlinige und damit kürzeste Verbindung zweier Punkte ... Verlängerst du eine Strecke über ihre Endpunkte hinaus, so erhältst du eine **Gerade**." (Brunnermeier et al., 2004, S. 74f.)
- Lambacher Schweizer 5: „Der Maurer spannt eine Schnur, wenn er beim Mauern eine **gerade Linie** braucht ... Gerade Kanten eines Körpers, z. B. eines Quaders, werden von Ecken begrenzt. Solche geraden Linien nennt man **Strecken**. Denkt man sich eine gerade Linie nach beiden Seiten unbegrenzt verlängert, so erhält man eine **Gerade**." (Schmid et al., 2001, S. 109)
- mathe live 5: „Die kürzeste Verbindung zwischen zwei Punkten nennt man **Strecke**. Du kannst sie mit einer Schnur spannen oder mit dem Lineal oder mit dem Geodreieck zeichnen. Denkt man sich eine Strecke in beiden Richtungen beliebig weit verlängert, so entsteht eine Gerade. Man sagt, Geraden sind unbegrenzt, sie haben keinen Anfangs- und Endpunkt." (Kliemann et al., 2006, S. 181)

In jedem Fall versuchen die Definitionen anschaulich zu sein; sie sind an die Realität gebunden und naturgemäß wenig präzise. Punkte werden beim Zeichnen und Konstruieren oft als kleines Kreuz gezeichnet. Dieses Kreuz steht für zwei Geraden, die sich im fraglichen Punkt schneiden; dahinter steckt also der eindeutige Schnittpunkt zweier nicht paralleler Geraden.[1] Was aber ein Punkt ist, wird naturgemäß nicht weiter hinterfragt. Die Definition von Geraden in dem Schulbuch Fokus 5 zeigt die Vorsicht mit dem Unendlichen; wie bei Euklid sind Strecken verlängerbar. Allerdings fehlt in diesem Schulbuch der Aspekt der *beliebigen* Verlängerbarkeit. Dagegen definieren Lambacher Schweizer und mathe live Geraden als unendliche Linien, was natürlich eine komplexere Grundvorstellung bedeutet. Ein gewisses Problem ist, dass Strecken aus Sicht von Schülern Anfangs- und Endpunkt haben, was bei der Verlängerung von Strecken ja erhalten bleibt. Die Gerade hat dann aber weder Anfangs- noch Endpunkt. Die Tatsache, dass aus höherer Sicht ein offenes Intervall ebenfalls weder Anfangs- noch Endpunkt hat, spielt in der 5. Klasse sicher noch keine Rolle und kann kaum zu verfälschenden Vorstellungen führen.

---

[1] Daher ist es eine Unsitte, einen als Schnittpunkt von zwei Geraden konstruierten Punkt zusätzlich durch ein Kreuz zu kennzeichnen: Damit hat man den Punkt als Schnittpunkt von vier Geraden!

Bei der konkreten Konstruktion einer Geraden kann man immer nur eine Strecke zeichnen; die beliebige Verlängerung oder das Unendliche kann man sich nur im Kopf vorstellen – hoffentlich. Wie komplex die Vorstellung von unendlich langen Strecken ist, zeigt die
Geschichte des Parallelenaxioms. Es wird eine Aussage über (eventuelle) Schnittpunkte
von zwei Geraden gemacht, die weit außerhalb jedes überschaubaren Bereichs vorhanden sein können. Hierzu muss man ggf. die eine Gerade symbolisierende Strecke beliebig
verlängern.

Verwendet, aber nicht immer expliziert wird die Tatsache, dass die Strecke die kürzeste Verbindung zweier Punkte ist. Diese Minimaleigenschaft von Strecken ist zumindest
implizit aus dem „täglichen Leben" bekannt und anschaulich klar[2], ist aber eine keineswegs triviale Eigenschaft Euklidischer Räume.[3] In Schulbüchern findet man manchmal
die etwas problematische Formulierung „die Gerade ist die kürzeste Verbindung zweier
Punkte".

Beziehungen zwischen Geometrie und Funktionenlehre in der Sekundarstufe I als Basis für die Analytische Geometrie

Zu Beginn der Sekundarstufe I sollte man davon ausgehen können, dass die Kinder adäquate, anschaulich verankerte Grundvorstellungen von Punkten, Strecken, Geraden und
Ebenen erworben haben. Die Idee von Geraden trägt weit in die Oberstufe hinein; wichtige Beispiele sind proportionale Funktionen, (affin) lineare Funktionen, Tangenten (zuerst an Kreise, später an „geeignete" Funktionsgraphen) und die Idee der Linearisierung,
vgl. Greefrath/Siller (2012).

Um Geraden mit den Methoden der Analytischen Geometrie beschreiben zu können,
greift man auf die ersten Erfahrungen aus der S I mit einfachen Funktionen, genauer mit
Proportionalitäten und (affin) linearen Funktionen zurück. Diese „Geradenfunktionen"
vom Typ $x \mapsto f(x) = a \cdot x + b$ erfüllen nur für $b = 0$ die fachmathematische Linearitätsbedingung $f(x + y) = f(x) + f(y)$ für alle reellen Zahlen. Diese Bedingung hat
aber für die Schule keine Relevanz, so dass man meistens nur von „linearen Funktionen"
spricht – schließlich sind ihre Graphen Geraden. Beim Plotten der Graphen mit dem Computer wird natürlich sofort die Gerade erkannt, aber auch beim „händischen" Zeichnen
von Punkten des Graphen erkennen Schüler schnell, dass diese Punkte „auf einer Geraden liegen". Das Schulbuch mathe live 7 formuliert diese Erkenntnis folgendermaßen:
„Das Schaubild einer proportionalen Zuordnung ist eine Gerade, die im Koordinatenursprung beginnt" (Böer et al., 2007, S. 76).[4] Die anschauliche Vorstellung, dass der Graph
einer linearen Funktion eine Gerade ist, kann „umgedreht" werden zur Definition „eine Gerade ist der Graph einer linearen Funktion" (bezüglich eines geeignet gewählten
Koordinatensytems). Dabei muss die intuitive Vorstellung, was eine Gerade ist, mit der

---

[2] Daher sollte man diese Eigenschaft in der Schule verwenden, aber nicht problematisieren.
[3] Dies kann z. B. mithilfe der Variationsrechnung bewiesen werden (was allerdings keinerlei Bedeutung für die Schule hat).
[4] Diese Formulierung ist allerdings in Hinblick darauf, wie der Begriff „Gerade" verwendet wird,
problematisch. Wie kann denn eine Gerade irgendwo „beginnen"?

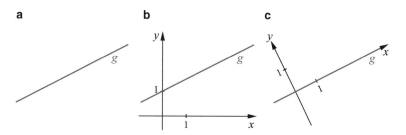

Abb. 4.3 Wahl des Koordinatensystems bei der Beschreibung einer Geraden durch eine Gleichung. **a** Aufgabe: Gib eine Gleichung von g an. **b** 1. Lösung: $y = 0.5x + 1$. **c** 2. Lösung: $y = 0$

Präzisierung verträglich sein. Dies entspricht im Prinzip dem Vorgehen bei Tangenten, vgl. Büchter (2012): Eine Tangente ist in der Sekundarstufe I zunächst eine Gerade, die einen Kreis nur einmal schneidet. Zu Beginn der Infinitesimalrechnung ist eine Tangente die anschaulich gewonnene Grenzlage einer Sekanten. Nun wird die Betrachtung ebenfalls umgedreht: Die Tangente an einen Graphen einer differenzierbaren Funktion f in einem Punkt $P(a \,|\, f(a))$ des Graphen ist diejenige Gerade, die durch den Punkt P geht und die Steigung $f'(a)$ hat. Man hofft nun, dass diese Definition das erfasst, was man vorher anschaulich gemeint hat. Nun gibt es Tangenten, die sich der Anschauung „widersetzen", und es gibt Konflikte, wenn nur die Grundvorstellung „genau ein Schnittpunkt", nicht aber die Grundvorstellung „optimale Approximation" in der S I aufgebaut wurde.

Geschicktes Koordinatisieren

Gegen Ende der Sekundarstufe I sollte bei Schülern das schon von Felix Klein geforderte funktionale Denken ausgeprägt sein. Die geometrische Sicht „Gerade" und die algebraische Sicht „Graph einer linearen Funktion" sollten souverän erworben sein. Dabei können Aufgaben wie die in Abb. 4.3a hilfreich sein.

Manche Schüler halten auch zu Beginn der Sekundarstufe II die Aufgabe für unlösbar, während andere wie in Abb. 4.3b ein (ungeschicktes) Koordinatensystem wählen, Einheiten an die Achsen schreiben und eine Gleichung ableiten. Ein souveräner Schüler koordinatisiert geschickt und kommt sofort zu dem Vorschlag in Abb. 4.3c. Weitere Vernetzungen von Geometrie und Algebra liefern in der Sekundarstufe I die linearen Gleichungssysteme mit zwei Variablen (vgl. Abschn. 2.3). Auf diesem Niveau kann man dann in der S II weiter aufbauen und Geraden und Ebenen im dreidimensionalen Raum betrachten und durch Gleichungen beschreiben. Auch hier ist die parallele Behandlung von LGS mit drei Lösungsvariablen hilfreich (Abschn. 2.4).

4.1.2 Parameterdarstellungen – ein erster Überblick

In dem Abschn. 2.1.1 wurden Aspekte von Variablen vorgestellt und abgegrenzt, wie die diesbezüglichen Fachtermini eindeutig und konsequent benutzt werden. Der Terminus

„Parameter" wird in der Schule leider nicht einheitlich verwendet, vgl. Kaufmann (2009). So werden z. B. für „Kurvendiskussionen" die reellen Funktionen f_t mit $f_t(x) = t \cdot x^2 + 3$ und $g_{a,b}$ mit $g_{a,b}(x) = \frac{x+a}{x+b}$ definiert und als Funktionen mit Parameter t bzw. Parametern a und b bezeichnet. Hier sprechen wir besser von der Funktion f mit zwei Variablen t und x und mit $f(t,x) = t \cdot x^2 + 3$, bei der ganz im Sinne Galileis die Variable t im Gegenstandsaspekt festgehalten und die zweite Variable x im Einsetzaspekt variiert wird (wobei natürlich die Rolle der beiden Variablen bei der Untersuchung vertauscht werden kann). Entsprechendes gilt für die zweite Funktion $g_{a,b}$.

In diesem Buch verwenden wir den Begriff „Parameter" im Zusammenhang mit Parameterdarstellungen von Geraden und Ebenen sowie von Kurven und Flächen, wobei die „linearen" Gebilde Gerade und Ebene Spezialfälle der allgemeinen Begriffsbildung sind.[5] Neben Parameterdarstellungen haben viele der geometrischen Objekte, die wir beschreiben werden, auch eine Darstellung als algebraische Kurve bzw. algebraische Fläche, d. h. eine Darstellung in der Form

$$K = \{(x|y) \mid f(x,y) = 0\} \quad \text{bzw.} \quad F = \{(x|y|z) \mid f(x,y,z) = 0\},$$

wobei f ein Polynom mit zwei bzw. drei Variablen ist.

Ist f eine auf $\mathbb{R}$ definierte Funktion mit Funktionsterm $f(x)$, so ist $\begin{pmatrix} x \\ f(x) \end{pmatrix}$, $x \in \mathbb{R}$, die Parameterdarstellung einer Kurve in der Ebene; ist f sogar ein Polynom, so ist $F = \{(x|y) \mid y - f(x) = 0\}$ eine algebraische Koordinatendarstellung dieser ebenen Kurve. Allerdings ist der Kurvenbegriff zwar auf der einen Seite anschaulich, auf der anderen Seite aber nicht so einfach definierbar wie der Funktionsbegriff, vgl. Büchter/Henn (2010, S. 76–78).

Von Graphen linearer Funktionen zu Koordinatengleichungen und Parameterdarstellungen von Geraden

Von Geraden als Graphen linearer Funktionen in der Sekundarstufe I gelangt man in der Sekundarstufe II schnell zur *algebraischen Koordinatendarstellung* (oder *Koordinatengleichung*): Jede Gerade g der Zeichenebene lässt sich als Lösungsmenge einer linearen Gleichung $ax + by = c$ mit zwei *Lösungsvariablen* x und y sowie den *Koeffizienten* a, b und c verstehen. Allerdings gibt es keine so einfache Koordinatendarstellung von Geraden im Raum; dort wird eine Gerade durch ein LGS mit drei Lösungsvariablen und zwei Gleichungen dargestellt. Nur die *Parameterdarstellung* (oder *Parametergleichung*)

$$g = \{X \mid X = A + t \cdot \vec{m}, \ t \in \mathbb{R}\} \quad \text{oder kurz} \quad g : X = A + t \cdot \vec{m}, \ t \in \mathbb{R}$$

---

[5] Die Sicht, dass Geraden spezielle Kurven sind, scheint allerdings kein Allgemeingut zu sein: Im *Spiegel* 41, 2012, S. 154f., wird über die Ausbreitung von Blutspuren berichtet: „Die Flugbahn von Blutspritzern verläuft kurvenförmig und keineswegs gerade, wie man annahm." (Thadeusz, 2012). Nun ja, ein Quadrat ist für viele Menschen auch kein Rechteck. Letztendlich sind dies ja normative Festlegungen.

Abb. 4.4 a Parametergleichung einer Geraden g (in der
Ebene oder im Raum), **b** Parametergleichung einer Ebene E

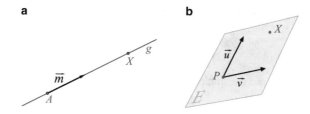

der Geraden g durch den Punkt A und mit der Richtung $\vec{m}$ ist in der Ebene und im Raum
gleichartig (Abb. 4.4a).

Schon hier zeigt sich ein deutlicher Unterschied zwischen Koordinatengleichung und
Parametergleichung: Wird der Parameter „voll durchlaufen", so erhält man genau die
dargestellte Gerade; die Parameterdarstellung hat also einen dynamischen Aspekt. Der
Parameter kann als Variable im Einsetzungsaspekt betrachtet werden, während die Variablen in der Koordinatengleichung im Simultanaspekt zu verstehen sind.

Koordinatengleichungen und Parameterdarstellungen von Ebenen

Betrachtet man die Lösungsmenge eines LGS mit einer Gleichung und drei Lösungsvariablen, so erhält man eine Ebene (in der universitären Verallgemeinerung stellt ein LGS mit
einer Gleichung und n Lösungsvariablen eine Hyperebene dar). Aus einer Koordinatengleichung einer Ebene E erhält man, wie wir in dem Abschn. 4.3.4 noch näher ausführen
werden, eine Parametergleichung

$$E = \{X \mid X = P + s \cdot \vec{u} + t \cdot \vec{v},\ s,t \in \mathbb{R}\} \quad \text{oder kurz} \quad E : X = P + s \cdot \vec{u} + t \cdot \vec{v}$$

mit den reellen Parametern s und t (siehe Abb. 4.4b).

Koordinatengleichungen und Parameterdarstellungen nichtlinearer Objekte

„Nichtlineare" geometrische Objekte sind beispielsweise ein Kreis in der Ebene und eine
Kugel im Raum. Für diese beiden Objekte lassen sich relativ einfach algebraische Koordinatengleichungen und Parametergleichungen angeben (Abb. 4.5a und 4.5b). In Abb. 4.5a

Abb. 4.5 a Kreis $k(M; r)$ in
der Ebene, **b** Kugel $K(M; r)$
im Raum

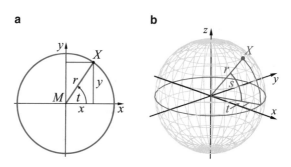

ergeben der Satz des Pythagoras und die Winkelfunktionen die Koordinatengleichung

$$k : x^2 + y^2 = r^2$$

sowie die Parametergleichung

$$k : X = (r \cdot \cos(t) \mid r \cdot \sin(t)) \quad \text{mit} \quad 0 \le t < 2\pi$$

des Kreises. Die Analyse der Kugel in Abb. 4.5b ergibt die Koordinatengleichung

$$K : x^2 + y^2 + z^2 = r^2 .$$

Etwas komplizierter ist die Parametergleichung:

$$K : \begin{array}{l} x(s,t) = r \cdot \cos(s) \cdot \cos(t) \\ y(s,t) = r \cdot \cos(s) \cdot \sin(t) \\ z(s,t) = r \cdot \sin(s) \end{array} \quad \text{mit} \quad -\frac{\pi}{2} \le s \le \frac{\pi}{2} , \quad 0 \le t < 2\pi$$

Bei Parameterdarstellungen von Geraden und Ebenen hängen die Koordinaten „linear" von den Parametern ab, beim Kreis und bei der Kugel „nichtlinear".[6]

So wie wir oben allgemein definieren konnten, was die algebraische Darstellung einer Kurve bzw. Fläche ist, können wir jetzt definieren, was die Parametergleichung einer Kurve bzw. Fläche ist:

$$K = \{X \mid X = (x(t) \mid y(t))\} \qquad \text{ist eine Kurve in der Ebene ,}$$
$$K = \{X \mid X = (x(t) \mid y(t) \mid z(t))\} \qquad \text{ist eine Kurve im Raum ,}$$
$$F = \{X \mid X = (x(t,s) \mid y(t,s) \mid z(t,s))\} \qquad \text{ist eine Fläche im Raum ;}$$

dabei durchlaufen die Parameter t und s jeweils ein Intervall, und die Koordinaten sind als Funktionen der Parameter dargestellt.[7] Näher wird auf die funktionalen und damit verbundenen dynamischen Aspekte von Parameterdarstellungen in dem Abschn. 5.3 eingegangen.

Parameterdarstellungen als funktionale Zusammenhänge

Parameterdarstellungen werden in der Schule für Geraden und Ebenen eingeführt. Im Sinne des Spiralprinzips ist es sinnvoll und notwendig, diese Begriffsbildung auch als Verallgemeinerung des Funktionsbegriffs zu sehen und damit inhaltlich spannende und

---

[6] Auf die Herleitung von Koordinatengleichungen für Kreise und Kugeln im Unterricht wird näher in dem Abschn. 4.6, auf Zugänge zu ihren Parameterdarstellungen in Abschn. 5.3 eingegangen.
[7] I. Allg. werden Parameterfunktionen betrachtet, die – wie in der Differentialgeometrie üblich – stetig differenzierbar sind (dies ist bei den in der Schule behandelbaren Beispielen keine Einschränkung).

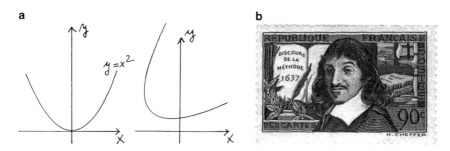

Abb. 4.6 a Ist das eine Parabel? **b** René Descartes

relevante geometrische Fragestellungen anzugehen. Die heute in der Schule verfügbare Hard- und Software unterstützen diese Aktivitäten (siehe Abschn. 5.3). Die leider übliche Reduzierung auf durch lineare Parameterdarstellungen beschreibbare Objekte (mit den oft unsäglichen „Hieb-und-Stich-Aufgaben") ist eine unverantwortliche Verarmung des Mathematikunterrichts. Hans Magnus Enzensberger sprach das in seinem Vortrag beim International Congress of Mathematicians im Jahr 1998 in Berlin an:

„*Die Analytische Geometrie wird vorwiegend als eine Sammlung von Rezepten behandelt, ebenso die Infinitesimalrechnung ... Es ist so, als würde man Menschen in die Musik einführen, indem man sie jahrelang Tonleitern üben lässt ... Das hat zur Folge, dass man gute Noten erzielen kann, ohne eigentlich verstanden zu haben, was man tut.*" (Enzensberger, 1999, S. 36)

Die Welt, in der wir leben, ist voll von nichtlinearen Konstrukten; wir werden vor allem in dem Kap. 5 darauf näher eingehen. „*Die Stärkung des räumlichen Anschauungsvermögens und die Erziehung zur Gewohnheit des funktionalen Denkens*" wurden schon 1905 von der Meraner Konferenz der Gesellschaft Deutscher Naturforscher und Ärzte verlangt, und auch in den aktuellen Bildungsstandards für die Sekundarstufe II wird dieses funktionale Denken gefordert und „*Funktionaler Zusammenhang*" als Leitidee beschrieben, siehe KMK (2012). Die im Sinne des Spiralprinzips naheliegende Verallgemeinerung des Funktionsbegriffs auf Parameterkurven geschieht aber in der Regel nicht, nur der einfachste Fall der Parameterdarstellungen von Geraden und Ebenen kommt heute in der Schule vor. Zu welchen verheerenden Ergebnissen dies führt, zeigt eine Untersuchung aus den 70er Jahren des letzten Jahrhunderts. Studienanfängern wurde eine Skizze wie in Abb. 4.6a gezeigt mit der Frage: „Beide Kurven sind mit einer Parabelschablone gezeichnet. Ist die rechte auch eine Parabel?"

Über die Hälfte der Befragten verneinte das mit der Begründung, rechts sei ja kein Funktionsgraph; eine Aussage, die wir auch immer wieder von unseren Studienanfängern in analoger Form erhalten. Erschütternd ist, dass gestandene Studiendirektoren bei Fortbildungen vehement die „Nicht-Parabel-Antwort" verteidigt haben: Wenn man eine Parabel als Graph der Funktion f mit $f(x) = x^2$ definiert habe, dann läge rechts ja in der Tat keine Parabel vor. Nicht nur, dass solche Meinungen den Schülern Parabeln nur in ihrer langweiligsten Form als Funktionsgraphen vorstellen, es wird in der Schule auch eine „Privat-Mathematik" entwickelt, die zur Frage führt, ob man wirklich in der Schule Mathematik unterrichten solle – Winters Grunderfahrungen genügt ein solcher Mathematikunterricht sicherlich nicht. Ohne die Untersuchung neuer geometrischer Fragestellungen bleibt kein Mehrwert der Analytischen Geometrie/Linearen Algebra der Sekundarstufe II gegenüber der Sekundarstufe I.

4.1.3 Analytische Geometrie in historischem Kontext

Die Geometrie Euklids ist die Lehre von den Eigenschaften der Figuren, unabhängig von deren Lage in Ebene bzw. Raum. Betrachtet werden geometrische Objekte wie Strecken, Dreiecke, n-Ecke und Kreise, Quader und Würfel im Ganzen. Dies drückt der Begriff „*synthetische Geometrie*" aus, bei der die Figuren als Ganzes behandelt werden. Die auf Pierre Fermat (1601–1655), vor allem aber auf René Descartes (1596–1650, siehe Abb. 4.6b) zurückgehende „*Analytische Geometrie*" beschreibt hingegen die Punkte der Ebene bzw. des Raumes durch Koordinaten, also durch Zahlenpaare bzw. -tripel. Geometrische Objekte werden jetzt als Lösungsmengen von Gleichungen beschrieben – Beispiele haben wir in Abschn. 4.1.2 betrachtet. Descartes und Fermat haben auch viel zur Entwicklung einer ökonomischen algebraischen Sprech- und Schreibweise beigetragen; beispielsweise geht auf Descartes unsere übliche Bezeichnung von Unbekannten mit den letzten Buchstaben des Alphabets zurück.

Die Begriffe des Vektors und des Vektorraumes sind viel jünger und auch abstrakter als die Koordinatenschreibweise von Descartes. Väter des modernen Vektorbegriffs sind Hermann Günther Grassmann (1809–1877) und William Rowan Hamilton (1805–1865). Grassmann war wohl der Erste, der die Strecken AB und BA unterschied und damit (implizit) den Begriff des Vektors schuf. Allerdings wurden seine Ideen kaum wahrgenommen; Felix Klein fand sie „fast unlesbar". Eine gute Übersicht über die Geschichte des Vektorbegriffs findet man in (Mäder, 1992, S. 105–129).

Analytische Geometrie als Methode

Die Analytische Geometrie mit ihren Hilfsmitteln Vektoren und Koordinaten ist weniger „neuer Inhalt" als eine „neue Methode"; die Gegenstände der Geometrie existieren unabhängig von der Methode, mit der sie beschrieben werden. Als Beispiel seien die Kegelschnitte aufgeführt, an denen auch das in der Mathematikgeschichte immer wieder auftretende Wechselspiel zwischen Theorie und Anwendung deutlich wird. Die alten Griechen studierten Kegelschnitte aus innermathematischer Motivation. Beispielsweise kam Euklid bei der Lösung quadratischer Gleichungen auf das „Problem der mittleren Proportionalen", d. h., zwischen zwei Strecken a und b ist eine Strecke x mit $a : x = x : b$ „einzuschieben". Hierbei treten Parabeln auf, die hiermit sowohl *definiert* als auch *konstruiert* werden! Von dieser Konstruktion kommt auch das Wort *Parabel* ($\pi\alpha\rho\alpha\beta o\lambda\eta$ – aequalitas): Es bedeutet so viel wie „Anlegung" des flächengleichen Quadrats. Aus analogen Situationen kommt man auch zu Ellipsen und Hyperbeln, was nicht nur die geometrische Verwandtschaft mit der Parabel, sondern auch ihre Bezeichnungen erklärt, vgl. Reichel (1991). Im 17. Jahrhundert – die Descartes'sche Methode war schon lange etabliert – bekamen die Kegelschnitte als mögliche, durch Gleichungen beschriebene Bahnkurven von Geschossen und von Himmelskörpern eine völlig neue, „anwendungsorientierte" Bedeutung.

Macht es einen Unterschied, ob man geometrische Objekte ganzheitlich (wie Euklid) oder „zerlegt" (wie Descartes) beschreibt? Verliert man etwas, wenn man einen Punkt durch Zahlen, ein Dreieck durch seine drei Eckpunkte beschreibt? Oder ist „alles" über das Dreieck bekannt, wenn seine drei Eckpunkte bekannt sind? Ist das Ganze mehr als seine Teile? Die reellen Zahlen existieren völlig unabhängig von der Geometrie; geometrische Objekte können durch reelle Zahlen beschrieben werden. Einerseits wird eine Ebene durch ein Koordinatensystem und eine lineare Gleichung beschrieben, andererseits ist die Ebene aber im Gegensatz zur Gleichung nicht von einem Koordinatensystem abhängig. Welche Konsequenzen ergeben sich hieraus für das Lehren und Lernen von Geometrie (vgl. Vohns (2012))?

4.2 Geometrie in der Sekundarstufe II

4.2.1 Kalkül versus Semantik

Die drei *klassischen Stoffgebiete* der Mathematik, siehe Borneleit et al. (2001), in der Schule haben auch in den aktuellen Bildungsstandards für die Sekundarstufe II zentrale Bedeutung, siehe KMK (2012):

1. *Analysis* als Grundlage fundamentaler mathematischer Begriffe wie Funktion, Grenzwert, Änderungsrate zur Beschreibung veränderlicher Prozesse,
2. *Analytische Geometrie* mit ihren mächtigen Methoden und interessanten Objekten zur Erschließung des uns umgebenden Raumes,
3. *Stochastik* aufgrund der eher noch zunehmenden Bedeutung von deskriptiver und beurteilender Statistik und von Wahrscheinlichkeitsaussagen in allen Bereichen des täglichen Lebens.

Erhebliche Gefahren gehen allerdings von der durch zentrale Abiturprüfungen verstärkten Kalkülorientierung (siehe Kap. 1) und dem Primat des Syntaktischen vor dem Semantischen aus. In vielen Oberstufenkursen *Lineare Algebra und Analytische Geometrie* wird die Weiterentwicklung der Mittelstufen-Geometrie zur Analytischen Geometrie für die bessere Beschreibung, Erfassung und Durchdringung des uns umgebenden Raumes vernachlässigt, vgl. Schupp (2000b) und Borneleit et al. (2001). Hier ist eine Umorientierung notwendig: weniger kalkülorientiertes Arbeiten (z.B. formales Lösen von Gleichungen und Gleichungssystemen), mehr Ideen und Bedeutung (z.B. Darstellung geometrischer Gebilde wie Geraden, Ebenen, Kreise, Ellipsen, ... mithilfe analytischer Methoden).

Armut oder Reichhaltigkeit an Formen?

In der Sekundarstufe I werden konvexe Figuren der Ebene wie Kreise, Dreiecke und Vierecke untersucht. Hingegen enden in aktuellen Lehrplänen in der Oberstufengeometrie die geometrischen Gebilde meistens bei Geraden und Ebenen. Die natürliche Erweiterung auf konvexe Gebilde des Raumes unterbleibt, schon Kugeln kommen oft nicht mehr vor – das einzige konvexe räumliche Gebilde, das der Lehrplan noch kennt, ist dann der Punkt! Dabei lässt sich die reichhaltige Geometrie des Raumes mit relativ wenig Kalkül, vielen Phänomenen und vor allem mit viel Gewinn für die Lernenden in die Schule bringen, siehe z. B. Schupp (2000b) und Meyer (2001). Ein Schwerpunkt des gesamten Mathematikunterrichts sollte die Geometrie des uns umgebenden Raumes, des „Anschauungsraumes" sein, die in der Sekundarstufe II durch die mächtigen Methoden der Analytischen Geometrie unterstützt wird. Wesentlich ist allerdings, dass die Schülerinnen und Schüler im Laufe ihrer Schulzeit eine fundierte dreidimensionale Raumerfahrung gewonnen haben, bevor man den Raum mit den Methoden der Analytischen Geometrie quantitativ beschreibt.

Koordinatisieren als Kompetenz

Wichtig für eine kompetente Orientierung in der Ebene und im Raum ist die Fähigkeit, problemangemessen ein Koordinatensystem zu wählen. Diese Fähigkeit kann man in der frühen Sekundarstufe I entwickeln – oder diese Entwicklung verhindern. Beispielsweise möge es um ein Dreieck ABC gehen. Die Formulierung „Wähle den Punkt A im Ursprung, ..." gibt schon viel vor, dagegen fordert die Formulierung „Wähle zunächst ein geeignetes Koordinatensystem" eine Analyse der Situation. Man kann etwa A als Ursprung und AB als x-Achse wählen und unterstützt so die fundamentale Idee des Koordinatisierens. Nach der sachimmanenten Wahl eines Koordinatensystems können viele Probleme analytisch durch einfache Gleichungen formuliert werden. Die weitere geometrische Analyse kann durch ein CAS oder ein DGS unterstützt werden – die Software verarbeitet die Gleichungen und stellt deren Lösungsmengen graphisch dar. Selbstverständlich bedeutet dies auch, die Gebiete Analysis und Analytische Geometrie nicht mehr wie bisher als disjunkte Gebiete zu behandeln, sondern so weit wie möglich zu verzahnen und zu vernetzen. Dabei kommen Funktionen mehrerer Variablen nicht nur versteckt als kalkülorientierte Funktionen einer Variablen mit Parametern vor, sondern beschreiben – in qualitativer Weise eingeführt und behandelt – Graphen als Kurven und Flächen und stehen auch für das bessere Verständnis naturwissenschaftlicher Modellbildungen zur Verfügung. Ein schönes Beispiel hierfür ist der Zugang zu den in Abschn. 5.5 behandelten Sattelflächen.

4.2.2 Lineare Algebra versus Analytische Geometrie

Wesentlich für die Beurteilung eines Gebiets der Mathematik in der Schule ist seine (in der Schule erkennbare) Beziehungsstruktur, d. h. das Netz der Zusammenhänge, für welche die Begriffe, Methoden und Aussagen des Gebiets Anknüpfungspunkte sind. Dabei sind sowohl Beziehungen zu anderen Inhalten der Mathematik selbst als auch Beziehungen zur „Welt außerhalb der Mathematik" gemeint. Zu stellende Fragen sind z. B.:

- Können Lernende erkennen, wie ergiebig das Thema ist?
- Wann und wo werden das Thema und seine Ergebnisse brauchbar oder anderweitig von Bedeutung?
- Ist das Thema „farbig" genug, um Schüler (und Lehrer) zu faszinieren?

Die Geometrie stand wie kaum ein anderer Bereich in steter Wechselwirkung mit anderen kulturellen Aktivitäten der Menschheit. Beispiele für die Geometrie als Kulturgut sind seit der Antike die Musik (Harmonielehre), Geographie (Entwurf von Karten) und Astronomie (unser Weltbild), seit der Renaissance Malerei (Perspektive) und Technik (Kinematik), seit Galilei und Kepler die Naturwissenschaften und seit der Neuzeit insbesondere die Informatik mit der Computergraphik, aber auch die Kommunikation (Piktogramme).

Die *Analytische Geometrie* der Sekundarstufe II fußt in anschaulicher Sicht, dem Spiralprinzip folgend, auf der Geometrie der Mittelstufe. Es geht zunächst um die gleichen Fragen wie bisher, nur können sie jetzt auch quantitativ behandelt werden. Man hat einen raschen Zugang zur Analytischen Geometrie unter der naiven Nutzung der „ontologischen Garantie" des Anschauungsraumes mit seinen Grundobjekten Punkte, Geraden und Ebenen. Die Vektorrechnung ist durch ihre enge Verflechtung mit Physik und Geometrie stark mit der Wirklichkeit verbunden. Vektoren sind propädeutisch aus der Mittelstufe bekannt und werden in der Oberstufe auf ein solides Fundament gestellt (vgl. Kap. 3). Man erhält so relativ schnell vielfältige und schulgemäße Beziehungslinien der Analytischen Geometrie auf elementargeometrischer Grundlage. Beispiele sind

- das Gleichgewicht dreier Kräfte und die Vektoraddition,
- die gleichförmige Bewegung und die Parameterdarstellung einer Geraden,
- lineares Optimieren mit zwei unabhängigen Variablen, wobei die Gleichung der Zielfunktion als Ebenengleichung auftritt,
- die physikalische (speziell mechanische) Arbeit, die sich als Skalarprodukt $W = \vec{K} \cdot \vec{s}$ schreiben lässt,

und vieles mehr.

Auf der anderen Seite hat die *Lineare Algebra* eine enorme Beziehungsstruktur zu vielen Gebieten der Mathematik, von der mehrdimensionalen Analysis bis zur algebraischen Zahlentheorie, von der Funktionalanalyis bis zu Markov-Ketten. Die Sprache, die Methoden und die Sätze der Linearen Algebra sind eine universelle Grundlage für umfassende

Gebiete der Mathematik. Allerdings wird dieses reiche Beziehungsfeld *erst nach* langer und mühsamer Einführungsphase zugänglich; das Lernen der Linearen Algebra selbst ist für die Lernenden eher beziehungsarm. Die Theorie ist zunächst mit der Erschaffung und Absicherung ihrer eigenen Substanz beschäftigt und wird so aus der Sicht der Schule schnell zum „general abstract nonsens". Man beachte diesbezüglich den Unterschied zur Analysis: Diese findet ihr Substrat (reelle Funktionen) bereits in der Sekundarstufe I vor und kann in der Sekundarstufe II tiefer liegende und ergebnisträchtigere Eigenschaften des Substrats auf einem anschaulichen, aber auf der Universität exaktifizierbaren Niveau erkunden.

Zusammenfassend kann man sagen, dass die Lineare Algebra (im Gegensatz zur Analysis) Besonderheiten der Beziehungsstruktur besitzt, die es verhindern, dass diese Beziehungsstruktur im Rahmen des normalen Oberstufenunterrichts auch nur ansatzweise verdeutlicht werden kann. Dagegen enthält die Analytische Geometrie auf elementargeometrischer Grundlage – unter ungezwungener Einbeziehung von Vektoren und linearen Abbildungen – einen Beziehungsreichtum, der von den an Linearer Algebra orientierten Entwürfen bei Weitem nicht erreicht wird. Auf der Schule sollte daher die Analytische Geometrie im Vordergrund stehen – wobei einige Methoden der Linearen Algebra, z. B. die Theorie der LGS, nützlich sind. Auf diesem Fundament kann dann die Hochschule die Lineare Algebra aufbauen.

4.2.3 Raumgeometrie

Nach dem oben Gesagten sollte im Zentrum des schulischen Gebiets „Analytische Geometrie und Lineare Algebra" die Raumgeometrie stehen, also die Erforschung und Beschreibung der Welt, in der wir leben. „Fundamentale Ideen" (siehe Abschn. 1.2) können in didaktisch-methodischer Perspektive die Auswahl von Inhalten und Lehrmethoden beeinflussen. Weitere Kategorien sind die „Kernideen" nach Gallin/Ruf (1998). Diese sind ebenfalls didaktische und psychologische Kategorien, die aber stärker subjektive Züge tragen, d. h. mit persönlichen Erfahrungen verbunden und damit Kondensationspunkte eines subjektiv bedeutsamen Mathematikbildes sein können. Leuders (2004) formulierte einige Kernideen zur Raumgeometrie. Ziel ist es, die Analytische Raumgeometrie als lebendiges, gehaltvolles und anschauungsreiches Teilgebiet zu gestalten. Diese Kernideen können Anlässe für Schülerinnen und Schüler darstellen, sich mit mathematikbezogenen Fragestellungen zu beschäftigen. Drei davon sollen im Folgenden näher beleuchtet werden.

„Drei Dimensionen in zwei einzupacken, ist eine Kunst"

Diese erste Kernidee weist auf die dreidimensionale Welt, in der wir leben, deren Abbilder jedoch (zumindest bis heute) nur zweidimensional sind. Von vielerlei Medien bekommen wir visuelle Informationen und müssen dabei die flächige Codierung unserer räumlichen Umwelt verstehen (lernen). Vor über 15.000 Jahren begann der historische Prozess, in dem

a   b

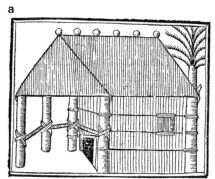

Abb. 4.7 **a** Karibisches Wohnhaus, **b** Perspektive bei Dürer

unsere Vorfahren lernten, die Natur auf ebenen Trägern so darzustellen, dass ein räumlicher Eindruck entsteht. Schöne Beispiele enthält der oben zitierte Artikel von Leuders. Die Maler und Architekten der Renaissance lagen miteinander im Wettstreit um die „beste" räumliche Darstellung. Abb. 4.7a zeigt das 1547 von Gonzalo Fernandes de Oviedo y Valdes gemalte Bild eines karibischen Wohnhauses, das mehrere Perspektiven in sich vereinigt, vgl. (Josephy, 1992, S. 23).

Der Besitz von mathematischer Technologie und Know-how in der perspektivischen Zeichnung wurde zu einer wichtigen Determinante auch des ökonomischen Erfolgs der Künstler. Als einen Gipfelpunkt kann man Dürers „Underweysung" von 1525 ansehen (Dürer, 1525): Das bekannte Bild in Abb. 4.7b zeigt eine hochdifferenzierte didaktifizierte Darstellung der verschiedenen Komponenten, die beim Projektionsvorgang eine Rolle spielen. Die Bildebene, das Projektionszentrum und die Projektionsgerade (in heutiger Sprechweise) sind hier materialisiert, der Projektionsalgorithmus wird enaktiv repräsentiert. Die Kunst, drei Dimensionen in zwei zu packen, ist zu einer mathematischen Technologie geworden. Ein Kernproblem für die Schule könnte die Frage sein, wie man ein raumgeometrisches Objekt in zwei Dimensionen darstellen muss, um das Auge zu unterstützen oder auch um es zu „betrügen". Ein einfaches Beispiel sind die Schattenbilder des Kantenmodells eines Würfels in Abb. 4.8.

Es gibt in der Kunstgeschichte eine Vielzahl „flacher Darstellungen", die einen räumlichen Eindruck vermitteln. Die beiden folgenden Abbildungen zeigen zwei prominente Beispiele. Abb. 4.9a ist die von Andrea Pozzo 1686 in der römischen Kirche San Ignazio gemalte Scheinkuppel. Die auf eine Tür gemalte Violine in Abb. 4.9b scheint auch,

Abb. 4.8 Schattenbilder eines Würfels. Wann sieht der Würfel realistisch oder gerade nicht realistisch aus?

a   b

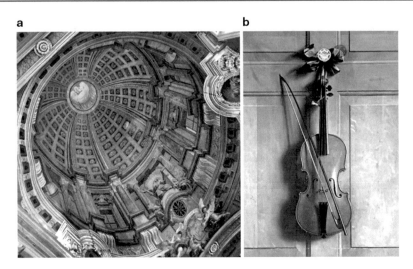

Abb. 4.9 a Scheinkuppel von Pozzo. Quelle: Wikimedia Commons, **b** Violin Door in Chatsworth ©
Devonshire Collection, Chatsworth. Reproduced by permission of Chatsworth Settlement Trustees

wenn man direkt davor steht, real und dreidimensional zu sein; es ist die „Violin Door"
im Schloss Chatsworth (England).

In der Schule sind Computerprogramme wie *Building houses with side views*[8] ein
schöner Einstieg in die Verbindung von drei und zwei Dimensionen, Abb. 4.10 zeigt ein
Beispiel. Rechts soll aus 64 kleinen Würfeln eine Figur aufgebaut („Build") oder aus einem Vollwürfel gewonnen werden („Break down"), deren drei Risse den links gegebenen

Abb. 4.10 Building houses
with side views

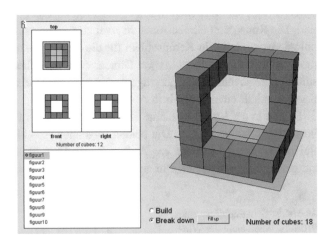

―――――――――――
[8] Erhältlich auf der Webseite des Freudenthal-Instituts in Utrecht:
http://www.fisme.science.uu.nl/toepassingen/02015/toepassing_wisweb.en.html

Rissen entsprechen sollen. Diese Figur kann mit der Maus gedreht und so von allen Seiten betrachtet werden. Die Lösung besteht aus 18 Würfeln. Das ist noch nicht die „Minimallösung", die aus nur zwölf Würfeln besteht. Da bleibt noch viel zum Knobeln! Allerdings muss die gesuchte Lösung nicht zusammenhängend sein und muss auch nicht „frei stehen" können.

„Mit Zahlen kann man Orte finden"

Diese Idee entwickeln Kinder nicht erst im Mathematikunterricht. Sie umgibt uns alltäglich: Postleitzahlen, Planquadrate auf Landkarten (bekannt ist der Grundriss von Mannheim), Spiele wie Schach oder „Schiffe versenken" usw. Eine interessante Frage ist z. B., welche Orte durch Hydrantenschilder codiert werden (Abb. 4.11).

Die Initialzündung dieser Idee war wohl der fundamentale Gedanke, den René Descartes 1637 in seiner *Géometrie* entwickelte: „*Alle Probleme der Geometrie können leicht auf einen solchen Ausdruck gebracht werden, dass es nachher nur der Kenntnis der Länge gewisser gerader Linien bedarf, um diese Probleme zu konstruieren.*"

Beinahe die gesamte physikalisch-technische Eroberung unserer Umwelt der letzten 350 Jahre beruht auf dem Gedanken, räumliche Orte durch Zahlen zu repräsentieren und geometrische Probleme auf diese Weise arithmetisch-algebraisch zu lösen. Problemstellungen zu dieser Kernidee könnten sein, wie wir uns auf der Erde mithilfe von Längen- und Breitengraden orientieren bzw. wie das ein Navigationsgerät macht. Hierbei ist auch das Internet sehr hilfreich.

Abb. 4.11 Hydrantenschilder

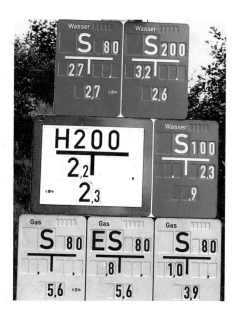

a   b

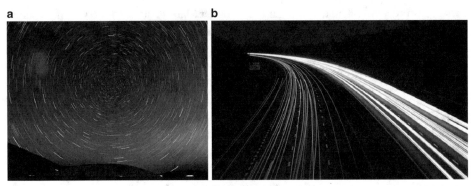

Abb. 4.12 a Kreisbahnen der Sterne. Quelle: ESO/José Francisco (josefrancisco.org), **b** Eingefrorene Bewegungsspuren. Quelle: 123RF Stock Photo

„Der Raum ist erfüllt von Bewegungsspuren"

Die ebene Geometrie der Sekundarstufe I erfährt seit mehreren Jahren durch Dynamische Geometriesysteme (DGS) eine zunehmende Dynamisierung. Für die Raumgeometrie der Oberstufe gilt dies (noch) nicht (obgleich früher „Ortslinien" ein wichtiges Thema der ebenen und der Raumgeometrie waren). Beispielsweise können Mittelsenkrechte, Winkelhalbierende, Kreise, Ellipsen und viele andere geometrische Objekte als Ortskurven gesehen werden (vgl. Abschn. 5.4). Um uns herum hinterlassen Bewegungen imaginäre

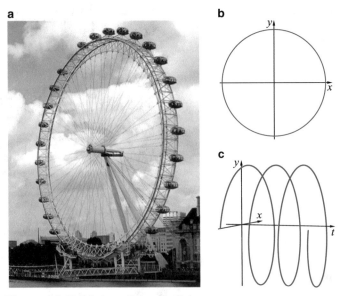

Abb. 4.13 a Riesenrad, **b** Kreisbahn, **c** Schraubenlinie

Abb. 4.14 Spirograph

Spuren (siehe Abb. 4.12a,b). Diesen Aspekt soll die Kernidee verdeutlichen. Verschiedene Sichtweisen sind hierbei komplementär, was die folgenden Beispiele verdeutlichen sollen.

Bewegungen erlauben verschiedene Sichtweisen, etwa die zeitliche Struktur einer Bewegung – das ist die gewöhnliche Sichtweise – oder die räumliche Struktur der durchlaufenen Orte eines Objekts, z. B. die „eingefrorene" Bahn eines Sterns. Die Abb. 4.13a eines Riesenrads animiert zu verschiedenen Sichtweisen, vgl. (Büchter, 2008, S. 8). Abb. 4.13b zeigt die Kreisbahn einer Kabine, die zeitlich oder räumlich gesehen werden kann. Die Schraubenlinie in Abb. 4.13c codiert die gleichzeitige räumliche und zeitliche Struktur und erfordert ein hohes Maß an Abstraktion, da die Zeit hier räumlich repräsentiert wird. Das Interpretieren von solchen Bewegungsgraphen ist eine sowohl nicht triviale als auch bedeutsame Lesekompetenz. Im Mathematikunterricht verdienen diese Aspekte auch im Rahmen der Vertiefung des Funktionsbegriffs eine stärkere Beachtung.

Als Zugang zur Kernidee „Bewegungsspuren" kann das Kernproblem „Was kann man mit einem Spirographen zeichnen?" dienen (Abb. 4.14).

Die analytische Beschreibung von Bewegungen und Bewegungsspuren sowie die darauf basierende Erstellung von Computeranimationen durch Schüler können wesentlich zum Verständnis funktionaler und dynamischer Aspekte von Parameterdarstellungen beitragen; hierauf wird in Abschn. 5.3.3 „Zykloiden (Rollkurven)" näher eingegangen.

4.3 Affine Eigenschaften des Anschauungsraumes

In diesem und im nächsten Abschnitt konzentrieren wir uns auf den sogenannten *Anschauungsraum*, mathematisch gesprochen also auf den $\mathbb{R}^3$. Die Unterscheidung zwischen „affinen" und „metrischen" Begriffen und Eigenschaften ist *nicht* für die Schule gedacht. Dort arbeitet man in der Regel im Anschluss an die Sekundarstufe I von vornherein mit

a   b

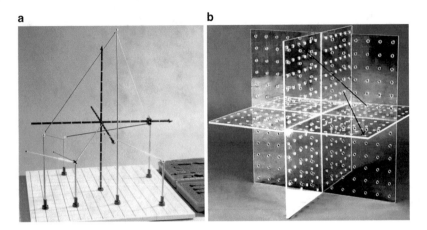

Abb. 4.15 a 3D-Modell, **b** 3D-Koordinatenmodell

kartesischen Koordinatensystemen,[9] also einem metrischen Begriff. In älteren Schulbüchern gab es die Kapitel „Affine Geometrie" und „Metrische Geometrie". Es war einerseits unsinnig, wenn – wie es manchmal geschah – im ersten Kapitel kartesische Koordinaten verwendet wurden. Andererseits ist die in neueren Schulbüchern oft ausschließliche Verwendung von kartesischen Koordinatensystemen eine unnötige Einschränkung, die viele Anwendungsmöglichkeiten ausschließt. Die hier gemachte konkrete Untersuchung von zuerst affinen, dann ab Abschn. 4.4 von metrischen Eigenschaften soll den Lehrer für die historische Entwicklung und den fachlichen Aufbau der Geometrie sensibilisieren. In diesem Abschn. 4.3 benötigen wir nur den Begriff und die Existenz von Parallelen (vgl. die Ausführungen in dem Abschn. 4.1.1).

4.3.1 Vorbemerkungen

Punkte und Geraden sind Grundobjekte der Geometrie, vgl. 4.1.1. Grundvorstellungen davon bringen die Kinder aus der S I mit. Aus Sicht der Schule besteht nun die Aufgabe, für Geraden und weitere Grundobjekte der Geometrie eine analytische Darstellung zu finden. Wie das gehen könnte, ist allerdings für den Raum nicht ohne Weiteres klar. Erste Erfahrungen können Schüler mit realen 3D-Modellen wie in Abb. 4.15a,b machen. Der Reiz solcher Modelle ist die „echte" Dreidimensionalität, die von Software zur Raumgeometrie nicht vermittelt werden kann. Solche Modelle sind nur scheinbar trivial, sie erweisen sich als hilfreiche Visualisierungsmöglichkeiten gerade auch zu Beginn der S II.

---

[9] Allerdings sollten auch Beispiele behandelt werden, bei denen sinnvollerweise affine Koordinatensysteme verwendet werden.

Das Modell[10] in Abb. 4.15a erlaubt es, geometrische Objekte (vor allem Geraden und Ebenen) sowie ihre Eigenschaften und Lagebeziehungen im Raum darzustellen. Als „Raumpunkte" dienen kleine Kugeln. Sie werden von Teleskopständern getragen, die sich mit Magnetfüßen auf der Grundplatte befestigen lassen. Die Koordinaten sind kontinuierlich einstellbar. An den Punkten lassen sich zur Darstellung von Geraden und Ebenen Fäden befestigen. Das Modell soll helfen, in den analytischen Darstellungen „das Geometrische" zu sehen.[11]

Das 3D-Koordinatenmodell in Abb. 4.15b besteht aus drei orthogonal zusammen gesteckten Plexiglasplatten mit regelmäßigen Lochungen, die als Koordinatenebenen dienen. Mithilfe von Gummibändern, Hölzchen, Gewindestangen, Wäscheklammern oder selbstklebenden Notizzetteln können Punkte und Punktmengen markiert werden.[12]

Von der synthetischen Geometrie zur Analytischen Geometrie

Punkte, Geraden und Ebenen sind Elemente der synthetischen Geometrie. Der wesentliche Schritt von der synthetischen Geometrie zur Analytischen Geometrie ist die Einführung von Koordinaten und Koordinatensystemen. Jetzt beschreiben wir die Grundobjekte mit Zahlen, den Koordinaten der Objekte. Für die hierfür benötigten Koordinatensysteme greifen wir auf die Ergebnisse des Abschn. 3.5 zurück: Die semantische Frage, ob man jeden Vektor eindeutig als Linearkombination vorgegebener Vektoren schreiben kann, führte auf den Begriff einer Basis und auf die Koordinaten bezüglich dieser Basis. Die hierzu nötige Untersuchung, ob vorgelegte Vektoren linear unabhängig sind, führte auf ein einfaches LGS-Problem.[13] Die Wahl einer Basis $\{\vec{b}_1, \vec{b}_2, \ldots, \vec{b}_n\}$, wobei in diesem Kapitel $n = 2$ oder $n = 3$ ist, und eines beliebigen Punktes O als Ursprung legt dann ein affines Koordinatensystem fest: Die Achsen als Geraden sind eindeutig durch den Punkt O und die Vektoren $\vec{b}_i$ definiert; das Abtragen von $\vec{b}_i$ von O aus auf der jeweiligen Achse ergibt die Skalierung der Achse. „Affin" bedeutet, dass wir noch keine metrischen Begriffe für das Koordinatensystem benötigen. Die Koordinaten eines Punktes P ergeben sich durch Parallelen durch P zu den Achsen. Abb. 4.16 zeigt ein Beispiel für $n = 2$ mit dem Punkt $P(2|3)$.

Abb. 4.16 Affines Koordinatensystem

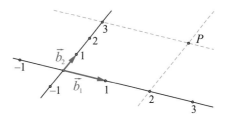

---

[10] Bezugsquelle: http://www.herrmann-lehrmittel.de
[11] Zum Gebrauch des Modells: http://www.math.uni-potsdam.de/prof/o_didaktik/ab/um
[12] Bezugsquelle und weitere Informationen: http://mued.de/html/material/m6-3d.html
[13] Diese Untersuchung kann auch syntaktisch elegant über die Analyse der Darstellung des Nullvektors geführt werden, was wir hier aber nicht näher explizieren.

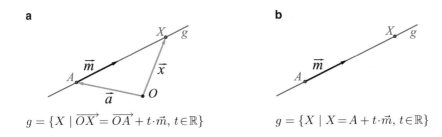

Abb. 4.17 Schreibweisen von Geraden

In vielen der folgenden Abbildungen werden, wie in der Schule üblich, Koordinatensysteme mit augenscheinlich senkrechten Achsen verwendet, hierauf wird aber kein Bezug genommen. Als einführende Übung können die Schüler eine Raumecke des Klassenzimmers wählen, die zusammen mit den entsprechenden Raumkanten ein Koordinatensystem bildet. Nun kann jeder Schüler „seine" Koordinaten (in einer geeigneten Einheit) bezüglich dieses Systems bestimmen.[14]

In dem Abschn. 3.2.6 haben wir ausführlich begründet, weshalb wir auf den Begriff „Ortsvektor" verzichten und dafür die „Punkt-Vektor-Addition" (vgl. Abb. 3.19) favorisieren. Dies macht die Schreibweisen für Geraden und andere Objekte einfacher, wie das Beispiel mit der Parameterdarstellung einer Geraden in Abb. 4.17 zeigt: In Abb. 4.17a wird die Gerade g in der üblichen Schreibweise mit Ortsvektoren geschrieben, in Abb. 4.17b in der einfacheren Schreibweise mit der Punkt-Vektor-Addition.

Die Schreibweise in Abb. 4.17a (die leider häufig in Schulbüchern anzutreffen ist) benötigt einen Bezugspunkt O, der mit der Geraden nichts zu tun hat. Die Schreibweise in Abb. 4.17b kann sich auf das Wesentliche beschränken; benötigt werden nur ein beliebiger Punkt und ein Richtungsvektor der Geraden.

4.3.2 Punkte, Geraden und Strecken

Die Koordinatenschreibweise von *Punkten* ist Schülern aus der ebenen Geometrie wohl vertraut. Man sollte aber nicht den Schluss ziehen, für die Schreibweise räumlicher Punkte mit drei Koordinaten träfe dies auch zu. Es ist keine Zeitverschwendung, hier zunächst einige enaktive Übungen zu machen: Das Klassenzimmer kann mithilfe des oben vorgeschlagenen Koordinatensystems aus einer Ecke und zugehörigen Kanten weiter erkundet werden: Welche Koordinaten hat die Nasenspitze der Lehrerin? Wer kann mit dem Zeigefinger den Punkt $(15|25|12)$ (in einer geeigneten Einheit) zeigen? Auch die Modellierung

---

[14] Ein spannendes Thema, bei dem affine Koordinatensysteme benötigt werden, sind die „Zufallsfraktale", siehe Abschn. 4.3.6.

Abb. 4.18 Gerade als Menge
ihrer Punkte

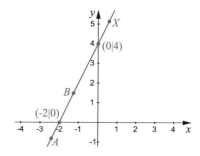

räumlicher Objekte bei der Erstellung von 3D-Computergraphiken kann Schülern ein „Gefühl" für räumliche Koordinaten vermitteln (siehe Abschn. 5.1).

Parameterdarstellungen von Geraden

Geraden sind aus der Sekundarstufe I bekannt, mithilfe der Mittelstufenalgebra schreiben wir bezüglich eines (zweidimensionalen) Koordinatensystems die Gleichung einer (willkürlich gewählten) Geraden g als $y = 2x + 4$, man nennt dies auch *Koordinatendarstellung* der Geraden g. Die heutiger Sicht entsprechende geometrische Idee, die Gerade als Menge ihrer Punkte aufzufassen, führt zum Wunsch, diese Punkte vektoriell beschreiben zu können (Abb. 4.18). Es gilt

$$g = \{(-2|0), (0|4), A, B, X, \ldots\} .$$

Je zwei Punkte dieser Geraden bestimmen einen Vektor. Was haben alle diese Vektoren gemeinsam? Sie sind parallel und haben die gleiche Richtung. Dies führt zur folgenden Überlegung: Wähle *einen* Punkt der Geraden fest, z. B. A. Wähle einen der obigen Vektoren, etwa den Vektor $\vec{m} = \overrightarrow{AB}$. Verschiebt man nun A mit allen Translationen, deren Translationsvektor ein Vielfaches von $\vec{m} = \overrightarrow{AB}$ ist, so erhält man gerade alle Punkte von g.

Mit unserer Punkt-Vektor-Addition können wir also g einfach und anschaulich schreiben als

$$g = \{X \mid X = A + t \cdot \vec{m}, t \in \mathbb{R}\} ,$$

was wir vereinfachen zur Kurzschreibweise

$$g : X = A + t \cdot \vec{m}, t \in \mathbb{R} .$$

Überlegen wir nochmals, was wir gemacht haben: Die obige Darstellung hat nichts mit dem Koordinatensystem in Abb. 4.18 zu tun und ist unabhängig davon, ob wir g als Gerade der Ebene oder des Raumes betrachten! In jedem Falle wird eine Gerade g festgelegt durch zwei Punkte $A \neq B$ (die einen *Richtungsvektor* $\vec{m} = \overrightarrow{AB}$ bestimmen) oder durch einen Punkt A und einen Vektor $\vec{m} \neq \vec{0}$ als Richtungsvektor, siehe Abb. 4.17b.

Abb. 4.19 Grundvorstellungen zur Parameterdarstellung einer Geraden

Die oben angegebene Schreibweise (in der ausführlichen oder in der kurzen Fassung) heißt ***Parameterdarstellung*** der Geraden g; durchläuft der *Parameter t* die reellen Zahlen, so durchläuft der Punkt X die gesamte Gerade. Bei der Einführung dieser Darstellung dürfen einfache Übungen zum Verständnis des neuen Kalküls nicht fehlen.

Beispiel 4.1
In Abb. 4.19 sind zwei Punkte und ein Pfeil, der einen Vektor repräsentiert, an die Tafel gezeichnet. Betrachtet wird die Gerade $g : X = A + t \cdot \vec{m}, t \in \mathbb{R}$ (in der Tafelebene). Welcher Punkt wird für $t = 1, 5$, welcher für $t = -2$ dargestellt? Der Punkt B möge auf g liegen. Welchen Parameterwert hat B? ◆

Jede Gerade in der Ebene oder im Raum lässt sich durch eine Parameterdarstellung beschreiben, dagegen ist die Koordinatendarstellung nur in der Ebene möglich. Nach Wahl eines Koordinatensystems lässt sich eine Parameterdarstellung komponentenweise schreiben. Aus $g : X = A + t \cdot \vec{m}, t \in \mathbb{R}$ wird dann

$$\begin{pmatrix} x \\ y \end{pmatrix} = \begin{pmatrix} a \\ b \end{pmatrix} + t \cdot \begin{pmatrix} m_1 \\ m_2 \end{pmatrix} \quad \text{bzw.} \quad \begin{pmatrix} x \\ y \\ z \end{pmatrix} = \begin{pmatrix} a \\ b \\ c \end{pmatrix} + t \cdot \begin{pmatrix} m_1 \\ m_2 \\ m_3 \end{pmatrix}$$

in der Ebene bzw. im Raum, wobei t wieder die reellen Zahlen durchläuft.

Von einer Koordinaten- zu einer Parametergleichung und umgekehrt

Beispiel 4.2
Wir betrachten die Gerade $g : y = 2x + 4$. Zwei Punkte von g sind z. B. $S_1(0 \mid 4)$ und $S_2(-2 \mid 0)$. Mit $\vec{m} = \overrightarrow{S_2 S_1} = \begin{pmatrix} 2 \\ 4 \end{pmatrix}$ als Richtungsvektor erhalten wir

$$\begin{pmatrix} x \\ y \end{pmatrix} = \begin{pmatrix} -2 \\ 0 \end{pmatrix} + t \cdot \begin{pmatrix} 2 \\ 4 \end{pmatrix}, t \in \mathbb{R}$$

als mögliche Parameterdarstellung. Noch einfacher kann man die Parameterdarstellung aus der Koordinatengleichung wie folgt erhalten:

$$\begin{pmatrix} x \\ y \end{pmatrix} = \begin{pmatrix} x \\ 2x + 4 \end{pmatrix} = \begin{pmatrix} x \\ 2x \end{pmatrix} + \begin{pmatrix} 0 \\ 4 \end{pmatrix} = \begin{pmatrix} 0 \\ 4 \end{pmatrix} + x \cdot \begin{pmatrix} 1 \\ 2 \end{pmatrix}, x \in \mathbb{R},$$

wobei jetzt x der Parameter ist. ◆

Beispiel 4.3

Umgekehrt sei nun die Gerade h durch die Parameterdarstellung

$$\begin{pmatrix} x \\ y \end{pmatrix} = \begin{pmatrix} 2 \\ 3 \end{pmatrix} + t \cdot \begin{pmatrix} 3 \\ 1 \end{pmatrix}, \ t \in \mathbb{R}$$

gegeben. Hieraus ergeben sich die Gleichungen $x = 2 + 3t$ und $y = 3 + t$. Wird die zweite Gleichung nach t aufgelöst und in die erste eingesetzt, so folgt schließlich

$$x = 2 + 3 \cdot (y - 3), \quad \text{also} \quad y = \frac{1}{3}x + \frac{7}{3}.$$

$\blacklozenge$

Lagebeziehungen von Geraden

Es gibt natürlich viele Parametergleichungen für eine feste Gerade. Wie kann man bei zwei vorgelegten Parameterdarstellungen entscheiden, ob sie dieselbe Gerade darstellen? Diese Frage ist Spezialfall der Frage, welche gegenseitige Lage zwei Geraden g und h haben können. In der Ebene gibt es drei Möglichkeiten:

- „parallel und gleich": $g\|h$ und $g = h$,
- „parallel und ungleich": $g\|h$ und $g \neq h$, also insbesondere $g \cap h = \emptyset$,
- „nicht parallel und genau ein Schnittpunkt": $g \nparallel h$, $g \cap h = \{P\}$.

Im Raum kann man allerdings aus der Nichtparallelität nicht auf einen Schnittpunkt schließen, jetzt kommt der *„windschief"* genannte Fall dazu:

- „nicht parallel und kein Schnittpunkt, also windschief": $g \nparallel h$, $g \cap h = \emptyset$.

Für die quantitative Analyse bei zwei gegebenen Geraden g und h untersucht man zuerst, ob die beiden Richtungsvektoren parallel sind oder nicht, was wenig Aufwand erfordert. Dann bestimmt man die Schnittmenge der beiden Geraden und kann damit entscheiden, welcher Fall vorliegt. Für die Schnittpunktbestimmung geht man von zwei Parameterdarstellungen aus:

$$g : X = A + t \cdot \vec{m}, \ t \in \mathbb{R}$$
$$h : X = B + t \cdot \vec{n}, \ t \in \mathbb{R}$$

Wir haben hierbei für beide Geraden bewusst denselben Parameter t verwendet. Das ist korrekt: Die Variable t (im Sinne des Einsetzungsaspekts) steht implizit jeweils in einer Klammer und ist somit gebunden an den Kontext innerhalb der Klammer. Schüler pflegen aber hier weiter zu rechnen

$$A + t \cdot \vec{m} = B + t \cdot \vec{n},$$

womit natürlich das Kind in den Brunnen gefallen ist. Diese Gleichung beschreibt Punkte, die zufälligerweise für beide Geraden denselben Parameterwert haben – in der Regel wird es hierfür keine Lösungen geben. Da es menschlich ist, Syntax mit Semantik zu verwechseln, sollte man darauf bestehen, dass vorsichtshalber immer verschiedene Variablennamen für unabhängige Parameter gewählt werden. Die beiden Geradengleichungen schreiben wir also als

$$g : X = A + s \cdot \vec{m}, \; s \in \mathbb{R}$$
$$h : X = B + t \cdot \vec{n}, \; t \in \mathbb{R}$$

und die zu lösende Schnittpunktgleichung ist dann das LGS

$$A + s \cdot \vec{m} = B + t \cdot \vec{n}$$

für die Lösungsvariablen s und t und mit zwei Gleichungen im Falle der Ebene, mit drei Gleichungen im Falle des Raumes. Für einen eventuell gefundenen gemeinsamen Punkt P mache man sich den semantischen Sinn der Parameter klar, z. B.: „Für $t = 3$ liegt P auf der Geraden g, für $s = -2$ ist P ein Punkt der Geraden h."

Strecken und Halbgeraden

Der für Geraden entwickelte Kalkül einer Parameterdarstellung lässt sich leicht auf Strecken und Halbgeraden (Strahlen) erweitern:

- Strecke $\overline{AB}$: $X = A + t \cdot \overrightarrow{AB}, \; 0 \leq t \leq 1$.
- Halbgerade (Strahl) AB mit Anfangspunkt A: $X = A + t \cdot \overrightarrow{AB}, \; t \geq 0$.

Im Folgenden werden wir weitere geometrische Objekte der Sekundarstufe I analytisch ausdrücken und damit konkreter Berechnung zugänglich machen. Erste Beispiele sind der *Mittelpunkt M* einer Strecke $\overline{AB}$ (Abb. 4.20a) und der *Schwerpunkt S* eines Dreiecks $\triangle ABC$ (Abb. 4.20b).

In der Schreibweise der Punkt-Vektor-Addition gilt für den Streckenmittelpunkt

$$M = A + \frac{1}{2}\overrightarrow{AB} \; .$$

Die vektorielle Schreibweise

$$\overrightarrow{OM} = \frac{1}{2}\overrightarrow{OA} + \frac{1}{2}\overrightarrow{OB} \; ,$$

Abb. 4.20 Mittelpunkt einer Strecke und Schwerpunkt eines Dreiecks

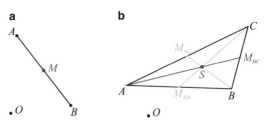

bezogen auf einen Punkt O, etwa den Ursprung eines Koordinatensystems, zeigt besonders schön die Symmetrie. Analog kann man eine Strecke in n gleiche Teile teilen, der erste Teilpunkt N entsteht durch

$$N = A + \frac{1}{n}\overrightarrow{AB} \ .$$

Man beachte, dass wir von gleichen, nicht von gleich langen Teilen sprechen; „gleich lang" ist ein metrischer Begriff. Bei der Halbierung einer Strecke bedeutet „gleich", dass wir die gleichen Vektoren $\overrightarrow{AM} = \overrightarrow{MB}$ haben.

Den Schwerpunkt S des Dreiecks ABC erhalten wir unter Verwendung der elementargeometrisch bekannten Eigenschaften (vgl. Abschn. 3.2.5): Mit dem Mittelpunkt M_{BC} der Seite $\overline{BC}$ können wir schreiben:

$$\overrightarrow{AS} = \frac{2}{3}\overrightarrow{AM_{BC}} = \frac{2}{3}\left(\frac{1}{2}\overrightarrow{AB} + \frac{1}{2}\overrightarrow{AC}\right) = \frac{1}{3}\overrightarrow{AB} + \frac{1}{3}\overrightarrow{AC}$$

Mit einem Hilfspunkt O erhalten wir die symmetrische Darstellung

$$\overrightarrow{OS} = \frac{1}{3}\left(\overrightarrow{OA} + \overrightarrow{OB} + \overrightarrow{OC}\right) \ .$$

Analog könnte man den Schwerpunkt eines räumlichen Tetraeders schreiben, vgl. Abschn. 3.2.5, wobei es um ein „allgemeines", nicht um ein Tetraeder als Platonischem Körper geht; für letzteren benötigt man metrische Begriffe.

4.3.3 Teilverhältnisse

Das Teilverhältnis ist eine zentrale Größe der affinen Geometrie. Es kann schön durch den Zugmodus bei einem DGS motiviert werden. In Abb. 4.21 wurde ein Dreieck $\triangle ABC$ mit seinen Schwerelinien und seinem Schwerpunkt S konstruiert. Die weiteren Dreiecke entstanden durch Ziehen an den Ecken des Ausgangsdreiecks im Zugmodus. Alle Dreiecke sind sehr verschieden; jedes beliebige Dreieck könnte man aus dem Ausgangsdreieck im Zugmodus erreichen. Doch eines ist allen diesen Dreiecken gleich: Immer teilt der Schwerpunkt die Schwerelinien im gleichen Verhältnis $2:1$, wobei man (in der Schule)

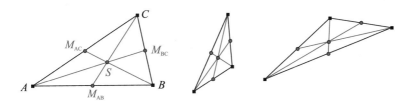

Abb. 4.21 Konstanz der durch den Schwerpunkt bestimmten Teilverhältnisse im Zugmodus

Abb. 4.22 Teilverhältnis

bei dieser Sprechweise denkt, dass die Strecke $\overline{AS}$ *doppelt so lang* wie die Strecke $\overline{SM_{BC}}$ ist (und analog für die anderen Schwerelinien). Dies lässt sich jedoch vektoriell auch ohne die Verwendung metrischer Begriffe, also nur mit affinen Begriffen ausdrücken: Es gilt $\overrightarrow{AS} = 2 \cdot \overrightarrow{SM_{BC}}$, und man nennt 2 das Teilverhältnis, in dem S die Strecke $\overline{AM}$ und analog alle anderen Schwerelinien teilt.

Der tiefere Grund für diese Invarianz des durch den Schwerpunkt definierten Teilverhältnisses, auf den wir in dem Abschn. 6.2 noch genauer zurückkommen werden, liegt darin, dass das „Ziehen im Zugmodus" als „affine Abbildung" verstanden werden kann und dass Teilverhältnisse bei solchen Abbildungen invariant bleiben. Dabei ist eine affine Abbildung die einfachste Abbildung der Ebene bzw. des Raumes, die Geraden invariant lässt, d. h. bei der die Bildmenge einer Gerade wieder eine Gerade (bzw. im Entartungsfall ein Punkt) ist.

▶ **Definition 4.1** Gegeben sei die durch zwei Punkte A und B definierte Gerade g und ein weiterer Punkt T der Geraden (Abb. 4.22). *$T \in AB$ teilt die Strecke $\overline{AB}$ im Verhältnis $t \in \mathbb{R}$, wenn gilt:* $\overrightarrow{AT} = t \cdot \overrightarrow{TB}$. Man schreibt dann $t = \mathrm{TV}(ATB)$.

Diese Definition entspricht der Sprechweise „$|AT|$ verhält sich zu $|TB|$ wie $a : b = t$"; diese Sprechweise verwendet allerdings Streckenlängen, ist also metrisch, nicht affin! Eine andere, ebenfalls zunächst metrische Sicht ist, dass das Teilverhältnis den Bruchteil der Länge $|AT|$ von der Gesamtlänge $|AB|$ angibt. Dies lässt sich aber auch vektoriell (rein affin) beschreiben und führt zu einer zweiten Definition des Teilverhältnisses:

▶ **Definition 4.2** $T \in AB$ teilt die Strecke $\overline{AB}$ im Verhältnis $t^* \in \mathbb{R}$, wenn gilt: $\overrightarrow{AT} = t^* \cdot \overrightarrow{AB}$.

Man erkennt leicht den Zusammenhang von t und t^*: $t^* = \frac{t}{t+1}$ und $t = \frac{t^*}{1-t^*}$.

Im Folgenden verwenden wir immer das Teilverhältnis nach Definition 4.1. Dabei kann der Punkt T auch links von A oder rechts von B liegen. Es ist eine schöne Übung im „funktionalen Denken", sich den funktionalen Zusammenhang zwischen der Lage von T und dem Wert des Teilverhältnisses zu überlegen. Das Teilverhältnis (nach Definition 4.1) kann folgende Werte annehmen:

- $t \in (-1; 0)$ für T links von A,
- $t = 0$ für $T = A$,
- $t \in (0; \infty)$ für T zwischen A und B,
- $t = \infty$ für $T = B$,
- $t \in (-\infty; -1)$ für T rechts von B.

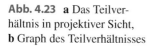

Abb. 4.23 a Das Teilverhältnis in projektiver Sicht,
b Graph des Teilverhältnisses

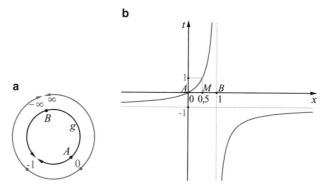

„Biegt" man die Gerade g in projektiver Sicht zu einem Ring, so dass $-\infty$ und ∞ zusammenstoßen, so erhält man das anschauliche Bild in Abb. 4.23a. Den zugehörigen Graphen zeigt Abb. 4.23b. Die Gerade g wird zur x-Achse, wobei A und B die Skalierung 0 und 1 ergeben; der Mittelpunkt M erhält die Skalierung 0,5. Auf der y-Achse wird das Teilverhältnis t abgetragen. Wir haben also den Graphen einer Funktion $t : \mathbb{R}\backslash\{1\} \to \mathbb{R}\backslash\{-1\}$ mit $x \mapsto t = \mathrm{TV}(0x1) = \frac{x}{1-x}$ erhalten!

Goldener Schnitt

Ein berühmtes Teilverhältnis, das sehr viele Anwendungen hat, ist der *Goldene Schnitt*, siehe u. a. Walser (2013), Beutelspacher/Petri (1996) und Henn (2012, S. 78f.). Als „Aufreißer" für dieses spannende Thema können wir hier nur die bekannte Proportionalstudie von Leonardo da Vinci nennen, die auf der italienischen 1 €-Münze (siehe Abb. 4.24a) abgebildet ist und mancherlei mit dem Goldenen Schnitt zu tun hat, siehe Weller (1999).

Eine Strecke $\overline{AB}$ heißt durch einen Punkt C im Verhältnis des Goldenen Schnitts geteilt, wenn sich die gesamte Streckenlänge zum längeren Teil wie der längere Teil zum kürzeren Teil verhält (Abb. 4.24b).

Diese Definition verwendet aber unnötigerweise metrische Begriffe. Die affine Definition geht vom Teilverhältnis $t = \mathrm{TV}(ACB)$ aus, für das $\overrightarrow{AC} = t \cdot \overrightarrow{CB}$ gilt. Damit C im Verhältnis des Goldenen Schnitts teilt, wird zusätzlich verlangt, dass $\overrightarrow{AB} = t \cdot \overrightarrow{AC}$ gilt. Das entsprechende t ist jetzt leicht zu bestimmen: Es gilt $\overrightarrow{AB} = t \cdot \overrightarrow{AC} = t^2 \cdot \overrightarrow{CB}$ und

Abb. 4.24 a Italienische 1 €-
Münze, **b** Goldener Schnitt

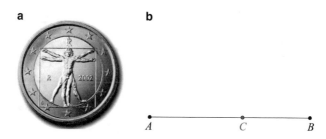

zugleich $\overrightarrow{AB} = \overrightarrow{AC} + \overrightarrow{CB} = t \cdot \overrightarrow{CB} + \overrightarrow{CB} = (t + 1) \cdot \overrightarrow{CB}$. Zusammen ergibt sich die Vektorgleichung

$$(t^2 - t - 1) \cdot \overrightarrow{CB} = \vec{o} \,,$$

was zur „Goldenen quadratischen Gleichung" $t^2 - t - 1 = 0$ führt. Da t positiv ist, gibt es die eindeutige Lösung, die „Goldene Zahl"

$$\Phi = \frac{1 + \sqrt{5}}{2} \approx 1{,}618 \,.$$

Das Teilverhältnis spielt auch eine große Rolle bei der Definition von Bézierkurven, die von der Gestaltung von Karosserien im Automobilbau bis zu skalierbaren Computerschriften viele Anwendungen haben, siehe Abschn. 5.6.

4.3.4 Ebenen

Lernende sollten eine Vorstellung von dem haben, was man eine Ebene nennt. In der Primarstufe führen die Seitenflächen von Würfeln und Quadern zu ersten Vorstellungen von Ebenen. Ein DIN-A4-Karton oder ein dünnes Holzbrett sind weitere Modelle. Analog zu den Geraden fasst man Ebenen als Punktmengen auf. Ein Punkt P liegt auf einer Ebene E, also $P \in E$, oder nicht, also $P \notin E$. In gewisser Hinsicht sind Ebenen „zweifach unendlich". So, wie eine Strecke nach beiden Seiten verlängert werden kann und damit zur Vorstellung einer Geraden führt, kann ein Quadrat oder eine andere begrenzte Fläche nach allen Seiten vergrößert werden und führt zur Vorstellung von Ebenen. Solche Vorstellungen von Ebenen sind ein Ausgangspunkt, wenn man in der Analytischen Geometrie Ebenen nicht nur anschaulich und qualitativ, sondern auch quantitativ analytisch mit Zahlen und Gleichungen beschreiben will. Ein wichtiger Ansatzpunkt ist die Beobachtung, dass man z. B. eine Plexiglasplatte auf genau drei Fingern balancieren kann. Übersetzt in die Sprache der Geometrie bedeutet dies, dass man eine Ebene durch drei „geeignete" Punkte A, B, C (Abb. 4.25a) oder durch einen „Aufhängepunkt" A und zwei „geeignete" Richtungs- oder „Spannvektoren" $\vec{v}_1$ und $\vec{v}_2$ (Abb. 4.25b) festlegen kann. Übrigens wird

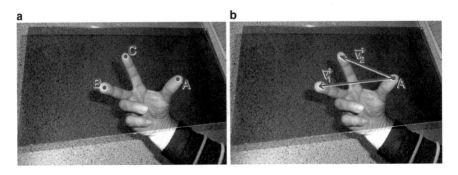

a   **b**

Abb. 4.25 a Ebene durch drei Punkte, **b** Ebene mit Spannvektoren

Abb. 4.26 Punkt einer Ebene
als Linearkombination

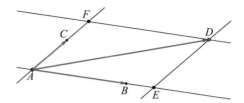

jetzt auch klar, wieso vierbeinige Tische in der Regel wackeln; die Tischebene ist durch drei Beine festgelegt, das vierte Bein müsste nun exakt passen!

Setzt man $\vec{v}_1 = \overrightarrow{AB}$ und $\vec{v}_2 = \overrightarrow{AC}$, so wird klar, dass beide Möglichkeiten, Ebenen festzulegen (siehe Abb. 4.25a,b), gleichwertig sind. Jeder weitere Punkt D der Ebene lässt sich durch eine Linearkombination $\overrightarrow{AD} = s \cdot \vec{v}_1 + t \cdot \vec{v}_2$ darstellen; umgekehrt führt jede solche Linearkombination zu genau einem Punkt der Ebene.

Im konkreten Fall (Abb. 4.26) bestimmt man s und t mithilfe der Parallelen zu AB und zu AC durch D. Für die Schnittpunkte E und F gilt dann:

$$\overrightarrow{AE} = s \cdot \overrightarrow{AB} \,, \quad \overrightarrow{AF} = t \cdot \overrightarrow{AC}$$

Parameterdarstellungen von Ebenen

Oben haben wir von „geeigneten" Punkten bzw. Vektoren gesprochen, doch was bedeutet das? Damit wirklich eine Ebene beschrieben wird, dürfen die drei Punkte nicht kollinear sein und die beiden Vektoren nicht parallel oder – etwas präziser – nicht linear abhängig sein. Jetzt sind wir in der Lage, die Punkte einer Ebene analog zu den Punkten einer Geraden darzustellen:

$$E = \left\{ X \mid X = A + s \cdot \vec{v}_1 + t \cdot \vec{v}_2 \,; \, s, t \in \mathbb{R} \right\} \,,$$

wobei ggf. z. B. $\vec{v}_1 = \overrightarrow{AB}$, $\vec{v}_2 = \overrightarrow{AC}$ zu setzen ist. Die Kurzschreibweise ist

$$E : X = A + s \cdot \vec{v}_1 + t \cdot \vec{v}_2 \,, \quad s, t \in \mathbb{R} \,.$$

Diese Schreibweise heißt *Parameterdarstellung* oder *Punkt-Richtungsform* der Ebene; eine Ebene hat natürlich vielerlei solcher Darstellungen.[15]

In Schulbüchern wird auch für Parameterdarstellungen von Ebenen oft die Darstellung mit Ortsvektoren bezüglich eines willkürlich gewählten Punktes O verwendet (wobei O nichts mit der Ebene zu tun hat!):

$$E = \left\{ X \mid \overrightarrow{OX} = \overrightarrow{OA} + s \cdot \vec{v}_1 + t \cdot \vec{v}_2 \,; \, s, t \in \mathbb{R} \right\}$$

bzw.

$$E : \vec{x} = \vec{a} + s \cdot \vec{v}_1 + t \cdot \vec{v}_2 \,, \quad s, t \in \mathbb{R}$$

Hierbei nennt man den Vektor $\overrightarrow{OA}$ auch „Stützvektor" der Ebene.

---

[15] Nicht vergessen sollte man den Fall $s = t$, bei dem keine Ebene, sondern die Gerade mit Richtungsvektor $\vec{v}_1 + \vec{v}_2$ durch den Punkt A dargestellt wird.

Koordinatendarstellungen von Ebenen

Wir haben die Punkte einer Ebene als Lösungen einer gewissen Gleichung gewonnen – genau genommen aber nur auf anschaulichem Wege. Wie so oft in der Mathematik[16] „drehen wir jetzt den Spieß um" und *definieren* eine Ebene als Lösungsmenge einer Gleichung der obigen Form und hoffen, dass diese Definition tatsächlich unserer anschaulichen Vorstellung einer Ebene entspricht.

Eine im Zusammenhang mit den Lösungsmengen von LGS (Kap. 2) wichtige Darstellungsmöglichkeit von Ebenen ist die Koordinatendarstellung. Motiviert werden kann sie z. B. durch Betrachtung spezieller (sehr übersichtlicher) Ebenen wie der x-y-Ebene als Lösungsmenge der Gleichung $z = 0$ oder der Parallelebene dazu im Abstand 1[17] als Lösungsmenge der Gleichung $z = 1$. Diese beiden Gleichungen kann man als lineare Gleichungen für die drei Lösungsvariablen x, y und z betrachten. Wir wollen der Frage, welche Lösungsmenge die „allgemeine" lineare Gleichung $a \cdot x + b \cdot y + c \cdot z = d$ hat, zunächst an einem Zahlenbeispiel nachgehen und zeigen, dass die Lösungsmenge ebenfalls eine Ebene ist.

Beispiel 4.4

Wir suchen die Lösungsmenge E der Gleichung $x + 2y + 3z = 6$ und wollen zeigen, dass E eine Ebene ist. Setzt man hierzu zunächst $y = z = 0$, so ergibt sich aus $x = 6$ der Punkt $A = (6|0|0)$, den wir als Schnittpunkt von E mit der x-Achse deuten können. Analog ergeben sich die beiden anderen Achsenschnittpunkte von E zu $B = (0|3|0)$ und $C = (0|0|2)$. Man nennt diese Achsenschnittpunkte auch *Spurpunkte* und vermutet, dass die von ihnen festgelegte Ebene genau die Lösungsmenge E ist. Hierzu ist zu zeigen, dass für alle $s, t \in \mathbb{R}$ der Punkt

$$P = A + s \cdot \overrightarrow{AB} + t \cdot \overrightarrow{AC}$$

Lösung unserer linearen Gleichung ist. Dies rechnet man leicht nach: Es gilt

$$P = (6\,|\,0\,|\,0) + s \cdot \begin{pmatrix} -6 \\ 3 \\ 0 \end{pmatrix} + t \cdot \begin{pmatrix} -6 \\ 0 \\ 2 \end{pmatrix} = (6-6s-6t\,|\,3s\,|\,2t)\,.$$

Eingesetzt in die lineare Gleichung erhalten wir

$$(6-6s-6t) + 2 \cdot 3\,s + 3 \cdot 2\,t = 6\,,$$

---

[16] Ein anderes typisches Beispiel aus der Schule sind Tangenten. In der Analysis betrachtet man Tangenten als Grenzlagen von Sekanten. Nachdem der Begriff der Ableitung gewonnen ist, definiert man als Tangente t an den Graphen einer differenzierbaren Funktion f an einer Stelle x diejenige Gerade, die durch den Punkt $(x\,|\,f(x))$ geht und die Steigung $f'(x)$ hat. Bekanntlich gibt es nun Tangenten, die sich der Anschauung entziehen, vgl. Büchter (2012).
[17] Abstand ist allerdings ein metrischer Begriff; wenn wir also von der Parallelebene zur x-y-Ebene im Abstand 1 sprechen, so wird ein kartesisches Koordinatensystem vorausgesetzt.

und P ist, wie behauptet, Element von E. Damit ist die von A, B und C aufgespannte Ebene zumindest eine Teilmenge von E.

Sei $(u|v|w)$ eine weitere Lösung der linearen Gleichung, also $u + 2v + 3w = 6$. Die Gleichung

$$(u \mid v \mid w) = (6 \mid 0 \mid 0) + s \cdot \begin{pmatrix} -6 \\ 3 \\ 0 \end{pmatrix} + t \cdot \begin{pmatrix} -6 \\ 0 \\ 2 \end{pmatrix} = (6-6s-6t \mid 3s \mid 2t)$$

entspricht dem LGS

$$\begin{aligned} u &= 6 - 6s - 6t \\ v &= 3s \\ w &= 2t \,. \end{aligned}$$

Die zweite und die dritte Gleichung ergeben eindeutige Lösungen für s und t, was eingesetzt in die erste Gleichung ebenfalls zu einer wahren Aussage führt. Also liegt die weitere Lösung in der durch A, B, C bestimmten Ebene, und die Lösungsmenge E der linearen Gleichung ist, wie behauptet, diese Ebene. ◆

Analysiert man nochmals unser Beispiel, so erkennt man, dass es paradigmatisch ist. Im allgemeinen Fall $a \cdot x + b \cdot y + c \cdot z = d$ dürfen nicht alle Koeffizienten a, b und c gleich null sein. Sind zwei davon gleich null, so ist die Lösungsmenge eine zu einer Koordinatenebene parallele Ebene. Ist ein Koeffizient, etwa c, gleich null, so gibt es je einen Schnittpunkt A mit der x-Achse und B mit der y-Achse. Jetzt ist die Lösungsmenge der linearen Gleichung die durch A, $\overrightarrow{AB}$ und $\begin{pmatrix} 0 \\ 0 \\ 1 \end{pmatrix}$ in Parameterform dargestellte Ebene. Sind alle Parameter ungleich null, so erhält man wie im Beispiel drei Spurpunkte in allgemeiner Lage.

Fassen wir zusammen:

- Ebenen kann man in Parameterform $E : X = A + s \cdot \vec{v}_1 + t \cdot \vec{v}_2$, $s, t \in \mathbb{R}$ oder in Koordinatenform $E : a \cdot x + b \cdot y + c \cdot z = d$ beschreiben.
- Aus mathematischer Sicht sind beide Darstellungsarten gleichwertig, es gibt aber einen wesentlichen Unterschied: Für die Parameterform kann man drei beliebige „Aufhängepunkte" wählen, was zu sehr unterschiedlichen Gleichungen führen kann. Meist sieht man zwei Parameterformen nicht ohne Weiteres an, ob sie dieselbe Ebene darstellen. Dagegen ist die Koordinatenform bis auf evtl. einen gemeinsamen Faktor eindeutig, d. h., die linearen Gleichungen $a \cdot x + b \cdot y + c \cdot z = d$ und $a' \cdot x + b' \cdot y + c' \cdot z = d'$ stellen genau dann dieselbe Ebene dar, wenn es $k \in \mathbb{R}$ gibt mit $a = k \cdot a'$, $b = k \cdot b'$, $c = k \cdot c'$ und $d = k \cdot d'$.
- Wir haben bisher an keiner Stelle metrische Begriffe wie „Länge" oder „senkrecht" verwendet, auch wenn sich Schüler (ohne Schaden) Koordinatensysteme als kartesisch denken können.

- In dem Abschn. 4.3.2 wurde die Lösungsmenge einer linearen Gleichung mit zwei Lösungsvariablen als Gerade gedeutet. Jetzt haben wir die geometrische Deutung der Lösungsmenge einer linearen Gleichung mit drei Lösungsvariablen als Ebene erhalten. Dieses Ergebnis ist hilfreich, um Lösungsmengen beliebiger LGS mit $n = 2$ oder $n = 3$ zu visualisieren (siehe Abschn. 2.4.2).

Die denkbaren Schnittprobleme $g \cap E$ bzw. $E_1 \cap E_2$ zwischen Geraden und Ebenen führen jeweils auf ein LGS. Bevor man „losrechnet", sollte man sich die möglichen Lösungsfälle anschaulich verdeutlichen (siehe auch Abschn. 2.4.2).

Spurpunkte und Spurgeraden

In dem Abschn. 4.2.3 haben wir die Kunst angesprochen, drei Dimensionen in zwei einzupacken. Für einfach zu erstellende Parallelprojektionen von Ebenen und Geraden mit „Bleistift und Lineal" ins Zweidimensionale kann man wie folgt vorgehen. Wir gehen von einem Koordinatensystem aus.

- Gerade g: Bestimme und zeichne die *Spurpunkte*, d. h. die Schnittpunkte von g mit den Koordinatenebenen.
- Ebene E: Bestimme und zeichne die Schnittpunkte mit den Koordinatenachsen und damit die *Spurgeraden*.

Das folgende Beispiel soll zeigen, dass auf diese Weise durchaus ansprechende Bilder entstehen können (Abb. 4.27). Wir verwenden die Gerade

$$g : \vec{x} = (-3 \mid 6 \mid 9) + t \cdot \begin{pmatrix} -6 \\ 4 \\ 9 \end{pmatrix} \quad (t \in \mathbb{R})$$

Abb. 4.27 Darstellung von Geraden und Ebenen

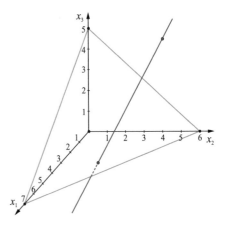

mit den Spurpunkten $(3|2|0)$, $(6|0|-4,5)$, $(0|4|4,5)$ sowie die Ebene

$$E: 30\,x_1 + 35\,x_2 + 42\,x_3 = 210$$

mit den Achsenschnittpunkten $(7\,|\,0\,|\,0)$, $(0\,|\,6\,|\,0)$, $(0\,|\,0\,|\,5)$.

4.3.5   Vektorgeometrische Beweise von Sätzen der affinen Geometrie

Die folgenden Sätze und Ergebnisse werden in der Sprache der affinen Geometrie formuliert; es sind keinerlei metrische Begriffe notwendig. Man kann bei der Behandlung der folgenden und ähnlicher Sätze Lernende sehr gut mit geeigneten DGS-Lernumgebungen experimentieren und die Resultate selbst entdecken lassen, bevor sie bewiesen werden. Für alle Sätze gibt es auch elementargeometrische Beweise; hier werden die Beweise mit vektoriellen Methoden geführt, was die Kraft der vektoriellen Methode zeigen soll.

Bereits in den Abschn. 3.2.5 und 3.5.3 wurden einige Sätze der affinen Geometrie auf vektoriellem Wege bewiesen, z. B. der Satz über den Schnittpunkt der Seitenhalbierenden im Dreieck (Schwerpunkt), der Satz von Varignon (die Mittelpunkte der Seiten eines beliebigen Vierecks bilden ein Parallelogramm) sowie der Satz, dass die Diagonalen eines Parallelogramms einander halbieren. Die folgende Tatsache stellt eine Verallgemeinerung eines ebenfalls in Abschn. 3.5.3 behandelten Satzes dar.

Ein Parallelogramm-Problem
$ABCD$ sei ein Parallelogramm und T ein Punkt, der die Seite $\overline{BC}$ im Verhältnis $1:k$ ($k \in \mathbb{N}$) teilt (siehe Abb. 4.28). In welchem Teilverhältnis teilt AT die Diagonale $\overline{BD}$?

- Untersuchungen von Spezialfällen ($k = 1, 2, 3$) und Experimente in einem DGS führen zu der Vermutung, dass AT die Diagonale im Verhältnis $1:(k+1)$ teilt.
- Um diese Vermutung zu verifizieren, wählt man zunächst ein problemadäquates affines Koordinatensystem; hierbei kommt die fundamentale Idee „Koordinatisieren" zum Tragen. Es bietet sich das Koordinatensytem mit A als Ursprung und den Basisvektoren $\vec{a}, \vec{b}$ mit $\vec{a} = \overrightarrow{AB}$, $\vec{b} = \overrightarrow{AD}$ an.
- Gesucht ist das Teilverhältnis $\mathrm{TV}(BSD)$, also t mit $\overrightarrow{BS} = t \cdot \overrightarrow{SD}$. Dazu kann man zunächst t^* mit $\overrightarrow{BS} = t^* \cdot \overrightarrow{BD}$ ermitteln; es gilt $t = \frac{t^*}{1-t^*}$ (siehe Abschn. 4.3.3).

Abb. 4.28 Ein Parallelogramm-Problem

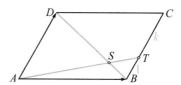

- Wie in dem in Abschn. 3.5.3 behandelten Spezialfall drückt man $\overrightarrow{AT}$, $\overrightarrow{AS}$ und $\overrightarrow{BS}$ als Linearkombinationen der Basisvektoren aus und erhält nach analogen Umformungen durch Koeffizientenvergleich $\overrightarrow{BS} = \frac{1}{k+2} \cdot \overrightarrow{BD}$ – rechnen Sie dies nach.
- Das gesuchte Teilverhältnis ist also

$$\mathrm{TV}(BSD) = t = \frac{t^*}{1-t^*} = \frac{\frac{1}{k+2}}{1 - \frac{1}{k+2}} = \frac{1}{k+1} \, .$$

Die beiden folgenden Sätze gehören zu den bekanntesten Sätzen der affinen Dreiecksgeometrie. Sie werden im Unterricht der Sekundarstufe I i. Allg. nicht behandelt, eignen sich aber (in elementargeometrischer Behandlung) sehr gut für Arbeitsgemeinschaften, z. B. im 9. oder 10. Schuljahr. Dafür geeignete Beweise beruhen auf den Strahlensätzen bzw. der Ähnlichkeit von Dreiecken, siehe z. B. Schupp (1998, S. 145ff.). Im Folgenden führen wir vektorielle Beweise dieser beiden Sätze, die wiederum wesentlich auf der geeigneten Wahl eines affinen Koordinatensystems beruhen.

Der Satz des Menelaos

Der griechische Mathematiker Menelaos (ca. 70–140) ist durch den nach ihm benannten Satz unsterblich geworden; dieser Satz ist eine schöne Anwendung von Teilverhältnissen. Wir gehen aus von einem (echten) Dreieck ABC und einer Geraden g, die zu keiner Dreieckseite parallel ist. Damit schneidet g jede der drei Seitengeraden AB, BC und AC genau einmal, die Schnittpunkte mögen S_3, S_1 und S_2 heißen (Abb. 4.29 zeigt die beiden prinzipiell möglichen Lagen). Der Satz hat zwei Teile:

Satz des Menelaos

a) Die Gerade g schneide die Seitengeraden AB in S_3, BC in S_1 und AC in S_2. Dann gilt

$$\mathrm{TV}(AS_3B) \cdot \mathrm{TV}(BS_1C) \cdot \mathrm{TV}(CS_2A) = -1 \, .$$

b) Sind umgekehrt S_1, S_2 und S_3 drei Punkte auf den Seitengeraden AB, BC und AC, für die die Teilverhältnisaussage aus a) gilt, so sind die drei Punkte kollinear.

Beweis: Wir verwenden das affine Koordinatensystem $\{A; \vec{a}; \vec{b}\}$ mit $\vec{a} = \overrightarrow{AB}$ und $\vec{b} = \overrightarrow{AC}$. Damit gilt:

$$\overrightarrow{AS_1} = \vec{a} + r \cdot (\vec{b} - \vec{a}) \, , \quad \overrightarrow{AS_2} = s \cdot \vec{b} \, , \quad \overrightarrow{AS_3} = t \cdot \vec{a}$$

$$\overrightarrow{S_1 S_2} = (r-1) \cdot \vec{a} - (r-s) \cdot \vec{b} \, , \quad \overrightarrow{S_2 S_3} = t \cdot \vec{a} - s \cdot \vec{b} \, .$$

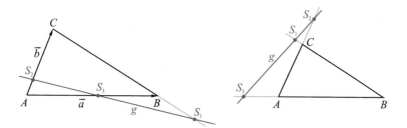

Abb. 4.29 Satz von Menelaos

Wir können die fraglichen Teilverhältnisse wie folgt ausdrücken:

$$\mathrm{TV}(BS_1C) = \frac{r}{1-r}\,, \quad \mathrm{TV}(CS_2A) = \frac{1-s}{s}\,, \quad \mathrm{TV}(AS_3B) = \frac{t}{1-t}\,.$$

Zum Beweis dieser Darstellungen gehen wir auf Definition 4.1 zurück: Mit $\mathrm{TV}(BS_1C) := t_1$ gilt $\overrightarrow{BS_1} = t_1 \cdot \overrightarrow{S_1C}$. Damit erhalten wir

$$r \cdot (\vec{b}-\vec{a}) = t_1 \cdot \left(\vec{b} - \left(\vec{a} + r \cdot (\vec{b}-\vec{a})\right)\right) = t_1 \cdot \left((1-r) \cdot (\vec{b}-\vec{a})\right)\,, \quad \text{also} \quad t_1 = \frac{r}{1-r}\,.$$

Mit $\mathrm{TV}(CS_2A) := t_2$ gilt $\overrightarrow{CS_2} = t_2 \cdot \overrightarrow{S_2A}$. Hieraus folgt

$$s \cdot \vec{b} - \vec{b} = t_2 \cdot (-s) \cdot \vec{b}\,, \quad \text{also} \quad t_2 = \frac{1-s}{s}\,.$$

Mit $\mathrm{TV}(AS_3B) := t_3$ ist schließlich $\overrightarrow{AS_3} = t_3 \cdot \overrightarrow{S_3B}$, wir erhalten:

$$t \cdot \vec{a} = t_3 \cdot (\vec{a} - t \cdot \vec{a}) = t_3 \cdot (1-t) \cdot \vec{a} \quad \text{und damit} \quad t_3 = \frac{t}{1-t}$$

Nun gehen wir jeweils von einer Seite der Behauptung aus:

$$\mathrm{TV}(AS_3B) \cdot \mathrm{TV}(BS_1C) \cdot \mathrm{TV}(CS_2A) = -1 \qquad (4.1)$$

$$\Leftrightarrow \frac{r}{1-r} \cdot \frac{1-s}{s} \cdot \frac{t}{1-t} = -1$$

$$\Leftrightarrow r \cdot (1-s) \cdot t = -(1-r) \cdot s \cdot (1-t)$$

$$\Leftrightarrow r \cdot t - r \cdot s \cdot t = -s + r \cdot s + t \cdot s - r \cdot s \cdot t$$

$$\Leftrightarrow r \cdot t + s - r \cdot s - t \cdot s = 0$$

S_1, S_2, S_3 sind kollinear $\Leftrightarrow \overrightarrow{S_1 S_2}, \overrightarrow{S_2 S_3}$ sind linear abhängig $\hfill (4.2)$

$$\Leftrightarrow \text{ es existiert } \lambda \in \mathbb{R} \text{ mit } \overrightarrow{S_1 S_2} = \lambda \cdot \overrightarrow{S_2 S_3} \quad (\text{da } \overrightarrow{S_2 S_3} \neq \vec{o})$$

$$\Leftrightarrow \begin{pmatrix} r - 1 \\ -r + s \end{pmatrix} = \lambda \cdot \begin{pmatrix} t \\ -s \end{pmatrix}$$

$$\Leftrightarrow (r - 1) \cdot (-s) = (-r + s) \cdot t$$

$$\Leftrightarrow -r \cdot s + s = -r \cdot t + s \cdot t$$

$$\Leftrightarrow r \cdot t - s \cdot t - r \cdot s + s = 0$$

Zusammen folgen wegen (4.1) $\Leftrightarrow$ (4.2) die beiden Aussagen des Satzes. $\hfill\square$

Der Satz von Ceva

Der italienische Geometer Giovanni Ceva (1647–1734) veröffentlichte 1678 den Satz, der heute Satz von Ceva heißt. Er ist eine Verallgemeinerung elementargeometrischer Sätze über besondere Punkte im Dreieck. Auch er besteht aus zwei Teilen:

Satz von Ceva

a) S sei ein Punkt im Innern eines (echten) Dreiecks ABC (Abb. 4.30). Die Geraden SA, SB und SC mögen die Dreiecksseiten in den Punkten S_1, S_2, S_3 schneiden. Dann gilt

$$\mathrm{TV}(B S_1 C) \cdot \mathrm{TV}(C S_2 A) \cdot \mathrm{TV}(A S_3 B) = 1 \ .$$

b) Es gilt auch die Umkehrung: Es seien S_1, S_2, S_3 Punkte auf den Seiten, für welche die TV-Formel aus a) gilt, dann sind die Geraden $S_1 A$, $S_2 B$ und $S_3 C$ kopunktal mit einem gemeinsamen Punkt S.

Abb. 4.30 Satz von Ceva

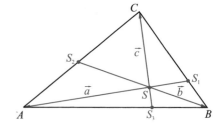

Beweis:

a) Wir benutzen die Abkürzungen

$$\vec{a} = \overrightarrow{SA}, \quad \vec{b} = \overrightarrow{SB}, \quad \vec{c} = \overrightarrow{SC},$$

$$t_1 = \text{TV}(BS_1C), \ t_2 = \text{TV}(CS_2A), \ t_3 = \text{TV}(AS_3B).$$

Der Vektor $\vec{c}$ lässt sich als Linearkombination von $\vec{a}$ und $\vec{b}$ darstellen, es gibt also reelle Zahlen r und s mit $\vec{c} = r \cdot \vec{a} + s \cdot \vec{b}$. Wir schließen analog zum Beweis des Satzes von Menelaos: Es gilt

$$\overrightarrow{SS_1} = \vec{b} + \frac{t_1}{1+t_1} \cdot \left((r \cdot \vec{a} + s \cdot \vec{b}) - \vec{b} \right) = \frac{1}{1+t_1} \cdot \left((r \cdot t_1) \cdot \vec{a} + (1 + s \cdot t_1) \cdot \vec{b} \right),$$

da $\overrightarrow{SS_1}$ ein Vielfaches von $\vec{a}$ ist, folgt $1 + s \cdot t_1 = 0$, also $t_1 = -\frac{1}{s}$.
Weiterhin gilt

$$\overrightarrow{SS_2} = r \cdot \vec{a} + s \cdot \vec{b} + \frac{t_2}{1+t_2} \cdot \left(\vec{a} - (r \cdot \vec{a} + s \cdot \vec{b}) \right) = \frac{1}{1+t_2} \cdot \left((r+t_2) \cdot \vec{a} + s \cdot \vec{b} \right);$$

da $\overrightarrow{SS_2}$ ein Vielfaches von $\vec{b}$ ist, folgt $r + t_2 = 0$, also $t_2 = -r$.
Schließlich gilt

$$\overrightarrow{SS_3} = \vec{a} + \frac{t_3}{1+t_3} \cdot (\vec{b} - \vec{a}) = \frac{1}{1+t_3} \cdot \left(\vec{a} + t_3 \cdot \vec{b} \right);$$

da $\overrightarrow{SS_3}$ ein Vielfaches von

$$\vec{c} = r \cdot \vec{a} + s \cdot \vec{b} = r \cdot \left(\vec{a} + \frac{s}{r} \cdot \vec{b} \right)$$

ist, folgt $t_3 = \frac{s}{r}$.
Aus $t_1 = -\frac{1}{s}$, $t_2 = -r$ und $t_3 = \frac{s}{r}$ ergibt sich, wie behauptet,

$$t_1 \cdot t_2 \cdot t_3 = \left(-\frac{1}{s} \right) \cdot (-r) \cdot \frac{s}{r} = 1.$$

b) Jetzt setzen wir für drei Punkte S_1, S_2 und S_3 der Dreieckseiten BC, AC bzw. AB das Teilverhältnisprodukt $\text{TV}(BS_1C) \cdot \text{TV}(CS_2A) \cdot \text{TV}(AS_3B) = 1$ voraus. S sei definiert als Schnittpunkt von AS_1 und BS_2; S^* sei der Schnittpunkt von AB und CS. Jetzt zeigt man mithilfe des Satzes von Ceva, Teil a), dass $S^* = S_3$ gelten muss.[18] $\square$

---

[18] Führen Sie die Einzelheiten als Übung selbst durch.

Eine kleine algebraische Umformung, die allerdings Längen, also einen metrischen Begriff verwendet, führt zu einer interessanten Variante des Satzes von Ceva: Das Teilverhältnisprodukt ist äquivalent zu

$$|AS_3| \cdot |BS_1| \cdot |CS_2| = |AS_2| \cdot |BS_3| \cdot |CS_1| \,.$$

Dies folgt sofort aus der Definition der Teilverhältnisse:

$$\overrightarrow{BS_1} = t_1 \cdot \overrightarrow{S_1C} \,, \quad \overrightarrow{CS_2} = t_2 \cdot \overrightarrow{S_2A} \quad \text{und} \quad \overrightarrow{AS_3} = t_3 \cdot \overrightarrow{S_3B} \,.$$

Damit erhalten wir die symmetrische Darstellung

$$1 = t_1 \cdot t_2 \cdot t_3 = \frac{|BS_1|}{|S_1C|} \cdot \frac{|CS_2|}{|S_2A|} \cdot \frac{|AS_3|}{|S_3B|} \,.$$

- Welche Ihnen bekannten Sätze der Elementargeometrie sind Spezialfälle des Satzes von Ceva?

4.3.6 Affine Geometrie und „Zufallsfraktale"

Die im Folgenden behandelten „Zufallsfraktale" zeigen ein verblüffendes Phänomen, das jedem mathematischen Gefühl zu widersprechen scheint. Die Klärung des Phänomens geschieht mit einfachen Methoden der affinen Geometrie, wobei die vorkommenden Zahlen nicht im üblichen Dezimalsystem, sondern im Dualsystem geschrieben werden. Damit wird einerseits ein Thema der Grundschule aus höherer Sicht wieder aufgegriffen, und es wird andererseits der Weg zum Studium von Fraktalen bereitet. Fundamental ist wie so oft die Wahl eines problemadäquaten Koordinatensystems.

Testen Sie den folgenden einfachen geometrischen Algorithmus: Sie wählen 3 Punkte A, B, C, die ein nicht ausgeartetes Dreieck ABC bilden. Starten Sie mit einem beliebigen Punkt P_0 (wenn Sie wollen, kann dieser Punkt auch außerhalb des Dreiecks liegen). Dann konstruieren Sie nach folgender Vorschrift weitere Punkte $P_1, P_2, P_3, \ldots$ (Abb. 4.31): Sie werfen einen Würfel:

- Zeigt der Würfel als Ergebnis eine 1 oder eine 4, so nehmen Sie die Mitte von $\overline{AP_0}$ als neuen Punkt P_1.
- Falls der Würfel eine 2 oder eine 5 zeigt, so ist P_1 die Mitte von $\overline{BP_0}$.
- Bei Würfelwert 3 oder 6 ist P_1 die Mitte von $\overline{CP_0}$.

So geht es jetzt weiter: P_2 ist wieder, je nach Würfelzahl, die Mitte von $\overline{AP_1}$, $\overline{BP_1}$ oder $\overline{CP_1}$ usw. In Abb. 4.31 ist das Startdreieck ein gleichseitiges Dreieck, und der beschriebene Algorithmus ist sechsmal durchgeführt worden. Wahrscheinlich werden Sie erstens

Abb. 4.31 Algorithmus zur
Erzeugung von Zufallsfraktalen

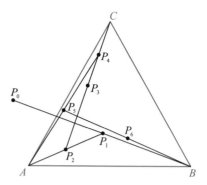

sehr schnell die Lust an diesem Spiel verlieren und zweitens auch nach der Konstruktion von 20 Punkten nicht viel Interessantes sehen. Die meisten Schüler und Studierenden
meinen, dass ohnedies irgendwann das gesamte Dreieck ausgefüllt werden wird, vielleicht
etwas weniger an den Rändern... Aber machen Sie sich doch einmal die kleine Mühe, ein
Programm zu schreiben und Ihren Computer diese Arbeit einige Tausend Mal erledigen
zu lassen.[19] Dann sieht die Sache schnell ganz anders aus! In den drei Teilbildern von
Abb. 4.32 wurde der Algorithmus 400, 4000 und 40.000 mal durchgeführt. Startpunkt
war jeweils der im jeweiligen Bild oben als kleines Quadrat gezeichnete Punkt. Je mehr
Punkte man erzeugt, desto deutlicher scheint das sogenannte Sierpinski-Dreieck zu entstehen.

Sierpinski-Dreieck

Das „klassische", durch Abb. 4.33 definierte Sierpinski-Dreieck gehört zu den „Mons-
tern", die um 1900 erfunden wurden, um die Grundbegriffe der Analysis zu präzisieren (Henn, 2012, S. 256). Es erscheint jedoch unglaublich, dass durch zufällig erzeugte
Punkte ein streng deterministisches Gebilde wie das Sierpinski-Dreieck entstehen kann.

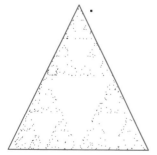
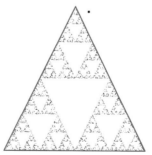
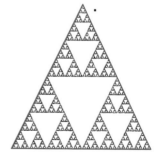

Abb. 4.32 Konstruktion vieler Punkte von Zufallsfraktalen

---

[19] Geeignete Applets zum sofortigen Experimentieren stehen auf der Internetseite dieses Buches
sowie unter http://www.elementare-stochastik.de zur Verfügung.

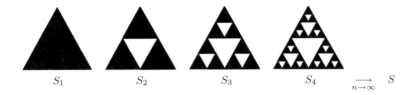

Abb. 4.33 Sierpinski-Dreieck

Im Folgenden analysieren wir den Algorithmus aus Abb. 4.31. Dieser Algorithmus ist eine affine Vorschrift! Die Ausgangsfigur, das Dreieck ABC, ist ein beliebiges nichtentartetes Dreieck der Zeichenebene. Zur Beschreibung wird ein situationsgemäßes affines Koordinatensystem $\{A; \overrightarrow{AB}, \overrightarrow{AC}\}$ gewählt (Abb. 4.34a).

Zunächst muss die Punktmenge Sierpinski-Dreieck S beschrieben werden. Das Fraktal S ist rekursiv definiert (vgl. Abb. 4.33) über die Iterationen

$$S_1, S_2, \ldots \xrightarrow[n \to \infty]{} S.$$

Die Tatsache, dass die Seiten jeweils halbiert werden (was eine affine Eigenschaft ist!), legt nahe, jetzt die Punktkoordinaten 2-adisch zu schreiben. Im Folgenden ist also bei Kommazahlen stets die Dualentwicklung mit Ziffern 0 und 1 gemeint. Zunächst werden S_1 und S_2 diskutiert. Die Ausgangsfigur S_1 besteht genau aus allen Punkten $P(x|y)$, für die die drei Bedingungen $0 \le x \le 1$, $0 \le y \le 1$ und $0 \le x + y \le 1$ gelten (Abb. 4.34b). Für

$$x = 0, x_1 x_2 \ldots \quad \text{und} \quad y = 0, y_1 y_2 \ldots \quad \text{mit} \quad x_i \in \{0; 1\}, y_i \in \{0; 1\}, i \in \mathbb{N}$$

muss also

$$y \le 1 - x = 0, \bar{1} - x = 0, \hat{x}_1 \hat{x}_2 \ldots \quad \text{mit} \quad \hat{x}_i = \begin{cases} 1, & \text{falls} \quad x_i = 0 \\ 0, & \text{falls} \quad x_i = 1 \end{cases}$$

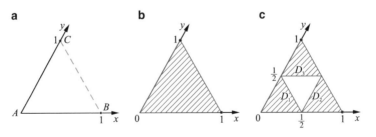

Abb. 4.34 a Koordinatensystem, die ersten beiden Iterationen S_1 (**b**) und S_2 (**c**)

gelten.[20] Folglich ist

$$S_1 = \{(x|y) \mid x = 0,x_1x_2\ldots \quad \text{und} \quad y = 0,y_1y_2\ldots \quad \text{mit} \quad y \le 0,\hat{x}_1\hat{x}_2\ldots\} \ .$$

Die zweite Figur S_2 besteht aus 3 Dreiecken der halben Kantenlänge (Abb. 4.34c). Analog zu der obigen Überlegung gilt für das linke untere Dreieck in Dezimaldarstellung

$$D_1 = \left\{(x|y) \,\middle|\, 0 \le x \le \frac{1}{2}, 0 \le y \le \frac{1}{2} \quad \text{und} \quad 0 \le x + y \le \frac{1}{2}\right\}$$

oder in Dualdarstellung

$$D_1 = \{(x|y) \mid x = 0,0x_2\ldots \quad \text{und} \quad y = 0,0y_2\ldots \quad \text{mit} \quad y \le 0,0\hat{x}_1\hat{x}_2\ldots\} \ .$$

Das Dreieck D_2 rechts unten entsteht aus D_1, indem man zu den x-Werten der Punkte jeweils $\frac{1}{2} = 0,1$ addiert, das Dreieck D_3 oben, indem man analog zu den y-Werten jeweils $0,1$ addiert, also

$$D_2 = \{(x|y) \mid x = 0,1x_2x_3\ldots \quad \text{und} \quad y = 0,0y_2y_3\ldots \quad \text{mit} \quad y \le 0,0\hat{x}_1\hat{x}_2\ldots\} \ ,$$
$$D_3 = \{(x|y) \mid x = 0,0x_2x_3\ldots \quad \text{und} \quad y = 0,1y_2y_3\ldots \quad \text{mit} \quad y \le 0,1\hat{x}_1\hat{x}_2\ldots\} \ .$$

Zusammenfassend ist damit

$$S_2 = \left\{(x|y) \,\middle|\, \begin{array}{l} x = 0,x_1x_2\ldots \\ y = 0,y_1y_2\ldots \end{array} \text{mit} \quad (x_1|y_1) \ne (1|1) \quad \text{und} \quad 0,0y_2\ldots \le 0,0\hat{x}_1\hat{x}_2\ldots\right\} \ .$$

Genauso wie oben lassen sich die weiteren Approximationen von S darstellen: S_n besteht aus 3^{n-1} Dreiecken. Für das jeweilige Dreieck D, das den Nullpunkt enthält, gilt

$$D = \left\{(x|y) \,\middle|\, \begin{array}{l} x = 0,0\ldots 0x_nx_{n+1}\ldots \\ y = 0,0\ldots 0y_ny_{n+1}\ldots \end{array} \text{mit} \quad y \le 0,0\ldots 0\hat{x}_n\hat{x}_{n+1}\ldots\right\} \ .$$

Die anderen Dreiecke entstehen durch entsprechende Verschiebungen aus diesem Dreieck. Für das Sierpinski-Dreieck S ergibt sich schließlich

$$S = \left\{(x|y) \,\middle|\, \begin{array}{l} x = 0,x_1x_2\ldots \\ y = 0,y_1y_2\ldots \end{array} \text{mit} \quad (x_i|y_i) \ne (1|1) \text{ für alle } i \in \mathbb{N}\right\} \ .$$

Mithilfe dieser Darstellung lässt sich der Ausgangsalgorithmus leicht analysieren: Die Eckpunkte des Ausgangsdreiecks[21] bestimmen ein affines Koordinatensystem und haben

---

[20] Die Einerperiode $1 = 0,1111\ldots = 0,\bar{1}$ im Dualsystem entspricht der Neunerperiode $1 = 0,9999\ldots = 0,\bar{9}$ im Zehnersystem.

[21] Das Ausgangsdreieck muss natürlich nicht gleichseitig sein; es wird ausschließlich affin argumentiert.

die Koordinaten $A(0|0)$, $B(1|0)$ und $C(0|1)$. Ist $(a|b)$ die zufällig gewählte Ecke des Dreiecks ABC, so hat der Nachfolgerpunkt $P'(x'|y')$ des Punkts $P(x|y)$ die Koordinaten

$$x' = \frac{x+a}{2}, \quad y' = \frac{y+b}{2}.$$

Haben die Koordinaten von P in Dualdarstellung die Koordinaten

$$x = 0{,}x_1x_2\ldots \quad \text{und} \quad y = 0{,}y_1y_2\ldots,$$

so hat P' je nach Wahl der Ecke die folgenden Koordinaten:

$$
\begin{aligned}
(a|b) = (0|0): & \quad x' = \tfrac{x}{2} = 0{,}0x_1x_2\ldots, & y' = \tfrac{y}{2} = 0{,}0y_1y_2\ldots, \\
(a|b) = (1|0): & \quad x' = \tfrac{x}{2} + \tfrac{1}{2} = 0{,}1x_1x_2\ldots, & y' = \tfrac{y}{2} = 0{,}0y_1y_2\ldots, \\
(a|b) = (0|1): & \quad x' = \tfrac{x}{2} = 0{,}0x_1x_2\ldots, & y' = \tfrac{y}{2} + \tfrac{1}{2} = 0{,}1y_1y_2\ldots.
\end{aligned}
$$

Lag P schon in S_n, so liegt P' in jedem Fall in S_{n+1}, insbesondere wird das Sierpinski-Dreieck selbst in sich abgebildet: $S' \subseteq S$. Die Dualdarstellung zeigt, dass jeder Punkt P aus S_n zu S einen Abstand

$$d(P, S) < \left(\frac{1}{2}\right)^{n-1}$$

hat. Der Startpunkt P_0 der Punktfolge war beliebig. Aufgrund der zufälligen Wahl der Ecke wandert die Punktfolge nach einigen Schritten in das Grunddreieck S_1.[22] Ab dann nähert sie sich mit jedem Schritt um den Faktor 0,5 dem Sierpinski-Dreieck S, scheint also bald in der Bildschirmauflösung im Sierpinski-Dreieck zu liegen. Aufgrund der zufälligen Wahl der Ecken wird das Sierpinski-Dreieck dicht aufgefüllt: P sei ein beliebiger Punkt der Folge und $R(x|y) \in S$ habe die Koordinaten

$$x = 0{,}x_1x_2\ldots \quad \text{und} \quad y = 0{,}y_1y_2\ldots \quad \text{mit} \quad (x_i|y_i) \neq (1|1).$$

Die Folge $r_1, \ldots, r_m \in \{1; 2; 3\}$ sei definiert durch

$$r_i := \begin{cases} 1 \\ 2 \\ 3 \end{cases} \quad \text{falls} \quad (x_i|y_i) = \begin{cases} (0|0) \\ (1|0) \\ (0|1) \end{cases}.$$

Bei $r_i = 1$ (bzw. 2, 3) möge die Ecke A (bzw. B, C) des Ausgangsdreiecks zur Konstruktion des nächsten Punkts verwendet werden. Werden jetzt zufälligerweise beim „Würfeln" der nächsten m Punkte $P^{(1)}$, $P^{(2)}$, ..., $P^{(m)}$ nacheinander die Ecken zu den Zahlen $r_m, \ldots, r_2, r_1$ gewählt, so hat der letzte Punkt $P^{(m)}$ von S einen Abstand $< 2^{-m+1}$. Da jede solche Folge gleichwahrscheinlich ist, ist die Konvergenz gegen *jeden* S-Punkt gleichwahrscheinlich, und das Computerbild zeigt stets nach genügend vielen Wiederholungen des Algorithmus das (mehr oder weniger) vollständige Sierpinski-Dreieck.

---

[22] Mit Wahrscheinlichkeit 1 wandert die Punktfolge „*irgendwann*" ins Grunddreieck.

4.4 Das Skalarprodukt

Während in der affinen Geometrie die Beschreibung und Untersuchung der Lage geometrischer Objekte im Mittelpunkt steht, sollen jetzt geometrische Objekte *gemessen* werden. Die metrischen Eigenschaften des Anschauungsraumes sind auch für die meisten Anwendungen von fundamentalem Interesse, betreffen also insbesondere die erste Winter'sche Grunderfahrung (vgl. Kap. 1), die „Mathematik und den Rest der Welt" verbindet. Längen, Winkel, Flächeninhalte und Volumina messen die Schüler schon seit der Primarstufe, allerdings können nur wenige Größen *berechnet* werden. Ziel ist es zunächst, die gewünschten Maße aus den Koordinaten der eingehenden geometrischen Objekte algebraisch zu erhalten. Grundlegend für alle Messungen ist die Bestimmung von Längen und Winkeln; Längen lassen sich mithilfe des Satzes von Pythagoras, Winkel mithilfe des Kosinussatzes ableiten. Das wesentliche Konstrukt hierzu ist das Skalarprodukt, das die Messung von Längen und Winkeln technisch elegant erlaubt. Viele weitere Mess-Aufgaben lassen sich jetzt einfach lösen; in den folgenden Abschnitten werden wir insbesondere Geraden, Ebenen, Kugeln und ihre Schnitte behandeln.

4.4.1 Zur Einführung des Skalarprodukts

Zum Skalarprodukt gibt es, wie beim Begriff des Vektors, drei grundsätzlich verschiedene Zugänge:

1. Bei *geometrisch orientierten* Zugängen steht die Tatsache im Mittelpunkt, dass sich das Skalarprodukt $\vec{u} \cdot \vec{v}$ zweier Vektoren als Produkt ihrer Beträge (Längen) und des Kosinus des von ihnen eingeschlossenen Winkels ergibt:

$$\vec{u} \cdot \vec{v} = |\vec{u}| \cdot |\vec{v}| \cdot \cos \angle(\vec{u}, \vec{v}) \,. \tag{4.3}$$

Diesen Weg werden wir in dem Abschn. 4.4.3 näher beschreiben.

2. Aus *arithmetischer* Sicht steht die Berechnung des Skalarprodukts zweier als n-Tupel aufgefasster Vektoren

$$\vec{u} = \begin{pmatrix} u_1 \\ u_2 \\ \vdots \\ u_n \end{pmatrix} \quad \text{und} \quad \vec{v} = \begin{pmatrix} v_1 \\ v_2 \\ \vdots \\ v_n \end{pmatrix}$$

als Summe der Produkte der einander entsprechenden Komponenten im Vordergrund:

$$\vec{u} \cdot \vec{v} = u_1 \cdot v_1 + u_2 \cdot v_2 + \ldots + u_n \cdot v_n = \sum_{i=1}^{n} u_i \cdot v_i \,. \tag{4.4}$$

Eine derartige Einführung eines Skalarprodukts kann durch *außermathematische Anwendungen* (siehe Abschn. 4.4.4) oder auch als Spezialfall des Matrizenprodukts (siehe Abschn. 6.1) motiviert werden. Letzteres kommt für die Schule jedoch kaum in Frage, da das Matrizenprodukt (sofern es im Unterricht behandelt wird) i. Allg. nach dem Skalarprodukt von Vektoren auftritt.

Insbesondere für die in der Analytischen Geometrie der Schule relevanten Fälle $n = 2; 3$ können auch *„gemischte" (arithmetische und geometrische Aspekte umfassende) Überlegungen* zur Einführung des Skalarprodukts führen, bei denen Fragen nach der Orthogonalität und der Berechnung von Winkeln als Ausgangspunkt dienen, den Term $u_1 \cdot v_1 + u_2 \cdot v_2$ bzw. $u_1 \cdot v_1 + u_2 \cdot v_2 + u_3 \cdot v_3$ näher zu betrachten, geometrisch zu interpretieren und damit ein Skalarprodukt einzuführen.

3. Bei *strukturorientierten, axiomatischen* Zugängen wird ein Skalarprodukt als *positiv definite symmetrische Bilinearform* auf einem beliebigen (reellen) Vektorraum V eingeführt, siehe Abschn. 4.4.2. Für eine Einführung in der Schule erscheint der axiomatische Weg jedoch ungeeignet.

Einführung des Skalarprodukts in Schulbüchern

Gängige Schulbücher verfolgen recht unterschiedliche Herangehensweisen an das Skalarprodukt:

- Einen „klar" geometrischen Zugang mit Gl. 4.3 als Ausgangspunkt findet man u. a. in (Lambacher Schweizer, 2009, S. 102), in (Schulz/Stoye, 1998a, S. 158f.) sowie in (Bigalke/Köhler, 2009, S. 102), wobei in den beiden letztgenannten Lehrwerken die (bei diesem Zugang als Definition fungierende) Gleichung $\vec{u} \cdot \vec{v} = |\vec{u}| \cdot |\vec{v}| \cdot \cos \angle(\vec{u}, \vec{v})$ physikalisch (anhand der mechanischen Arbeit) motiviert wird.

- Auf rein arithmetischem Wege, ausgehend von Stücklisten und Preisvektoren, wird das Skalarprodukt in dem älteren Schulbuch Griesel/Postel (1986) eingeführt (siehe hierzu auch Abschn. 4.4.4). Ebenfalls arithmetische Einführungen (über Gl. 4.4 bzw. deren Spezialfälle für $n = 2; 3$) nehmen die Lehrwerke (Bossek/Heinrich, 2007, S. 114) und (Schulz/Stoye, 1998b, S. 165) vor, wobei in letzterem auf eine Motivierung praktisch verzichtet wird und geometrische Bezüge erst später auftreten.

- Insbesondere in vielen neueren Schulbüchern ist das Bemühen erkennbar, das Skalarprodukt geometrisch zu motivieren, ohne jedoch Gl. 4.3 mehr oder weniger unmotiviert an den Anfang zu stellen. So werden in (Griesel et al., 2008, S. 62ff.), (Jahnke/Scholz, 2009, S. 210f.) und (Schmidt/Zacharias/Lergenmüller, 2010, S. 100ff.) zunächst Überlegungen zur Orthogonalität von Vektoren bzw. zu Winkeln angestellt, gefolgt von einer Diskussion und geometrischen Interpretation des Terms $u_1 \cdot v_1 + u_2 \cdot v_2$ bzw. $u_1 \cdot v_1 + u_2 \cdot v_2 + u_3 \cdot v_3$ (vgl. Gl. 4.4). Davon ausgehend wird dann das Skalarprodukt anhand der Komponentendarstellung bei gleichzeitiger geometrischer Interpretation eingeführt.

Unabhängig davon, wie das Skalarprodukt eingeführt wird, besteht in jedem Falle die Notwendigkeit, *arithmetisch-algebraische Aspekte* (Rechenregeln, Berechnung aus Komponenten) und die *geometrische Interpretation* (einschließlich der Orthogonalität von Vektoren sowie der Berechnung von Winkeln) *zusammen zu führen*. Dies kann – abhängig von dem gewählten Zugang – auf unterschiedliche Weise geschehen, worauf im Folgenden detaillierter eingegangen wird.

4.4.2   Metrische Geometrie – Sichtweisen der Schule und der Universität

Der wesentliche Unterschied in der schulischen und der universitären Behandlung der metrischen Geometrie liegt in der Art, wie das Skalarprodukt eingeführt wird. In der *Schule* wurden in der Primarstufe und in der Sekundarstufe I Grundvorstellungen von „Längen" und „Winkeln" entwickelt, und man hat gelernt, wie man Längen und Winkel messen kann. Dies ist unproblematisch für Längen; der Winkelbegriff ist allerdings komplexer und hat mehrere Aspekte: Elementargeometrisch kann ein Winkel durch 3 Punkte oder zwei Halbgeraden bestimmt werden, und sein Maß liegt *unorientiert* zwischen 0° und 180° oder *orientiert* zwischen 0° und 360°. Schon bei der Betrachtung von Drehungen, spätestens aber bei der Einführung der trigonometrischen Funktionen, die 2π-periodisch sind, kann ein Winkel „*analytisch*" alle positiven und negativen Zahlen im *Gradmaß* oder im *Bogenmaß* annehmen,[23] vgl. (Freudenthal, 1973, Bd. 2, S. 441). Auf jeden Fall stehen zu Beginn der Behandlung der Analytischen Geometrie Methoden zur Verfügung, um Längen und Winkel zu bestimmen. Um den Abstand zweier Punkte oder die Länge einer Strecke in der Ebene oder im Raum zu berechnen, muss man den Satz des Pythagoras einmal in der Ebene bzw. zweimal im Raum anwenden. Winkel lassen sich mithilfe des Kosinussatzes[24] algebraisch ausdrücken. Durch geeignete algebraische Umformungen erhält man eine mnemotechnisch einfache Formel, das *Skalarprodukt*, mit deren Hilfe man die fraglichen Berechnungen problemlos gestalten kann. Diese Formel hat einige nützliche Eigenschaften, die man leicht begründen und dann immer wieder verwenden kann. Das Skalarprodukt ist also *aus Sicht der Schule eine praktische syntaktische Formel zur Berechnung von Längen und Winkeln.*

Skalarprodukt als positiv definite, symmetrische Bilinearform

An der *Universität* strebt man einen exakten, axiomatischen Aufbau der Theorie an. Die Axiome werden allerdings so formuliert, dass man die entstehende Theorie auch auf „die Welt, in der wir leben", anwenden kann. In der Analytischen Geometrie geht man von einem reellen Vektorraum V und einem zugehörigen affinen Raum A aus, siehe etwa (Filler, 2011, S. 203f.). Sowohl V als auch A sind abstrakte Räume, in denen man im Gegensatz

---

[23] Dieser Winkelbegriff hat auch einen „dynamischen" Aspekt.

[24] Zwar gehören die trigonometrischen Formeln nicht mehr zum Standardstoff der Schule, jedoch kann der Kosinussatz problemlos im Zusammenhang mit der Berechnung von Winkeln eingeführt und mithilfe des Satzes des Pythagoras einfach bewiesen werden (siehe Abschn. 4.4.3).

zum Anschauungsraum der Schule (noch) nicht „messen" kann. Um zu einem *Euklidischen Vektorraum* und zugehörigen *metrischen affinen Raum* zu kommen, geht man – wie so oft – gerade anders herum vor als in der Schule. Man definiert eine abstrakte Abbildung namens „Skalarprodukt":

▶ **Definition 4.3** Eine Abbildung $B \colon V \times V \to \mathbb{R}$, $(\vec{x}, \vec{y}) \mapsto B(\vec{x}, \vec{y})$ heißt *Skalarprodukt*, wenn B eine positiv definite, symmetrische Bilinearform ist, d. h. wenn für beliebige Vektoren $\vec{u}, \vec{v}, \vec{w} \in V$ und beliebige reelle Zahlen λ gilt:

B1. a) $B(\vec{u} + \vec{v}, \vec{w}) = B(\vec{u}, \vec{w}) + B(\vec{v}, \vec{w})$ *(Additivität)*
    b) $B(\lambda \vec{u}, \vec{v}) = \lambda\, B(\vec{u}, \vec{v})$ *(Homogenität)*
B2. $B(\vec{u}, \vec{v}) = B(\vec{v}, \vec{u})$ *(Symmetrie)*
B3. $B(\vec{u}, \vec{u}) \geq 0$ sowie $B(\vec{u}, \vec{u}) = 0 \Leftrightarrow \vec{u} = \vec{o}$ *(positive Definitheit)*

Additivität und Homogenität werden gemeinsam als Linearität bezeichnet; wegen der Symmetrie besteht diese in beiden Argumenten, weshalb man von Bilinearität spricht. In der Fachmathematik verwendet man oft Schreibweisen wie $\langle \vec{x}, \vec{y} \rangle$, manchmal auch die in der Schule übliche Schreibweise $\vec{x} \cdot \vec{y}$. Schon in der Schreibweise der Definition tauchen Mal- und Plus-Zeichen in unterschiedlichen Bedeutungen auf, erst recht gilt das für die in der Schule übliche Schreibweise des Skalarprodukts als „Produkt".

Euklidische Vektorräume

Ein Vektorraum V mit einem durch B1–B3 festgelegten Skalarprodukt heißt *Euklidischer Vektorraum*. Ein Vektorraum kann durch viele verschiedene Skalarprodukte zu einem Euklidischen Raum gemacht werden. Es ist eine wichtige Frage, wann diese Räume isomorph sind. Im fachmathematischen Aufbau definiert man weiter die Begriffe „Norm" als Abbildung $V \to \mathbb{R}$ und „Metrik" als Abbildung $A \times A \to \mathbb{R}$, worauf wir aber hier nicht weiter eingehen wollen.

In einem Euklidischen Vektorraum lassen sich jetzt der Betrag bzw. die *Länge* eines Vektors sowie *Winkel*, im zugehörigen metrischen affinen Raum der *Abstand zweier Punkte* definieren:

- Definition von Länge und Abstand:

$$|\overrightarrow{PQ}| = |PQ| = d(P, Q) = \sqrt{B(\overrightarrow{PQ}, \overrightarrow{PQ})}$$

- Definition des Winkels $\alpha = \angle(PQR)$ über

$$\cos(\alpha) = \frac{B(\overrightarrow{QP}, \overrightarrow{QR})}{|\overrightarrow{QP}| \cdot |\overrightarrow{QR}|}$$

Diese Begriffe haben allerdings keine ontologische Bindung im Sinne der Elementargeometrie mehr! Denken Sie z. B. an den Vektorraum der über dem Intervall $[0, 1]$ stetigen reellwertigen Funktionen oder an den der reellen Polynome, jeweils mit einem geeigneten Skalarprodukt. Wir können den Winkel definieren, den zwei Polynome bilden – eine inhaltliche Deutung ist damit aber nicht gegeben.

4.4.3 Ein geometrisch orientierter Weg zum Skalarprodukt

In diesem Abschnitt wird ein einfacher, vielfach erprobter Zugang zum Skalarprodukt beschrieben. Gemäß dem anschaulichen Standpunkt der Schule *wissen* wir, was Längen und Winkel sind. Wir suchen nach möglichst einfachen vektoriellen Methoden, diese zu *berechnen*. Es geht also – anders als beim abstrakt-mathematischen Aufbau – um die *effektive Berechnung* von Längen und Winkeln, nicht um deren *Definition*. Dementsprechend wird das Skalarprodukt nicht *axiomatisch* gekennzeichnet, sondern ergibt sich inhaltlich aus elementargeometrischen Überlegungen als praktisches und mnemotechnisch einfaches Rechenhilfsmittel. Die Rechenregeln für das Skalarprodukt werden *bewiesen*, die Längen und Winkel mit seiner Hilfe einfach *berechnet*, nicht aber, wie im fachmathematischen Aufbau, *definitorisch* verlangt.

Ausgangspunkt sind die elementargeometrischen Sätze „Pythagoras" für die Längenberechnung und der Kosinussatz für die Winkelberechnung. Argumentiert wird wie in der Mittelstufe in der Ebene (und nun auch im Raum) mit einem *kartesischen Koordinatensystem*, das durch einen beliebigen Ursprung O und drei Einheitsvektoren

$$\vec{e}_1 = \begin{pmatrix} 1 \\ 0 \\ 0 \end{pmatrix}, \quad \vec{e}_2 = \begin{pmatrix} 0 \\ 1 \\ 0 \end{pmatrix} \quad \text{und} \quad \vec{e}_3 = \begin{pmatrix} 0 \\ 0 \\ 1 \end{pmatrix}$$

bestimmt wird. Die Voraussetzung „kartesisches Koordinatensystem" zeigt auch, dass wir den Längen- und den Winkelbegriff voraussetzen!

Länge (Betrag) eines Vektors

Es soll die Länge bzw. der Betrag eines Vektors $\vec{a}$ bestimmt werden. Es sei $\vec{a} = \begin{pmatrix} a_1 \\ a_2 \\ a_3 \end{pmatrix}$ bezüglich eines kartesischen Koordinatensystems und weiter $\vec{a} = \overrightarrow{OP}$ wie in Abb. 4.35.

Wir wenden zweimal den Satz des Pythagoras an. Damit ergibt sich die Länge des Vektors als

$$|\vec{a}| = \sqrt{a_1^2 + a_2^2 + a_3^2}$$

bzw.

$$|\vec{a}|^2 = a_1 \cdot a_1 + a_2 \cdot a_2 + a_3 \cdot a_3$$

in Vorbereitung zur späteren Schreibweise des Skalarprodukts.

Abb. 4.35 Betrag eines
Vektors

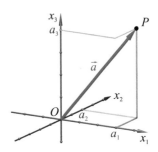

Trivialerweise gelten folgende Eigenschaften (es sind mathematisch gesprochen die einer Norm) für alle Vektoren $\vec{a}$ und für alle $\lambda \in \mathbb{R}$:

- $|\vec{a}| \geq 0$
- $|\vec{a}| = 0 \Leftrightarrow \vec{a} = \vec{o}$
- $|\lambda \cdot \vec{a}| = |\lambda| \cdot |\vec{a}|$

Streckenlängen berechnet man genauso oder führt sie auf die Länge eines zugehörigen Vektors zurück: $|AB| = \left| \overrightarrow{AB} \right|$

Berechnung von Winkelmaßen

Um Winkelmaße zu berechnen, muss man die fraglichen Winkel zuerst geeignet darstellen, z. B. (wie in Abb. 4.36a) als $\alpha = \measuredangle (UOV)$ mit

$$\overrightarrow{OU} = \begin{pmatrix} x_1 \\ x_2 \\ x_3 \end{pmatrix} \quad \text{und} \quad \overrightarrow{OV} = \begin{pmatrix} y_1 \\ y_2 \\ y_3 \end{pmatrix} .$$

Kosinussatz

Im Folgenden benötigen wir den Kosinussatz, der für ein beliebiges Dreieck mit den Seiten a, b und c und dem von b und c eingeschlossenen Winkel α (Abb. 4.36b) folgendermaßen angegeben werden kann:

$$a^2 = b^2 + c^2 - 2 \cdot b \cdot c \cdot \cos \alpha$$

Abb. 4.36 a Winkelberechnung, **b** Kosinussatz

a

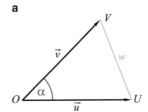

b

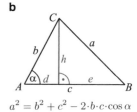

$$a^2 = b^2 + c^2 - 2 \cdot b \cdot c \cdot \cos \alpha$$

Der Kosinussatz ist eine Verallgemeinerung des Satzes von Pythagoras; beim Pythagoras ist $\alpha = 90°$, beim Cosinussatz beliebig.

Zum *Beweis des Kosinussatzes* ist in Abb. 4.36b die Höhe h auf die Seite c gezeichnet, die c in die Strecken d und e teilt. (Wenn der Fußpunkt von h außerhalb der Seite c liegt, ist eine andere Überlegungsfigur zu verwenden.) Es gilt:

$$h^2 = b^2 - d^2$$
$$e^2 = (c-d)^2 = c^2 - 2cd + d^2$$
$$a^2 = h^2 + e^2 = b^2 - d^2 + c^2 - 2cd + d^2 = c^2 + b^2 - 2cd$$

Wegen $\cos\alpha = \frac{d}{b}$, also $d = b \cdot \cos\alpha$, folgt die Behauptung des Kosinussatzes. $\qquad \square$

Zur Winkelberechnung setzen wir in Abb. 4.36a $u = |OU|$, $v = |OV|$, $w = |UV|$, wenden den Kosinussatz an, lösen nach $\cos\alpha$ auf und erhalten

$$\cos\alpha = \frac{u^2 + v^2 - w^2}{2 \cdot u \cdot v}\,.$$

Der Zähler des obigen Bruchs wird durch die Koordinaten der Punkte U und V ausgedrückt:

$$\begin{aligned}
u^2 + v^2 - w^2 &= \left(x_1^2 + x_2^2 + x_3^2\right) + \left(y_1^2 + y_2^2 + y_3^2\right) \\
&\quad - \left[(y_1 - x_1)^2 + (y_2 - x_2)^2 + (y_3 - x_3)^2\right] \\
&= 2 \cdot (x_1 \cdot y_1 + x_2 \cdot y_2 + x_3 \cdot y_3)
\end{aligned}$$

Damit haben wir die gesuchte Berechnungsformel für den Winkel gefunden:

$$\cos\alpha = \frac{x_1 \cdot y_1 + x_2 \cdot y_2 + x_3 \cdot y_3}{|\vec{u}| \cdot |\vec{v}|} = \frac{x_1 \cdot y_1 + x_2 \cdot y_2 + x_3 \cdot y_3}{\sqrt{x_1^2 + x_2^2 + x_3^2} \cdot \sqrt{y_1^2 + y_2^2 + y_3^2}}$$

Diese Formel berechnet den unorientierten Winkel, wie Abb. 4.37 zeigt: Sind $\beta = 180° - \alpha$ und $\gamma = 360° - \alpha$, so gilt $\cos\beta = -\cos\alpha$ und $\cos\gamma = \cos\alpha$. Die Winkel $\alpha = \angle(AOB)$ und $\gamma = \angle(BOA)$ haben denselben Kosinuswert. Um β zu berechnen, muss man z. B. die Vektoren $\vec{a}$ und $-\vec{b}$ benutzen.

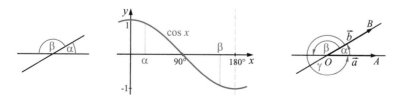

Abb. 4.37 Winkelorientierung

Zusammenfassung der Resultate

Hier ist jetzt die geeignete Stelle, das **Skalarprodukt** $\vec{a} \cdot \vec{b}$ zweier Vektoren zu definieren. Es ist aus schulischer Sicht eine einfach zu merkende Formel, die es erlaubt, Längen und Winkel zu bestimmen. Aus etwas formalerer Sicht ist das Skalarprodukt eine Abbildung, die zwei Vektoren $\vec{a}$, $\vec{b}$ eine eindeutig bestimmte reelle Zahl zuordnet, wobei die Berechnungsvorschrift

$$\vec{a} \cdot \vec{b} = x_1 \cdot y_1 + x_2 \cdot y_2 + x_3 \cdot y_3$$

auf die Koordinaten bezüglich eines vorweg gewählten kartesischen Koordinatensystems zurückgeführt wird (also zunächst von diesem Koordinatensystem abhängt). Die Formeln für die Länge eines Vektors und das Maß eines Winkels können mit dem Skalarprodukt einfach ausgedrückt werden:

$$|\vec{a}| = \sqrt{\vec{a} \cdot \vec{a}}$$
$$\vec{a} \cdot \vec{b} = |\vec{a}| \cdot |\vec{b}| \cdot \cos\alpha \quad \text{bzw.}$$
$$\cos\alpha = \frac{\vec{a} \cdot \vec{b}}{|\vec{a}| \cdot |\vec{b}|}$$

(4.5)

Die Beweise der „Skalarprodukt-Eigenschaften" B1–B3 im abstrakten Sinn (siehe Definition 4.3, dort werden sie definitorisch verlangt) ergeben sich einfach aus der Koordinatendarstellung. Verifizieren Sie dies! (Beachten Sie dabei die unterschiedlichen Bedeutungen der Mal-Punkte und des Plus-Zeichens.) Ein für viele Anwendungen wichtiger Spezialfall ist

$$\vec{x} \cdot \vec{y} = 0 \quad \Leftrightarrow \quad \angle(\vec{x}, \vec{y}) = 90° \,.$$

Die obige Formel für das Skalarprodukt (und damit für Längen und Winkel) hängt noch von dem vorgegebenen kartesischen Koordinatensystem ab. Da Längen und Winkel *unabhängig* von Koordinatensystemen sind, gilt diese Formel für *jedes beliebige* kartesische Koordinatensystem! Wir sprechen deshalb von *dem* Skalarprodukt. Im „höheren Sinne" ist es das üblicherweise als *Standard-Skalarprodukt* bezeichnete Skalarprodukt. Dies ist ein *inhaltlicher* Beweis, dass das Skalarprodukt unabhängig vom gewählten kartesischen Koordinatensystem ist! Ein *formaler* Beweis hierfür betrachtet die Matrizen, welche die zugehörigen Basistransformationen beschreiben. Allerdings sind unsere Überlegungen an kartesische Koordinatensysteme gebunden; wenn man ein *nicht*-kartesisches Koordinatensystem verwendet, gelten diese Formeln nicht!

4.4.4   Ein arithmetischer Zugang zum Skalarprodukt

Sollen in einem Lehrgang der Linearen Algebra Anwendungen außerhalb der Geometrie bzw. Physik im Mittelpunkt stehen, so ist – auch aufgrund der Tatsache, dass in diesem Falle häufig mit n-Tupeln mit $n > 3$ zu arbeiten ist – ein arithmetischer Zugang zum

Skalarprodukt in Erwägung zu ziehen. Die folgenden – an das Schulbuch Griesel/Postel (1986) angelehnten – Überlegungen können aber auch nach der im vorangegangenen Abschnitt beschriebenen, geometrisch motivierten Einführung des Skalarprodukts (und einer Verallgemeinerung der Komponentendarstellung auf beliebige n-Tupel) dazu dienen, eine zusätzliche Anwendung des Skalarprodukts zu erschließen.

Einführung des Skalarprodukts über Stücklisten und Preisvektoren
In Beispiel 3.1 wurden Stücklisten als Beispiele für n-Tupel betrachtet. Es werden nun die Stückpreise der einzelnen Gleisbauteile einbezogen.

Gleisstück gerade	2,40 €	Weiche links	17,98 €
Gleisstück gebogen	2,70 €	Weiche rechts	17,98 €
Anschluss-Gleisstück	6,29 €	Weichenantrieb	12,98 €

Daraus ergibt sich (bei Einhaltung der Reihenfolge der Teile, die in Beispiel 3.1 für die Stücklisten gewählt wurde) der *Preisvektor*

$$\vec{p} = \begin{pmatrix} 2,40 \\ 2,70 \\ 6,29 \\ 17,98 \\ 17,98 \\ 12,98 \end{pmatrix}.$$

Unter Heranziehung der Stückliste eines Sortiments, die wir im Folgenden als *Teilevektor* bezeichnen, z. B.

$$\vec{e}_2 = \begin{pmatrix} 15 \\ 8 \\ 1 \\ 2 \\ 2 \\ 4 \end{pmatrix}$$

für das Ergänzungssortiment 2, lässt sich der Gesamtpreis eines Sortiments durch die Summe der Produkte einander entsprechender Komponenten des Teile- und des Preisvektors ausdrücken:[25]

$$15 \cdot 2,40 + 8 \cdot 2,70 + 1 \cdot 6,29 + 2 \cdot 17,98 + 2 \cdot 17,98 + 4 \cdot 12,98 = 187,73 \quad \text{(in €)}$$

Diese Produktsumme, welche den Gesamtpreis ergibt, wird im Folgenden als Skalarprodukt der Vektoren $\vec{e}_2$ und $\vec{p}$ bezeichnet.

---

[25] Der Gesamtpreis bezieht sich darauf, dass die Teile einzeln gekauft werden. Beim Kauf von Sortimentskästen werden i. Allg. andere, meist niedrigere Preise berechnet.

▶ **Definition 4.4** Als *Skalarprodukt* zweier Vektoren $\vec{u}, \vec{v} \in \mathbb{R}^n$ mit

$$\vec{u} = \begin{pmatrix} u_1 \\ u_2 \\ \vdots \\ u_n \end{pmatrix} \quad \text{und} \quad \vec{v} = \begin{pmatrix} v_1 \\ v_2 \\ \vdots \\ v_n \end{pmatrix}$$

bezeichnet man die Summe der Produkte der einander entsprechenden Komponenten von $\vec{u}$ und $\vec{v}$:

$$\vec{u} \cdot \vec{v} = u_1 \cdot v_1 + u_2 \cdot v_2 + \ldots + u_n \cdot v_n = \sum_{i=1}^{n} u_i \cdot v_i$$

Sollte das Skalarprodukt auf diesem Wege rein arithmetisch eingeführt werden, so ist danach in den meisten Fällen eine geometrische Interpretation notwendig, um beispielsweise Winkel berechnen zu können. Die Vorgehensweise hierbei entspricht etwa der in dem Abschn. 4.4.3 beschriebenen, ist an einigen Stellen aber etwas komplizierter, da zunächst keine geometrisch-anschaulichen Überlegungen einbezogen werden können. Eine ausführliche Darstellung eines geeigneten Vorgehens kann u. a. in (Filler, 2011, S. 123–129) nachgelesen werden.

4.4.5 Erste Anwendungen des Skalarprodukts

Das Skalarprodukt hat mehrere in der Schule direkt zugängliche Anwendungen. Hier zeigen wir zunächst an einigen Beispielen, wie man unter Anwendung des Skalarprodukts „elegante" Beweise elementargeometrischer Sätze erhält, in denen Aussagen über Winkel oder über Beziehungen zwischen Seitenlängen und Winkelgrößen getroffen werden. In der Physik wird der fundamentale Begriff der mechanischen Arbeit durch das Skalarprodukt beschrieben. Schließlich werden in den Wirtschaftswissenschaften viele Indizes wirtschaftlicher Größen betrachtet, Beispiele sind die verschiedenen Preisindizes; genauer betrachtet wird der „Preisindex für die Lebenshaltungskosten". Ein anderes Beispiel ist der Aktienindex DAX. Diese Größen spielen in der politischen Diskussion eine wichtige Rolle. Auf weitere Anwendungen des Skalarprodukts – z. B. in der Computergraphik – gehen wir in dem Kap. 5 ein.

Beweise elementargeometrischer Sätze

Bevor Beweise mithilfe des Skalarprodukts vorgestellt werden, muss eine eindringliche Warnung ausgesprochen werden. In einigen Schulbüchern findet man als eines der ersten Beispiele für Beweise mithilfe des Skalarprodukts einen Beweis des Satzes von Pythagoras. In der Tat lässt sich dieser Satz kurz und elegant mithilfe des Skalarprodukts beweisen, siehe z. B. (Schulz/Stoye, 1998b, S. 173). Jedoch stellt ein derartiger Beweis einen „Zirkelschluss" dar. Bei praktisch allen in der Schule gebräuchlichen Varianten der Einführung des Skalarprodukts wird nämlich der Satz des Pythagoras verwendet, siehe etwa Abschn. 4.4.3. Auch bei einer arithmetischen Einführung des Skalarprodukts (wie in 4.4.4) sind der Satz des Pythagoras sowie trigonometrische Beziehungen notwendig, um geometrische Bezüge herzustellen. Den Satz des Pythagoras in der Schule mithilfe des Skalarprodukts zu beweisen, heißt also, ihn für seinen eigenen Beweis zu verwenden. Hingegen ist bei einer in der Hochschullehre üblichen strukturorientierten axiomatischen Einführung des Skalarprodukts (siehe Abschn. 4.4.2), die nicht auf Tatsachen der Elementargeometrie aufbaut, ein Beweis des Satzes des Pythagoras gerechtfertigt. Allerdings kommt ein derartiger Zugang, wie bereits begründet wurde, für den Schulunterricht kaum in Frage. Man könnte hier also höchstens sagen: „*Hätten wir den Satz des Pythagoras nicht für die Einführung des Skalarprodukts bzw. die Begründung von dessen Eigenschaften benutzt, so könnten wir ihn jetzt einfach und elegant beweisen.*" Sinnvoller ist jedoch, Beweise von Sätzen der Schulgeometrie wie die folgenden zu führen, die nicht bei der Einführung des Skalarprodukts verwendet werden.

Satz des Thales

> **Satz des Thales**
> Liegt der Punkt C eines Dreiecks $\triangle ABC$ auf der Peripherie eines Kreises $k(O, |OA|)$ mit dem Durchmesser $\overline{AB}$, so ist das Dreieck $\triangle ABC$ bei C rechtwinklig (Abb. 4.38).

Zum Beweis seien $\vec{a} = \overrightarrow{OB}$ mit $|\vec{a}| = a$ und $\vec{b} = \overrightarrow{OC}$ mit $|\vec{b}| = b$, also $\overrightarrow{CB} = \vec{a} - \vec{b}$ und $\overrightarrow{AC} = \vec{a} + \vec{b}$. Damit gilt

$$\angle(ACB) = 90° \quad \Leftrightarrow \quad 0 = \overrightarrow{AC} \cdot \overrightarrow{CB} = (\vec{a} + \vec{b})(\vec{a} - \vec{b}) = \vec{a}^2 - \vec{b}^2 \Leftrightarrow a = b$$
$$\Leftrightarrow \quad C \in k(O, |OA|);$$

wir haben also den Kehrsatz gleich mit bewiesen. $\qquad \square$

Flächenberechnung im Dreieck (Parallelogramm)
In der Geometrie der Sekundarstufe I lernt man für Dreieck und Parallelogramm die Flächeninhaltsformel „$\frac{1}{2}$ Seite mal zugehörige Höhe" bzw. „Seite mal zugehörige Höhe"

Abb. 4.38 Satz des Thales

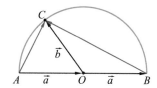

Abb. 4.39 Flächeninhalt von
Dreieck/Parallelogramm

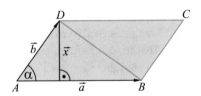

kennen;[26] hierbei muss die Höhe in der Regel zunächst gemessen oder berechnet werden. Wird ein Dreieck $\triangle ABD$ bzw. ein Parallelogramm $ABCD$ von zwei Vektoren $\vec{a}$ und $\vec{b}$ aufgespannt (Abb. 4.39), so lassen sich diese Inhalte F elegant mithilfe des Skalarprodukts ausdrücken:

$$\textbf{Dreieck: } F = \tfrac{1}{2} \cdot \sqrt{\vec{a}^2 \cdot \vec{b}^2 - (\vec{a} \cdot \vec{b})^2} \quad \textbf{Parallelogramm: } F = \sqrt{\vec{a}^2 \cdot \vec{b}^2 - (\vec{a} \cdot \vec{b})^2}$$

Zum Beweis betrachten wir das Parallelogramm $ABCD$, das von $\vec{a}$ und $\vec{b}$ aufgespannt wird (siehe Abb. 4.39, das Dreieck hat den halben Inhalt). Es sei $\vec{x}$ der Höhenvektor von D zur Seite $\overline{AB}$. Damit ist der Flächeninhalt des Parallelogramms $F = \left|\vec{a}\right| \cdot \left|\vec{x}\right|$. Der Vektor $\vec{x}$ lässt sich schreiben als $\vec{x} = \vec{b} + \lambda \cdot \vec{a}$, wobei $\lambda \in \mathbb{R}$ so zu bestimmen ist, dass $\vec{a} \cdot \vec{x} = 0$ ist, also

$$\vec{a} \cdot \left(\vec{b} + \lambda \cdot \vec{a}\right) = \vec{a} \cdot \vec{b} + \lambda \cdot |\vec{a}|^2 = 0 \;\Leftrightarrow\; \lambda = -\frac{\vec{a} \cdot \vec{b}}{|\vec{a}|^2} \;.$$

Somit gilt[27]

$$F^2 = |\vec{a}|^2 \cdot |\vec{x}|^2 = \vec{a}^2 \cdot \left(\vec{b} - \frac{\vec{a} \cdot \vec{b}}{\vec{a}^2} \cdot \vec{a}\right)^2 = \vec{a}^2 \cdot \left(\vec{b}^2 - 2 \cdot \frac{\vec{a} \cdot \vec{b}}{\vec{a}^2} \cdot \vec{a} \cdot \vec{b} + \frac{\left(\vec{a} \cdot \vec{b}\right)^2}{\left(\vec{a}^2\right)^2} \cdot \vec{a}^2\right)$$
$$= \vec{a}^2 \cdot \vec{b}^2 - 2 \cdot (\vec{a} \cdot \vec{b})^2 + (\vec{a} \cdot \vec{b})^2 = \vec{a}^2 \cdot \vec{b}^2 - (\vec{a} \cdot \vec{b})^2.$$

Daraus folgt wie behauptet

$$F = \sqrt{\vec{a}^2 \cdot \vec{b}^2 - (\vec{a} \cdot \vec{b})^2} \;.$$

$\square$

---

[26] Schüler neigen dazu, die Formel „Grundseite mal Höhe" zu nennen. Dies ist nicht sinnvoll, da es weder beim Dreieck noch beim Parallelogramm eine „Grundseite", sondern nur mehrere gleichberechtigte Seiten gibt.

[27] Bei den Umformungen sind wieder die verschiedenen Bedeutungen des Mal-Punkts zu beachten. Beachten Sie auch den Einfluss des Winkels α auf den Flächeninhalt!

Abb. 4.40 Sinussatz

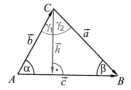

Sinussatz

> **Sinussatz**
>
> In jedem Dreieck ist der Quotient zweier Seitenlängen gleich dem Quotienten der Sinuswerte der jeweils gegenüberliegenden Innenwinkel:
>
> $$\frac{a}{b} = \frac{\sin \alpha}{\sin \beta} \; .$$

Beweis: Durch Multiplikation der Vektorgleichung $\vec{a} + \vec{b} = \vec{c}$ mit dem Höhenvektor $\vec{h}$ (siehe Abb. 4.40) ergibt sich zunächst

$$\vec{a} \cdot \vec{h} + \vec{b} \cdot \vec{h} = \vec{c} \cdot \vec{h} = 0 \, ,$$

da $\vec{h} \perp \vec{c}$. Nach der Formel für das Skalarprodukt (Gl. 4.5) ist dies gleichbedeutend mit

$$|\vec{a}| \cdot |\vec{h}| \cdot \cos \gamma_2 + |\vec{b}| \cdot |\vec{h}| \cdot \cos (180° - \gamma_1) = 0$$

bzw.

$$a \cdot \cos \gamma_2 - b \cdot \cos \gamma_1 = 0 \; .$$

Wegen $\gamma_1 = 90° - \alpha$ und $\gamma_2 = 90° - \beta$ folgt daraus

$$a \cdot \cos (90° - \beta) = b \cdot \cos (90° - \alpha)$$

bzw.

$$a \cdot \sin \beta = b \cdot \sin \alpha$$

und somit die Behauptung

$$\frac{a}{b} = \frac{\sin \alpha}{\sin \beta} \; .$$

$\square$

Abb. 4.41 Mechanische
Arbeit

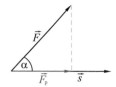

Mechanische Arbeit W

Der umgangssprachliche Begriff „Arbeit" wird im Physikunterricht der Sekundarstufe I durch geeignete Beispiele präzisiert. Wird beispielsweise eine Bierkiste vom Erdgeschoss in das fünfte Obergeschoss getragen, so muss der Träger die Gewichtskraft $\vec{F}_G$, die an der Bierkiste angreift, entlang dem Höhenunterschied $\vec{s}$ kompensieren. Kraft und Weg sind parallel zueinander, und seine Arbeit W kann als „Hubkraft mal Hubweg", also $W = |\vec{F}_G| \cdot |\vec{s}|$, berechnet werden. Wird dagegen die Bierkiste parallel zum Erdboden von einer Ecke des Hauses zu einer anderen getragen, so stehen Gewichtskraft $\vec{F}_G$ und Weg $\vec{s}$ senkrecht aufeinander, und in physikalischem Sinn wird keine Arbeit verrichtet. Haben die zu überwindende Kraft $\vec{F}$ und der Weg $\vec{s}$ wie beispielsweise die Gewichtskraft und der Weg bei einer schiefen Ebene verschiedene Richtungen, so muss der Winkel zwischen $\vec{F}$ und $\vec{s}$ berücksichtigt werden. In Analogie zum Bierkistenbeispiel ist die Parallelkomponente $\vec{F}_p$ der Kraft in Richtung des Weges (oder gleichwertig die Komponente des Weges in Richtung der Kraft) relevant (Abb. 4.41).

Die mechanische Arbeit berechnet sich jetzt mithilfe des Skalarprodukts zu

$$W = |\vec{F}_p| \cdot |\vec{s}| = |\vec{F}| \cdot \cos\alpha \cdot |\vec{s}| = \vec{F} \cdot \vec{s} \, .$$

Beispiel 4.5

Ein PKW der Masse 1300 kg (mit Insassen) fährt eine 750 Meter lange Straße mit dem konstanten Anstieg 9 % hinauf. Es soll die dabei verrichtete Arbeit berechnet werden (ohne Berücksichtigung von Reibung und Luftwiderstand).

- Man berechnet zunächst aus dem gegebenen Anstieg von 9 % (d. h. 0,09) den Winkel α der geneigten Ebene: $\tan\alpha = 0{,}09$; es ergibt sich $\alpha \approx 5{,}14°$.
- Der Winkel zwischen der Gewichtskraft $\vec{F}_G$ und $\vec{s}$ ergibt sich aus α durch: $\angle(\vec{F}_G, \vec{s}) = 90° + \alpha = 95{,}14°$ (siehe Abb. 4.42).
- Mit $|\vec{F}_G| = m \cdot g \approx 1300\,\text{kg} \cdot 9{,}81\,\text{m/s}^2 \approx 12{,}75\,\text{kN}$ erhalten wir:
  $W = \vec{F}_G \cdot \vec{s} = |\vec{F}_G| \cdot |\vec{s}| \cdot \cos\angle(\vec{F}_G, \vec{s}) \approx 12{,}75\,\text{kN} \cdot 750\,\text{m} \cdot \cos 95{,}14° \approx -857\,\text{kJ}$.
  Das negative Vorzeichen rührt daher, dass Arbeit verrichtet (Energie zugeführt) werden muss. Die zu verrichtende Arbeit beträgt somit 857 kJ.   ◆

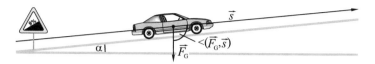

Abb. 4.42 Arbeit an der geneigten Ebene

Der Preisindex, eine wirtschaftswissenschaftliche Anwendung

Der Preisindex wird verwendet, um die Preisentwicklung, insbesondere die oft zitierte Inflationsrate, quantitativ zu beschreiben. Hierfür legt das Statistische Bundesamt einen „Warenkorb" fest, für den n von einer „normalen" Familie hauptsächlich benötigte Waren und Dienstleistungen in den Quantitäten $m_1, \ldots, m_n$ ermittelt werden. Für den Warenkorb werden die Preise zu einem Zeitpunkt t durch den Vektor mit den Preiskomponenten $p_1(t), \ldots, p_n(t)$ beschrieben. Damit ist der Wert des Warenkorbs zum Zeitpunkt t das Skalarprodukt

$$m_1 \cdot p_1(t) + \ldots + m_n \cdot p_n(t) = \sum_{i=1}^{n} m_i \cdot p_i(t) \, .$$

Der Preisindex ist nun die relative Steigerung

$$\frac{\sum_{i=1}^{n} m_i \cdot p_i(t)}{\sum_{i=1}^{n} m_i \cdot p_i(t_0)}$$

dieses Werts an einem *Berichtszeitpunkt* t bezogen auf einen *Basiszeitpunkt* t_0. Für Genaueres zum Preisindex vgl. (Büchter/Henn, 2007, S. 110f.).

4.4.6 Weitere „Produkte" von Vektoren

Schüler kennen an dieser Stelle zwei „Produkte" von Vektoren: die S-Multiplikation, die einer reellen Zahl r und einem Vektor $\vec{v}$ den Vektor $r \cdot \vec{v}$ zuordnet, sowie das Skalarprodukt, das zwei Vektoren $\vec{v}$ und $\vec{w}$ die reelle Zahl $\vec{v} \cdot \vec{w}$ zuordnet. Beide Produkte sind aufgrund geometrischer „Bedürfnisse" definiert worden und haben – soweit möglich – die „normalen" Eigenschaften der Multiplikation reeller Zahlen. Beide schreibt man der Einfachheit halber mit demselben Mal-Punkt, worauf man immer wieder hinweisen sollte. Schüler fragen oft nach einem Produkt, bei dem analog zu den reellen Zahlen zwei Vektoren ein dritter Vektor zugeordnet wird. Ein derartiges Produkt, das natürlich die üblichen Rechenregeln erfüllen müsste, gibt es aber nur im Spezialfall eines dreidimensionalen Vektorraumes, es ist das *Vektorprodukt*. Ebenfalls im Dreidimensionalen gibt es noch ein weiteres Produkt, das *Spatprodukt*. Die Bedeutung dieser beiden Produkte ist allerdings weitaus weniger universell als die des Skalarprodukts; in vielen schulischen Lehrplänen kommen diese beiden Produkte nicht mehr vor, so dass wir hier nur kurz die Definiti-

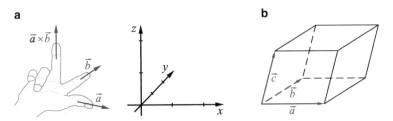

Abb. 4.43 a Rechte-Hand-Regel, **b** Spatprodukt

on und die wesentlichen Anwendungen beschreiben und für weitere Ausführungen auf (Filler, 2011, S. 133–137) verweisen.

Vektorprodukt

Das Vektorprodukt ordnet zwei Vektoren $\vec{a}, \vec{b} \in \mathbb{R}^3$ einen Vektor $\vec{a} \times \vec{b}$ zu, der senkrecht zu $\vec{a}$ und $\vec{b}$ ist und dessen Länge der Flächeninhalt des von $\vec{a}$ und $\vec{b}$ aufgespannten Parallelogramms ist. Die Richtung von $\vec{a} \times \vec{b}$ ergibt sich nach der „Rechte-Hand-Regel" (Abb. 4.43a).

Der Betrag des Vektorprodukts lässt sich mithilfe des Skalarprodukts als

$$|\vec{a} \times \vec{b}| = \left| \begin{pmatrix} a_2 \cdot b_3 - a_3 \cdot b_2 \\ a_3 \cdot b_1 - a_1 \cdot b_3 \\ a_1 \cdot b_2 - a_2 \cdot b_1 \end{pmatrix} \right| = |\vec{a}| \cdot |\vec{b}| \cdot \sin \alpha$$

mit $\alpha = \angle(\vec{a}, \vec{b})$ schreiben.

Spatprodukt

Das Spatprodukt dreier Vektoren $\vec{a}, \vec{b}, \vec{c} \in \mathbb{R}^3$ beschreibt den (orientierten) Rauminhalt eines Spats (auch Parallelflach oder Parallelepiped genannt), das von diesen drei Vektoren aufgespannt wird (Abb. 4.43b). Es gilt für dieses Volumen $V = (\vec{a} \times \vec{b}) \cdot \vec{c}$. Bezüglich eines kartesischen Koordinatensystems und mithilfe der Determinante kann man es auch in Komponenten schreiben:[28]

$$(\vec{a} \times \vec{b}) \cdot \vec{c} = \det \begin{pmatrix} a_1 & b_1 & c_1 \\ a_2 & b_2 & c_2 \\ a_3 & b_3 & c_3 \end{pmatrix}$$

Das Spatprodukt kann als quantitative Fassung der elementargeometrischen Volumenformel „Grundfläche mal zugehöriger Höhe" gedeutet werden: Das Vektorprodukt $\vec{a} \times \vec{b}$ beschreibt die „Grundfläche", das Skalarprodukt mit dem Vektor $\vec{c}$ dann das Produkt mit der zugehörigen Höhe (siehe Abschn. 4.4.5: Flächenberechnung im Parallelogramm).

---

[28] Auf Determinanten gehen wir in diesem Buch nicht weiter ein, da sie im deutschen Mathematikunterricht (anders als in einigen südosteuropäischen Ländern) üblicherweise nicht auftreten. Für eine kurze und sehr elementare Behandlung von Determinanten siehe (Filler, 2011, S. 251–255).

4.5 Metrische Geometrie von Geraden und Ebenen

4.5.1 Orthonormalbasen

Unsere einfachen metrischen Formeln setzen ein kartesisches Koordinatensystem, d. h. einen Ursprung O und eine *Orthonormalbasis* $\vec{e}_1, \vec{e}_2, \ldots, \vec{e}_n$ (bei uns meistens mit $n = 2$ oder 3) voraus. Diese ist definiert durch

$$|\vec{e}_i| = 1, \quad \vec{e}_i \cdot \vec{e}_j = 0 \quad \text{für alle} \quad i, j = 1, \ldots, n \quad \text{mit} \quad i \neq j .$$

Wie kommt man zu einer Orthonormalbasis, wenn man eine beliebige Basis $\vec{a}_1, \ldots, \vec{a}_n$ hat? Hierfür gibt es einen einfach durchzuführenden und leicht programmierbaren Algorithmus, das **Schmidt'sche Orthogonalisierungsverfahren**, das nach dem deutschen Mathematiker Erhard Schmidt (1876–1959) benannt ist.[29] Dabei orthogonalisiert man die Ausgangsbasis zunächst zu einer *Orthogonalbasis* $\vec{b}_1, \ldots, \vec{b}_n$, d. h., die neuen Basisvektoren stehen paarweise senkrecht aufeinander. Dann normiert man diese Basis durch

$$\vec{e}_i := \frac{1}{|\vec{b}_i|} \cdot \vec{b}_i .$$

Bei der praktischen Durchführung führt das Schmidt'sche Orthogonalisierungsverfahren jeweils auf ein LGS. Die Idee ist die folgende: Es seien $\vec{b}_1 := \vec{a}_1$ und $\vec{b}_2 = \vec{a}_2 + s \cdot \vec{b}_1$, woraus s durch die Forderung $\vec{b}_2 \cdot \vec{b}_1 = 0$ bestimmt wird. Sind $\vec{b}_1, \vec{b}_2, \ldots, \vec{b}_m$ schon gefunden, so setzt man an:

$$\vec{b}_{m+1} := \vec{a}_{m+1} + \sum_{i=1}^{m} s_i \cdot \vec{b}_i ,$$

wobei die Koeffizienten $s_1, s_2, \ldots, s_m$ durch das LGS

$$\vec{b}_{m+1} \cdot \vec{b}_i = 0 \quad \text{für} \quad i = 1, \ldots, m$$

eindeutig bestimmt sind. Das Beispiel 4.6 zeigt eine Konkretisierung.

Beispiel 4.6 (Schmidt'sches Orthogonalisierungsverfahren)
Gegeben ist die Basis

$$\vec{a}_1 = \begin{pmatrix} 1 \\ 2 \\ -2 \end{pmatrix}, \quad \vec{a}_2 = \begin{pmatrix} 0 \\ 1 \\ 2 \end{pmatrix}, \quad \vec{a}_3 = \begin{pmatrix} 2 \\ 2 \\ 0 \end{pmatrix} .$$

---

[29] Genannt werden müssten auch der dänische Mathematiker Jørgen Pedersen Gram und vor den beiden Pierre-Simon Laplace und Augustin-Louis Cauchy, die das Verfahren auch schon angewandt haben.

Wir setzen $\vec{b}_1 = \vec{a}_1$, $\vec{b}_2 = \vec{a}_2 + s \cdot \vec{b}_1$. Wegen

$$0 = \vec{b}_2 \cdot \vec{b}_1 = \vec{a}_2 \cdot \vec{b}_1 + s \cdot b_1^2 = \begin{pmatrix} 0 \\ 1 \\ 2 \end{pmatrix} \cdot \begin{pmatrix} 1 \\ 2 \\ -2 \end{pmatrix} + s \cdot \begin{pmatrix} 1 \\ 2 \\ -2 \end{pmatrix}^2 = -2 + 9s,$$

folgen

$$s = \frac{2}{9} \quad \text{und} \quad \vec{b}_2 = \begin{pmatrix} 0 \\ 1 \\ 2 \end{pmatrix} + \frac{2}{9} \cdot \begin{pmatrix} 1 \\ 2 \\ -2 \end{pmatrix} = \frac{1}{9} \cdot \begin{pmatrix} 2 \\ 13 \\ 14 \end{pmatrix}.$$

Wir nehmen der Einfachheit halber

$$\vec{b}_2 = \begin{pmatrix} 2 \\ 13 \\ 14 \end{pmatrix};$$

die Orthogonalitätseigenschaft $\vec{b}_2 \cdot \vec{b}_1 = 0$ wird durch die Multiplikation des ursprünglich berechneten Vektors $\vec{b}_2$ mit 9 nicht beeinträchtigt.

Analog dazu wird $\vec{b}_3$ berechnet: Aus dem Ansatz $\vec{b}_3 = \vec{a}_3 + r \cdot \vec{b}_2 + t \cdot \vec{b}_1$ folgt

$$0 = \vec{b}_3 \cdot \vec{b}_1 = \vec{a}_3 \cdot \vec{b}_1 + t \cdot b_1^2, \quad \text{woraus } t \text{ berechnet werden kann, sowie}$$

$$0 = \vec{b}_3 \cdot \vec{b}_2 = \vec{a}_3 \cdot \vec{b}_2 + r \cdot b_2^2, \quad \text{woraus } r \text{ berechnet werden kann.}$$

Man erhält daraus

$$t = -\frac{2}{3}, \quad r = -\frac{10}{123}$$

und somit

$$\vec{b}_3 = \frac{1}{41} \begin{pmatrix} 48 \\ -16 \\ 8 \end{pmatrix} \quad \text{bzw.} \quad \vec{b}_3 = \begin{pmatrix} 6 \\ -2 \\ 1 \end{pmatrix}.$$

Nun werden die Vektoren $\vec{b}_1, \vec{b}_2, \vec{b}_3$ noch normiert:

$$\vec{e}_1 = \frac{1}{|\vec{b}_1|} \cdot \vec{b}_1 = \frac{1}{3} \cdot \begin{pmatrix} 1 \\ 2 \\ -2 \end{pmatrix},$$

$$\vec{e}_2 = \frac{1}{|\vec{b}_2|} \cdot \vec{b}_2 = \frac{1}{\sqrt{369}} \cdot \begin{pmatrix} 2 \\ 13 \\ 14 \end{pmatrix},$$

$$\vec{e}_3 = \frac{1}{|\vec{b}_3|} \cdot \vec{b}_3 = \frac{1}{\sqrt{41}} \cdot \begin{pmatrix} 6 \\ -2 \\ 1 \end{pmatrix}. \qquad \blacklozenge$$

Beispiel 4.6 zeigt, dass man schnell „unangenehme" Zahlen erhalten kann, was dem Computer egal ist. Beispiele, die Schüler „händisch" rechnen sollen, sollten allerdings besser ausgewählte Zahlen enthalten.

4.5.2 Normalenformen für Ebenen

Hier und bei den folgenden Abstands- und Winkelformeln geht es nicht um die konkreten Formeln, sondern um Ideen, wie man zu diesen kommt. Insbesondere ist das unverstandene „Auswendiglernen" solcher Formeln sinnlos.

Gesucht wird eine einfache Beschreibung der Punkte X einer Ebene E (Abb. 4.44).

Mithilfe eines *Normalenvektors*, d. h. eines Vektors $\vec{n} \neq \vec{o}$, der zu jedem Verbindungsvektor zweier Punkte der Ebene orthogonal ist, kann man alle Punkte $X \in E$ nach Wahl eines festen Punktes $P \in E$ schreiben als

$$\overrightarrow{OX} = \overrightarrow{OP} + \overrightarrow{PX} \text{ mit } \overrightarrow{PX} \perp \vec{n},$$

also

$$E = \left\{ X \mid (\vec{x} - \vec{p}) \cdot \vec{n} = 0 \right\}.$$

Man schreibt wieder kurz

$$E : (\vec{x} - \vec{p}) \cdot \vec{n} = 0$$

und nennt dies „die" *Normalenform der Ebene* E. Schreibt man $\vec{x} \cdot \vec{n} = \vec{p} \cdot \vec{n} =: d$ in Koordinaten bezüglich eines kartesischen Koordinatensystems, so erhält man

$$E : a \cdot x_1 + b \cdot x_2 + c \cdot x_3 = d \quad (a, b, c, d \in \mathbb{R}) \, ,$$

wobei nicht alle der Zahlen a, b, c gleich null sind. Diese Darstellung einer Ebene ist uns aus den Abschn. 2.4.2 und 4.3.4 als Koordinatengleichung einer Ebene bekannt. Die Koeffizienten a, b, c und d erhalten damit eine neue inhaltliche Deutung. Die Normalendarstellung ist eindeutig bis auf Vielfache, was aus der Eindeutigkeit des Normalenvektors bis auf Vielfache folgt.

Die Übertragung auf den zweidimensionalen Fall ergibt die *Normalenform einer Geraden*

$$g : (\vec{x} - \vec{p}) \cdot \vec{n} = 0 \quad \text{bzw.} \quad a \cdot x_1 + b \cdot x_2 = d \, ,$$

die für $b \neq 0$ zu der aus der Sekundarstufe I bekannten Darstellung

$$x_2 = -\frac{a}{b} \cdot x_1 + \frac{d}{b}$$

führt.

Abb. 4.44 Normalenform einer Ebene

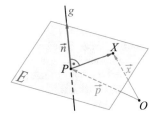

4.5.3   Abstand eines Punktes von einer Ebene

Die Normalenform einer Ebene E ist gut geeignet, den Abstand[30] eines Punktes $Q \in \mathbb{R}^3$ von E zu bestimmen.

Wir gehen aus von einer Normalendarstellung

$$E : \left(\vec{x} - \vec{p}\right) \cdot \vec{n} = 0$$

der Ebene. Das Lot von Q auf E schneidet E in einem Punkt R. Damit ist $d = d\,(Q, E) = |RQ|$ der gesuchte Abstand (Abb. 4.45).

Für R gilt $\vec{r} = \vec{q} + \lambda \cdot \vec{n}$, also $d = |QR| = \left|\lambda \cdot \vec{n}\right|$. Da R auch in der Ebene liegt, gilt

$$0 = \left(\vec{q} + \lambda \cdot \vec{n} - \vec{p}\right) \cdot \vec{n} = \left(\vec{q} - \vec{p}\right) \cdot \vec{n} + \lambda \cdot \vec{n}^2 \,,$$

also

$$\lambda = -\frac{\left(\vec{q} - \vec{p}\right) \cdot \vec{n}}{\vec{n}^2} \,.$$

Damit folgt für den gesuchten Abstand

$$d\,(Q, E) = |QR| = \left|\lambda \cdot \vec{n}\right| = |\lambda| \cdot |\vec{n}| = \frac{|\,(\vec{q} - \vec{p}) \cdot \vec{n}\,| \cdot |\vec{n}|}{\vec{n}^2} = \frac{|\,(\vec{q} - \vec{p}) \cdot \vec{n}\,|}{|\vec{n}|} \,.$$

Hesse'sche Normalform der Ebenengleichung

Besonders einfach wird die obige Formel für den Abstand eines Punktes von einer Ebene, wenn man als Normalenvektor $\vec{n}$ der Ebene einen Einheitsvektor nimmt, d. h. mit $|\vec{n}| = 1$; man spricht dann von einem *Normaleneinheitsvektor*. Diese Darstellung der Ebene nennt man die Hesse'sche Normalform[31] der Ebenengleichung; die Abstandsformel vereinfacht

Abb. 4.45   Hesse'sche Normalform

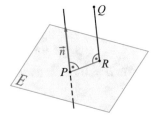

---

[30] Dass dieser Abstand die kürzeste Entfernung von Q zu einem Ebenenpunkt und damit die Länge des Lotes von Q auf E ist, sollte aus der Sekundarstufe I bekannt sein.

[31] Ludwig Otto Hesse (1811–1874) war ein bekannter Geometer. Auch die Hesse-Matrix der Determinantentheorie geht auf ihn zurück. Sehr sympathisch wird er uns durch eine etwas bissige Bemerkung von Felix Klein (1926, S. 159) über seine Heidelberger Zeit: „Im übrigen war Heidelberg für Hesses Entwicklung nicht günstig. Er erlag dem Reiz der Neckarstadt, die zwar ein Platz geistiger Anregung, sehr viel weniger aber der angestrengten Arbeit ist. [...] Dort verlebte er wohl manche vergnügte Stunde [...], aber seine mathematische Produktivität ging darüber in die Brüche. [...] In München wandte er sich wieder der schaffenden Tätigkeit zu, aber nur mit geteiltem Erfolg. Die Sicherheit, Richtiges und Falsches zu scheiden, war ihm abhanden gekommen."

sich damit zu

$$d(E, Q) = \left| (\vec{q} - \vec{p}) \cdot \vec{n} \right| .$$

Anders gesagt, in der Hesse'schen Normalform muss man nur die Koordinaten von Q in die Gleichung einsetzen und erhält (eventuell bis auf das Vorzeichen) den Abstand $d(E, Q)$. Dieses Vorzeichen gibt nun noch die zusätzliche Information, ob der Koordinatenursprung O und der fragliche Punkt Q auf derselben Seite der Ebene liegen oder nicht:

$$Q \text{ liegt auf } \begin{Bmatrix} \text{derselben} \\ \text{der anderen} \end{Bmatrix} \text{ Seite wie } O$$

$$\Longleftrightarrow (\vec{q} - \vec{p}) \cdot \vec{n} \text{ und } \vec{p} \cdot \vec{n} \text{ haben } \begin{Bmatrix} \text{gleiches} \\ \text{verschiedenes} \end{Bmatrix} \text{ Vorzeichen}$$

Der Beweis erfolgt anhand von Abb. 4.45 unter Berücksichtigung der Tatsache, dass es um die Vektoren $\lambda_Q \cdot \vec{n} = (\vec{q} - \vec{p}) \cdot \vec{n}$ und $\lambda_O \cdot \vec{n} = \vec{p} \cdot \vec{n}$ geht.

4.5.4 Abstände bei Geraden

Bei den folgenden Formeln sollte Schüler die *Ideen*, wie sich Abstände bestimmen lassen, so verstehen, dass sie sie jederzeit an konkreten Beispielen anwenden können. Keinesfalls sollten sie die Formeln auswendig lernen.

Abstand Punkt-Gerade

Aus der Dreiecksungleichung folgt, dass die kürzeste Entfernung eines Punktes P von einer Geraden g sich durch das Lot ergibt (Abb. 4.46a). Es ist also der Fußpunkt X des Lotes von P auf g zu bestimmen.

Die gegebene Gerade lässt sich durch $g : \vec{x} = \vec{g} + \lambda \cdot \vec{m}$ beschreiben. Das zum Lotfußpunkt gehörende λ ergibt sich dann durch den Ansatz $\overrightarrow{PX} \cdot \vec{m} = 0$. Das Ergebnis ist der gesuchte Abstand

$$d(P, g) = |PX| .$$

Diese Idee ist in jedem Raum anwendbar; die fragliche Konstellation in Abb. 4.46a liegt stets in einer Ebene.

Abb. 4.46 a Abstand Punkt-Gerade, **b** windschiefe Geraden

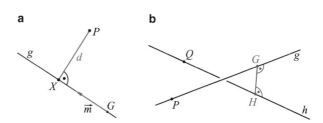

Abstand windschiefer Geraden

Der Abstand zweier Geraden in der Ebene ist null, wenn sich die Geraden schneiden, und konstant, wenn die beiden Geraden parallel sind. Ist die Dimension größer als 2, in der Schule also 3, kommt als dritte Möglichkeit hinzu, dass die beiden Geraden windschief sind (Abb. 4.46b). Klar ist, dass man durch geeignete Punkte auf den beiden Geraden beliebig große Entfernungen erzeugen kann. Da Entfernungen nicht negativ sind, muss es aus Stetigkeitsgründen[32] eine kleinste Entfernung zwischen zwei Punkten der Geraden geben, dies ist der Abstand der beiden Geraden. Wegen der Dreiecksungleichung muss die Verbindung GH der entsprechenden Punkte $G \in g$ bzw. $H \in h$ senkrecht auf den beiden Geraden stehen, also das gemeinsame Lot sein.

Zur Bestimmung des fraglichen Abstands $d(g, h)$ ist also das gemeinsame Lot GH zu ermitteln. Mit den Ansätzen

$$g : \vec{x} = \vec{p} + s \cdot \vec{m}, \quad h : \vec{x} = \vec{q} + t \cdot \vec{n}$$

gilt

$$\overrightarrow{GH} = \vec{q} - \vec{p} + t \cdot \vec{n} - s \cdot \vec{m} \,,$$

woraus wegen $\overrightarrow{GH} \cdot \vec{m} = \overrightarrow{GH} \cdot \vec{n} = 0$ ein LGS für s und t und damit für den gesuchten Abstand $d(g, h) = |GH|$ resultiert.

4.5.5   Schnittwinkel von Geraden und Ebenen

Schnittwinkel zweier Geraden

Mittels $\vec{a} \cdot \vec{b} = |\vec{a}| \cdot |\vec{b}| \cdot \cos \alpha$ ist der Winkel α zwischen zwei Vektoren $\vec{a}$ und $\vec{b}$ erklärt, vgl. Abschn. 4.4.3. Der Schnittwinkel zweier Geraden g und h wird damit direkt als Winkel α zweier zugehöriger Richtungsvektoren $\vec{a}$ und $\vec{b}$ definiert, falls dieser nicht größer als 90° ist (Abb. 4.47a). Dies ist genau dann der Fall, wenn $\vec{a} \cdot \vec{b}$ und damit $\cos \alpha$ größer oder gleich null ist. Für $\vec{a} \cdot \vec{b} < 0$ und damit $\cos \alpha < 0$ ist jedoch $\alpha > 90°$. Da man als Schnittwinkel zweier Geraden stets den kleineren Winkel auffasst, den die beiden Geraden einschließen, setzt man in diesem Fall $\sphericalangle(g, h) = \alpha' = 180° - \alpha$ (Abb. 4.47b).

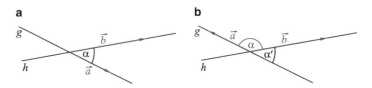

Abb. 4.47 Winkel zwischen Vektoren, Schnittwinkel zweier Geraden

---

[32] Genauer geht es hier um den Satz vom Infimum, eine fundamentale Eigenschaft von $\mathbb{R}$.

Anstatt zunächst den Winkel zwischen den Richtungsvektoren zu berechnen und diesen eventuell von 180° zu subtrahieren, lässt sich auch der Absolutbetrag des Skalarprodukts für die Berechnung nutzen, damit ergibt sich immer ein Winkel kleiner oder gleich 90°. Generell gilt für den Schnittwinkel zweier sich schneidender Geraden g und h mit den Richtungsvektoren $\vec{a}$ bzw. $\vec{b}$:

$$\cos \angle(g, h) = |\cos \angle(\vec{a}, \vec{b})| = \frac{|\vec{a} \cdot \vec{b}|}{|\vec{a}| \cdot |\vec{b}|} .$$

Damit ist ein Schnittwinkel auch dann definiert, wenn die Geraden parallel (dann ist der Schnittwinkel 0°) oder windschief sind. Im windschiefen Fall können die beiden Geraden in eine Ebene senkrecht zum gemeinsamen Lot projiziert werden, und der Schnittwinkel ist der Schnittwinkel der beiden Projektionen.

Schnittwinkel zwischen einer Geraden und einer Ebene

Was der Schnittwinkel zwischen einer Geraden g (mit Richtungsvektor $\vec{m}$) und einer Ebene E sein soll, muss zunächst festgelegt werden.

Sind g und E parallel, so ist der Winkel wieder 0°. Andernfalls sei S der Schnittpunkt von g und E (siehe Abb. 4.48a). Zunächst betrachtet man den eindeutigen Winkel α zwischen g und dem Lot in S zu E mit Richtungsvektor $\vec{n}$, einem Normalenvektor von E. Aus diesem Winkel α zwischen $\vec{n}$ und $\vec{m}$ ergibt sich dann der fragliche Schnittwinkel als $\beta = 90° - \alpha$.

Schnittwinkel zweier Ebenen

Den Schnittwinkel zweier Ebenen bestimmt man mithilfe des Schnittwinkels zweier zugehöriger Normalenvektoren, siehe Abb. 4.48b.

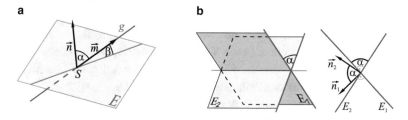

Abb. 4.48   a Schnittwinkel Gerade-Ebene, **b** Winkel zweier Ebenen

4.6 Kreise und Kugeln

Zu Kreisen sollten Schüler die beiden folgenden wesentlichen *Grundvorstellungen* aufbauen:

- *Kreis als Ortslinie*: die Menge aller Punkte P, die von einem festen Punkt M denselben Abstand $r = |PM|$ haben.
- *Kreis als Linie konstanter Krümmung*: Welche Bahn fährt man mit dem Auto bei festgehaltenem Lenkrad?

Während in der Grundschule oft beide Grundvorstellungen gepflegt werden, kommt in der Sekundarstufe I meistens nur die erste Grundvorstellung vor. In der Analysis, wo die Krümmung von Funktionsgraphen auf die entsprechende Grundvorstellung bei Kreisen aufbauen sollte, wird Krümmung mangels dieser Grundvorstellung oft nur syntaktisch über die zweite Ableitung eingeführt, ohne semantische Bindung anzustreben. Im Rahmen der Analytischen Geometrie steht die Ortslinien-Vorstellung im Vordergrund. Ortslinien können in vielerlei Hinsicht den Geometrieunterricht der Sekundarstufe II bereichern (vgl. Abschn. 5.4).

4.6.1 Kreis- und Kugelgleichung

Die Formalisierung der Ortslinien-Charakterisierung führt zu der Definition

$$K(M, r) = \{X \mid |XM| = r\} \ .$$

Dabei ist M ein fester Punkt und r eine positive reelle Zahl. Diese Punktmenge ist im $\mathbb{R}^2$ ein Kreis, im $\mathbb{R}^3$ eine Kugel.[33] Die vektorielle bzw. die Koordinatendarstellung bezüglich eines kartesischen Koordinatensystems ergibt sich mit $M = (m_1|m_2|m_3)$ im $\mathbb{R}^3$ zu

$$\left(\vec{x} - \vec{m}\right)^2 = r^2 \quad \text{bzw.} \quad (x_1 - m_1)^2 + (x_2 - m_2)^2 + (x_3 - m_3)^2 = r^2 \ .$$

Kreis- und Kugelgleichungen lassen sich auch sehr gut als Einstieg in das Stoffgebiet Analytische Geometrie aufstellen, bevor Vektoren behandelt werden (siehe hierzu auch den Unterrichtsvorschlag in Abschn. 5.1). Benötigt werden lediglich Unterrichtsinhalte der SI, insbesondere der Satz des Pythagoras.

Nachdem die oben angegebene Ortslinien-Charakterisierung herausgearbeitet wurde, lässt sich die Aufgabe stellen, Abstände von Punkten zum Koordinatenursprung durch die

---

[33] Es ist eine reizvolle Aufgabe, mit interessierten Schülern „Würfel" und „Kugeln" im Vierdimensionalen zu studieren, siehe z. B. Maaser (1994).

Abb. 4.49 Skizzen zur Herleitung der Kreisgleichung

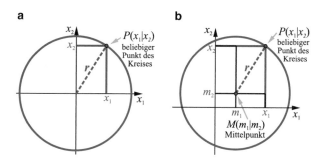

Koordinaten auszudrücken. Als Hilfe, um zu erkennen, dass hierzu der Satz des Pythagoras anzuwenden ist, kann – falls notwendig – eine Skizze wie in Abb. 4.49a dienen. Mit dieser Hilfe bemerken erfahrungsgemäß viele Schüler, dass die Koordinaten eines Punktes des Kreises Längen der Katheten eines rechtwinkligen Dreiecks angeben, dessen Hypotenuse die Länge r hat. Somit gilt

$$x_1^2 + x_2^2 = r^2$$

für die Koordinaten aller Punkte des Kreises. Durch Verallgemeinerung der dazu durchgeführten Überlegungen und mithilfe einer Skizze wie z. B. in Abb. 4.49b) bereitet auch die Aufstellung der Gleichung eines Kreises in allgemeiner Lage

$$(x_1 - m_1)^2 + (x_2 - m_2)^2 = r^2$$

keine großen Schwierigkeiten.

Nach der Herleitung der Kreisgleichungen in Mittelpunkts- und in allgemeiner Lage sowie einer kurzen Diskussion der Tatsache, dass es sich bei einer Kugel um eine Menge von Punkten handelt, die denselben Abstand vom Mittelpunkt haben, ist zu erwarten, dass viele Schüler aufgrund von (zunächst formalen) Analogieüberlegungen Vorschläge für die Gleichungen einer Kugel in Mittelpunkts- bzw. in allgemeiner Lage unterbreiten:

$$x_1^2 + x_2^2 + x_3^2 = r^2 \quad \text{bzw.} \quad (x_1 - m_1)^2 + (x_2 - m_2)^2 + (x_3 - m_3)^2 = r^2$$

Zur Begründung sollten Überlegungen zur Länge der Raumdiagonalen eines Quaders angestellt werden, falls diese den Schülern nicht aus dem Unterricht der Sekundarstufe I erinnerlich sind.[34] Abbildung 4.50 kann für Schüler als Hinweis dienen, Kugelgleichungen auf die Längen der Raumdiagonalen von Quadern zurückzuführen.

---

[34] Wege, um Schülern zu ermöglichen, eine Gleichung für die Länge der Raumdiagonalen eines Quaders weitgehend selbständig zu finden, werden in Polya (1949) beschrieben.

Abb. 4.50 Unterstützende
Graphiken zur Herleitung der
Kugelgleichung

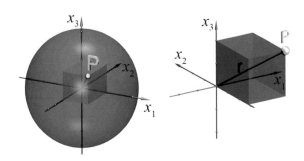

4.6.2   Schnitte von Geraden, Kreisen und Kugeln

Die Geometrie der Sekundarstufe II mit den mächtigen Methoden der Analytischen Geometrie sollte eine Vertiefung und Erweiterung der ebenen Geometrie in die räumliche Geometrie sein. In der ebenen Geometrie werden konvexe Gebilde wie Dreiecke und Kreise studiert. Die analogen konvexen Gebilde im Raum sind Polyeder, siehe u. a. Henn (2012, S. 108f.) und Schupp (2000b), sowie Kugeln. Leider sind in heutigen Lehrplänen Kugeln in der Regel die einzigen konvexen Gebilde, die explizit auftreten.[35] Zumindest das Beziehungsnetz bei Kreisen sollte in dreidimensionaler Verallgemeinerung genauer erkundet werden. Das Studium der gegenseitigen Lage eines Kreises und einer Geraden führt zu Sekanten, Passanten und dem Spezialfall der Tangenten, die Verallgemeinerung im Raum zu Tangentialebenen. Des Weiteren können Aufgaben, die in der Sekundarstufe I konstruktiv gelöst werden, jetzt analytisch behandelt werden. Einige der zugehörigen Problemstellungen werden im Folgenden genauer betrachtet.

Zur ersten Orientierung können Schüler mithilfe eines DGS die gegenseitigen *Lagemöglichkeiten zweier Kreise* erkunden. Man kann z. B. für $K(M_1, r_1)$ und $K(M_2, r_2)$ mit $s = |M_1 M_2|$ und (o. B. d. A.) $r_1 \geq r_2$ die in Abb. 4.51 dargestellten Unterscheidungen treffen.

Die Frage nach den möglichen Schnittmengen zweier Kreise bzw. zweier Kugeln kann im Sinne der Aufgabenvariation, siehe Schupp (2003), auch zu Fragen nach den möglichen Schnittmengen eines Kreises und eines Dreiecks u. Ä. führen.

Anschaulich ergeben sich für den *Schnitt einer Geraden g und eines Kreises bzw. einer Kugel K* die folgenden drei Fälle:

$$g \cap K = \left\{ \begin{array}{c} \emptyset \\ \{T\} \\ \{A, B\} \end{array} \right. \quad g \text{ heißt dann} \quad \left\{ \begin{array}{l} \text{Passante} \\ \text{Tangente} \\ \text{Sekante} \end{array} \right.$$

---

[35] Wohin das führen kann, zeigt das „Oktaeder des Grauens", eine Abituraufgabe aus NRW, die in Abschn. 4.7.2 besprochen wird.

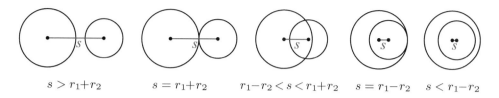

$$s > r_1+r_2 \qquad s = r_1+r_2 \qquad r_1-r_2 < s < r_1+r_2 \qquad s = r_1-r_2 \qquad s < r_1-r_2$$

Abb. 4.51 Mögliche Lagen zweier Kreise

Der analytische Ansatz

$$K : \left(\vec{x} - \vec{m}\right)^2 = r^2; \quad g : \vec{x} = \vec{p} + s \cdot \vec{n}$$

führt nach Einsetzen der Geradengleichung in die Kreis-/Kugelgleichung auf eine quadratische Gleichung für s, woraus die drei Fälle resultieren.

Auf dieselbe Weise lässt sich die in Abb. 4.51 behandelte Frage nach der ***gegenseitigen Lage zweier Kreise***

$$K_1 : \left(\vec{x} - \vec{m}\right)^2 = r^2; \quad K_2 : \left(\vec{x} - \vec{n}\right)^2 = s^2$$

auch analytisch beantworten. Subtraktion der beiden Kreisgleichungen liefert die Geradengleichung

$$2 \cdot \vec{x} \cdot \left(\vec{n} - \vec{m}\right) + \vec{m}^2 - \vec{n}^2 = r^2 - s^2 ,$$

was dann wie oben (bei den Schnitten Kreis-Gerade) weiter behandelt wird. Der dreidimensional gedeutete Fall bedeutet den Schnitt zweier Kugeln. Dies ist etwas komplizierter und wird später behandelt (siehe Abschn. 4.6.5).

4.6.3 Tangenten und Tangentialebenen

In der Sekundarstufe I werden Tangenten an Kreise primär als Geraden betrachtet, die mit Kreisen genau einen Punkt gemeinsam haben,[36] und es wird herausgearbeitet, dass Tangenten jeweils senkrecht zu den zugehörigen Radien sind. Im Raum gilt dasselbe für Tangentialebenen an Kugeln, was auf den folgenden gemeinsamen Ansatz für Tangenten

---

[36] Werden Tangenten in der S I allerdings *nur* unter diesem Aspekt behandelt, so führt dies in der Analysis zu Fehlvorstellungen bei Tangenten an Funktionsgraphen, siehe Büchter (2012). Es sollte also bereits hier die Sichtweise einbezogen werden, dass Tangenten diejenigen Geraden sind, die Kurven (bzw. speziell Kreise) in einem Punkt am besten approximieren.

Abb. 4.52 Tangente an einen
Kreis und Tangentialebene an
eine Kugel

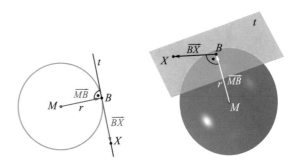

t in einem Punkt B eines Kreises bzw. einer Kugel $K(M, r)$ führt (siehe Abb. 4.52):

$$
\begin{aligned}
X \in t \quad &\Leftrightarrow \quad \overrightarrow{BX} \perp \overrightarrow{MB} \\
&\Leftrightarrow \quad (\vec{x} - \vec{b}) \cdot (\vec{b} - \vec{m}) = 0 \\
&\Leftrightarrow \quad (\vec{x} - \vec{m} + \vec{m} - \vec{b}) \cdot (\vec{b} - \vec{m}) = 0 \\
&\Leftrightarrow \quad (\vec{x} - \vec{m}) \cdot (\vec{b} - \vec{m}) - (\vec{b} - \vec{m})^2 = 0 \\
&\Leftrightarrow \quad (\vec{x} - \vec{m}) \cdot (\vec{b} - \vec{m}) = r^2
\end{aligned}
\qquad (4.6)
$$

Die mnemotechnisch einfache letzte Gleichung ist eine Geradengleichung für die Tangente in der Ebene und eine Ebenengleichung für die Tangentialebene im Raum. In zwei- bzw. dreidimensionalen Koordinaten geschrieben, erhält man für die Tangente an einen Kreis die Gleichung

$$
(x_1 - m_1) \cdot (b_1 - m_1) + (x_2 - m_2) \cdot (b_2 - m_2) = r^2
$$

und für die Tangentialebene an eine Kugel die Gleichung

$$
(x_1 - m_1) \cdot (b_1 - m_1) + (x_2 - m_2) \cdot (b_2 - m_2) + (x_3 - m_3) \cdot (b_3 - m_3) = r^2 \ .
$$

Die geführte vektorielle Herleitung dieser Gleichungen ist sehr einfach und hat zudem den Vorteil, dass sie für Tangenten an Kreise und Tangentialebenen an Kugeln gewissermaßen „in einem Abwasch" erfolgt. Dennoch bleibt dabei ein großes Unbehagen: Tangenten spielen im Analysisunterricht eine wichtige Rolle; sie werden wesentlich allgemeiner – nämlich für Funktionsgraphen – behandelt als Geraden, die Kurven in einzelnen Punkten am besten annähern (Aspekt der Approximation). Hier aber erfolgt nun ein „Rückfall" in die wesentlich speziellere Sichtweise auf Kreistangenten, welche in der S I dominiert. Damit Analysis und Lineare Algebra Schülern nicht als Gebiete erscheinen, die miteinander nichts zu tun haben, sollte zumindest eine Tangentengleichung an Kreise auch mit Mitteln der Analysis hergeleitet werden.

Herleitung einer Tangentengleichung an Kreise mit Mitteln der Differentialrechnung

Eine Gleichung für Kreistangenten leiten wir nun mit Mitteln der Differentialrechnung für den Spezialfall her, dass der Mittelpunkt des Kreises mit dem Koordinatenursprung

Abb. 4.53 Tangente an einen
Kreis

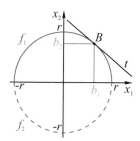

identisch ist (was sich durch geeignete Wahl des Koordinatensystems aber immer erreichen lässt). Die entsprechende Kreisgleichung $x_1^2 + x_2^2 = r^2$ lässt sich, je nachdem, ob x_2
positiv oder negativ ist (also Punkte ober- bzw. unterhalb der x_1-Achse betrachtet werden,
siehe Abb. 4.53), zu einer der Funktionsgleichungen

$$x_2 = f_1(x_1) = \sqrt{r^2 - x_1^2} \quad \text{bzw.} \quad x_2 = f_2(x_1) = -\sqrt{r^2 - x_1^2}$$

umstellen. Durch Ableiten nach x_1 ergibt sich daraus

$$f_1'(x_1) = -\frac{x_1}{\sqrt{r^2 - x_1^2}} \quad \text{bzw.} \quad f_2'(x_1) = \frac{x_1}{\sqrt{r^2 - x_1^2}} \;.$$

In einem Berührpunkt $B(b_1 \mid b_2)$ hat die Tangente daher den Anstieg

$$f_1'(b_1) = -\frac{b_1}{\sqrt{r^2 - b_1^2}} = -\frac{b_1}{b_2} \quad (\text{für } b_2 > 0)$$

bzw.

$$f_2'(b_1) = \frac{b_1}{\sqrt{r^2 - b_1^2}} = -\frac{b_1}{b_2} \quad (\text{für } b_2 < 0) \;.$$

Ein Richtungsvektor der Tangente ist also in beiden Fällen der Vektor $\begin{pmatrix} 1 \\ -\frac{b_1}{b_2} \end{pmatrix}$. Als Parametergleichung der Tangente ergibt sich daraus

$$\begin{pmatrix} x_1 \\ x_2 \end{pmatrix} = \begin{pmatrix} b_1 \\ b_2 \end{pmatrix} + t \cdot \begin{pmatrix} 1 \\ -\frac{b_1}{b_2} \end{pmatrix} \;.$$

Durch Umformen dieser Parametergleichung in eine parameterfreie Geradengleichung erhalten wir mit

$$x_1 \cdot b_1 + x_2 \cdot b_2 = b_1^2 + b_2^2 = r^2$$

dieselbe Tangentengleichung (für den Spezialfall mit $m_1 = m_2 = 0$), die wir oben bereits
auf vektoriellem Wege hergeleitet haben.

Herleitung einer Gleichung für Tangentialebenen an Kugeln mit Mitteln der Differentialrechnung

Die folgende Herleitung ist im Vergleich zu der Herleitung der Tangentengleichung an Kreise deutlich aufwändiger. Zunächst ist leicht einzusehen, dass es dazu notwendig ist, die Kugel (oder zumindest eine Halbkugel, ähnlich wie beim Kreis, bei dem Halbkreise als Funktionsgraphen dargestellt werden können) als Graphen einer Funktion darzustellen und die zugehörige Funktionsgleichung abzuleiten. Da die Kugelgleichung $x_1^2 + x_2^2 + x_3^2 = r^2$ (wir betrachten auch hier der Einfachheit halber eine Kugel mit Mittelpunkt im Koordinatenursprung) drei Variablen enthält, wird die entsprechende Funktionsgleichung jedoch eine Variable in Abhängigkeit von *zwei* Variablen ausdrücken müssen, zum Beispiel x_3 in Abhängigkeit von x_1 und x_2. Nachdem dies diskutiert wurde, wird die Herleitung der Funktionsgleichung

$$x_3 = f(x_1, x_2) = \sqrt{r^2 - x_1^2 - x_2^2} \qquad (4.7)$$

für die obere Halbkugel (auf die wir uns im Folgenden beschränken) aus der Kugelgleichung Schülerinnen und Schülern nicht schwerfallen. Dabei sollte erörtert werden, dass es sich um die Gleichung einer *Funktion zweier Variablen* handelt und dass die Ableitung einer derartigen Funktion mit den zur Verfügung stehenden Mitteln nicht ohne Weiteres möglich ist.

Bei der Diskussion der Frage, wie diese Funktion dennoch genutzt werden könnte, um zu einer Gleichung für die Tangentialebene zu gelangen, sollte im Unterrichtsgespräch eine Rolle spielen, dass jede der Tangenten an eine Kugel k in einem Berührpunkt B innerhalb der Tangentialebene E an die Kugel in diesem Punkt liegt. Eine Tangente an k in B ist jedoch gleichzeitig Tangente an einen Kreis dieser Kugel (der sich wiederum als Durchschnitt der Kugel mit einer Ebene darstellen lässt – siehe Abb. 4.54).

Durch zwei verschiedene Tangenten an k in B wird die Tangentialebene aufgespannt. Gelingt es, mittels Ableitung die Gleichungen bzw. Richtungsvektoren zweier derartiger Tangenten zu bestimmen, so ist die Aufstellung einer Gleichung für die Tangentialebene

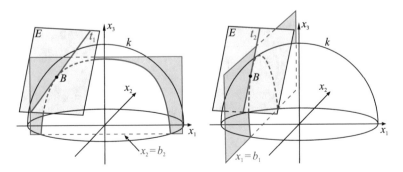

Abb. 4.54 Tangentialebene an einer Kugel

leicht möglich. Der Kernpunkt der Herleitung besteht nun darin, herauszuarbeiten, dass durch das Konstanthalten jeweils einer Variablen in (4.7) Gleichungen für die Halbkreise der Halbkugel entstehen, die durch den Punkt B verlaufen und in einer Ebene parallel zur x_1-x_3-Ebene bzw. zur x_2-x_3-Ebene liegen (Abb. 4.54 zeigt diese Ebenen für $x_1 = b_1$ und $x_2 = b_2$). Diese Halbkreise werden demnach durch folgende Funktionsgleichungen beschrieben:

$$f_1(x_1) = \sqrt{r^2 - b_2^2 - x_1^2}, \quad f_2(x_2) = \sqrt{r^2 - b_1^2 - x_2^2}$$

Die Verwendung der Bezeichnungen f_1 und f_2 ermöglicht es, bei der Ableitung die Schülern vertraute Bezeichnungsweise zu verwenden, und umgeht somit das Einführen neuer Symbole für partielle Ableitungen. Die Ableitung und die Aufstellung der Tangentengleichungen kann in selbständiger Schülerarbeit erfolgen, es ergibt sich:

$$f_1'(x_1) = -\frac{x_1}{\sqrt{r^2 - b_2^2 - x_1^2}}, \quad f_2'(x_2) = -\frac{x_2}{\sqrt{r^2 - b_1^2 - x_2^2}}$$

Im Punkt B entsteht daraus durch Einsetzen von b_1 bzw. b_2:

$$f_1'(b_1) = -\frac{b_1}{\sqrt{r^2 - b_2^2 - b_1^2}} = -\frac{b_1}{b_3}, \quad f_2'(b_2) = -\frac{b_2}{\sqrt{r^2 - b_1^2 - b_2^2}} = -\frac{b_2}{b_3}$$

Um nun hieraus die Richtungsvektoren der beiden Tangenten zu erhalten, sollten folgende Überlegungen angestellt werden:

- Für $x_2 = b_2$ haben alle Punkte der Tangente t_1 die x_2-Koordinate b_2, die x_2-Komponente des Richtungsvektors ist demnach null. Dasselbe gilt für die x_1-Komponente des Richtungsvektors der Tangente t_2 mit $x_1 = b_1$.
- Die ermittelten Ableitungen beschreiben den Anstieg der Tangenten t_1 und t_2 innerhalb der Parallelebenen zur x_1-x_3-Ebene (mit $x_2 = b_2$) bzw. zur x_2-x_3-Ebene (mit $x_1 = b_1$). Der Quotient zwischen der x_3- und der x_1-Komponente des Richtungsvektors der Tangente t_1 ist somit $f_1'(b_1)$, der zwischen der x_3- und der x_2-Komponente desjenigen der Tangente t_2 entspricht $f_2'(b_2)$.

Anhand dieser Überlegungen ergibt sich für die Richtungsvektoren $\vec{a}_1$ und $\vec{a}_2$ der Tangenten t_1 und t_2:

$$\vec{a}_1 = \begin{pmatrix} 1 \\ 0 \\ -\frac{b_1}{b_3} \end{pmatrix}, \quad \vec{a}_2 = \begin{pmatrix} 0 \\ 1 \\ -\frac{b_2}{b_3} \end{pmatrix}$$

Für die Tangentialebene führt dies zu der Parameterdarstellung

$$E : \begin{pmatrix} x_1 \\ x_2 \\ x_3 \end{pmatrix} = \begin{pmatrix} b_1 \\ b_2 \\ b_3 \end{pmatrix} + \lambda \begin{pmatrix} 1 \\ 0 \\ -\frac{b_1}{b_3} \end{pmatrix} + \mu \begin{pmatrix} 0 \\ 1 \\ -\frac{b_2}{b_3} \end{pmatrix},$$

die sich in die Koordinatengleichung

$$x_1 \cdot b_1 + x_2 \cdot b_2 + x_3 \cdot b_3 = b_1^2 + b_2^2 + b_3^2 = r^2$$

umwandeln lässt. Diese entspricht der zu Beginn dieses Abschnitts auf vektoriellem Wege hergeleiteten Gleichung für Tangentialebenen für den Spezialfall $m_1 = m_2 = m_3 = 0$.

Die hier beschriebene Herleitung der Gleichung der Tangentialebene mittels partieller Ableitungen fordert das Leistungsvermögen auch leistungsstarker Schüler sehr stark. Es konnte aber die Erfahrung gemacht werden, dass die Herangehensweise auf besonderes Interesse stößt. Insbesondere die Feststellung, dass die Herleitung auf völlig unterschiedlichen Wegen unter Nutzung verschiedener Gebiete der Mathematik zu haargenau demselben Ergebnis führt, löste in Unterrichtsversuchen „Aha-Effekte" aus und dürfte einen Beitrag zur Erkenntnis der Ganzheitlichkeit der Mathematik leisten. Auch wenn nur eine Betrachtung von Tangenten an Kreise mit Mitteln der Vektorrechnung *und* mithilfe von Ableitungen erfolgt – was vor allem in weniger starken Klassen bzw. Kursen naheliegt –, kann ein solcher Beitrag geleistet werden.

4.6.4 Schnitte von Kugeln und Ebenen

Mit den Tangentialebenen haben wir bereits einen Spezialfall der gegenseitigen Lage einer Kugel und einer Ebene untersucht. Wir betrachten nun allgemein den Schnitt einer Kugel $K(M, r)$ mit einer Ebene E. Anschaulich ist wieder klar (siehe Abb. 4.55):

$$E \cap K = \begin{cases} \text{Schnittkreis} & \text{für } d(E, M) < r \\ \text{Punkt(menge)} & \text{für } d(E, M) = r \\ \emptyset & \text{für } d(E, M) > r \end{cases}$$

Visualisieren kann man dieses Ergebnis enaktiv durch eine Apfelsine oder eine Styroporkugel, der man eine Kuppe abschneidet, oder ikonisch durch eine Raumgeometriesoftware wie das 3D-Modul von GeoGebra (vgl. Abschn. 3.6). Dass im ersten Fall die Schnittfigur tatsächlich ein Kreis in der Ebene E ist, kann man dadurch beweisen, dass man ein neues kartesisches Koordinatensystem $\{N; \vec{e}_1; \vec{e}_2; \vec{e}_3\}$ derart wählt, dass N der Fußpunkt des Lotes von M auf E ist und $\vec{e}_1$ und $\vec{e}_2$ die Ebene E aufspannen. Jetzt berechnet man die Gleichung der Schnittfigur als Kreisgleichung in E. Dies ist jedoch unnötig kompliziert.

Abb. 4.55 Möglichkeiten der gegenseitigen Lage einer Kugel und einer Ebene

Abb. 4.56 Schnitt
Kugel-Ebene

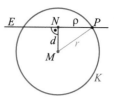

Einfacher betrachtet man die zweidimensionale Darstellung der Schnitt-Problematik in
Abb. 4.56.

Das Lot l von M auf E lässt sich schreiben als

$$l : \vec{x} = \vec{m} + s \cdot \vec{n}_E ,$$

wobei $\vec{n}_E$ ein Normalenvektor von E ist. Damit ergeben sich die „Daten" des Schnittkreises $K(N, \rho)$:

$K(N, \rho)$ liegt in der Ebene E, Mittelpunkt N und Radius ρ sind bestimmt durch
$l \cap E = \{N\}$, $d = |MN|$, $\rho = \sqrt{r^2 - d^2}$.

(Natürlich hätte man auch mit der Hesse'schen Normalform von E arbeiten können.)

Insbesondere ergibt diese Überlegung, dass *jeder* Punkt P der Schnittfigur denselben
Abstand ρ von N hat, die Schnittfigur also ein Kreis ist.

4.6.5 Schnitte zweier Kugeln

Wie in Abschn. 4.6.2 angemerkt, soll nun der Schnitt zweier Kugeln etwas genauer studiert werden. Geometrisch lässt sich dieser Schnitt mit etwas Raumanschauung gut vorstellen. Analytisch wird es etwas komplizierter: Es seien $K_1(M_1, r_1)$ und $K_2(M_2, r_2)$ zwei
Kugeln mit

$$K_1 : \left(\vec{x} - \vec{m}_1\right)^2 = r_1^2, \quad K_2 : \left(\vec{x} - \vec{m}_2\right)^2 = r_2^2 .$$

Subtraktion der beiden Kugelgleichungen ergibt die Gleichung

$$2 \cdot \left(\vec{m}_1 - \vec{m}_2\right) \cdot \vec{x} = \underbrace{\vec{m}_1^2 - \vec{m}_2^2 + r_2^2 - r_1^2}_{=: c \in \mathbb{R}} .$$

Dies ist für $M_1 \neq M_2$, was wir voraussetzen können, *stets* die Normalenform einer Ebene
E, die senkrecht zu $\overrightarrow{M_1 M_2}$ steht. Genau für

$$|r_1 - r_2| \leq \left|\overline{M_1 M_2}\right| \leq r_1 + r_2$$

ist der Schnitt von K_1 und K_2 nicht leer, und der Schnittkreis S ergibt sich aus dem Schnitt
dieser Ebene E mit einer der beiden Kugeln. Sein Radius lässt sich auf elementargeometrischem Wege aus dem Abstand der Mittelpunkte und den Radien der beiden Kugeln
berechnen, siehe Abb. 4.57.

Welche geometrische Deutung hat die Ebene E in den anderen Fällen?

Abb. 4.57   Schnitt zweier
Kugeln

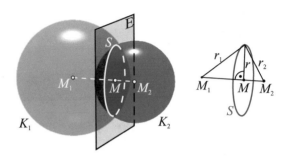

4.6.6   Kugeln in Kunst und Architektur

Die bisher angesprochenen Fragen im Umfeld Kreis und Kugel sind vor allem nötiges
„Handwerkszeug". Zwei Beispiele, bei denen Kugeln oder genauer Kugelteile die wesentliche Rolle spielen, können als anregender Abschluss des Themas Kreise und Kugeln
dienen und etwas von der Faszination vermitteln, die Mathematik haben kann. Das erste
Beispiel ist die „Familie von fünf halben Kugeln" des Schweizer Künstlers Max Bill, die
vor dem 1966 vollendeten Neubau des Mathematischen Instituts der TU Karlsruhe stehen
(Abb. 4.58). Jede dieser halben Kugeln hat exakt das halbe Volumen einer Vollkugel.

Das zweite Beispiel ist das Opernhaus in Sydney/Australien, Abb. 4.59. Joem Utzon,
der Architekt des Sydney Opera House, benutzte eine Kugel als Grundelement seines

Abb. 4.58   Familie von fünf halben Kugeln

Abb. 4.59   Sydney Opera House

Designs. Aus dieser schnitt er Segmente gleicher Größe, aus denen er die oft mit Segeln verglichenen Dachteile des Opernhauses zusammensetzte.

4.6.7   Analytische Behandlung von Konstruktionsaufgaben

Im Folgenden werden zwei typische Konstruktionsaufgaben der Sekundarstufe I mit analytischen Methoden behandelt:

1. Konstruiere die Tangenten an einen Kreis $K(M, r)$ von einem außerhalb von K gelegenen Punkt P (Abb. 4.60a).

1. Ansatz: Der Thaleskreis K' über der Strecke $\overline{MP}$ ergibt die Schnittpunkte $K \cap K' = \{B_1, B_2\}$. Dies sind die Berührpunkte der Tangenten t_1, t_2 mit dem Kreis.

2. Ansatz: Für die gesuchten Berührpunkte $B(a|b)$ muss $\overrightarrow{MB} \cdot \overrightarrow{BP} = 0$ und $B \in K$ gelten. Dies entspricht einem LGS für a und b.

2. Konstruiere die beiden Tangenten t_1 und t_2 an einen Kreis $K(M, r)$ parallel zu einer gegebenen Geraden g (Abb. 4.60b).

Aus einem Richtungsvektor

$$\vec{g} = \begin{pmatrix} a \\ b \end{pmatrix}$$

von g erhält man den Richtungsvektor

$$\vec{e} = \begin{pmatrix} -b \\ a \end{pmatrix}$$

des Lotes l von M auf g.

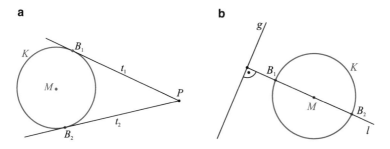

Abb. 4.60 a Tangenten an einen Kreis legen, **b** Tangente parallel zu gegebener Geraden

1. Ansatz: Der Schnitt der Lotgeraden $l : X = M + s \cdot \vec{e}$ mit K liefert die Berührpunkte B_1 und B_2.

2. Ansatz:

$$\vec{n} := \frac{\vec{e}}{|\vec{e}|}$$

ist Normaleneinheitsvektor von l. Damit erhält man die beiden Berührpunkte der Tangenten durch

$$B_{1/2} = M \pm r \cdot \vec{n} \,.$$

4.7 Abituraufgaben in der Analytischen Geometrie

Heute gibt es in allen Bundesländern (derzeit nur noch mit Ausnahme von Rheinland-
Pfalz) zentral gestellte schriftliche Abituraufgaben. Laut der gemeinsamen Beschlüsse der
Kultusminister, vgl. auch Borneleit et al. (2001), sind Analysis, Analytische Geometrie
und Stochastik die drei gleichberechtigten, in der Sekundarstufe II zu unterrichtenden Gebiete. In der Praxis wird allerdings die Stochastik oft sträflich vernachlässigt. Wie schon in
dem Abschn. 4.2.1 dargelegt wurde, sind die Geometriekurse in der Oberstufe oft kalkülorientiert, und es ist schwierig, sinnvolle Aufgaben in diesem Kontext zu finden. Generell
vermisst man bei fast allen Abituraufgaben, dass Schüler mathematisch argumentieren
müssen; in der Regel müssen sie etwas „ausrechnen". Lässt man die Abituraufgaben der
letzten 50 Jahre Revue passieren, so fällt auf, dass früher die Aufgaben wenige Zeilen
lang waren, während heute oft eine Seite nicht ausreicht. Früher stellte man eine Frage
und überließ es dem Schüler, den Weg zu der Antwort zu finden und die dabei nötigen Argumente und Rechnungen zu liefern. Heute sagen wohldefinierte Schlüsselwörter,
was zu tun ist; der Lösungsweg ist oft genau mit Zwischenergebnissen abgesteckt. Hinzu kommt der durchaus lobenswerte Vorsatz, die Winter'schen Grunderfahrungen ernst
zu nehmen und insbesondere gemäß der ersten Grunderfahrung realitätsnahe Aufgaben
zu stellen. Sicherlich ist es nicht ganz einfach, für die Lineare Algebra und Analytische
Geometrie inhaltlich sinnvolle Aufgaben zu stellen, aber es wäre durchaus möglich. In Baden-Württemberg gibt es seit über 60 Jahren ein schriftliches Abitur. In einer Sammlung
„Mathematische Reifeprüfungsaufgaben aus den Jahren 1946–1952" findet man zur Analytischen Geometrie insbesondere Aufgaben zu Kegelschnitten und zur Kugelgeometrie
(im Sinne von mathematischer Erd- und Himmelskunde); Aufgaben zu „Geometrischen
Örtern und Abbildungen" vernetzten teilweise Analysis und Geometrie. Die Aufgaben
waren keinesfalls schwieriger als heutige Abituraufgaben, sie waren aber sehr viel in-
haltsreicher. Aufgaben, die heute das Thema Analytische Geometrie ausmachen, werden
oft als „Hieb- und Stichaufgaben" bezeichnet: Der einzige Inhalt sind Geraden, Ebenen,
vielleicht noch Kreise und Kugeln, sowie ihre Schnitte. Dies lässt sich leicht anhand bisher
veröffentlichter Beispiele von Abituraufgaben aus der Analytischen Geometrie belegen.
Zwei weitere Beispiele verdeutlichen die Problematik:

- In Österreich wird derzeit ein zentrales Abitur, die Zentralmatura, eingeführt. Die bisher veröffentlichten Aufgaben sind vielversprechend. Man unterscheidet „Aufgaben vom Typ 1", die Grundkompetenzen abfragen, und „Aufgaben vom Typ 2", die darüber hinaus eine eigenständige Vernetzung und Anwendung von Grundkompetenzen oder weitergehende Reflexionen erfordern. Die Aufgabenstellungen vom Typ 2 sind in der Regel umfassender, ihre Bearbeitung ist aufwändiger. Allerdings enthält die Probeklausur vom 09.05.2012 nur beim Typ 1 einige Aufgaben zur Analytischen Geometrie, die Aufgaben vom Typ 2 gehören zur Analysis oder zur Stochastik.[37]
- Am 01.02.2013 wurde ein „Mindestanforderungskatalog Mathematik der Hochschulen Baden-Württembergs für ein Studium von MINT- oder Wirtschaftsfächern" veröffentlicht.[38] Zu „Lineare Algebra/Analytische Geometrie" wird nur ein Bruchteil dessen gefordert, was zu „Elementare Algebra" und „Analysis" verlangt wird (zur Stochastik werden übrigens keine Vorkenntnisse gefordert ...). Von den 78 zum Teil sehr ansprechenden Beispielaufgaben gehören nur elf zur Linearen Algebra/Analytischen Geometrie.

Das schriftliche Abitur ist sicherlich nicht a priori schlecht, „nicht der Hammer ist der Mörder", siehe Henn/Müller (2010). Jedoch ist ein wesentliches Problem schriftlicher Abiturprüfungen der anscheinend unvermeidbare *Lift vom deskriptiven zum normativen Modell*: Das (zentrale) Abitur soll beschreiben, was der Mathematikunterricht in der Schule bei den Lernenden erreicht hat, ist also ein deskriptives Modell. In der Realität wird aber das Abitur zum normativen Modell, nur auf ein „gutes Abitur" wird hingearbeitet. So werden die Abituraufgaben vergangener Jahre zu Leitbildern „erwünschter" Mathematikaufgaben und dienen als Vorlagen für viele Mathematikstunden. Im Folgenden werden einige konkrete Abituraufgaben vorgestellt. Die vollständigen Aufgabentexte und Lösungsvorschläge findet man auf der Webseite zu diesem Buch.

4.7.1 Problematische Abituraufgaben

Zwei Beispiele baden-württembergischer Abituraufgaben sollen die Problematik sinnentstellter Aufgaben zeigen.

„Antennen-Aufgabe" (LK Analytische Geometrie 1988)

Im Zentrum der Aufgabe steht ein Haus mit einem Walmdach, siehe Abb. 4.61.

Zunächst sind die Koordinaten der Punkte abzulesen, und es sind Ebenen, Geraden, Winkel und weitere „realistische" Dinge zu berechnen. Dann werden u. a. zwei „Antennen" betrachtet: Die erste Antenne ST geht vom Schwerpunkt S des Dreiecks $Q_3 Q_4 R_2$

---

[37] Die Aufgaben sind erhältlich unter http://www.uni-klu.ac.at/idm/inhalt/495.htm.
[38] Download: http://www.hochschuldidaktik.net/documents_public/mak20130201.pdf

Abb. 4.61 Haus mit Walmdach (Abituraufgabe)

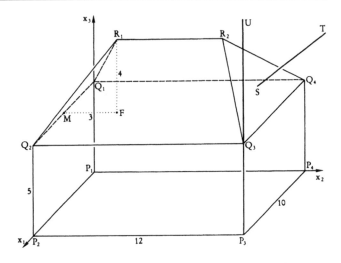

5 m nach außen und steht senkrecht auf dem Dreieck. Information über eine zweite Antenne und die Aufgabestellung findet man im Teil c) der Aufgabe:

> „In der Verlängerung der Hauskante P_3Q_3 befindet sich eine 8 m lange Antenne
> Q_3U. Die Antennen ST und Q_3U sollen durch einen möglichst kurzen Draht mitein-
> ander verbunden werden."

Wenn der Abstand windschiefer Geraden zu bestimmen ist, so soll man das sagen oder
in einen sinnvolleren Zusammenhang verpacken. Zwei Antennen durch einen Draht mini-
maler Länge zu verbinden, ist schlicht und einfach Unsinn.

„Spielplatz-Aufgabe" (LK Analytische Geometrie 1998)

Die verschiedenen Teilaufgaben dieser Aufgabe beziehen sich auf ein Szenario mit einem
Spielplatz, auf dem es eine innen begehbare, senkrechte quadratische Pyramide aus Holz
gibt. Der Aufgabenteil c) lautet:

> „In der Pyramide ist parallel zum Boden eine Platte befestigt, die in der Mitte eine
> kreisförmige Öffnung mit dem Durchmesser $d = 2{,}4$ hat. Ein großer Schaumstoff-
> ball hat den Radius $r = 1{,}5$. Beim Aufräumen muss der Ball durch die Öffnung
> nach oben gedrückt werden. In welcher Höhe ist die Platte angebracht, wenn sie
> sich so weit oben wie möglich befindet und der aufbewahrte Ball entspannt in der
> Öffnung liegt?"

Abb. 4.62 Spielplatz-Aufgabe

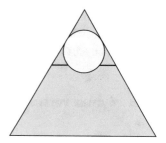

Die fehlenden Maßeinheiten deuten darauf hin, dass der Aufgabensteller die Realität nicht allzu ernst nimmt. Gehen wir davon aus, dass in Metern gemessen wird. Mag sein, dass es in der heutigen Zeit zu den Erziehungsaufgaben des Gymnasiums gehört, auf die Wichtigkeit des Aufräumens hinzuweisen. Nun ja, . . . machen wir also zuerst eine Skizze der Pyramide (Abb. 4.62) und rechnen dann:

Die Platte ist in einer Höhe von 5,6 m angebracht, und der Ball hat ein Volumen von 9,4 m^3. Bei Google findet man das spezifische Gewicht von Schaumstoff: Der Ball wiegt etwa 380 kg! Wie soll der Ball jemals nach oben gedrückt werden können?

Aufgaben wie die beiden vorgestellten bestärken diejenigen Lehrerinnen und Lehrer, die glauben, dass Modellieren und realitätsnahe Aufgaben im Mathematikunterricht nichts verloren haben. Derartige Abituraufgaben sorgen dafür, dass der Unterricht auf sinnlosen Drill von Prozeduren und Kalkülen reduziert wird.

4.7.2 Das Oktaeder des Grauens

Nach dem Zentralabitur 2008 in NRW geisterte ein „Oktaeder des Grauens" durch den Blätterwald. Es ging bei der Aufgabe um ein in einen Würfel einbeschriebenes Oktaeder (Abb. 4.63). Mit dieser elementargeometrischen Situation hatten die Schülerinnen und Schüler die größten Schwierigkeiten – was wenig über allgemeine mathematische Fähigkeiten der Schülerinnen und Schüler, aber viel über die verschwindend geringe Bedeutung

Abb. 4.63 Oktaeder des Grauens

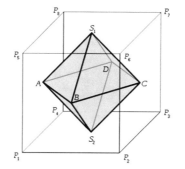
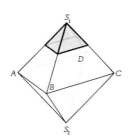

der Raumgeometrie in der derzeitigen Schulwirklichkeit sagt. Studieren Sie die Aufgabenstellung, um sich ein eigenes Bild zu machen. Die Aufgabe ist über die Internetseite zu diesem Buch erhältlich.

4.7.3 Syntax versus Semantik

Schüler sollen stets zum „geometrischen" Denken, nicht zum syntaktischen Anwenden von Formeln angeleitet werden. Darauf muss immer wieder hingearbeitet werden, sonst kann z. B. das Bearbeiten von Abituraufgaben unnötig verkompliziert werden. Ein Beispiel sind die oft (auch von Lehrkräften) gehörten, ggf. mit einem Faktor $\frac{1}{2}$ oder $\frac{1}{3}$ versehenen Formeln „Grundseite mal Höhe" bzw. „Grundfläche mal Höhe" für Flächen bzw. Volumina gewisser geometrischer Objekte. Diese Formeln sind unkorrekt; es gibt in der Regel keine eindeutige Grundseite, sondern drei mögliche beim Dreieck oder vier mögliche beim Tetraeder (wie im folgenden Beispiel).

Richtig müssten die Formeln als „Seite mal zugehöriger Höhe" bzw. „Fläche mal zugehöriger Höhe" verinnerlicht werden. Schlimmer noch, die falschen Formeln können unangenehme Konsequenzen haben, wie das folgende Beispiel, das so oder ähnlich öfters als Teilaufgabe in Abituraufgaben vorkommt, zeigt: Die drei Punkte A, B und C liegen auf den Koordinatenachsen und bestimmen eine Ebene E (Abb. 4.64).

Zu berechnen ist das Volumen der Pyramide, die von E und den Koordinatenebenen definiert wird. Viele Bearbeiter „sehen" in der Situation die Formel „Grundseite mal Höhe", wobei die „Grundseite" natürlich durch die Ebene definiert wird. Also setzen sie syntaktisch ohne weitere Analyse der geometrischen Situation (was zur fundamentalen Idee des Koordinatisierens gehören würde) die Formel der Hesse'schen Normalform an und berechnen die von ihnen eindeutig gesehene Höhe, also den Abstand des Koordinatenursprungs von E, dann den Flächeninhalt des Dreiecks ABC, um schließlich nach viel Mühe (und falls keine Rechenfehler gemacht wurden) das gesuchte Volumen zu bekommen. Die semantische Sicht auf die Volumenformel, die viel sinnvoller als „Fläche mal *zugehöriger* Höhe" gemerkt worden wäre, regt an, die verschiedenen Möglichkeiten, die Formel anzusetzen, zu reflektieren und im vorliegenden Fall natürlich eines der durch

Abb. 4.64 Pyramide

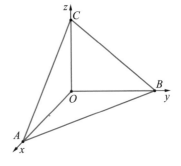

zwei Koordinatenachsenabschnitte gebildeten Dreiecke mit dem dritten Koordinatenachsenabschnitt als Höhe zu wählen und so die einfache Formel $\frac{1}{3} \cdot \left(\frac{1}{2} \cdot a \cdot b\right) \cdot c$ zu gewinnen. Jedoch ergeben sich solche „semantische Ansätze" nicht von selbst, sondern müssen immer wieder von der Lehrkraft eingefordert werden. Das Einüben syntaktischer Formeln ist in der Regel problemloser ... [39]

4.7.4 Flugsicherheit

Einer der wenigen überzeugenden Anwendungskontexte mit „Hieb- und Stich-Situationen" ist der Themenkreis „Flugsicherung". Dieses Thema ist nicht nur für Abituraufgaben, sondern auch für einen Einstieg und die Behandlung wesentlicher Teile der Analytischen Geometrie des Raumes sehr geeignet. Ausgangspunkt kann eine Beobachtung wie in Abb. 4.65 sein.

Kernfragen für einen Einstieg in die Thematik können sein, siehe u. a. Maaß (2003), Hussmann (2003), Diemer/Hillmann (2005):

- Haben die Flugzeuge Glück gehabt, dass sie nicht zusammengestoßen sind?
- Kreuzen sich die Bahnen der Flugzeuge?
- Wenn sie sich kreuzen, sind dann die Flugzeuge gleichzeitig am Schnittpunkt?
- Hätten sie zusammenstoßen können?
- In welchem Abstand sind sie aneinander vorbeigeflogen?
- Wer überwacht die Bahnen der Flugzeuge?

Abb. 4.65 Zwei Flugbahnen

---

[39] Ein ähnliches Beispiel sind die „Kurvendiskussionen" in der Analysis, bei denen häufig ohne Nachdenken zuerst die ersten drei Ableitungen berechnet werden, obwohl oft durch inhaltliche Argumente (Vorzeichenwechsel o. a.) Extrem- und Wendestellen viel einfacher bestimmt werden können.

Die folgende Aufgabe wurde im zentralen Abitur des Technischen Gymnasiums Baden-Württemberg zum Gebiet Vektorgeometrie/Stochastik 2007 gestellt:

Vektorgeometrie

Zwei Flugzeuge F_1 und F_2 passieren zum gleichen Zeitpunkt ($t = 0$) den Ort $P_1(-4\,|\,4\,|\,0)$ bzw. $P_2(7\,|\,12\,|\,7)$. Sie bewegen sich jeweils mit konstanten Geschwindigkeiten

$$\vec{v}_1 = \frac{1}{12}\begin{pmatrix} 2 \\ 2 \\ 1 \end{pmatrix} \quad \text{und} \quad \vec{v}_2 = \frac{1}{15}\begin{pmatrix} 1 \\ -2 \\ 2 \end{pmatrix}.$$

Die in der Aufgabe auftretenden Zeiten sind in s, die Orte in km und die Geschwindigkeiten in km/h angegeben.

a) Wie lässt sich der Ort eines Flugzeuges zu einem beliebigen Zeitpunkt t angeben?

   Zeigen Sie, dass sich die Flugzeuge F_1 und F_2 in einer Ebene bewegen.

   Geben Sie für diese Ebene eine Gleichung an.   6

b) Aus Sicherheitsgründen müssen die Flugzeuge am gleichen Ort einen zeitlichen Abstand von mindestens 1 Minute haben.

   Die Flugbahnen von F_1 und F_2 haben einen Punkt gemeinsam.

   Ist dort dieser zeitliche Sicherheitsabstand gewährleistet?

   Welche räumliche Entfernung besitzen die beiden Flugzeuge F_1 und F_2, wenn sich F_1 im Punkt $P_3(6\,|\,14\,|\,5)$ befindet?   6

c) Beschreiben Sie anhand einer Skizze, wie man die „Steigung" einer Flugbahn berechnen könnte.   3

Eine ähnliche Aufgabe „Kommt es zum Crash?" schlagen Haas/Morath (2003) in ihrer Aufgabensammlung vor. Im Internet können Sie weitere Formulierungen der Flugsicherheits-Aufgabe finden.

4.7.5   Verhungerte Raubvögel

Das Problem der Flugsicherung wurde schon häufiger im Zentralabitur gestellt bzw. als abiturtaugliche Aufgabe vorgeschlagen, was natürlich die weitere Verwendung in einem der Bundesländer schwierig macht. Die folgende Aufgabe aus dem Berliner Abitur 2012 (Leistungskurs) hat mit der Flugsicherung einige Berechnungen gemeinsam, ist aber im Gegensatz dazu ein Beispiel dafür, zu welchem Unsinn die zwanghafte „Verpackung" von Routineaufgaben in „Anwendungskontexte" führen kann.

Raubvogel

Ein Raubvogel gleitet geradlinig gleichförmig in der Morgensonne über den Frühnebel. Er befindet sich in einer Höhe von 830 m im Punkt $P_0(3260\,|-1860\,|\,830)$ und eine Sekunde später in $P_1(3248\,|-1848\,|\,829)$. Im selben Zeitraum fliegt ein Singvogel geradlinig gleichförmig im morgendlichen Frühnebel von $Q_0(800\,|-600\,|\,200)$ nach $Q_1(796\,|-592\,|\,201)$, 1 LE = 1 m.

a) Geben Sie für die Flugbahnen je eine Geradengleichung an. Bestätigen Sie, dass die Vögel mit Geschwindigkeiten von 61,2 km/h bzw. 32,4 km/h fliegen.
   Zeigen Sie, dass die Fluggeraden windschief zueinander verlaufen, indem Sie die lineare Unabhängigkeit der Richtungsvektoren nachweisen und den Abstand der beiden Geraden berechnen.

b) Die obere Grenze des Frühnebels verläuft in einer Ebene E. Die Ebene E ist orthogonal zu

$$\vec{n}_E = \begin{pmatrix} 1 \\ -1 \\ 10 \end{pmatrix}$$

   und verläuft durch den Punkt $A(0\,|\,0\,|\,280)$.
   Berechnen Sie, in welchem Punkt, nach welcher Zeit und unter welchem Winkel der Singvogel den Frühnebel verlässt, wenn sein Flug ungestört verläuft. [Kontrollergebnis: Der Singvogel würde den Nebel in $S(-400\,|\,1800\,|\,500)$ verlassen.]

c) Berechnen Sie den Abstand des Raubvogels vom Singvogel in dem Moment, in dem der Singvogel den Frühnebel verlassen möchte.
   Der Raubvogel erspäht den Singvogel beim Erscheinen in der Ebene E und schlägt sofort einen Haken in Richtung auf den Singvogel.
   Berechnen Sie die Größe des Winkels, den die ursprüngliche und die neue Flugstrecke des Raubvogels einschließen.

d) In diesem Moment flieht der Singvogel (vom Punkt S aus) zurück in den Frühnebel auf derselben Geraden, auf der sich der Raubvogel nähert.
   Berechnen Sie die im Frühnebel mindestens erforderliche Sichtweite, damit der Raubvogel den Singvogel nicht aus den Augen verliert, wenn jetzt Singvogel und Raubvogel jeweils dreimal so schnell fliegen wie zuvor.
   Hinweis: Es wird darauf verwiesen, dass es sich bei diesem Modell um einen nicht realistischen Beschleunigungsvorgang handelt, weil ein realer Vogel die dreifache Geschwindigkeit nicht in Nullzeit erreicht.

Was sollten Schüler aus dieser Aufgabe lernen? Eine berechtigte Schlussfolgerung wäre, dass Mathematik recht unnütz sein muss, wenn man sie in derartig unsinnigen Kontexten verwenden soll. Raubvögel, die auf geradlinigen Bahnen flögen, wären längst ausgestorben. Dass es sie dennoch gibt, liegt daran, dass sie ihre Flugrichtung ständig an dem Ziel ausrichten und deshalb auf Kurven fliegen (ein adäquates mathematisches Modell hierfür sind Verfolgungskurven). Was Schüler allerdings für die Aufgabe lernen müssen, ist, dass kritische Fragen (zumindest im Abitur) unangebracht sind und sie den Gedanken der Aufgabensteller folgen sollten. Mit Modellierungskompetenz hat dies nichts zu tun – diese wird eher verhindert, wenn man völlig unsinnige Modelle der Realität vorgibt.

Vertiefungen und Anwendungen der Analytischen Geometrie

5

Inhaltsverzeichnis

„Die langweilige, eintönige Berechnung der Schnittelemente von Geraden und Ebenen in verschiedenster Lage … genügt nicht. … Ich fordere also … mehr Anschauung, mehr Substanz, mehr Anwendung. … Geometrie muss für die Schüler ein Zaubergarten sein und nicht ein Exerzierplatz.“ (Zeitler, 1981, S. 9–12)

Die Standardinhalte des gegenwärtigen Unterrichts in Linearer Algebra/Analytischer Geometrie mit ihrer weitgehenden Beschränkung auf die Behandlung von Geraden und Ebenen und der ausführlichen Bestimmung von Schnittpunkten und -geraden sowie Abstands- und Winkelberechnungen erwecken leider bei Schülerinnen und Schülern oftmals eher den Eindruck eines „Exerzierplatzes“ als den eines „Zaubergartens“. Auch wenn wir in den vorherigen Kapiteln Hinweise auf die Aufnahme interessanter Überlegungen innerhalb der Standard-Lehrplaninhalte gegeben haben, so reicht dies keinesfalls, um einen hinreichenden Eindruck von der Schönheit und auch von der Anwendungsrelevanz der Analytischen Geometrie zu vermitteln.

Mit den in diesem Kapitel behandelten Themengebieten verfolgen wir vor allem die folgenden didaktischen Intentionen:

- *Motivation durch reizvolle Formen und interessante Phänomene*: In den Abschn. 5.3 bis 5.6 werden interessante und formschöne geometrische Gebilde (Kurven und Flächen) untersucht, die auch Künstler zu zahlreichen Werken inspiriert haben. Natürlich

© Springer-Verlag Berlin Heidelberg 2015
H.-W. Henn, A. Filler, *Didaktik der Analytischen Geometrie und Linearen Algebra*,
Mathematik Primarstufe und Sekundarstufe I + II, DOI 10.1007/978-3-662-43435-2_5

kann man sich im Mathematikunterricht nicht auf die Betrachtung schöner Formen, eventuell ergänzt durch zugehörige Gleichungen, beschränken. Deshalb stehen hier vor allem Fragen der Entstehung im Mittelpunkt, z. B. in dem Abschn. 5.5: Wie werden aus „einfachen" Geraden höchst interessante Flächen? Dabei werden stets geometrische Konstruktionen und algebraische Beschreibungen im Wechselspiel betrachtet: Es kommt in der Analytischen Geometrie wesentlich darauf an, dass Schüler verstehen, *wie* man zu Gleichungen gelangt, die gewisse Objekte beschreiben.

- *Vernetzungen zwischen mathematischen Inhalten und Leitideen*: In der „Expertise zum Mathematikunterricht in der gymnasialen Oberstufe" werden die drei Säulen Analysis, Analytische Geometrie und Stochastik hervorgehoben, und es wird betont, wie wichtig eine horizontale und vertikale Vernetzung dieser Teilgebiete ist, siehe Borneleit et al. (2001). Analog wird in den Bildungsstandards für die Sekundarstufe II argumentiert, siehe Blum et al. (2015). Bereits in dem Abschn. 4.6 wurden im Zusammenhang mit Tangenten und Tangentialebenen Bezüge zwischen Analysis und Analytischer Geometrie hergestellt. Die im Folgenden behandelten Themengebiete eröffnen wesentlich mehr Möglichkeiten zu Vernetzungen, insbesondere zur (oft vernachlässigten) Einbeziehung der Leitidee „Funktionaler Zusammenhang" in den Unterricht der Analytischen Geometrie (vor allem in den Abschn. 5.3, 5.5 und 5.6) sowie zur Vernetzung von Methoden und Herangehensweisen der elementaren und der Analytischen Geometrie (5.4, 5.5 und 5.6).

- *Aufnahme authentischer Anwendungs- und Modellierungskontexte in den Unterricht der Analytischen Geometrie*: Viele Aufgaben, die in der Analytischen Geometrie gestellt werden, erwecken den Eindruck, dass Anwendungen dieses Themengebietes „an den Haaren herbeigezogen" werden müssten, siehe Abschn. 4.7. Dem ist nicht so! Alle folgenden Abschnitte enthalten zahlreiche tatsächliche Anwendungen von Inhalten der Analytischen Geometrie. So bildet diese beispielsweise eine wesentliche Grundlage der 3D-Computergraphik, der viele Schüler z. B. bei Computerspielen nahezu täglich begegnen. Die Aufdeckung ihrer Funktionsweise, vor allem die Erarbeitung von Beleuchtungsmodellen der photorealistischen 3D-Computergraphik, ermöglicht interessante Modellbildungen unter Anwendung zentraler Inhalte des Unterrichts in Analytischer Geometrie. Weitere Anwendungen finden sich z. B. bei den Kegelschnitten und auch in fast allen anderen Abschnitten dieses Kapitels.

Aus Zeitgründen werden nicht alle der im Folgenden unterbreiteten Vorschläge (die größtenteils erfolgreich in Schulversuchen erprobt wurden) im Unterricht umgesetzt werden können, Lehrerinnen und Lehrer müssen hier eine Auswahl treffen. Wir haben bei der Darstellung der Inhalte darauf geachtet, Überlegungen für unterschiedliche Leistungsniveaus aufzunehmen. Eine Reihe der im Folgenden dargestellten Inhalte eignet sich sehr gut für die Behandlung in Grundkursen, während einige weiterführende Überlegungen (wie z. B. in dem Abschn. 5.3.5) Leistungskursen vorbehalten bleiben dürften.

5.1 Erstellen von 3D-Computergraphiken mittels elementarer Koordinatengeometrie

Zu Beginn des Stoffgebietes Analytische Geometrie ist es notwendig, mit räumlichen Koordinaten zu arbeiten und Objekte des Raumes durch Koordinaten sowie (zunächst in Ansätzen) Gleichungen zu beschreiben. Ein solcher Einstieg kann gut mit der Modellierung einfacher Objekte in einer 3D-Graphiksoftware verbunden werden. Damit lassen sich folgende Ziele verfolgen:

- Schüler können das räumliche Koordinatensystem und die Lage von Punkten in Abhängigkeit von ihren Koordinaten veranschaulichen, sie erwerben in gewissem Maße eine „koordinatenbezogene Raumvorstellung".
- Ausgehend von elementargeometrischen Überlegungen lernen sie, einfache geometrische Körper durch Koordinaten bestimmender Punkte und charakterisierende Größen zu beschreiben sowie räumliche Szenen zu strukturieren.
- Schüler erkennen, dass es für die Positionierung von Objekten in computergraphischen Darstellungen sinnvoll sein kann, Abstände zu berechnen und geometrische Objekte durch Gleichungen zu beschreiben. Anknüpfend an Unterrichtsinhalte der S I stellen sie Gleichungen für Kreise und Kugeln auf.
- Der ästhetische Reiz selbst geschaffener computergraphischer Darstellungen motiviert die Schüler für die Beschäftigung mit Analytischer Geometrie.

Diese Intentionen können unter Nutzung der photorealistischen 3D-Graphiksoftware POV-Ray verfolgt werden, die sich auch gut für die Untersuchung mathematischer Grundlagen der 3D-Computergraphik eignet (welche zu einem großen Teil im Bereich der Analytischen Geometrie liegen, siehe den Abschn. 5.2).

5.1.1 Koordinatenbeschreibung von 3D-Computergraphiken

Der Begriff „3D-Computergraphik" bezieht sich weniger auf das Ergebnis – auch „dreidimensionale" computergraphische Darstellungen werden oft auf zweidimensionalen Medien betrachtet – als vielmehr auf die Erzeugung computergraphischer Darstellungen. In der 3D-Computergraphik werden räumliche Objekte als solche beschrieben bzw. modelliert und durch räumliche Koordinaten bzw. Gleichungen in räumlichen Koordinaten repräsentiert. Erst am Ende des Erstellungsprozesses einer dreidimensionalen computergraphischen Darstellung erfolgt die Abbildung (Projektion) der räumlichen Objekte in eine Ebene. Der 3D-Computergraphik liegt somit die Vorstellung einer virtuellen Kamera zugrunde, durch die ein Ausschnitt des dreidimensionalen Raumes „photographiert" wird. Während die Konstruktion räumlicher Szenen in für kommerzielle Produktionen genutzter 3D-Graphiksoftware meist mausgesteuert erfolgt, erfordert die Erstellung von Graphiken in der skriptgesteuerten 3D-Graphiksoftware POV-Ray die Beschreibung geometrischer

a   b

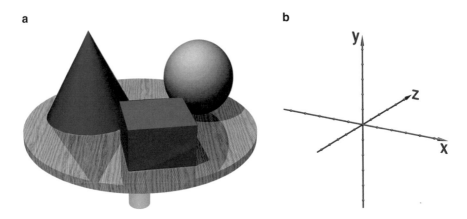

Abb. 5.1 a Einfache 3D-Szene, **b** linkshändiges Koordinatensystem

Objekte durch Koordinaten, was innerhalb des Unterrichts in Analytischer Geometrie natürlich sinnvoller ist. Die in der Abb. 5.1a dargestellte Graphik wurde mit POV-Ray durch
die Eingabe folgender Szenenbeschreibung generiert:[1]

```
 1 #include "colors.inc"
 2 #include "textures.inc"
 3 background {color White}
 4 camera { location <-3,9,-20> angle 30 look_at <0,0,0>}
 5 light_source { < -10, 30, -10 > color White }
 6 cylinder { <0,-0.3,0>, <0,0,0>, 5 texture {DMFWood6}        }
 7 cylinder { <0,-3.8,0>, <0,-0.3,0>, 0.5 texture {Aluminum}   }
 8 sphere { <2.7,1.5,0.5>, 1.5 pigment {color Grey}            }
 9 cone { <-2,0,1>, 2, <-2,3.5,1>, 0 pigment {color Blue}      }
10 box { <-1,0,-4> < 1.5,1.5,-1.5> pigment {color Green}       }
```

Die Koordinatenangaben beziehen sich auf ein linkshändiges Koordinatensystem; die y-
Achse wird als vertikale Achse abgebildet (siehe Abb. 5.1b). In der Computergraphik ist
diese Festlegung des Koordinatensystems recht gebräuchlich, von Schülern verlangt sie
allerdings ein Umdenken, da im Unterricht meist mit einem rechtshändigen Koordinatensystem mit z-Achse als vertikaler Achse gearbeitet wird. In Unterrichtsversuchen erwies
sich dieses Umdenken aber als weniger problematisch als zunächst befürchtet.

---

[1] POV-Ray ist unter http://www.povray.org kostenlos erhältlich. Auf der Internetseite zu diesem
Buch befinden sich die Datei mit dem oben angegebenen Quelltext, aus der POV-Ray die Abb. 5.1a
erzeugt, sowie eine Kurzanleitung „Erste Schritte mit POV-Ray".

Bestandteile von Beschreibungen dreidimensionaler Szenen

Das obige Beispiel enthält bereits alle Elemente, die für die Erzeugung einer dreidimensionalen computergraphischen Darstellung notwendig sind:

- In den Zeilen 1–2 werden Bibliotheken geladen, die Farbnamen und Texturen (Holz, Aluminium, …) beschreiben; Zeile 3 legt die Hintergrundfarbe fest.
- In Zeile 4 wird eine Kamera durch ihre Position, den Öffnungswinkel und den Punkt, auf den sie gerichtet ist, angegeben. Die Kamera „photographiert" die Szene – der von ihr erfasste Teil des Raumes wird in die Bildebene abgebildet.
- Zeile 5 legt die Position und die Farbe einer Lichtquelle fest. Da sich die Bildberechnung in der photorealistischen Computergraphik an Gesetze der Optik anlehnt, müssen Körper beleuchtet werden, um sichtbar zu sein. Einfache Lichtquellen werden als punktförmig angenommen.
- In den Zeilen 6–10 erfolgt die Beschreibung der in Abb. 5.1a sichtbaren geometrischen Objekte durch charakteristische Punkte (Mittelpunkte von Deckflächen, Endpunkte einer Raumdiagonalen eines Quaders) und Radien.[2] Außerdem werden den Objekten Farben bzw. Materialien (Texturen) zugewiesen.[3]

Unterrichtsversuche zeigten, dass die Verwendung der Szenenbeschreibungssprache von POV-Ray für die meisten Schüler kein großes Problem darstellt und sie recht schnell in der Lage sind, geometrische Objekte zu beschreiben.[4] Im Mittelpunkt stehen dann geometrische Überlegungen zur Wahl geeigneter Koordinaten und Abmessungen, um geometrische Objekte „stimmig" zu einer Szene zusammenzufügen. Da allerdings die gleichzeitige Beschreibung von Kamera, Lichtquellen und geometrischen Objekten für Anfänger recht schwierig zu bewältigen ist, empfiehlt es sich, Schülern Vorlagen zur Verfügung zu stellen, in denen Kamera, Lichtquellen sowie Anweisungen zum Laden von Bibliotheken bereits vorbereitet sind.[5] Um eine Szene wie in Abb. 5.1a zu erzeugen, genügt es dann, die Zeilen 6–10 der oben angegebenen Szenenbeschreibung einzugeben.

---

[2] Näher wird auf die Beschreibung geometrischer Körper durch Koordinaten und Abmessungen sowie die entsprechende POV-Ray-Syntax in einer für Schüler verfassten Kurzanleitung eingegangen, die auf der Internetseite zu diesem Buch zur Verfügung steht.

[3] Die Beschreibung wichtiger optischer Eigenschaften von Oberflächen und die dem zugrunde liegenden mathematischen Modelle sind Gegenstände des Abschn. 5.2.

[4] Unterrichtsversuche wurden in Mathematik-Grundkursen der S II und außerdem in Arbeitsgemeinschaften mit Schülern der achten bis zehnten Jahrgangsstufe durchgeführt. Auch viele der jüngeren Schüler waren recht problemlos in der Lage, mit dem dreidimensionalen „POV-Ray-Koordinatensystem" (Abb. 5.1b) zu arbeiten und ansprechende Graphiken mithilfe von POV-Ray zu erstellen. Die hier beschriebenen Vorgehensweisen bieten sich also nicht nur für den Einstieg in die Analytische Geometrie der S II an, sondern können Schüler bereits am Ende der S I an das Arbeiten mit Koordinaten im Raum heranführen. Einen für Schüler der Jahrgangsstufe 9 geschriebenen Einstieg in die 3D-Koordinatengeometrie mit einer Einführung in POV-Ray enthält das Schulbuch (Lütticken/Uhl, 2008, S. 208–215).

[5] Geeignete Vorlagen stehen auf der Internetseite zu diesem Buch zur Verfügung.

5.1.2 „Schneemannbau" als Einstieg in die räumliche Koordinatengeometrie und die 3D-Computergraphik

Anhand der Modellierung eines einfachen, aus geometrischen Grundkörpern zusammengesetzten „realen" Objekts können die Schüler erste Fähigkeiten sowohl bei der Arbeit mit räumlichen Koordinaten als auch bei der Bedienung einer Graphiksoftware wie POV-Ray erwerben. Die Aufgaben, welche die Schüler (ggf. unter Verwendung der oben erwähnten Vorlagen und Kurzanleitungen) bearbeiten, sollten folgenden Bedingungen genügen:

- Die Aufgaben sind für die Schüler interessant und herausfordernd.
- Es sind attraktive Ergebnisse mit recht wenigen Syntaxelementen möglich.
- Schwierigkeiten bei der Lösung der Aufgaben verlagern sich schnell von der Bedienung der Software hin zu Problemen der geometrischen Modellierung.

Ein Beispiel für eine als Einstieg geeignete Aufgabe, die diese Bedingungen erfüllt, Gestaltungsfreiräume lässt und zugleich Anforderungen stellt, die von allen Schülern zu erfüllen sind (so dass eine gemeinsame Diskussion von Problemen und Ergebnissen erfolgen kann), lautet:

Modellieren Sie einen Schneemann.

Da für den Bau eines Schneemannes lediglich Kugeln, Zylinder und ein Kegel benötigt werden, genügt für diese Aufgabe die Verwendung weniger Anweisungen von POV-Ray. Um einen realistisch erscheinenden Schneemann zu modellieren, müssen Schüler vor allem Überlegungen zur geeigneten Wahl der Mittelpunktskoordinaten und Radien der Komponenten (Rumpf, Kopf, Hut, Nase, Augen, Knöpfe) des Schneemannes anstellen. Dadurch erwerben sie erste Erfahrungen und ein „Gefühl" für die Positionierung räumlicher Körper durch Koordinaten. Ohne Gleichungen für Kreise und Kugeln zu kennen, können sie sich durch Probieren und anschließendes Ändern der Koordinaten schrittweise an eine sinnvolle Anordnung „herantasten" – dieser Weg wird in der Anfangsphase des Stoffgebietes Analytische Geometrie am häufigsten beschritten. Durch geschicktes Variieren der Koordinaten mithilfe von Skizzen auf Papier gelang einigen Schülern bereits eine annähernd realistische Anordnung von Knöpfen und Augen des Schneemannes, siehe Abb 5.2.[6]

---

[6] Die Abbildungen fertigten Schüler eines Grundkurses eines Berliner Gymnasiums an. Unterschiede zwischen den Schülerergebnissen sind u. a. hinsichtlich der Genauigkeit der Positionierungen erkennbar. Es wird deutlich, dass für die Anordnung der Augen in Abb. 5.2b) bereits einige Zeit für Vorüberlegungen bzw. Versuche aufgewendet wurde. In den Ergebnissen einiger Schüler waren die Augen allerdings noch etwas weiter vom Kopf bzw. die „Knöpfe" vom Bauch entfernt als in den Beispielen c) und d).

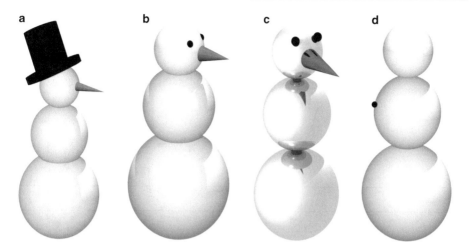

Abb. 5.2 Erste Ergebnisse von Schülern nach 30–40 Minuten Arbeit mit POV-Ray

Während sich erfahrungsgemäß die meisten Schüler durch schrittweises Verändern der Koordinaten geeigneten Positionen und Größen der Einzelteile ihrer Schneemänner annähern, ist von einigen Schülern die Frage zu erwarten, wie die Knöpfe *exakt* am Bauch und die Augen am Kopf des Schneemannes angebracht werden können. Nachdem Schüler erste Erfahrungen bei der geometrischen Modellierung in POV-Ray gesammelt haben, empfiehlt es sich daher, Vereinfachungsstrategien durch die Reduktion der Anzahl zu berücksichtigender Dimensionen sowie Möglichkeiten der exakten Positionierung durch die Beschreibung geometrischer Objekte durch Gleichungen zu thematisieren.

Reduktion der zu berücksichtigenden Dimensionen durch die Betrachtung von Schnitten mit Koordinatenebenen
Die Betrachtung von Schnitten zwischen Körpern bzw. Flächen und Ebenen gehört zu den wichtigsten Arbeitsweisen in der (elementaren wie Analytischen) Raumgeometrie, da sie die Anwendung von Methoden der ebenen Geometrie auf räumliche Sachverhalte ermöglicht.

Bei der auf Koordinatenbeschreibungen basierenden Konstruktion eines Schneemannes erweist sich die Anordnung der Bestandteile entlang von Koordinatenachsen (sofern dies möglich ist) oder zumindest in Koordinatenebenen als wichtige Strategie für die Vereinfachung von Positionierungsproblemen. Dadurch ist es häufig möglich, Probleme der Anordnung im dreidimensionalen Raum auf die Anordnung von Punkten auf einer Geraden oder in einer Ebene zurückzuführen.

Die Schnittfigur eines Schneemannes mit einer Koordinatenebene (Abb. 5.3) zeigt, dass bei einer günstigen Wahl der Koordinaten von Kopf und Rumpf drei Schwierigkeitsgrade hinsichtlich der exakten Berechnung der Positionen von Rumpf, Kopf, Knöpfen und Augen auftreten:

Abb. 5.3 Schnitt eines
Schneemannes mit einer Koordinatenebene

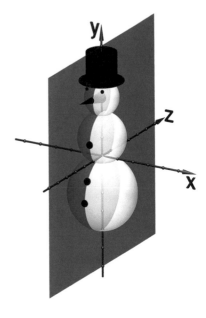

- Bei Anordnung der Hauptbestandteile des Schneemannes auf bzw. entlang einer Ko-
  ordinatenachse müssen lediglich Mittelpunktskoordinaten und -radien sinnvoll addiert
  bzw. subtrahiert werden (siehe Abb. 5.4a).
- Eine exakte Anordnung der Knöpfe auf dem Bauch kann durch zweidimensionale
  Überlegungen erreicht werden, erfordert aber die Erkenntnis, dass der Bauch eine
  Koordinatenebene in einem Kreis schneidet, dessen Radius gleich dem der Kugel ist
  (Großkreis). Mithilfe der Gleichung dieses Kreises lassen sich Koordinaten der Knopf-
  mittelpunkte ermitteln (Abb. 5.4b).
- Die Anordnung der Augen auf einem Großkreis ist nicht sinnvoll. Die Positionierung
  der Augen erfordert somit dreidimensionale Überlegungen. Um die Mittelpunkte der
  (kugelförmigen) Augen exakt auf dem Kopf anzubringen, ist die Kugelgleichung des
  Kopfes zu betrachten (siehe Abb. 5.4c).

Nutzung von Kreis- und Kugelgleichungen für exakte Positionierungen

Die oben beschriebenen Überlegungen können ein Anlass sein, Gleichungen für Kreise und Kugeln herzuleiten. Wie in dem Abschn. 4.6 beschrieben wurde, ist dies sehr gut
bereits vor der Behandlung der Vektorrechnung auf rein koordinatengeometrischer Grundlage und unter Anknüpfung an Unterrichtsinhalte der Sekundarstufe I möglich. Mithilfe
von Kreis- und Kugelgleichungen lassen sich dann „passende" Koordinaten für die Augen
und Knöpfe eines Schneemannes berechnen. Dies ist zwar auch mithilfe des Taschenrech-

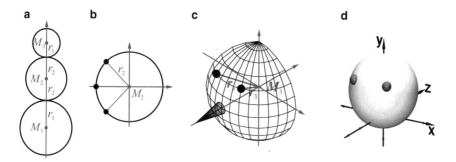

Abb. 5.4 a–c Positionierungsaufgaben in unterschiedlich vielen Dimensionen, **d** „Halbautomatisch" generierter Schneemannkopf mit Augen

ners möglich; eleganter und flexibler bei späteren Änderungen ist jedoch die Nutzung folgender Syntaxelemente von POV-Ray:[7]

- Die `#declare`-Anweisung ermöglicht die Festlegung von Variablen und die Zuweisung von Werten. Die so definierten Variablen können innerhalb der gesamten Szene genutzt werden. Die Schüler sollten Variablen so benennen, dass sich ihre Bedeutungen aus den Namen erschließen.
- Berechnungen kann POV-Ray selbst ausführen; es stehen neben den Grundrechenoperationen +, -, * und / auch Wurzeln, Exponential-, Logarithmus- und trigonometrische sowie eine Vielzahl weiterer Funktionen zur Verfügung.

Ein Beispiel für die Definition von Variablen und die Nutzung der Rechenoperationen in POV-Ray ist die Beschreibung des Kopfes und der Augen eines Schneemannes (siehe Abb. 5.4d). Dazu müssen zunächst einige Werte vorgegeben werden: Höhe $y_a - y_k$ der Augen über dem Kopfmittelpunkt (`aughoehe`), Absolutbetrag der x-Koordinaten der Augen (`xauge`), Radius r_k des Kopfes (`kopfradius`). Daraus lässt sich dann mithilfe der Kugelgleichung des Kopfes die z-Koordinate der Augen (`zauge`) so berechnen, dass die Augenmittelpunkte auf der Kopfoberfläche liegen: $r_k^2 = x_a^2 + (y_a - y_k)^2 + z_k^2$ bzw. $z_k = \sqrt{r_k^2 - x_a^2 - (y_a - y_k)^2}$ oder $z_k = -\sqrt{r_k^2 - x_a^2 - (y_a - y_k)^2}$.

---

[7] Die Nutzung dieser Sprachelemente entspricht dem Übergang vom Rechnen mit Zahlen zur Verwendung von Variablen. Auch bei der Arbeit mit CAS sollte der Übergang von Berechnungen unter jeweiliger Eingabe konkreter Zahlen (Taschenrechnermodus) zur Definition von Variablen vollzogen werden.

In POV-Ray lässt sich dies folgendermaßen umsetzen:

```
#declare kopfhoehe = 1;
#declare kopfradius = 1.5;
#declare aughoehe = 0.6;
#declare xauge = 0.8;
#declare augradius = 0.2;
#declare zauge = -sqrt(pow(kopfradius,2)-pow(aughoehe,2)-pow(xauge,2));
// Kopf:
sphere{<0, kopfhoehe, 0> kopfradius texture{mattweiss} }
// Auge 1:
sphere{<xauge, kopfhoehe+aughoehe, zauge> augradius texture{blau} }
// Auge 2:
sphere{<-xauge, kopfhoehe+aughoehe, zauge> augradius texture{blau} }
```

Zusammenfassende Bemerkungen und weiterführende Möglichkeiten

Die hier skizzierte Herangehensweise, geometrische Objekte nach einer Diskussion ihrer definierenden Eigenschaften zunächst durch Koordinaten bestimmender Punkte sowie charakteristische Größen zu beschreiben und erst nach einigen diesbezüglichen Anwendungen Gleichungen aufzustellen, entspricht einer natürlichen Betrachtungsweise, die von ganzheitlichen Aspekten ausgeht und erst in der Folge analytische Beschreibungen entwickelt. Durch die Arbeit an der sinnvollen Anordnung einiger Körper erlangen Schüler zudem eine gewisse „Orientierungsfähigkeit" im räumlichen Koordinatensystem.

Natürlich erfordert die Erstellung dreidimensionaler Szenen mithilfe einer Software wie POV-Ray Unterrichtszeit, wobei der Aufwand insbesondere für die Beschreibung von Kreisen und Kugeln durch Gleichungen stark von den Vorkenntnissen der Schüler aus der SI abhängt. Natürlich kann im Mathematikunterricht nicht sehr viel Unterrichtszeit für die Arbeit der Schüler an ihren Graphiken aufgewendet werden. Insgesamt reichen dafür erfahrungsgemäß (als Minimum) drei bis vier Unterrichtsstunden aus, nämlich ein bis zwei Stunden für die ersten Versuche und – nach Durchführung der beschriebenen Schnittbetrachtungen sowie Herleitung der Kreis- und Kugelgleichungen – zwei Stunden für die Perfektionierung der Graphiken. Die Anfertigung anspruchsvoller Darstellungen erfordert i. Allg. wesentlich mehr Zeit; einen großen Teil der Arbeit können Schüler jedoch außerhalb der Unterrichtszeit verrichten – viele verbringen aus Interesse und Freude an der Anfertigung einer Computergraphik freiwillig recht viel Zeit in häuslicher Arbeit damit. Als Beispiel hierfür zeigt Abb. 5.5 in zwei Ansichten den von einer Schülerin eines Mathematik-Grundkurses eines Berliner Gymnasiums konstruierten Schneemann, der aus 25 geometrischen Objekten besteht; aus dem POV-Ray-Quelltext seien hier lediglich exemplarisch ein Arm und die Halsbinde wiedergegeben:

Abb. 5.5 Graphik einer
Schülerin. Die Schülerin verwendete Holztexturen sowie
weiße, rote und schwarze Farb-
töne für ihren Schneemann.
Aus drucktechnischen Gründen wurde hier die rote durch
blaue Farbe ersetzt

```
// Arm und Hand links:
cone{ <1.5,1.65,-1.85> 0.5, <0,1.3,-3.45> 0.3 texture{mattweiss} }
sphere{ <0,1.3,-3.45> 0.38 texture{mattweiss} }
// Kragenschleife:
cylinder{ <2,2.25,-2>, <2,2.35,-2> 0.57 texture{rot_matt} }
cone{ <1.9,2.35,-2.6> 0.2 <2.34,2.35,-2.6> 0 texture{rot_matt} }
cone{ <2.65,2.35,-2.25> 0.2 <2.34,2.35,-2.6> 0 texture{rot_matt} }
```

Die in diesem Abschnitt beschriebenen Überlegungen zur Beschreibung einfacher geometrischer Objekte durch Koordinaten und Gleichungen und zur Anfertigung computergraphischer Darstellungen bieten mehrere Anknüpfungsmöglichkeiten zu anspruchsvolleren
Inhalten der Analytischen Geometrie:

- Erfahrungsgemäß besteht bei vielen Schülern großes Interesse an der *Erstellung von
  Animationen*; schon einfache Kameraflüge um einen Schneemann empfinden Schüler als reizvoll. Anspruchsvollere Animationen mit POV-Ray zu generieren, erfordert
  die *Beschreibung von Bewegungskurven durch Parameter* oder die *zeitabhängige Darstellung geometrischer Transformationen*. Es ergeben sich Anknüpfungspunkte zur
  Behandlung von Parameterdarstellungen, siehe hierzu den Abschn. 5.3, insbesondere
  5.3.4.
- Experimente mit *Oberflächenstrukturen* (Texturen) sind für viele Schüler interessant;
  hierdurch ergeben sich nach der Erstellung erster Graphiken Ansatzpunkte, *Beleuchtungsmodelle* und auf deren Grundlage Parameter der Oberflächengestaltung zu thematisieren. Hierbei bestehen enge Bezüge zum Skalarprodukt und zu Normalenvektoren,
  siehe Abschn. 5.2.

5.2 Analytische Geometrie als Grundlage photorealistischer 3D-Computergraphik

Normalenvektoren sowie Winkel zwischen Normalen und Lichtstrahlen sind zentrale Bestandteile der Bildberechnung in der photorealistischen 3D-Computergraphik. Diese Tatsache lässt sich für die Motivierung traditioneller Unterrichtsinhalte der Analytischen Geometrie nutzen und ermöglicht es, anspruchsvolle Modellbildungsprozesse in den Unterricht einzubeziehen. Im Folgenden werden Beispiele aufgezeigt, anhand derer Schüler durch die Erarbeitung und Nutzung von Beleuchtungsmodellen sowie die Berechnung von Normalenvektoren ausgewählte mathematische Grundlagen der Computergraphik, die in diesem Bereich liegen, bei der Erstellung eigener Graphiken nachvollziehen und anwenden können. Vorausgesetzt wird dafür, dass sie bereits mit einer Graphiksoftware wie POV-Ray gearbeitet haben (z. B. wie in dem Abschn. 5.1 vorgeschlagen).

Die photorealistische 3D-Computergraphik lehnt sich an die Lichtausbreitung in der Natur an. Das am häufigsten genutzte Bildberechnungsverfahren ist Ray-Tracing (Strahlverfolgung), siehe (Filler, 2008, S. 140–145) oder ausführlicher (Shirley, 2005, S. 201–237). Es werden dabei Lichtstrahlen ausgehend vom Auge bzw. der (virtuellen) Kamera verfolgt, ihre Schnittpunkte mit Objektoberflächen sowie die Richtungen reflektierter (sowie bei transparenten Objekten durchdringender und dabei evtl. gebrochener) Lichtstrahlen berechnet, welche wiederum weiterverfolgt werden, wobei erneut Schnittpunkte mit Objektoberflächen, auf die Strahlen treffen, sowie Richtungen reflektierter und ggf. gebrochener Strahlen zu berechnen sind usw. Wesentlich für die Bildberechnung sind damit Schnittpunktberechnungen, die Bestimmung von Richtungen reflektierter (sowie evtl. gebrochener) Lichtstrahlen und die Beleuchtung von Oberflächen in Abhängigkeit vom Winkel der Oberflächennormalen zur Lichteinfallsrichtung sowie vom „Blickwinkel" des Beobachters (bzw. der Kamera).

Die für die folgenden Überlegungen benötigten mathematischen Grundlagen (Schnittpunktbestimmungen, Skalarprodukt, Normalenvektoren, Winkelberechnungen) sind Standardinhalte des Unterrichts in Analytischer Geometrie. Schüler lösen damit eine Vielzahl oft wenig überzeugender „Anwendungsaufgaben", siehe z. B. Abschn. 4.7.1. Die Untersuchung von Grundlagen und Wirkungsweise der 3D-Computergraphik wird demgegenüber dem Anspruch, „reale" Sachverhalte zu modellieren, in erheblich stärkerem Maße gerecht.

5.2.1 Das Reflexionsgesetz im Raum

Als Ausgangspunkt für die Beschäftigung mit mathematischen Grundlagen der 3D-Computergraphik sollte das Reflexionsgesetz dienen, da sich – wie oben kurz beschrieben – photorealistische Computergraphik an der Lichtausbreitung in der realen Natur orientiert. Im Physikunterricht der SI lernen Schüler das Reflexionsgesetz in der folgenden bzw. einer ähnlichen Formulierung kennen:

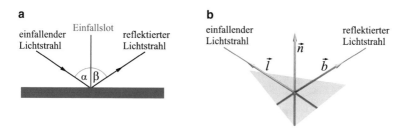

Abb. 5.6 Reflexionsgesetz in der Ebene und im Raum

Reflexionsgesetz in der Ebene
Der Winkel α zwischen dem einfallenden Lichtstrahl und dem Einfallslot (Einfallswinkel) und der Winkel β zwischen dem reflektierten Lichtstrahl und dem Einfallslot (Reflexionswinkel) sind maßgleich (siehe Abb. 5.6a).

Um dieses Reflexionsgesetz, das im Physikunterricht der SI lediglich in der Ebene betrachtet wird,[8] auf den dreidimensionalen Fall zu übertragen, ist es notwendig, eine *Entsprechung für das Einfallslot* zu finden, also Geraden bzw. Vektoren anzugeben, die zu gegebenen Flächen in den Lichteinfallspunkten senkrecht sind. Dass dabei Ebenennormalen von besonderer Bedeutung sind, ergibt sich aus der Tatsache, dass „reale" Objekte in der 3D-Computergraphik meist durch Dreiecksnetze repräsentiert werden (siehe Abschn. 5.2.3). Normalen von Facetten sind somit die Normalen der die entsprechenden Dreiecke enthaltenden Ebenen. Anhand des Reflexionsgesetzes wird deutlich, dass außer Normalen auch *Winkel zwischen Einfallsloten und Lichtstrahlen* zu bestimmen sind. Diese Überlegungen können genutzt werden, um eine geometrisch orientierte Einführung des Skalarprodukts (siehe Abschn. 4.4.1) zu motivieren. Falls die Schüler das Skalarprodukt und Normaleneinheitsvektoren bereits kennen, können sie weitgehend selbständig zu dem folgenden Gesetz gelangen:

Reflexionsgesetz im Raum
Trifft ein Lichtstrahl auf eine Ebene mit einem Normaleneinheitsvektor $\vec{n}$, so gilt für die normierten Richtungsvektoren $\vec{l}$ und $\vec{b}$ der Lichtstrahlen vom Auftreffpunkt zur Lichtquelle bzw. zum Beobachter (Abb. 5.6b):

- $\vec{n}$, $\vec{l}$ und $\vec{b}$ sind komplanar,
- $\vec{l} \cdot \vec{n} = \vec{b} \cdot \vec{n}$.

---

[8] Als Einfallslot wird die auf der spiegelnden Oberfläche im Auftreffpunkt des einfallenden Lichtstrahles errichtete Senkrechte verstanden. In einigen Schulbüchern wird hinzugefügt, dass die beiden Strahlen und das Einfallslot in einer Ebene liegen; ansonsten geht dies aus einer Skizze bzw. einem Versuchsaufbau hervor und wird als selbstverständlich betrachtet.

Mithilfe der Software POV-Ray (siehe Abschn. 5.1) können Schüler einige Aufgaben zum Reflexionsgesetz bearbeiten, die gleichzeitig der Festigung ihrer Kenntnisse zum Skalarprodukt und zu Normalenvektoren dienen. Die folgenden Aufgaben kombinieren gebräuchliche Standardaufgaben der Analytischen Geometrie mit visuell-experimentellen Vorgehensweisen.

Aufgabe 1

Gegeben ist eine Ebene E durch die drei Punkte $A(1\,|\,1\,|-1)$, $B(-1\,|\,0\,|\,2)$ und $C(0\,|\,0\,|-1)$.

- Bestimmen Sie einen Normaleneinheitsvektor der Ebene E.
- Stellen Sie in POV-Ray das Dreieck mit den Eckpunkten A, B und C dar:

  ```
  object {triangle {<1,1,-1>,<-1,0,2>,<0,0,-1>} Textur einfügen}
  ```

  Verwenden Sie eine Textur, die dem Dreieck eine spiegelnde Oberfläche gibt.
- Bestimmen Sie die Koordinaten des Schwerpunktes S des Dreiecks und stellen Sie den Normaleneinheitsvektor der Ebene als Pfeil dar, der in S beginnt.
- Bestimmen Sie den Verbindungsvektor des Schwerpunktes S mit der Kameraposition und normieren Sie diesen Vektor. Stellen Sie jetzt diesen „Kameraeinheitsvektor" ebenfalls als Pfeil dar, der in S beginnt.
- Fügen Sie mittels `light_source{<x,y,z> color White}` eine Lichtquelle ein und berechnen Sie den Verbindungsvektor von S zur Position dieser Lichtquelle. Normieren Sie diesen Vektor ebenfalls und stellen Sie ihn als Pfeil dar, der in S beginnt.
- Warum sehen Sie von dem „Kameraeinheitsvektor" fast nichts (nur einen kleinen Kreis, der die Pfeilspitze verdeutlicht)? Verändern Sie die Kameraposition, um die Lage der drei Vektoren besser erkennen zu können. Der Kameravektor bezieht sich dann aber nicht mehr auf die (neue) Kamera.

Aufgabe 2

Versuchen Sie, die Lichtquelle in der Szene aus Aufgabe 1 so zu positionieren, dass das Dreieck so hell wie möglich beleuchtet wird.

- Damit Sie die Position der Lichtquelle im Bild erkennen können, fügen Sie der Szene eine kleine Kugel hinzu, deren Mittelpunkt dieselben Koordinaten wie die Lichtquelle hat, z. B.:

  ```
  sphere{ <Koordinaten der Lichtquelle> 0.1 texture{rot} no_shadow}
  ```

Abb. 5.7 Lösungsgraphiken zu den Aufgaben 1 (**a** und **b**) und 2 (**c** und **d**)

Die Anweisung no_shadow ist notwendig, da die Kugel ansonsten das Licht „gefangen halten" würde; mit der no_shadow-Anweisung kann das Licht die Kugel durchdringen.

- Verändern Sie jetzt die Koordinaten der Lichtquelle und der kleinen Kugel so, dass Sie das Spiegelbild der Kugel auf dem Dreieck sehen. Betrachten Sie die Helligkeit der Dreiecksfläche und die Position des Spiegelbildes.

Für die Bearbeitung der Aufgaben zu nutzende POV-Ray-Vorlagen sowie mögliche Lösungen der Aufgaben stehen auf der Internetseite zu diesem Buch zur Verfügung.

5.2.2 Lokale Beleuchtungsmodelle

Sowohl anhand der Sichtbarkeit von Objekten in der realen Natur als auch bei den Lösungsgraphiken der Aufgaben 1 und 2 in Abb. 5.7 wird deutlich, dass Punkte auf Objektoberflächen nicht nur dann sichtbar sind, wenn für sie (in Bezug auf die Kamera und eine Lichtquelle) das Reflexionsgesetz erfüllt ist. In diesem Falle müssten alle Punkte, für welche ein in ihnen errichteter Normaleneinheitsvektor $\vec{n}$ der betrachteten Fläche sowie die normierten Verbindungsvektoren $\vec{l}$ und $\vec{b}$ zur Lichtquelle und zur Kamera nicht komplanar sind bzw. nicht $\vec{l} \cdot \vec{n} = \vec{b} \cdot \vec{n}$ gilt, aus Sicht der Kamera völlig unbeleuchtet, also schwarz sein. Da dies nicht der Fall ist, werden Objekte nicht nur durch exakte Reflexion beleuchtet. Ausgehend von dieser Überlegung können die wichtigsten lokalen Beleuchtungsmodelle behandelt werden, wobei folgende Aspekte ineinandergreifen:

- Schüler erarbeiten – nach der Diskussion verschiedener Wege der Lichtausbreitung in der realen Natur, entsprechenden Computerexperimenten sowie der Formulierung vereinfachter Realmodelle – mathematische Modelle unter Anwendung des Skalarprodukts sowie von Normalenvektoren.
- Sie erkennen die Bedeutung der bei der Anwendung von 3D-Graphiksoftware für die Oberflächengestaltung wichtigen Parameter ambient, diffuse, phong,

Abb. 5.8 Auswirkungen der
Renderparameter

`phong_size` sowie `reflection`[9] und können diese dadurch in Abhängigkeit vom gewünschten Erscheinungsbild einer Oberfläche geeignet justieren.

Überlegungen zu Beleuchtungskomponenten können durch Experimente mithilfe von POV-Ray beginnen (siehe Abb. 5.8) , indem Schüler ein bis zwei Lichtquellen sowie mindestens zwei geometrische Objekte erstellen,[10] diesen mittels[11]

$$
\begin{aligned}
&\texttt{texture\{ pigment\{ color rgb } <r,g,b> \texttt{ \} } \\
&\quad \texttt{finish \{ ambient } k_a \\
&\quad\quad\quad \texttt{diffuse } k_d \\
&\quad\quad\quad \texttt{phong } k_p \\
&\quad\quad\quad \texttt{reflection } k_r \texttt{ \} \}}
\end{aligned}
$$

Texturen zuweisen und die Werte der Parameter k_a, k_d, k_p und k_r zwischen 0 und 1 variieren. Dabei sollten sie versuchen, die Bedeutung der Parameter zu erkennen, indem sie jeweils nur einen davon untersuchen und die anderen dabei auf null setzen.

Ambiente Beleuchtung (Umgebungslicht)

Die ambiente (richtungsunabhängige) Beleuchtung wird in der Natur durch vielfältige Lichtstreuungen an Teilchen in der Atmosphäre hervorgerufen und tritt insbesondere bei

---

[9] Diese Parameter werden als *Renderparameter* bezeichnet. Die angegebenen Namen beziehen sich auf POV-Ray; in anderer 3D-Graphiksoftware sind analoge Parameter einzustellen.

[10] Mindestens zwei Objekte sind notwendig, damit Spiegelungen auftreten. Bei der Anordnung der Objekte und der Kamera können Schüler ihre bei der Lösung der Aufgabe 2 gesammelten Erfahrungen nutzen. Möglich ist auch die Verwendung eines zuvor modellierten Schneemannes (siehe Abschn. 5.1), der durch eine Grundebene (z. B. mit Schachbrettmuster) ergänzt werden sollte. Andere Beispielszenen zur Untersuchung der Beleuchtungskomponenten stehen auf der Internetseite zu diesem Buch zur Verfügung.

[11] Die Beschreibung von Farben durch RGB-Werte ist nur dann sinnvoll, wenn darauf im Unterricht zumindest kurz eingegangen wird (siehe Abschn. 3.3.2). Ansonsten können auch Farbnamen verwendet werden, die in der Bibliothek `colors.inc` definiert sind (siehe Abschn. 5.1.1).

Abb. 5.9 **a** Ambiente Beleuchtung, **b** Reflexion

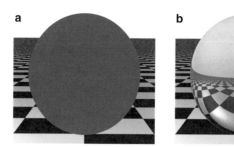

Nebel stark auf. Die Intensität I der ambienten Beleuchtung hängt nur von der globalen Intensität des ambienten Lichtes (I_a) und einem Faktor k_a ab, der angibt, wie stark die Oberfläche des betrachteten Körpers ambientes Licht wiedergibt:

$$I = I_a \cdot k_a \quad \text{mit} \quad 0 \leq k_a \leq 1$$

Die ambiente Beleuchtung ist somit unabhängig von der gegenseitigen Lage von Objekt, Kamera und Lichtquellen. Ein räumlicher Eindruck entsteht bei ausschließlich ambienter Beleuchtung nicht, eine Kugel erscheint flach (Abb. 5.9a).

Direkte Reflexion
Die direkte Reflexion wird durch das Reflexionsgesetz (siehe Abschn. 5.2.1) beschrieben. Die Intensität I, mit der in einem Punkt Licht einer Lichtquelle oder von einem reflektierenden Punkt einer anderen oder derselben Objektoberfläche abgegebenes Licht zu einem Beobachter reflektiert wird, kann damit durch

$$I = \begin{cases} I_{\text{ein}} \cdot k_s \,, & \text{falls} \quad \vec{n} = \dfrac{\vec{b} + \vec{l}}{|\vec{b} + \vec{l}|} \\ 0 \,, & \text{sonst} \end{cases} \quad \text{mit} \quad 0 \leq k_s \leq 1$$

angegeben werden, wobei $\vec{l}$ und $\vec{b}$ die normierten Verbindungsvektoren des betrachteten Punktes mit der Lichtquelle bzw. der Kamera sind. Die Konstante k_s gibt an, wie stark die Oberfläche eines Materials Lichtstrahlen direkt reflektiert, für ideale Spiegel gilt $k_s = 1$. In POV-Ray kann diese Konstante durch die Anweisung `reflection` für jedes Objekt bestimmt werden. Abbildung 5.9b zeigt eine Kugel mit $k_s = 0{,}35$, wobei die Kugel zusätzlich etwas durch die im folgenden Abschnitt beschriebene diffuse Komponente beleuchtet wird.

Diffuse Reflexion (Streulicht)
Oberflächen wie weißes Papier, die nicht sehr glatt sind, reflektieren Licht unabhängig vom Einfallswinkel, da Lichtstrahlen unterschiedlich tief in unregelmäßig geformte Oberflächen eindringen (siehe Abb. 5.10a) und in verschiedene Richtungen zurückgeworfen werden.

Abb. 5.10 a Streuung, **b** auf
ein Flächenstück treffendes
Licht

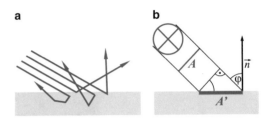

Um die so entstehende diffuse Reflexion zu beschreiben, wird die Leuchtdichte I_j des von einer Lichtquelle ausgehenden Lichtes betrachtet. Die Leuchtdichte beschreibt, wie viel Lichtleistung eine Lichtquelle pro Flächeneinheit abgibt. Tritt das Licht in einem flachen Winkel auf eine Oberfläche auf, so wird die Lichtleistung auf eine recht große Fläche verteilt und die Intensität der Beleuchtung dadurch geringer. Wenn Licht, das durch ein Flächenstück A senkrecht zur Ausbreitungsrichtung scheint, auf ein Flächenstück A' verteilt wird (siehe Abb. 5.10b), so gilt für die Beleuchtungsdichte I der Oberfläche:

$$I = \frac{A}{A'} \cdot I_j$$

Das Verhältnis der Flächeninhalte A und A' lässt sich durch den Einfallswinkel φ ausdrücken:

$$A = A' \cdot \cos\varphi$$

(mit $0 \leq \varphi \leq 90°$). Für auf die Rückseite auftreffendes Licht ($\varphi > 90°$) würden sich negative Werte ergeben, was nicht sinnvoll ist. Für die Beleuchtungsintensität I, die das Licht auf der Oberfläche hervorruft, gilt:

$$I = \frac{A}{A'} \cdot I_j = I_j \cdot \cos\varphi$$

Der Einfallswinkel kann als Skalarprodukt des (normierten) Lichteinfallsvektors $\vec{l}$ mit dem Normaleneinheitsvektor $\vec{n}$ im betrachteten Flächenpunkt (siehe Abb. 5.11a) angegeben werden:

$$\cos\varphi = \vec{n} \cdot \vec{l}$$

Damit lässt sich die Beleuchtungsintensität, die durch diffuse Reflexion des Lichtes einer Lichtquelle mit der Lichtintensität I_j in einem Oberflächenpunkt verursacht wird, durch das **Lambert'sche Kosinusgesetz** ausdrücken:

$$I = I_j \cdot k_d \cdot \max(0, \cos\varphi) = \begin{cases} I_j \cdot k_d \cdot \vec{n} \cdot \vec{l}, & \text{falls} \quad \vec{n} \cdot \vec{l} > 0 \\ 0, & \text{falls} \quad \vec{n} \cdot \vec{l} \leq 0. \end{cases} \qquad (5.1)$$

Dabei ist k_d (mit $0 \leq k_d \leq 1$) eine Materialkonstante, die angibt, wie stark eine Oberfläche Licht diffus reflektiert. Der diffuse Anteil des direkt von einer Lichtquelle auf eine Oberfläche fallenden Lichtes ist also abhängig von der Lichteinfallsrichtung, aber unabhängig von der Richtung zum Betrachter (siehe Abb. 5.11b).

Abb. 5.11 a Lichteinfalls-
und Normaleneinheitsvektor,
b diffuse Beleuchtung

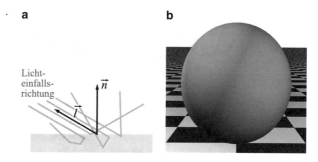

Entstehung von Glanzpunkten (spekulare Highlights)

Auch bei nicht spiegelnden Oberflächen tritt eine – als *spekular* bezeichnete – Beleuchtungskomponente auf, die vom Blickwinkel des Betrachters abhängt. Diese Komponente ist durch Leuchtflecken („Highlights") wahrzunehmen, die mit der Position des Betrachters „wandern" – gut sichtbar z. B. auf Billardkugeln. Da Lichtquellen i. Allg. als punktförmig angenommen werden, entstehen derartige Leuchtflecken durch direkte Reflexion nach dem Reflexionsgesetz nicht.

Das Phong'sche Modell der spekularen Reflexion generiert mehr oder weniger scharf abgegrenzte Leuchtbereiche in der Nähe der Punkte, in denen die Lichtquellen reflektiert werden. Dazu wird ein *Highlight-Vektor* $\vec{h}$ betrachtet (siehe Abb. 5.12a), der die Richtung der Winkelhalbierenden der Verbindungsvektoren des Oberflächenpunktes zur Lichtquelle und zur Kamera angibt:

$$\vec{h} = \frac{\vec{b} + \vec{l}}{|\vec{b} + \vec{l}|}$$

Wenn der Highlight-Vektor mit dem Normaleneinheitsvektor zusammenfällt, wird das Licht der Lichtquelle direkt zur Kamera reflektiert; das Skalarprodukt der beiden Einheitsvektoren ist dann 1. Je größer der Winkel zwischen dem Highlight-Vektor und dem Normaleneinheitsvektor ist, desto weniger beleuchtet die Lichtquelle den betrachteten Punkt

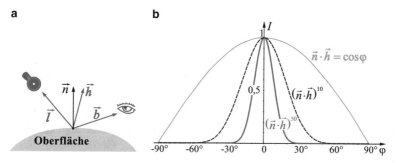

Abb. 5.12 a Highlight-Vektor, **b** Einfluss des Rauigkeitsindex auf den Intensitätsverlauf von Glanzpunkten

Abb. 5.13 Größe der Glanzpunkte bei verschiedenen Rauigkeitsindizes

der Oberfläche, und das Skalarprodukt wird immer kleiner. Die Intensität der Phong'schen Beleuchtung durch eine Lichtquelle mit der Lichtintensität I_j wird durch die Gleichung

$$I = \begin{cases} I_j \cdot k_p \cdot (\vec{n} \cdot \vec{h})^m \,, & \text{falls} \quad \vec{n} \cdot \vec{h} > 0 \\ 0 \,, & \text{falls} \quad \vec{n} \cdot \vec{h} \leq 0 \,. \end{cases} \tag{5.2}$$

beschrieben. (Wie sich diese Gleichung im Unterricht motivieren lässt, wird am Ende dieses Abschnitts diskutiert.) Dabei ist k_p (mit $0 \leq k_p \leq 1$) eine Materialkonstante, die angibt, wie stark auf einer Oberfläche Glanzpunkte hervortreten. Der Exponent m (in POV-Ray `phong_size`) wird als *Rauigkeitsindex* bezeichnet. Bei großen Rauigkeitsindizes fällt die Helligkeit bei wachsendem Winkel zwischen $\vec{n}$ und $\vec{h}$ schneller ab (vgl. Abb. 5.12b), es entstehen kleinere und schärfer abgegrenzte Glanzpunkte. In Abb. 5.13 sind Beispiele für $m = 10$ (links) und $m = 50$ (Mitte, rechts) dargestellt, wobei der metallische Anschein der rechten Abbildung durch die Kombination kleiner Glanzpunkte mit direkter Reflexion hervorgerufen wird.

Durch das Verhältnis der ambienten, diffusen, spiegelnden und spekularen Beleuchtungskomponenten sowie die Festlegung einer Farbe lässt sich das Aussehen der Oberfläche eines Körpers in recht weiten Grenzen bestimmen. Die hier beschriebenen Beleuchtungsmodelle sind durch Erweiterungen und noch realitätsnähere Modellierungen ergänzt worden, siehe z. B. Bender/Brill (2003).

Zur Behandlung der Beleuchtungsmodelle im Unterricht

Während sich die Wirkung der ambienten Beleuchtungskomponente sehr schnell erschließt und die direkte Reflexion bereits im Zusammenhang mit dem Reflexionsgesetz besprochen wird, bieten vor allem die diffuse Reflexion und die spekularen Highlights interessante Ansatzpunkte für die Behandlung im Unterricht. Bei der mathematischen Beschreibung dieser Phänomene sollte an das Reflexionsgesetz angeknüpft und über geeignete Variationen nachgedacht werden, da sowohl das Lambert'sche Kosinusgesetz (siehe Gl. 5.1) als auch die Gleichung für die Beschreibung spekularer Highlights (Gl. 5.2) dazu Analogien aufweisen.

Hinsichtlich der *diffusen Beleuchtungskomponente* wird durch Experimente deutlich, dass Helligkeitsverteilungen auf bestimmten Oberflächen (z. B. weißem Papier) von den Winkeln abhängen, unter denen von Lichtquellen ausgehende Strahlen auf die Oberfläche treffen. Hingegen ist sie von den Winkeln zwischen Oberflächennormalen und Sehstrahlen zur Kamera weitgehend unabhängig. Davon ausgehend und unter Beachtung der Fläche, auf die das von der Lichtquelle ausgehende Licht verteilt wird, lässt sich – wie in diesem Abschnitt dargestellt – das Lambert'sche Kosinusgesetz erarbeiten.

Den Ausgangspunkt für die Betrachtung der *Phong'schen Beleuchtungskomponente* bilden Glanzpunkte, die z. B. auf Metallgegenständen oder Billardkugeln sichtbar sind. Als von Schülern gegebene Erklärung für deren Auftreten ist zu erwarten, dass sich die Lichtquellen in den Oberflächen spiegeln. Allerdings widerspricht das Auftreten ausgedehnter Glanzpunkte dem in der Computergraphik gebräuchlichen Modell punktförmiger Lichtquellen, so dass diese nicht durch das Reflexionsgesetz zu erklären sind, sondern eine „unscharfe Reflexion" stattfinden muss. An dieser Stelle können die Schüler in ihren POV-Ray-Dateien mit dem Parameter `phong_size` experimentieren, womit sich auch recht ausgedehnte Leuchtflecken erzeugen lassen. Dabei machen sie die scheinbar paradoxe Feststellung, dass kleine Werte für `phong_size` zu größeren und große Werte zu kleinen, scharf abgegrenzten Glanzpunkten führen.

Um das Phänomen der Glanzpunkte verursachenden „unscharfen" Reflexion zu beschreiben, ist erneut das Reflexionsgesetz zu betrachten. In anderer Formulierung besagt dieses, dass direkte Reflexion genau dann auftritt, wenn die Richtung des Normaleneinheitsvektors in einem Oberflächenpunkt mit der Richtung der Winkelhalbierenden zwischen den normierten Verbindungsvektoren $\vec{l}$ und $\vec{b}$ des Punktes mit der Lichtquelle bzw. der Kamera identisch ist, also $\vec{n} = \frac{\vec{b}+\vec{l}}{|\vec{b}+\vec{l}|}$. gilt. Wird der normierte Richtungsvektor $\frac{\vec{b}+\vec{l}}{|\vec{b}+\vec{l}|}$ der Winkelhalbierenden mit $\vec{h}$ (Highlight-Vektor) bezeichnet, so ist genau dann $\vec{n} = \vec{h}$, wenn das Skalarprodukt des Highlight-Vektors mit dem Normaleneinheitsvektor 1 ist. Diese Bedingung lässt sich dadurch entschärfen (und somit „unscharfe Reflexion", die zu Glanzflecken führt, simulieren), dass auch für Punkte mit Skalarprodukten $\vec{n} \cdot \vec{h} < 1$ Beleuchtungsanteile hinzugefügt werden. Diese sollen mit der Stärke der Verletzung der Bedingung $\vec{n} \cdot \vec{h} = 1$ für die ideale Reflexion, d. h. mit abnehmendem Skalarprodukt, recht schnell an Intensität verlieren, was durch den Faktor $(\vec{n} \cdot \vec{h})^m$ für die Intensität der Phong'schen Beleuchtungskomponente realisiert wird. Entscheidend für Größe und Verlauf der Glanzflecken ist der Verlauf der Lichtintensität in Abhängigkeit vom Winkel zwischen $\vec{n}$ und $\vec{h}$. Schüler können diese Funktion für einige verschiedene Exponenten m untersuchen (siehe Abb. 5.12b) und parallel dazu Graphiken unter Verwendung der entsprechenden Exponenten (`phong_size` in POV-Ray) anfertigen.

Anhand der skizzierten Betrachtungen zu Beleuchtungskomponenten lassen sich interessante Überlegungen zum Verhältnis von Realsituationen und ihrer Idealisierung zu

Realmodellen, daraus erarbeiteten mathematischen Modellen sowie deren Anwendung für Computersimulationen anstellen. Im Ergebnis verfügen die Schüler über Voraussetzungen, um Oberflächenerscheinungen zu simulieren, wobei es sich um einen für viele Schüler aufgrund der ästhetischen Komponente sehr reizvollen Aspekt der 3D-Computergraphik handelt.

5.2.3 Kantenglättung durch Normaleninterpolation

Wie bereits erwähnt, werden insbesondere in Computerspielen „reale" Objekte meist durch Dreiecksnetze repräsentiert. Angesichts der anhand des Reflexionsgesetzes und der Beleuchtungsmodelle deutlich gewordenen Bedeutung der Normalenvektoren für das Erscheinungsbild von Oberflächen verwundert es nicht, dass derart repräsentierte Objekte erkennbare Kanten an den Objektoberflächen aufweisen, siehe Abb. 5.14a. Als Vorgriff auf die folgenden Betrachtungen können Schülern die POV-Ray-Beschreibungen des Dreiecksnetzes eines „realen" Objektes, z. B. des Fisches in Abb. 5.14, in einer Version mit sichtbaren Kanten und einer mittels Normaleninterpolation „geglätteten" Version vorgelegt werden. Diese unterscheiden sich dadurch, dass die ungeglättete Version aus sehr vielen Zeilen mit Beschreibungen von Dreiecken in der Form

```
triangle { <-0.2214, 4.3819, 2.1779>,
           <-0.2665, 4.2580, 1.9298>,
           <-0.3268, 4.5006, 1.8141> }
```

besteht, in der geglätteten Version Dreiecke hingegen durch jeweils sechs Koordinatentripel beschrieben werden:

```
smooth_triangle { <-0.2214, 4.3819, 2.1779>,
                  <-0.916, -0.175, 0.362>,
                  <-0.2665, 4.2580, 1.9298>,
                  <-0.900, -0.338, 0.275>,
                  <-0.3268, 4.5006, 1.8141>,
                  <-0.978, -0.042, 0.206> }
```

Das Kantenglättungsverfahren nach Phong
Da sich auf Dreiecksnetzen bei Übergängen zwischen Dreiecken die Normalenrichtungen unstetig ändern, entstehen harte Farbübergänge, wie der aus ca. 6300 Dreiecken bestehende Fisch in Abb. 5.14a zeigt, dessen Facetten deutlich erkennbar sind. Um diesen meist

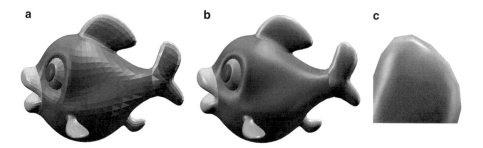

Abb. 5.14 a Flat Shading; **b**, **c** Phong-Shading. Zugehörige POV-Ray-Dateien stehen auf der Internetseite zu diesem Buch zur Verfügung

unerwünschten Effekt zu beseitigen, wäre eine Verfeinerung der Dreiecksnetze durch Unterteilungsalgorithmen denkbar; allerdings erzeugt eine Unterteilung, die keine Kanten mehr sichtbar werden lässt, eine extrem große Zahl von Dreiecken, was zu einem sehr hohen Speicherbedarf und zu langen Bildberechnungszeiten führt.

In der Praxis wird daher eine Interpolation von Helligkeiten bzw. Facettennormalen innerhalb der Dreiecke durchgeführt, durch die benachbarte Dreiecke in gemeinsamen Kanten oder Ecken gleiche Helligkeitswerte annehmen. Dazu wird jedem Eckpunkt eines Dreiecks ein Einheitsvektor $\vec{n}_m$ zugeordnet, der durch Berechnung des normierten Mittelwertes der Normaleneinheitsvektoren $\vec{n}_i$ aller k an diesem Punkt anliegenden Dreiecke entsteht:

$$\vec{n}_m = \frac{\sum_{i=1}^{k} \vec{n}_i}{\left| \sum_{i=1}^{k} \vec{n}_i \right|}$$

Im Beispiel der in Abb. 5.15a dargestellten Ecke des Fisches aus Abb. 5.14 wird eine Eckennormale aus den Normalen der sieben anliegenden Dreiecke gemittelt. Jedes Dreieck wird somit durch die drei Eckpunkte und die diesen Eckpunkten zugeordneten Normaleneinheitsvektoren beschrieben.

Bei der Bildberechnung bestehen zwei Möglichkeiten, die Eckennormalen für eine Glättung der Helligkeitsübergänge zwischen Kanten einzusetzen. Bei dem sogenannten *Gouraud-Shading* wird jedem Eckpunkt anhand des zugeordneten Normaleneinheitsvektors für jede der drei Grundfarben ein Helligkeitswert zugeordnet; innerhalb der Dreiecke werden die Helligkeitswerte interpoliert. In der Praxis wird dieses Verfahren vor allem angewendet, wenn eine sehr schnelle Bildberechnung erforderlich ist.

Eine höhere Qualität lässt sich durch eine *lineare Interpolation der Normaleneinheitsvektoren* erzielen, wobei jedem betrachteten Punkt eine „eigene" Normale in Abhängigkeit von seiner Lage innerhalb einer Facette zugeordnet wird.

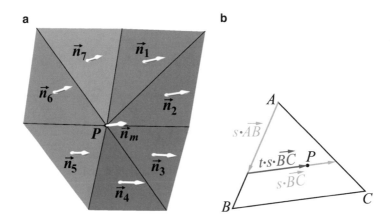

Abb. 5.15 a Eckpunktnormale, **b** Interpolation

Die Position eines Punktes P innerhalb eines Dreiecks $\triangle ABC$ kann dazu durch die beiden Koeffizienten s und t mit

$$P = A + s \cdot \overrightarrow{AB} + t \cdot (s \cdot \overrightarrow{BC}) \quad (0 \leq s, t \leq 1)$$

ausgedrückt werden (siehe Abb. 5.15b). In Abhängigkeit von diesen beiden Koeffizienten wird einem beliebigen Punkt P mittels

$$\vec{n}_P = (1-s) \cdot \vec{n}_A + (1-t) \cdot s \cdot \vec{n}_B + t \cdot s \cdot \vec{n}_C$$

eine Normale zugewiesen.

Ein auf diese Weise arbeitendes Verfahren wurde 1975 von Phong Bui-Tuong entwickelt und kommt vor allem bei Anwendungen zum Einsatz, bei denen eine hohe Qualität der berechneten Bilder gefordert ist. Der mit Phong-Shading berechnete Fisch in Abb. 5.14b hat dieselben Eckpunkte wie derjenige in Abb. 5.14a. Bei genauer Betrachtung (insbesondere der vergrößerten Schwanzflosse in Abb. 5.14c) fällt auf, dass auch der glatte Fisch an seinen Außenkanten etwas eckig wirkt.

Kantenglättung durch Mittelung von Normaleneinheitsvektoren im Unterricht

Schüler können an einer vergleichsweise einfachen Figur, die aus wenigen Dreiecken besteht, selbst Eckpunktnormalen bestimmen und dadurch eine Kantenglättung vornehmen, was zu einem äußerst verblüffenden Ergebnis führt. Dazu lässt sich die (im Folgenden genauer formulierte) Aufgabe stellen, ein Oktaeder durch seine dreieckigen Seitenflächen darzustellen, die Normaleneinheitsvektoren aller Ebenen, in denen die Seitenflächen liegen, zu bestimmen und schließlich für alle Eckpunkte aus den Normaleneinheitsvektoren der anliegenden Seitenflächen gemittelte Vektoren zu berechnen, zu normieren und den Eckpunkten zuzuweisen.

Aufgabe

Wir betrachten ein Oktaeder (Achtflächner) mit den Eckpunkten $P_1(1\,|\,0\,|\,0)$, $P_2(0\,|\,1\,|\,0)$, $P_3(-1\,|\,0\,|\,0)$, $P_4(0\,|-1\,|\,0)$, $P_5(0\,|\,0\,|-1)$ und $P_6(0\,|\,0\,|\,1)$.

a) Geben Sie die Koordinaten der Eckpunkte des Oktaeders in POV-Ray ein:

```
#declare P1 = <1,0,0> ; ...
```

b) Überlegen Sie, welche Dreiecke Sie durch ihre Eckpunkte beschreiben müssen, um alle Seitenflächen des Oktaeders darzustellen. Stellen Sie das Oktaeder in POV-Ray als Vereinigung von Dreiecken folgendermaßen dar:

```
object{union{triangle{P1,P5,P2}      // Insgesamt 8 Dreiecke
             ...               // (Seitenflächen des Oktaeders).
           }
      texture{ }              // Geben Sie eine Textur an.
      }
```

Rendern Sie nun das Oktaeder.

c) Ermitteln Sie Gleichungen der acht Ebenen, in denen die Seitenflächen des Oktaeders liegen.

d) Bestimmen Sie für jede dieser Ebenen einen Normaleneinheitsvektor.

e) Berechnen Sie für jeden der Eckpunkte P_1 bis P_6 des Oktaeders den Mittelwert der Normaleneinheitsvektoren aller Seitenflächen, die an den jeweiligen Eckpunkt angrenzen.

f) Normieren Sie diese „gemittelten" Normalenvektoren.

g) Ordnen Sie die normierten gemittelten Normalenvektoren $\vec{n}_1 \ldots \vec{n}_6$ den Punkten $P_1 \ldots P_6$ zu und stellen Sie das Oktaeder als Vereinigung „geglätteter Dreiecke" dar:

```
object{union{smooth_triangle{P1,n1,P5,n5,P2,n2}  // weitere
             ...               // 7 "geglättete Dreiecke"
           }
      texture{ }
      }
```

Rendern Sie nun Ihre Darstellung in POV-Ray.

Lösungen der Aufgabe stehen auf der Internetseite zu diesem Buch zur Verfügung.

Die Aufgabe zeigt, wie Schüler (hauptsächlich durch Berechnungen, die Standardinhalte des Unterrichts sind) die Kantenglättung eines Polygonnetzes selbst vollziehen können. Es wurden sehr einfache Eckpunktkoordinaten gewählt, außerdem haben die nor-

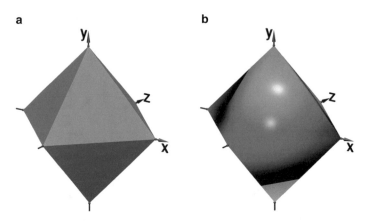

Abb. 5.16 **a** Darstellung eines Oktaeders durch seine Seitenflächen, **b** Mittels Normaleninterpolation „geglättetes" Oktaeder

mierten gemittelten Normalenvektoren dieselben Koordinaten wie die zugehörigen Eckpunkte. (Erfahrungsgemäß finden Schüler diesen Zusammenhang nach der Berechnung von ein bis drei Beispielen.) Damit benötigen die rechnerischen Aspekte der Aufgabe nicht sehr viel Zeit.

In einem Unterrichtsversuch löste das als Ergebnis von Aufgabenteil g) entstandene Bild des „bauchigen" Oktaeders (siehe Abb. 5.16b) bei den Schülern großes Erstaunen aus. Durch Betrachtung des Bildes aus verschiedenen Positionen überzeugten sie sich davon, dass sich die Form des Oktaeders nicht verändert hat und weiche Kanten lediglich „vorgetäuscht" werden.[12] Obwohl es sich natürlich um ein extremes Beispiel handelt, konnten die Schüler anhand der Aufgabe oben den Bezug zu der Glättung des zuvor als Beispiel gezeigten Fisches herstellen. Es wurde ihnen dadurch bewusst, dass sie eine wichtige Vorgehensweise der 3D-Computergraphik anhand eines einfachen Beispiels selbst vollzogen hatten.

5.3 Dynamische Aspekte von Parameterdarstellungen, Beschreibung von Bewegungen, Computeranimationen

5.3.1 Sichtweisen auf Parameterdarstellungen

Parameterdarstellungen von Geraden und Ebenen gehören zu den Standardinhalten des Unterrichts in Analytischer Geometrie (vgl. Abschn. 4.1.2). In den meisten Fällen fol-

---

[12] Besonders gut sichtbar wird diese Tatsache bei Betrachtung eines Videos, in dem sich das Oktaeder dreht bzw. die Kamera um das Oktaeder herumfährt. Ein solches Video und die POV-Ray-Datei, mit der es erzeugt wurde, stehen auf der Internetseite zu diesem Buch zur Verfügung.

gen dabei nach einer Einführung der Parameterdarstellungen sehr schnell Aufgaben zur Umformung von Parameter- in Koordinatenform und umgekehrt sowie zur Untersuchung von Lagebeziehungen, der Bestimmung von Schnittpunkten sowie (meist etwas später) zu Abstands- und Winkelberechnungen. Zwei wichtige – miteinander verbundene – Aspekte der Analytischen Geometrie, die anhand der Parameterdarstellungen gut verfolgt werden können, kommen dabei nicht in ausreichendem Maße zur Geltung:

- Die Schüler gelangen höchstens in Ansätzen zu einer *Auffassung geometrischer Objekte als Punktmengen*, dominierend bleibt die Auffassung von Geraden als ganzheitlichen, konkret-gegenständlichen Objekten, deren Lage im Raum durch einen Punkt und einen Richtungsvektor festgelegt ist.[13]
- Der *funktionale Zusammenhang zwischen Parameterwerten und zugehörigen Punkten* wird von Schülern oft nicht erkannt. Das Erkennen dieses Zusammenhangs setzt eine Sicht auf geometrische Objekte als Punktmengen voraus, geht aber darüber noch insofern hinaus, als die Abhängigkeit der Lage von Punkten im Raum von dem Parameter bzw. den Parametern erfasst wird.[14]

Als didaktische Ansätze, die Herausbildung auf den konkret-gegenständlichen Aspekt eingeengter Konzepte von Parameterdarstellungen bei Schülern zu vermeiden sowie den Punktmengengedanken und funktionale Zusammenhänge stärker einzubeziehen, bieten sich vor allem zwei Herangehensweisen an:

(1) Schüler *konstruieren die zu einigen Parameterwerten gehörenden Punkte* bei einer Parameterdarstellung der Form $P = P_0 + t \cdot \vec{a}$ und erkennen dabei, dass diese Punkte auf einer Geraden liegen. Davon ausgehend wird die Parameterbeschreibung von Geraden eingeführt; auch die parameterabhängige Darstellung anderer Kurven ist so möglich. Im Sinne von Umkehrüberlegungen wird zu Punkten von Geraden bzw. Kurven ermittelt, welchem Wert des Parameters sie zugeordnet sind. Vergleiche verschiedener Parametrisierungen derselben Objekte erscheinen ebenfalls sinnvoll.

---

[13] Gerald Wittmann untersuchte auf Parametergleichungen von Geraden bezogene Schülerkonzepte und stellte fest, dass Schüler diese oft nicht als Gleichungen ansahen, die Mengen von Punkten in Abhängigkeit von Parametern beschreiben. Teilweise erkannten die Schüler weder die Bedeutung des Gleichheitszeichens in einer Parametergleichung noch die des Parameters, sondern betrachteten lediglich den Aufpunkt und den Richtungsvektor als „kennzeichnend" für die beschriebene Gerade, vgl. (Tietze et al., 2000, S. 140ff.), (Wittmann, 2003a, S. 377ff.). Diese eingeschränkte Betrachtungsweise kann allerdings genügen, um die im Unterricht behandelten Standardaufgaben zu bearbeiten (Wittmann, 2003a, S. 389f.).

[14] Die drei Aspekte funktionalen Denkens nach Vollrath (1989) lassen sich bei der Arbeit mit Parameterdarstellungen von Geraden folgendermaßen konkretisieren (Wittmann, 2003a, S. 381f.): Der *Zuordnungscharakter* wird durch die Zuordnung von Punkten zu Parameterwerten berücksichtigt. Der Aspekt des *Änderungsverhaltens* impliziert eine dynamische Sichtweise, auf die noch eingegangen wird. Die *Sicht als Ganzes*, d. h. als durch eine Parametergleichung gegebenes Objekt, kommt u. a. bei der Bestimmung von Schnittpunkten sowie bei der Betrachtung aus Geraden zusammengesetzter Objekte zum Tragen.

(2) Es lässt sich die *dynamische Sicht auf Geraden und andere Kurven als Bahnkurven* hervorheben, wodurch Schüler mit dem Parameter eine konkrete Bedeutung verbinden können. Die Interpretation des Parameters als Zeit stellt dabei Bezüge zur Beschreibung von Bewegungen in der Physik her.

Didaktische Funktionen der Einbeziehung von Parameterdarstellungen nichtlinearer Objekte sowie des Erstellens von Computeranimationen

Es ist zu befürchten, dass die Berücksichtigung der Herangehensweisen (1) und (2) nur ansatzweise vermeidet, dass Schüler auf konkret-gegenständliche Aspekte beschränkte Vorstellungen herausbilden, wenn lediglich Geraden und Ebenen behandelt werden. Die Betrachtung linearer Objekte dürfte nicht ausreichen, um die Tragweite der Beschreibung geometrischer Objekte durch Parameterdarstellungen und die dabei auftretenden funktionalen Zusammenhänge und dynamischen Aspekte zu erfassen. Die Behandlung von *Kurven* und eventuell auch *Flächen* ist aus diesem Grunde nicht nur sinnvoll, um die Formenarmut des Unterrichts in Analytischer Geometrie zu überwinden, sondern bildet auch eine wichtige Bedingung dafür, dass Schüler die Idee des funktionalen Zusammenhangs in Verbindung mit Parameterdarstellungen tiefergehend erfassen:

- Bei nichtlinearen Objekten liegen ganzheitliche Vorstellungen weniger nahe als bei Geraden; so existiert z. B. kein einzelner Vektor, der (analog zu einem Richtungsvektor einer Geraden) den Verlauf einer Kurve beschreibt.
- Durch die Betrachtung „neuer" Objekte ergeben sich Anlässe, geometrische Objekte und algebraische Beschreibungen zu vergleichen und dabei Aspekte der Beschreibung von Objekten zu reflektieren. Die Gefahr, dass sich eingeschränkte Vorstellungen von Parameterdarstellungen verhärten, die vor allem an der Abarbeitung von Kalkülen orientiert sind, wird dadurch verringert.

Für die Herausbildung einer dynamischen Sicht auf Parameterdarstellungen eignet sich sehr gut die Erstellung von Computeranimationen (kleinen Videos), was von vielen Schülern als reizvolle Herausforderung angesehen wird. Hierzu sind Positionen von Objekten oder auch die Position des Beobachters (bzw. der Kamera) in Abhängigkeit von einem Zeitparameter zu beschreiben. Da für die Erlangung eines Überblicks über den Ablauf von Animationen oft die Darstellung der verwendeten Bewegungsbahnen sinnvoll ist, können Vorgehensweisen zur Darstellung von Geraden bzw. Kurven als Punktmengen und dynamische Aspekte gut kombiniert werden. Konkrete Vorschläge hierfür werden im Folgenden beschrieben.

5.3.2 Erstellung von Animationen ausgehend von Parameterdarstellungen von Geraden

Bei Animationen (Filmen, die durch Trickfilmtechniken oder mithilfe des Computers erzeugt werden) handelt es sich – wie generell bei Filmen – um Sequenzen vieler einzelner

Abb. 5.17 Gleichförmige
(oben) und gleichmäßig beschleunigte Bewegung (unten)

Bilder (*Frames*), die sich von Bild zu Bild nur geringfügig ändern, so dass für den Betrachter scheinbar kontinuierliche Bewegungen oder sonstige Änderungen sichtbar sind.
Prinzipiell lässt sich in Computeranimationen jede Eigenschaft, die durch Zahlenwerte
darstellbar ist, animieren, d. h. zeitabhängig verändern. Die entsprechenden Werte sind
dazu als Funktionen eines Parameters, der die Zeit beschreibt, auszudrücken. Die Ani-
mationsmodule der meisten 3D-Graphikprogramme generieren zeitabhängige Beschreibungen durch Interpolation von Positionen und Werten, die der Anwender für bestimmte
„Schlüsselbilder" vorgibt. In skriptgesteuerten Graphikprogrammen wie POV-Ray (siehe
Abschn. 5.1 und 5.2) und in Computeralgebrasystemen müssen hingegen Darstellungen
der zu animierenden Größen in Abhängigkeit von einem Parameter explizit angegeben
werden. Wir verwenden für die folgenden Beispiele hauptsächlich die mittlerweile in der
Schule weit verbreitete Software GeoGebra, ergänzt um einige Beispiele (speziell zu Ka-
meraanimationen, die mithilfe von GeoGebra nicht realisiert werden können), bei denen
POV-Ray zum Einsatz kommt (siehe hierzu ausführlicher Filler (2007) und Filler (2008)).

Wird in Parameterdarstellungen von Geraden der Parameter als Zeit aufgefasst, so lassen sich Animationen erstellen, bei denen sich geometrische Objekte auf geradlinigen
Bahnen bewegen. Bei Animationen erhalten Parameterdarstellungen einen Aspekt, der
die geometrische Gestalt der durch sie beschriebenen Objekte nicht beeinflusst, nämlich
die Geschwindigkeit von Bewegungen. So beschreiben z. B. die beiden Parameterdarstellungen

$$\text{a)} \quad P(t) \;=\; P_0 + t \cdot \vec{a} \quad (t \in \mathbb{R}_+) \quad \text{und}$$
$$\text{b)} \quad P(t) \;=\; P_0 + t^2 \cdot \vec{a} \quad (t \in \mathbb{R}_+)$$

dieselbe Halbgerade. Werden diese Parametergleichungen verwendet, um Animationen
zu generieren, so ergibt a) eine gleichförmige und b) eine gleichmäßig beschleunigte Bewegung auf dieser Halbgeraden. In Abb. 5.17 ist dies durch die Abstände der Punkte
erkennbar; zwischen zwei benachbarten Punkten verstreicht jeweils gleich viel Zeit. In
GeoGebra lässt sich diese Animation leicht durch Verwendung eines Schiebereglers (mit
aktivierter Animationsoption), der den Parameter t vorgibt (z. B. innerhalb des Intervalls
$[0; 1]$), und das Einfügen zweier Punkte mit den Koordinaten $(10\,t\,|1)$ und $(10\,t^2\,|-1)$ rea-
lisieren. Durch Aktivieren der Spur für die beiden Punkte entsteht dann Schritt für Schritt
eine Graphik wie in Abb. 5.17.[15]

Wie bereits dieses einfache Beispiel zeigt, lassen sich bei der Arbeit mit Animationen
Verbindungen zum Physikunterricht herstellen, funktionale Aspekte durch die Betrach-

---

[15] Für alle hier besprochenen Beispiele stehen entsprechende GeoGebra-Dateien auf der Internetseite zu diesem Buch zur Verfügung.

tung unterschiedlicher Funktionen $f : t \mapsto f(t)$, die den Zeitparameter ersetzen, vertiefen sowie einfache Simulationen erstellen.

Schräger Wurf

In den meisten Bundesländern werden im Physikunterricht der Sekundarstufe II Bewegungen vektoriell beschrieben, wobei der schräge bzw. schiefe Wurf Unterrichtsgegenstand ist. Dieser kann als eine aus einer gleichförmigen und einer gleichmäßig beschleunigten Bewegung zusammengesetzte Bewegung aufgefasst werden. Als Summe einer in t linearen Komponente und des mit t^2 multiplizierten Beschleunigungsvektors ergibt sich die Gleichung

$$\vec{x} = \vec{x}_0 + \vec{v}_0 \cdot t + \frac{1}{2}\vec{g} \cdot t^2$$

des schrägen Wurfes. Mit GeoGebra lässt sich eine entsprechende Animation wiederum auf einfache Weise durch Einfügen eines durch einen Schieberegler beschriebenen Parameters t und eines davon abhängigen Punktes mit den Koordinaten $\left(10t \,\middle|\, 10t - \frac{9{,}81}{2}t^2\right)$ erstellen (mit der Anfangsgeschwindigkeit $\vec{v}_0 = \begin{pmatrix} 10 \\ 10 \end{pmatrix}$ und dem Abwurfpunkt im Koordinatenursprung, siehe Abb. 5.18). Zusätzlich wurde mittels `Kurve[10*t,10*t+(-9.81)/2*t^2,t,0,1]` die Bahnkurve (Wurfparabel) dargestellt. Auf analoge Weise lassen sich mittels

`Kurve[x(Parameter), y(Parameter), Parametername, Anfangswert, Endwert]`

beliebige, durch Parameterdarstellungen beschriebene Kurven in der Ebene und durch Hinzunahme einer zusätzlichen Komponente `z(Parameter)` auch im Raum darstellen.

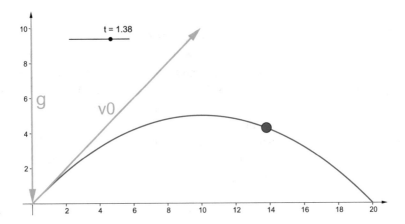

Abb. 5.18 Animation des schrägen Wurfes mithilfe von GeoGebra

5.3.3 Animationen auf Kreisen und daraus abgeleiteten Kurven

Bereits mehrfach wurde betont, dass die Leistungsfähigkeit von Parametrisierungen sowie funktionale Aspekte für Schüler nicht hinreichend deutlich werden, wenn sie lediglich
Parameterdarstellungen von Geraden und Ebenen kennenlernen. Anknüpfend an die Behandlung der trigonometrischen Funktionen in der S I lassen sich Parameterdarstellungen
von Kreisen und – durch Variationen daraus entstehenden – anderen interessanten Kurven behandeln. Neben einer Untersuchung von Kurven und der Bewegung von Objekten
darauf können auch Animationen von Computergraphiken (siehe Abschn. 5.1) erstellt
werden, bei denen sich die Kamera auf Kurven bewegt und damit die Sicht auf Szenen
verändert wird.

Parameterdarstellungen von Kreisen
Die mathematischen Grundlagen der Parameterdarstellungen von Kreisen in der Ebene
haben die Schüler bereits kennengelernt – gewöhnlich werden in der Klassenstufe 10 die
Sinus- und die Kosinusfunktion am Einheitskreis eingeführt, mit den in Abb. 5.19a verwendeten Bezeichnungen durch $\sin\alpha = y_\alpha$, $\cos\alpha = x_\alpha$. Eine Verallgemeinerung auf
Kreise mit beliebigen Radien r ist leicht möglich. Es ergibt sich daraus die Parameterdarstellung

$$x(\alpha) = r \cdot \cos\alpha , \quad y(\alpha) = r \cdot \sin\alpha ; \quad \alpha \in [0; 2\pi)$$

eines Kreises der Ebene, dessen Mittelpunkt im Koordinatenursprung liegt (siehe auch
Abschn. 4.1.2). Es ist im Zuge der hier beschriebenen Überlegungen sinnvoll, darauf ein-
zugehen, dass normierte Parameterintervalle die Übersicht bei der Beschreibung mehrerer
Eigenschaften erleichtern. Dazu ist der Parameter α durch $2\pi t$ mit $t \in [0; 1)$ zu ersetzen;
man erhält die Parameterdarstellung

$$x(t) = r \cdot \cos(2\pi \cdot t) , \quad y(t) = r \cdot \sin(2\pi \cdot t) ; \quad t \in [0; 1). \tag{5.3}$$

Durch die Addition von Mittelpunktskoordinaten lässt sich diese Parameterdarstellung für
beliebige Kreise in der Ebene verallgemeinern:

$$x(t) = r \cdot \cos(2\pi \cdot t) + x_M , \quad y(t) = r \cdot \sin(2\pi \cdot t) + y_M ; \quad t \in [0; 1).$$

Abb. 5.19 **a** Sinus und
Kosinus am Einheitskreis,
b Animation eines Punktes auf
einer Kreisbahn in GeoGebra

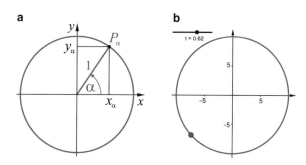

Um mithilfe von GeoGebra einen (als kleinen Kreis dargestellten) Punkt auf diesem Kreis (mit dem Radius $r = 10$) zu bewegen, ist wiederum ein durch einen Schieberegler be-schriebener Parameter t einzuführen und

$$(10*\cos(2*pi*t), \ 10*\sin(2*pi*t))$$

einzugeben. Die Bahnkurve wird, wie bereits in dem Abschnitt 5.3.2 beschrieben, als Parameterkurve definiert, hier also mittels:

$$\text{Kurve}[10*\cos(2*pi*t), \ 10*\sin(2*pi*t), \ t, \ 0, \ 1]$$

Parameterdarstellungen von Kreisen im Raum, die auf Koordinatenebenen oder dazu par-allelen Ebenen liegen, lassen sich daraus ableiten, indem eine der drei Raumkoordinaten als Konstante dargestellt wird. Im 3D-Modul von GeoGebra wird dazu einfach eine zu-sätzliche Koordinate eingefügt (im Folgenden kursiv hervorgehoben). Mit

$$(10*\cos(2*pi*t), \ 10*\sin(2*pi*t), \ \mathit{0})$$

für den animierten Punkt und

$$\text{Kurve}[10*\cos(2*pi*t), \ 10*\sin(2*pi*t), \ \mathit{0}, \ t, \ 0, \ 1]$$

für die Bahnkurve entsteht eine Animation, von der in Abb. 5.20a eine Momentaufnahme dargestellt ist.

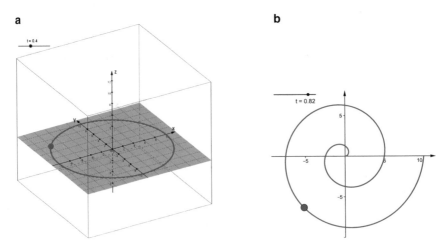

a   **b**

Abb. 5.20 a Animation auf einer Kreisbahn in der x-y-Ebene (GeoGebra 3D), **b** Archimedische Spirale

Spiralen und Schraubenlinien

Nach Behandlung der Parametergleichungen von Kreisen und der Anfertigung darauf basierender Animationen liegt es nahe, durch Veränderungen daran „verwandte" Kurven zu beschreiben. Folgende Fragen dienen dazu als Anregung:

1. Welche Kurve beschreibt ein Punkt, der sich um ein Zentrum bewegt und sich dabei gleichzeitig von dem Zentrum entfernt?
2. Welche Kurve beschreibt ein Punkt, der sich um ein Zentrum bewegt und simultan dazu seine Höhe (beschrieben z. B. durch die z-Koordinate) verändert?

Diese (und ähnliche) Fragen lassen sich als Ausgangspunkte für Modellbildungen nutzen, die zu Parameterdarstellungen interessanter Kurven führen. Schüler müssen dazu funktionale Überlegungen anstellen und können diese experimentell mithilfe der Software überprüfen.

Für die Realisierung der in der Frage 1 genannten Eigenschaft kann (zumindest mit Hilfen) von Schülern herausgearbeitet werden, dass dazu die Konstante r, die in der Parameterdarstellung eines Kreises (siehe Gl. 5.3) den Radius beschreibt, durch eine Funktion $r(t)$ des Zeitparameters t ersetzt werden muss. So führt z. B. die Ersetzung von r durch $r \cdot t$ oder $r \cdot (1-t)$ dazu, dass sich der Abstand zum Mittelpunkt im Verlauf der Animation gleichmäßig von 0 auf r erhöht bzw. von r auf 0 verringert (für $t \in [0; 1]$). Durch diese Überlegung ergibt sich die Parameterdarstellung einer *archimedischen Spirale* (siehe Abb. 5.20b):[16]

$$x(t) = r \cdot (1-t) \cdot \cos(4\pi t), \quad y(t) = r \cdot (1-t) \cdot \sin(4\pi t); \quad t \in [0; 1].$$

Bei der Diskussion von Frage 2 (siehe oben) können Schüler erkennen, dass dazu die vorher konstant gehaltene dritte Koordinate durch eine Funktion des Parameters zu ersetzen ist. Wird dafür eine lineare Funktion gewählt (im einfachsten Falle z. B. $z = h \cdot t$, falls sich während der Animation die „Höhe" eines Punktes gleichmäßig von 0 auf h verändern soll), so entsteht aus der Kreisgleichung die Gleichung einer *Schraubenlinie* bzw. *Helix*, siehe Abb. 5.21a:

$$x(t) = r \cdot \cos(6\pi t), \quad y(t) = r \cdot \sin(6\pi t), \quad z(t) = h \cdot t; \quad t \in [0; 1]$$

Durch die Kombination der aus den Fragen 1 und 2 resultierenden Überlegungen (parameterabhängige Beschreibungen des Radius und der „Höhe" in der ursprünglichen Parameterdarstellung eines Kreises) ergibt sich bei Verwendung linearer Funktionen in t eine

---

[16] Eine sinnvolle Veränderung gegenüber der Beschreibung des Kreises, von der ausgegangen wurde, betrifft die Terme, von denen der Sinus und der Kosinus gebildet werden. Bei Spiralen und Schraubenlinien ist es oft erwünscht, mehr als eine Umdrehung zurückzulegen. Schülern kann dazu die Frage gestellt werden, wie die Terme $\cos(2\pi t)$ und $\sin(2\pi t)$ verändert werden müssen, damit für $t \in [0; 1]$ eine Kurve mit mehreren „Windungen" entsteht.

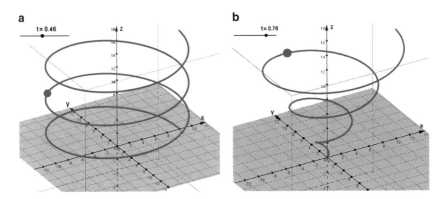

Abb. 5.21 a Schraubenlinie, **b** konische Spirale

konische Spirale (siehe Abb. 5.21b)

$$x(t) = r \cdot (1-t) \cdot \cos(6\pi t)$$
$$y(t) = r \cdot (1-t) \cdot \sin(6\pi t)$$
$$z(t) = h \cdot t \qquad\qquad\qquad (\text{mit } t \in [0; 1]) \,.$$

Einige von Schülern kreierte Kurven

Weitere Variationen der bisher betrachteten Kurven ergeben sich aus der Verwendung nichtlinearer Funktionsterme in t für die Höhe bzw. den Radius. Es bestehen hierbei vielfältige Möglichkeiten für funktionale Überlegungen, bei denen Schüler ausgehend von qualitativen Beschreibungen gewünschter Kurven- und Geschwindigkeitsverläufe überlegen, durch welche Funktionsterme diese entstehen können, und ihre Überlegungen mithilfe der Software überprüfen. Entsprechende Erprobungen mit mathematisch interessierten Schülerinnen und Schülern der Sekundarstufe II regten stark deren Phantasie bezüglich zu beschreibender Formen (wie z. B. Blumen) an, für deren Modellierung sie hauptsächlich trigonometrische Funktionen nutzten. In Abb. 5.22 sind einige Beispiele dafür dargestellt; die Namen der Kurven wurden von den Schülern erfunden.

Zykloiden (Rollkurven)

Eine weitere interessante Klasse von Kurven, deren Parameterdarstellungen sich durch anschauliche kinematische Überlegungen aus der des Kreises ableiten lassen, sind die Zykloiden. Die einfachste Zykloide entsteht als Bahnkurve eines Punktes eines Kreises beim Abrollen dieses Kreises auf einer Geraden. Eine mögliche Einstiegsfrage hierzu wäre: Welche Kurve beschreibt ein Fahrradventil, wenn das Fahrrad fährt? (Wir gehen zunächst von der einfachsten Situation aus, dass der rotierende Punkt auf dem Abrollkreis liegt, was nicht ganz der Situation bei dem Fahrradventil entspricht.)

Ausgangspunkt der Modellierung der Rollkurve durch eine Parameterdarstellung ist die Synchronizität der Translation des Radmittelpunktes und der Drehung des Rades. Während einer vollen Umdrehung des Rades muss es sich um einen Radumfang (also $2\pi r$, falls

„Blumenkurve"

$$r(t) = 2 + \sin(20\pi t)$$
$$x(t) = r(t)\cos(2\pi t)$$
$$y(t) = r(t)\sin(2\pi t)$$

„Sinuskreis"

$$r(t) = \sin t$$
$$x(t) = r(t)\cos(2\pi t)$$
$$y(t) = r(t)\sin(2\pi t)$$

„Ballkurve"

$$r(t) = \sin t$$
$$x(t) = r(t)\cos(2\pi t)$$
$$y(t) = r(t)\sin(2\pi t)$$
$$z(t) = \cos t$$

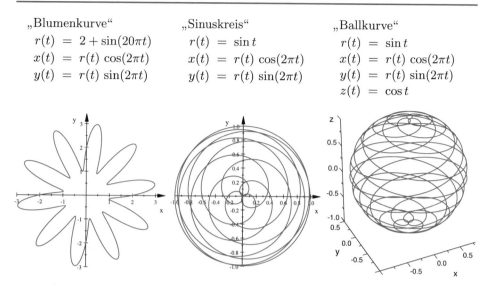

Abb. 5.22 Von Schülern durch Parameterdarstellungen beschriebene Kurven

r der Radius des Rades ist) entlang „der Straße" bewegen, wenn das Rad auf der Straße rollt. Zwischen dem zurückgelegten Weg t und dem Drehwinkel ϕ (im Bogenmaß) besteht damit die Beziehung $\phi(t) = \frac{t}{r}$. Wählt man ein Koordinatensystem so, dass die x-Achse der Straße entspricht, ergibt sich die Parameterdarstellung der Rollkurve als Kombination der linearen Bewegung des Radmittelpunktes M und der Rotation. Nach dieser Erkenntnis schlugen Schülerinnen und Schüler (welche zuvor mit der Parameterdarstellung des Kreises gearbeitet und die in Abb. 5.22 dargestellten Kurven gefunden hatten) schnell die folgende Parametrisierung der Rollkurve vor:

$$x(t) = x_m + r\,\cos\left(\frac{t}{r}\right) = t + r\,\cos\left(\frac{t}{r}\right)\;;\quad y(t) = y_m + r\,\sin\left(\frac{t}{r}\right) = r + r\,\sin\left(\frac{t}{r}\right)$$

Eine Überprüfung dieser Beschreibung mithilfe des Computers zeigt aber eine Drehung des Punktes („Ventils") entgegen der gewünschten Drehrichtung. Ein Überdenken der Situation führt zu der Erkenntnis, dass sich der Punkt bei einer nach rechts gerichteten Rollbewegung im Uhrzeigersinn bewegen muss, vor den Kosinus also ein negatives Vorzeichen zu setzen ist. Soll die Bewegung des Punktes außerdem im Koordinatenursprung beginnen, so ist eine „Phasenverschiebung" von $-\frac{\pi}{2}$ notwendig. Daraus ergibt sich die Parameterdarstellung

$$x(t) = t - r\,\cos\left(\frac{t}{r} - \frac{\pi}{2}\right)$$
$$y(t) = r + r\,\sin\left(\frac{t}{r} - \frac{\pi}{2}\right)$$

bzw.

$$x(t) = t - r\,\sin\left(\frac{t}{r}\right)$$
$$y(t) = r - r\,\cos\left(\frac{t}{r}\right)$$

Abb. 5.23 Zykloide (1)

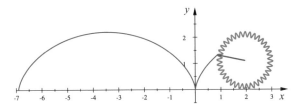

für die in Abb. 5.23 dargestellte Zykloide. Eine Verallgemeinerung, mithilfe derer sich dann auch die Bahnkurve eines Fahrradventils genauer modellieren lässt, besteht darin, den beweglichen Punkt nicht auf dem sich drehenden Kreis selbst anzubringen (also mit dem Abstand r vom Mittelpunkt), sondern mit einem beliebigen Abstand a vom Mittelpunkt, der kleiner oder größer als der Radius sein kann (siehe Abb. 5.24 für $a > r$). Die oben aufgeführte Parameterdarstellung muss dazu nur geringfügig modifiziert werden:

$$x(t) = t - a \, \sin\left(\frac{t}{r}\right)$$

$$y(t) = r - a \, \cos\left(\frac{t}{r}\right)$$

Epi- und Hypozykloiden

Statt auf einer Geraden lässt sich ein Kreis auch entlang eines anderen Kreises abrollen und dabei die Bahnkurve eines mit dem beweglichen Kreis verbundenen Punktes betrachten. Rollt ein Kreis außerhalb eines (festen) Kreises ab, so entsteht eine *Epizykloide* (siehe Abb. 5.25a); geschieht das Abrollen innerhalb eines Kreises, so wird die Rollkurve *Hypozykloide* genannt (Abb. 5.25b). Die Anzahl der für das Erreichen einer geschlossenen Kurve benötigten Umdrehungen hängt vom Verhältnis der Radien r_1 des festen und r_2 des beweglichen Kreises ab. Man überlegt zunächst, dass dieses Verhältnis ganzzahlig sein muss, damit das bewegliche Rad bei einem einzigen Umlauf um das feste Rad eine geschlossene Kurve erzeugt. Zu beachten ist dabei, dass der bewegliche Kreis durch die Drehung um den festen Kreis bei der Epizykloide eine zusätzliche Umdrehung vollführt und bei der Hypozykloide eine Umdrehung abzuziehen ist. Somit sind für eine Drehung

Abb. 5.24 Zykloide (2)

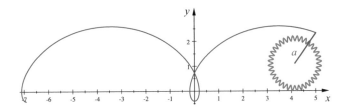

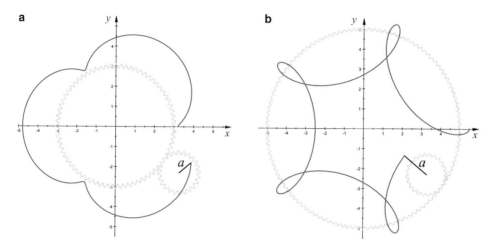

Abb. 5.25 Epi- und Hypozykloiden

um den festen Kreis $\frac{r_1}{r_2} + 1$ bzw. $\frac{r_1}{r_2} - 1$ Drehungen des beweglichen Kreises auszuführen. Unter Berücksichtigung dieser Überlegungen erhält man durch Addition der beiden Kreisbewegungen die Parameterdarstellungen

$$x(t) = (r_1 + r_2) \cdot \cos(t) + a \cdot \cos\left(t \cdot \left(\frac{r_1}{r_2} + 1\right)\right)$$

$$y(t) = (r_1 + r_2) \cdot \sin(t) + a \cdot \sin\left(t \cdot \left(\frac{r_1}{r_2} + 1\right)\right)$$

für die Epizykloide sowie

$$x(t) = (r_1 - r_2) \cdot \cos(t) + a \cdot \cos\left(t \cdot \left(\frac{r_1}{r_2} - 1\right)\right)$$

$$y(t) = (r_1 - r_2) \cdot \sin(t) + a \cdot \sin\left(t \cdot \left(\frac{r_1}{r_2} - 1\right)\right)$$

für die Hypozykloide.

Hypo- und Epizykloiden lassen sich sehr schön mit Spirographen zeichnen (vgl. Abb. 4.14), wobei die Frage zu diskutieren ist, wie viele Umdrehungen in Abhängigkeit von den Zahnanzahlen (die proportional zu den Radien der Zahnräder sind) des festen und des beweglichen Zahnrades notwendig sind, um geschlossene Kurven zu erzeugen – hierzu sind arithmetische Überlegungen (größter gemeinsamer Teiler) anzustellen. Danach können (wie oben beschrieben) Parametergleichungen erarbeitet sowie mithilfe des Computers animierte graphische Darstellungen erstellt werden.[17]

---

[17] Entsprechende GeoGebra-Dateien sowie Videos, welche die Entstehung unterschiedlicher Zykloiden demonstrieren, stehen auf der Internetseite zu diesem Buch zur Verfügung.

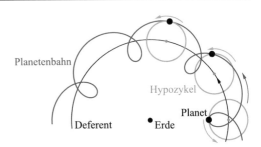

Abb. 5.26 Planetenbahn nach der Epizykeltheorie. Eine interaktive Simulation der Planetenbahnen nach der Epizykeltheorie enthält die Internetseite http://gerdbreitenbach.de/planet/planet.html

Epizykloiden waren von großer Bedeutung für die Erklärung der Planetenbewegungen im geozentrischen Weltbild, nach dem alle Planeten um die Erde kreisen. Um die beobachteten Planetenbewegungen damit erklären zu können, nahm man an, dass sich die Planeten auf kleineren Kreisen (als Epizykel bezeichnet) kreisen, welche sich entlang größerer Kreise, deren Mittelpunkte die Erde bildet (genannt Deferenten), bewegen (siehe Abb. 5.26).

Die Epizykeltheorie der Planetenbewegungen entstand bereits im 3. Jahrhundert v. Chr. und geht auf Apollonios zurück. Um den wirklichen Planetenbahnen genauer gerecht zu werden, mussten einige Veränderungen vorgenommen werden. So wurden weitere Stufen von Epizykeln hinzugefügt (Epizykel auf Epizykeln). Außerdem wurde die Erde etwas vom Zentrum der Deferenten-Kreise entfernt. Durch diese Modifikationen wurde eine recht genaue Berechnung der Stellung der Planeten (von der Erde aus gesehen) möglich. Die Epizykeltheorie bildete bis zum 16. Jahrhundert die Grundlage für die Berechnung der Planetenbahnen; sie wurde erst durch Johannes Kepler (1571–1630) überwunden, der die Bahnen der Planeten durch Ellipsen beschrieb, in deren einem Brennpunkt die Sonne steht. Voraussetzung hierfür war die Ablösung des geozentrischen durch das heliozentrische Weltbild.

5.3.4 Kameraanimationen in der 3D-Computergraphik

Die folgenden Ausführungen sind vor allem dann interessant, wenn Schüler bereits (wie in dem Abschn. 5.1 beschrieben) Computergraphiken mittels Koordinatenbeschreibungen in einer 3D-Graphiksoftware wie POV-Ray erstellt haben. Dabei fragen sie erfahrungsgemäß recht schnell, wie sie kleine Videos ihrer Szenen anfertigen können. Hierbei liegt es vor allem nahe, „Kamerafahrten" durch Parameterbeschreibungen zu erzeugen. In der Software POV-Ray steht hierzu der Animationsparameter `clock` zur Verfügung, durch den beliebige Werte oder Koordinaten zeitabhängig verändert werden können.

Soll sich die Kamera auf einem Kreis in der x-z-Ebene mit Mittelpunkt auf der y-Achse, $y = 10$ und $r = 20$, bewegen und während der gesamten Animation auf den

Abb. 5.27 Kameraanimation
auf einer kreisförmigen Bahn
mit Ansichten der abgebildeten
Szene zu zwei Zeitpunkten

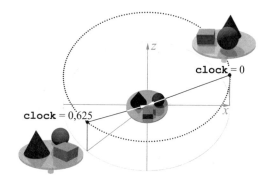

Koordinatenursprung gerichtet sein, so ist dies in POV-Ray durch

```
camera {location <20*cos(2*pi*clock), 10, 20*sin(2*pi*clock)>
        angle 30 look_at <0,0,0>}
```

(mit `clock` = 0...1) möglich. Abbildung 5.27 zeigt die Bahnkurve einer auf diese Weise erzeugten Animation, bei der die Kamera auf einer kreisförmigen Bahn um die in Abb. 5.1a dargestellte Szene „fliegt", sowie zwei „Momentaufnahmen" aus der Animation.

Schüler eines Grundkurses stellten nach der Erstellung eines derartigen Kamerafluges recht schnell die folgenden Fragen:

1.' Wie kann die Kamera um ein Objekt kreisen und sich diesem gleichzeitig annähern?
2.' Wie lässt sich bei einer kreisförmigen Bewegung der Kamera gleichzeitig deren Höhe ändern, so dass Objekte aus verschiedenen Höhen zu sehen sind?

Analog zu den beiden Fragen in Abschn. 5.3.3 führen auch diese Fragen zu archimedischen Spiralen, Schraubenlinien und konischen Spiralen als Bahnkurven für Kameraanimationen. Letztere erzeugen besonders attraktive Animationen, da sich simultan die „Höhe" der Kamera und ihr Abstand zum Objekt ändern (wodurch das Objekt aus sich verändernder Perspektive betrachtet und gleichzeitig „herangezoomt" wird).[18]

Kameraanimationen und Raumvorstellung

Wie bereits erwähnt wurde, sind Kameraanimationen für viele Schüler besonders reizvoll. Mit der Animation sichtbarer Objekte auf Bewegungsbahnen zu beginnen, lässt sich dennoch leicht motivieren: Auch für Schüler, die „Kamerafahrten" erstellen möchten, wird damit der Ablauf von Animationen verständlicher, da sie die Bahn, auf der sich später die Kamera bewegen soll, zunächst sehen können. Wenngleich sich Objekt- und Kameraanimationen hinsichtlich ihrer mathematischen Beschreibung nicht unterscheiden, erfordern

---

[18] Beispielvideos für die beschriebenen Kameraflüge können unter http://www.afiller.de angesehen werden. Auf derselben Seite findet sich unter „Downloads & Links" auch eine kurze (für Schüler verfasste) Anleitung für die Erstellung von Videos mithilfe von POV-Ray.

sie andere geometrische Vorstellungen. Die Bewegung z. B. einer Kugel auf einer Kurve erschließt sich mit der Vorstellung von der Form der Kurve. Bewegt sich jedoch eine Kamera auf einer Kurve, so muss ein „Hineindenken" in das bewegte Objekt und seine Sicht auf die Szene erfolgen – es ist in der Vorstellung also ein Wechsel des Bezugssystems nötig. Die erforderlichen Vorstellungswechsel zwischen der Sicht auf eine Kurve und der Sicht von der Kurve aus erfordern räumliches Vorstellungsvermögen und tragen auch zu dessen Förderung bei.[19]

Von Schülern erstellte Scheinwerferanimationen
Neben Bewegungen geometrischer Objekte und der Kamera lassen sich mithilfe einer 3D-Graphiksoftware wie POV-Ray auch diverse andere Eigenschaften animieren. Innerhalb eines Unterrichtsprojekts „3D-Computergraphik" in einem Mathematik-Grundkurs experimentierten zwei Schüler mit Scheinwerferanimationen und entwickelten dafür geeignete Parameterbeschreibungen. Das auf einer kreisförmigen Bahn animierte Ziel eines Scheinwerfers (siehe Abb. 5.28a) beschrieb ein Schüler folgendermaßen:

```
light_source{<20,60,15> color White spotlight radius 10 falloff 20
        point_at
        <80*sin((3.14*clock)/180), 1, 80*cos((3.14*clock)/180)>
        }
```

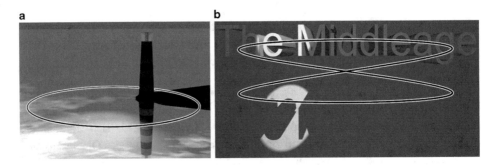

a   **b**

Abb. 5.28 Von Schülern eines Mathematik-Grundkurses angefertigte Animationen. Die Abbildungen enthalten Momentaufnahmen der von den Schülern mithilfe von POV-Ray angefertigten Videos; die Bahnkurven wurden nachträglich eingefügt

---

[19] Nach Thurstone (1938) ist *räumliches Denken als Fähigkeit, mit räumlichen Vorstellungsinhalten gedanklich zu operieren*, eine von drei Teilfähigkeiten räumlichen Vorstellungsvermögens; diese wird bei der Erstellung von Kameraanimationen aufgrund der notwendigen Vorstellungswechsel besonders angesprochen. Relativierend ist allerdings hinzuzufügen, dass die Entwicklung räumlichen Vorstellungsvermögens bei Schülern der S II nur noch in eingeschränktem Umfang möglich ist; die hinsichtlich der geistigen Entwicklung besten Voraussetzungen hierfür bestehen zwischen dem 7. und dem 11. Lebensjahr, vgl. Besuden (1999).

Eine Schülerin bewegte den Zielpunkt eines Scheinwerfers mehrfach auf einer *Lissajous-Kurve*[20] mit der Parameterdarstellung

$$\begin{pmatrix} x \\ y \\ z \end{pmatrix} = \begin{pmatrix} 0 \\ -20 \\ 60 \end{pmatrix} + \begin{pmatrix} 150 \cdot \sin \frac{t}{15} \\ 40 \cdot \cos \frac{t}{30} \\ 0 \end{pmatrix} \; ; \quad t \in [0; 300]$$

(Abb. 5.28b). Diese Beispiele bestätigen die Erfahrung, dass Computeranimationen ein hohes Motivierungspotenzial besitzen und Schüler dazu anregen können, sich mit anspruchsvollen mathematischen Inhalten auseinanderzusetzen.

5.3.5 Parameterdarstellungen von Flächen

Falls sich Schüler bereits mit Parameterdarstellungen von Kreisen und daraus abgeleiteten Kurven beschäftigt haben, so lassen sich daran anknüpfend einige interessante Flächen durch Parameterdarstellungen beschreiben.[21] Als variationsfähiges Beispiel bietet sich der *Zylinder* an. Dabei kann von der Parameterdarstellung eines Kreises in der x-y-Ebene (siehe Gl. 5.3) ausgegangen werden. Es ist anschaulich leicht zu überlegen, dass durch Zuordnung der dritten (in der Gleichung des Kreises nicht auftretenden) Koordinate zu einem zweiten Parameter die Menge aller durch Punkte des Kreises verlaufenden Geraden entsteht,[22] die auf der x-y-Ebene senkrecht stehen, also parallel zur z-Achse sind. Somit ergibt sich eine Zylinderfläche mit der Parameterdarstellung

$$\begin{aligned} x(u, v) &= r \cdot \cos u \\ y(u, v) &= r \cdot \sin u \qquad u \in [0; 2\pi) \,, \; v \in [v_1; v_2] \;. \\ z(u, v) &= v \end{aligned}$$

Diese kann zugleich als Vereinigungsmenge von Kreisen in zur x-y-Ebene parallelen Ebenen aufgefasst werden, deren Mittelpunkte auf der z-Achse liegen (siehe Abb. 5.29a). Eine mögliche Variation der Zylinderfläche besteht darin, den Radius r dieser Kreise nicht konstant zu belassen, sondern in Abhängigkeit von v und somit von der „Höhe" der Kreise auszudrücken. Die Mantellinien des Zylinders „mutieren" dabei zu Graphen

---

[20] Lissajous-Kurven entstehen durch Überlagerung von Schwingungen und treten z. B. auf, wenn Wechselströme unterschiedlicher Frequenz an die x- und y-Elektroden eines Oszilloskops geschaltet werden, siehe z. B. http://www.mathematische-basteleien.de/lissajous.html. Durch die Parametrisierung der Schülerin wird dies simuliert: $\sin \frac{t}{15}$ durchläuft in derselben Zeit doppelt so viele Perioden wie $\cos \frac{t}{30}$, woraus sich die abgebildete Kurve ergibt.

[21] Dabei sollten auch die Übergänge von Parameterdarstellungen von Geraden (als einparametrige Gebilde) zu Ebenen (mit zwei Parametern) sowie von Kreisen zu Kugeln herangezogen werden, siehe Abschn. 4.1.2.

[22] Wird für den zweiten Parameter ein endliches Intervall gewählt, so handelt es sich nur um Strecken. Für die Erkennbarkeit der Form der entstehenden Figur ist dies sinnvoller.

Abb. 5.29 a Parameterlinien
eines Zylinders, **b** Rotationsfläche, die durch Variation der
Parameterdarstellung eines
Zylinders entsteht

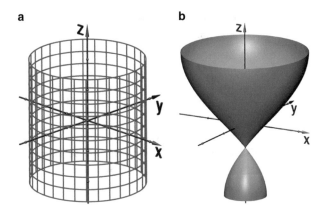

von Funktionen $r = f(v) = f(z)$; es entstehen von diesen Funktionsgraphen erzeugte
Rotationsflächen. Wird diese anschauliche Interpretation einer speziellen Klasse von Parameterdarstellungen für die Schüler verständlich, so können sie durch die Verwendung
geeigneter Funktionsterme $r(v)$ eine Vielzahl von Rotationsflächen erzeugen, womit auch
Bezüge zum Analysisunterricht hergestellt werden. Als ein Beispiel zeigt Abb. 5.29b die
durch den Funktionsgraphen mit der Gleichung $r(v) = 0, 5 + \sin v$ erzeugte Rotationsfläche mit der Parameterdarstellung

$$x(u, v) = (0, 5 + \sin v) \cdot \cos(u)$$

$$y(u, v) = (0, 5 + \sin v) \cdot \sin(u) \qquad u \in [0; 2\pi), \; v \in \left[-\frac{\pi}{2}; \frac{\pi}{2}\right].$$

$$z(u, v) = v$$

Ein weiterer Ansatz zur Modellierung von Rotationsflächen besteht in der Betrachtung
konzentrischer Kreise in einer Ebene, z. B. der x-y-Ebene. Diese lässt sich als Vereinigungsmenge aller in ihr liegenden Kreise mit dem Mittelpunkt im Koordinatenursprung
auffassen und durch die Parameterdarstellung

$$x(u, v) = v \cdot \cos u$$

$$y(u, v) = v \cdot \sin u \qquad u \in [0; 2\pi), \; v \in [0; \infty)$$

$$z(u, v) = 0$$

beschreiben (siehe Abb. 5.30a). Der Parameter v gibt die Radien der Kreise an. Wird z als
Funktion von v (mit $v > 0$), also der Entfernung vom Koordinatenursprung, aufgefasst,
so ergeben sich Rotationsflächen, die durch Drehung des Funktionsgraphen mit der Gleichung $z = f(v)$ um die z-Achse entstehen. Abbildung 5.30b zeigt ein Beispiel mit der
Funktionsgleichung $z(v) = 2 \cdot \sin v$. Eine Parameterdarstellung dieser Rotationsfläche ist

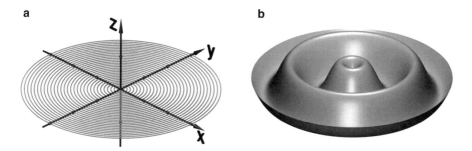

Abb. 5.30 Ebene als Menge konzentrischer Kreise (**a**) und durch Variation der Parameterdarstellung daraus abgeleitete Rotationsfläche (**b**)

somit

$$x(u, v) = v \cdot \cos u$$
$$y(u, v) = v \cdot \sin u \qquad u \in [0; 2\pi), \ v \in [0; 4\pi) \ .$$
$$z(u, v) = 2 \cdot \sin v$$

Flächendarstellung mithilfe des Computers

Auch für die Untersuchung durch Parametergleichungen beschriebener Flächen ist der Computer eine wertvolle Hilfe. So steht in GeoGebra ab der Version 5 die Anweisung

$$\texttt{Surface}\,[x(u, v), \ y(u, v), \ z(u, v), \ u, \ u_{\text{Anf}}, \ u_{\text{End}}, \ v, \ v_{\text{Anf}}, \ v_{\text{End}}]$$

zur Verfügung, in der die Parameterdarstellung und die Namen der Parameter sowie die Anfangs- und Endwerte der zu betrachtenden Parameterintervalle einzusetzen sind. Tut man dies für die oben angegebenen Beispiele, so erhält man Darstellungen, die den Abb. 5.29b und 5.30b ähneln und interaktiv gedreht sowie „herangezoomt" werden können. Schüler können damit – wie bereits bei durch Parameterdarstellungen beschriebenen Kurven ausgeführt – mit verschiedenen Parameterfunktionen experimentieren und Auswirkungen auf die Gestalt der dadurch beschriebenen Flächen unmittelbar überprüfen.

Die konische Spiralfläche

Aus der Vielfalt der möglichen, allerdings bereits recht anspruchsvollen Ansätze zur mathematischen Beschreibung interessanter Flächen sei noch kurz auf einen Zugang zur Parameterdarstellung der konischen Spiralfläche eingegangen. Didaktisch interessant ist an diesem Beispiel vor allem, dass die Schüler Parameterdarstellungen von Kurven sowie von Geraden bzw. Strecken kombinieren und diese flexibel anwenden müssen, um Flächen zu beschreiben.

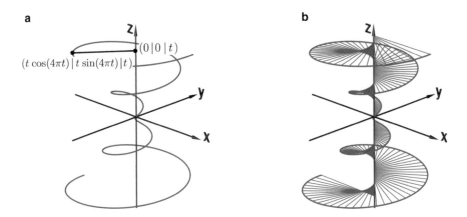

Abb. 5.31 Aufbau einer konischen Spiralfläche aus den Loten von den Punkten der konischen Spirale auf eine Koordinatenachse

Ausgangspunkt der Überlegungen zur konischen Spiralfläche ist die entsprechende Kurve (konische Spirale, siehe Abschn. 5.3.3), z. B. mit der Parameterdarstellung:

$$x(t) = t \cdot \cos(4\pi t)$$
$$y(t) = t \cdot \sin(4\pi t) \qquad t \in [-1; 1]$$
$$z(t) = t$$

Ausgehend davon wird die Überlegung angeregt, wie sich Lote von den Punkten der Kurve auf die z-Achse beschreiben lassen. Diese Lote sind die Verbindungsstrecken zwischen den durch die Koordinaten $(t \cdot \cos(4\pi t) \,|\, t \cdot \sin(4\pi t) \,|\, t)$ gegebenen Punkten der Kurve und den Punkten $(0 \,|\, 0 \,|\, t)$ auf der z-Achse (siehe Abb. 5.31a); sie lassen sich somit durch Parameterdarstellungen der Form

$$x(s) = 0 + s \cdot (t \cdot \cos(4\pi t) - 0)$$
$$y(s) = 0 + s \cdot (t \cdot \sin(4\pi t) - 0) \qquad s \in [0; 1]$$
$$z(s) = t + s \cdot (t - t)$$

mit konstantem t darstellen. Die Vereinigungsmenge aller dieser Strecken bildet die konische Spiralfläche (Abb. 5.31b), deren Parameterdarstellung sich aus den Parameterdarstellungen der Strecken ergibt. Die zuvor als konstant angenommene Größe t tritt darin nun als zweiter Parameter auf:

$$x(s, t) = s \cdot t \cdot \cos(4\pi t)$$
$$y(s, t) = s \cdot t \cdot \sin(4\pi t) \qquad s \in [0; 1], \quad t \in [-1; 1]$$
$$z(s, t) = t$$

Nachdem Schüler diese Parameterdarstellung theoretisch erarbeitet haben, empfiehlt sich eine Überprüfung durch Visualisierung mithilfe des Computers.

Animationen von Flächen

Um Vorstellungen von der Bedeutung der beiden Parameter für den Aufbau einer Fläche herauszubilden, sind *Animationen der Parameterintervalle* sinnvoll. Die zeitabhängige Veränderung ihrer Intervallgrenzen lässt plastisch hervortreten, wie Ausdehnungen von Flächen davon abhängen, welche Intervalle die Parameter durchlaufen. Um die Einflüsse der beiden Parameter sichtbar werden zu lassen, können deren Intervallgrenzen durch Schieberegler gesteuert oder zeitabhängig verändert werden.

Werden z. B. bei einer durch eine Parameterdarstellung der Form

$$x(u, v) = r \cdot \cos u \cdot \cos v$$
$$y(u, v) = r \cdot \sin u \cdot \cos v$$
$$z(u, v) = r \cdot \sin v$$

gegebenen Kugeloberfläche die Parameterintervalle mittels

$$u \in (-\pi; -\pi + 2\pi s], \quad v \in \left[-\frac{\pi}{2}; -\frac{\pi}{2} + \pi t\right], \quad s \in [0; 1), \ t \in [0; 1]$$

in GeoGebra durch Schieberegler für s und t gesteuert (oder zeitabhängig animiert), so lässt sich die Kugeloberfläche kontinuierlich entlang der Meridiane und der Breitenkreise „aufbauen"; Abb. 5.32 zeigt zwei „Momentaufnahmen".[23] Auf völlig analoge Weise lässt sich auch das „Wachsen" der anderen in diesem Abschnitt beschriebenen Flächen entlang ihrer Parameterlinien visualisieren.

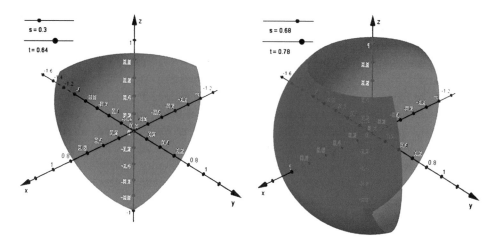

Abb. 5.32 Teile einer Sphäre für unterschiedliche Parameterintervalle

---

[23] Ein Video, bei dem beide Parameterintervalle simultan vergrößert werden, kann auf der Internetseite http://www.afiller.de/3dcg (unter der Rubrik „Flächen") betrachtet werden. Diese Seite enthält auch weitere Beispiele für durch Parameterdarstellungen beschriebene Flächen, die hier aus Platzgründen nicht diskutiert werden können.

5.4 Kegelschnitte

Wir beginnen diesen Abschnitt mit zwei einfachen Fragen der Mittelstufengeometrie – gearbeitet wird in der Euklidischen Ebene:

- Wo liegen alle Punkte, die von zwei (verschiedenen) Punkten P und Q den gleichen Abstand haben?
- Wo liegen alle Punkte, die von zwei (verschiedenen) Geraden g und h den gleichen Abstand haben?

Fragen dieser Art gehören zum Thema **geometrische Örter**, einem seit Euklid wichtigen Konstruktionsprinzip der Geometrie. Man versteht unter einem „geometrischen Ort" eine durch gewisse vorgegebene Eigenschaften definierte Punktmenge. Noch im 19. Jahrhundert waren geometrische Örter Teil der Hochschulgeometrie. In der ersten Hälfte des 20. Jahrhundert wurden geometrische Örter in der Schule zunächst ausführlich, danach aber immer weniger berücksichtigt. Erst seit Ende der 1980er Jahr gibt es eine behutsame Renaissance geometrischer Örter durch das Aufkommen Dynamischer Geometriesysteme.

Von Mittelsenkrechten zu Parabeln, Ellipsen und Hyperbeln

Unsere obigen beiden Beispiele führen zum geometrischen Ort „Mittelsenkrechte der Punkte P und Q" sowie zum geometrischen Ort „Mittelparallele von g und h", falls die beiden Geraden parallel sind, bzw. „die beiden Winkelhalbierenden von g und h", wenn die beiden Geraden sich in genau einem Punkt schneiden. Derartige eindimensionale geometrische Örter heißen auch **Ortslinien**. Es ist spannend, Schüler nach weiteren Bedingungen für geometrische Örter suchen zu lassen.[24] Genannt wird in der Regel der Kreis als geometrischer Ort aller Punkte P, die von einem festen Punkt M den konstanten Abstand $r = |MP|$ haben, aber meistens auch in Variation der zu Beginn genannten Beispiele die Menge aller Punkte, die von einem Punkt P und einer Geraden g den gleichen Abstand haben. Wie diese Punktmenge aussieht, bleibt zunächst offen. Für derartige Fragen ist die Verfügbarkeit eines DGS von unschätzbarem Wert, da man damit allen Vorschlägen sofort nachgehen kann. Erstaunlicherweise führt der letzte Vorschlag zu einer parabelähnlichen Kurve, die sich bei geeigneter Koordinatisierung tatsächlich als Parabel herausstellt. Die Kreisbedingung kann variiert werden zur Ellipse als geometrischem Ort aller Punkte, deren Abstandssumme zu zwei festen Punkten konstant ist. Die Variation „Abstandsdifferenz" anstelle von „Abstandssumme" führt zu einem neuen geometrischen Ort, der sich als Hyperbel herausstellen wird. Zumindest für Kreis, Parabel und Hyperbel sind auch algebraische Beschreibungen durch eine Gleichung bekannt. Es zeigt sich, dass geometrische Beschreibungen durch Ortslinien und algebraische Beschreibungen durch Gleichungen dieselben Objekte charakterisieren können.

---

[24] Das passt sehr gut zur Aufgabenvariation von Schupp (2003): Schüler sollen immer wieder zum Variieren der Bedingungen einer Aufgabenstellung angeregt werden.

Kreis und Ellipse sind auch als Schnitte eines Zylinders (so schneidet der Metzger eine Wurst an . . .) bekannt. Manche Schüler haben schon erfahren, dass Schnitte eines Kegels ebenfalls Kreise und Ellipsen erzeugen können. An einem Modell macht man sich klar, dass auch Parabeln und Hyperbeln als Kegelschnitte entstehen. Dass tatsächlich diese Schnitte von Kegeln nicht nur anschaulich gleich aussehende Konstrukte ergeben, sondern mathematisch identische Objekte beschreiben, lässt die Kraft und die Schönheit der Mathematik spüren.

Die algebraischen Gleichungen für unsere vier ebenen Kurven Kreis, Ellipse, Parabel und Hyperbel sind Polynome in den Variablen x und y von einem Grad ≤ 2. Erstaunlicherweise führen alle denkbaren Polynome dieser Art auch nur auf die schon bekannten Kegelschnitte oder gewisse Geraden.

5.4.1 Parabeln als geometrische Örter

In der Sekundarstufe II kann man an bekannte „Punktbedingungen" der ebenen Geometrie der Mittelstufe wie den zu Beginn genannten Mengen aller Punkte, die von zwei Punkten bzw. von zwei Geraden den gleichen Abstand haben, anknüpfen und so den Begriff des geometrischen Orts wieder aufgreifen bzw. einführen. Mit den jetzt zur Verfügung stehenden Methoden der Analytischen Geometrie lassen sich diese Mengen nach Wahl eines situationsangemessenen Koordinatensystems durch Gleichungen beschreiben. Abbildung 5.33a zeigt dies für die Mittelsenkrechte als Menge aller Punkte, die von zwei Punkten P und Q den gleichen Abstand haben. In diesem situationsangemessenen Koordinatensystem mit $P = (0|0)$ und $Q = (1|0)$ hat die Mittelsenkrechte die Parameter- und Koordinatengleichung $m : \vec{x} = \begin{pmatrix} \frac{1}{2} \\ 0 \end{pmatrix} + t \cdot \begin{pmatrix} 0 \\ 1 \end{pmatrix}$, $t \in \mathbb{R}$ bzw. $x = \frac{1}{2}$. Analog kann man andere geometrische Örter der Sekundarstufe I behandeln. Die ganz ähnlich aussehende Suche nach der Menge aller Punkte, die von einem Punkt P und einer Geraden g (mit $P \notin g$[25]) den gleichen Abstand haben, erfordert aber neue Ideen. Mithilfe eines DGS (z. B. GeoGebra) kann man als heuristischen Zugang P, g und einen weiteren Punkt Q

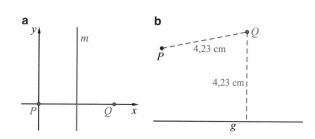

Abb. 5.33 a Mittelsenkrechte, **b** gleicher Abstand von Punkt und Gerade

---

[25] Was gilt, wenn P auf g liegt?

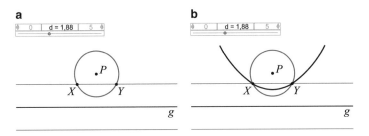

Abb. 5.34 a Punkte der Ortslinie zum Abstand d, **b** die Ortslinie

wie in Abb. 5.33b zeichnen, die Abstände $|PQ|$ und $d(Q, g)$ vom DGS messen lassen und dann Q so verschieben, dass beide Abstände möglichst gleich sind.

Mit dieser Methode wird zwar klar, dass es Punkte gibt, die die Bedingung unseres geometrischen Orts erfüllen; man kommt aber nicht so richtig weiter. Eine bessere Idee ist es, zu einem *festen* Abstand d zunächst die Punkte zu zeichnen, die den Abstand d von P haben, und dann die Punkte, die den Abstand d von g haben. Die zuerst genannten Punkte liegen auf dem blau gezeichneten Kreis $k(P, d)$, die zweiten auf den beiden blau gezeichneten Parallelen zu g im Abstand d. Die Schnittpunkte X und Y von Kreis und Gerade sind solche Punkte, wie wir sie suchen (Abb. 5.34a).

Der Abstand d ist durch einen Schieberegler einstellbar, kann also als Variable im Einsetzungsaspekt aufgefasst werden. Wenn d variiert wird, so entsteht die Ortslinie des fraglichen geometrischen Orts (Abb. 5.34b). Üblicherweise bezeichnet man P als „Brennpunkt" und g als „Leitlinie".[26]

Welche Kurve könnte das sein? Die Vermutung, dass es sich um eine Parabel handelt, ist ohne weitere Begründung keineswegs klar.

Zunächst sollte man eine „numerische Prüfung" der Vermutung vornehmen. In eine Hardcopy der Situation wird ein Koordinatensystem eingezeichnet, bei dem der vermutete Scheitel der Ursprung und das Lot von P auf g die y-Achse sind. Jetzt wird eine Wertetabelle $(x_i | y_i)$, $i = 1, \ldots, n$, von einigen Punkten der Ortslinie erstellt, indem die entsprechenden Werte in der Hardcopy (in cm) gemessen werden. Wenn jetzt die Werte $\frac{y_i}{x_i^2}$ (fast) konstant sind, so ist die Vermutung einer Parabel experimentell begründet! Manche DGS können eine solche Analyse „intern" machen und so Vermutungen über gewisse Kurven erhärten. Um zu verstehen, was man bzw. was der Computer tut, sollten die Schüler zunächst die etwas mühsame Methode der Wertetabelle durchführen.

Bewiesen wird die Parabel-Vermutung analytisch nach Wahl eines geeigneten Koordinatensystems (Abb. 5.35a). Die Gerade g wird als x-Achse, das Lot von P auf g als y-Achse gewählt. Die Einheit wird durch $P = (0|1)$ festgelegt. Damit gilt für die gesuch-

---

[26] Die in dem Abschn. 5.4.6 kurz besprochenen „Brennpunkteigenschaften" motivieren diese Bezeichnungen.

Abb. 5.35 a Situationsgemäßes Koordinatensystem,
b Parabel mit Gleichung
$y = a \cdot x^2$

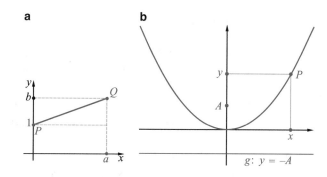

ten Punkte $Q(a|b)$ (notwendig muss jetzt $b > 0$ sein):

$$|PQ| = d(Q|g)\,, \quad \text{also} \quad \sqrt{a^2 + (b-1)^2} = b\,.$$

Nach Quadrieren folgt daraus

$$a^2 + b^2 - 2 \cdot b + 1 = b^2\,, \quad \text{also} \quad b = \frac{1}{2} \cdot a^2 + \frac{1}{2}\,.$$

Die fragliche Ortslinie stellt sich also tatsächlich als Parabel mit Gleichung

$$y = \frac{1}{2} \cdot x^2 + \frac{1}{2}$$

mit Scheitel $S\left(0|\frac{1}{2}\right)$ heraus. Aus der geometrischen Definition der Parabel als geometrischer Ort folgt also die aus der Mittelstufe bekannte algebraische.

Die Umkehrung gilt erwartungsgemäß auch: Es sei eine „algebraisch definierte" Parabel mit der Gleichung

$$y = a \cdot (x - b)^2 + c\,,$$

also mit dem Scheitel $S(b|c)$, vorgelegt. Durch eine einfache Koordinatentransformation können wir annehmen, dass die Parabel die Gleichung $y = a \cdot x^2$ mit $a > 0$ hat (Abb. 5.35b).

Wenn unsere Parabel der Ortsliniendefinition als geometrischer Ort genügt, muss es einen Punkt $F(0|A)$ und eine Gerade $g\colon y = -A$ mit $A > 0$ derart geben, dass für jeden Parabelpunkt $P(x|y)$ die Abstandsgleichheit $|PF| = d(P, g)$ gilt. Wegen

$$|PF|^2 = x^2 + (y-A)^2 \quad \text{und} \quad d(P, g)^2 = (y + A)^2$$

ist dies gleichbedeutend mit $x^2 = 4 \cdot A \cdot y = 4 \cdot A \cdot a \cdot x^2$, so dass sich unsere „algebraische" Parabel mit der Wahl $A = \frac{1}{4 \cdot a}$ als geometrischer Ort erweist.

5.4.2　Ellipsen als geometrische Örter

Ein Kreis ist die Menge aller Punkte, die von einem festen Punkt M einen konstanten Abstand r haben (zu Grundvorstellungen von Kreisen siehe Abschn. 4.6). Diese Bedingung kann man auf verschiedene Weisen variieren: Wenn man beispielsweise statt eines Punktes zwei Punkte A und B nimmt und jeweils konstanten Abstand verlangt, so erhält man nur den Schnitt der Kreise $k(A, r)$ und $k(B, r)$. Wenn man aber eine *konstante Abstandssumme* von zwei festen Punkten A und B verlangt, so ist zunächst wieder nicht klar, wie dieser geometrische Ort aussieht. Schüler wundern sich immer wieder, dass unser scheinbar lebensferner geometrischer Ort viel mit der Anlage von Blumenbeeten (und noch mit sehr viel mehr!) zu tun hat: Schon die Gärtner von Ludwig XIV. haben die schönen „ovalen" Blumenbeete in Versailles mithilfe der obigen Ortslinienbedingung, übersetzt in ein praktikables Verfahren, angelegt. René Descartes zeigt in seinem berühmten „Discours de la méthode", wie das geht, siehe Abb. 5.36a aus Descartes (1637): Man schlägt zwei Pfähle in den Boden (unsere Punkte A und B; bei Descartes heißen sie H und I). Um die Pfähle legt man ein geschlossenes Seil, das man mit einem kleinen Stock spannt. Nun bewegt man den Stock und spannt dabei das Seil. Dabei ist automatisch die Abstandsbedingung unseres geometrischen Orts erfüllt! Schüler sollten diese „Gärtnerkonstruktion" zumindest auf einem Blatt Papier durchführen, wobei die Pfähle durch Reißnägel und der Stock durch einen Bleistift ersetzt werden.[27]

In der Regel wissen die Schüler, dass die entstehende Kurve *Ellipse* heißt. Die Gärtnerkonstruktion lässt sich gut mit einem DGS „nachahmen" (Abb. 5.36b). Durch einen Schieberegler lässt sich die Variable r zwischen 0 und z. B. 10 variieren. Die Kreise $k_1 = k(A, r)$ und $k_2 = k(B, 10 - r)$ schneiden sich in den Punkten P und Q, für welche die Bedingung $|AP| + |BP| = 10$ (und analog für Q) gilt. Wird jetzt r variiert, so entsteht die blaue Ortslinie der Ellipse.

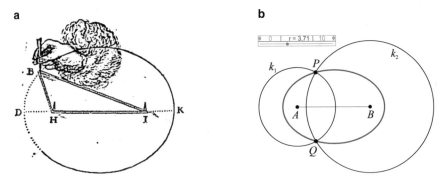

Abb. 5.36　a Gärtnerkonstruktion nach René Descartes, **b** Ellipsen-Konstruktion mit einem DGS

---

[27] Die Gärtnerkonstruktion der Ellipse wurde erstmals von dem französischen Ingenieur und Architekten Ambroise Bachot im Jahr 1587 beschrieben. Die Ellipse selbst war schon den alten Griechen gut bekannt.

Herleitung einer Ellipsengleichung

Um zu untersuchen, ob eine Ellipse analog zum Kreis auch durch eine algebraische Gleichung beschrieben werden kann, wählen wir wieder ein geeignetes Koordinatensystem und passende Bezeichnungen (Abb. 5.37).

Die Ausgangspunkte bestimmen die x-Achse AB; die Mittelsenkrechte von $\overline{AB}$ ist die y-Achse. Wir setzen $A = (-1|0)$ und $B = (1|0)$. Weiterhin sei P ein Punkt der Ellipse, d. h., es gilt $|AP| + |BP| = d$ mit einer festen Zahl d. Die Achsenabschnittspunkte der Kurve seien wie in Abb. 5.37 bezeichnet (S_1 und S_2 heißen Haupt-, S_3, S_4 Nebenscheitel).

Es gibt somit positive Zahlen a und b mit

$$S_1(-a|0)\,, \quad S_2(a|0)\,, \quad S_3(0|b) \quad \text{und} \quad S_4(0|-b)\,.$$

Aufgrund unserer Festsetzung ist $d > 2$ und $a > 1$. Da auch für die Punkte S_1, S_2, S_3 und S_4 die Abstandsbedingung gilt, folgen

$$(a + 1) + (a - 1) = d\,, \quad \text{also} \quad d = 2a$$

und weiter

$$1^2 + b^2 = \left(\frac{d}{2}\right)^2\,, \quad \text{also} \quad 4b^2 = d^2 - 4\,.$$

Für den „allgemeinen" Punkt $P(x|y)$ der Ortslinie gilt nach der Abstandsbedingung $|AP| + |BP| = d$, also $|AP| = -|BP| + d$ mit

$$|AP| = \sqrt{(x - 1)^2 + y^2} \quad \text{und} \quad |BP| = \sqrt{(x + 1)^2 + y^2}\,,$$

also nach zweimaligem Quadrieren

$$(x - 1)^2 + y^2 = (x + 1)^2 + y^2 - 2 \cdot d \cdot \sqrt{(x + 1)^2 + y^2} + d^2,$$

$$-4 \cdot x - d^2 = -2 \cdot d \cdot \sqrt{(x + 1)^2 + y^2},$$

$$16 \cdot x^2 + 8 \cdot d^2 \cdot x + d^4 = 4 \cdot d^2 \cdot (x^2 + 2 \cdot x + 1 + y^2),$$

$$\frac{x^2}{\frac{d^2}{4}} + \frac{y^2}{\frac{d^2-4}{4}} = 1\,.$$

Abb. 5.37 Algebraisierung der Ellipse

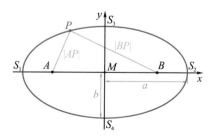

Wegen $d = 2a$ und $d^2 - 4 = 4 \cdot b^2$ folgt hieraus die bekannte *Normalform*

$$1 = \frac{x^2}{a^2} + \frac{y^2}{b^2}$$

einer Ellipsengleichung. Die Parameter a und b heißen *große* und *kleine Halbachse* der Ellipse; diese Bezeichnungen ergeben sich aus Abb. 5.37 wegen $|S_1 S_2| = 2a$ und $|S_3 S_4| = 2b$. Aus der elementargeometrischen Ortsliniendefinition folgt also die algebraische Gleichung einer Ellipse.

Dass die Umkehrung auch gilt, zeigt folgendes *inhaltliches* Argument: Es sei eine Ellipse algebraisch durch die obige Gleichung gegeben. Es gelte o. B. d. A. $a > b > 0$. Setzt man nun $c := \sqrt{a^2 - b^2}$ und $d := 2a$, dann liefert die Ortsliniendefinition für die Punkte $A(-c\,|0)$ und $B(c\,|0)$ eine Ellipse mit *derselben* algebraischen Gleichung. Die elementargeometrische und die algebraische Definition einer Ellipse sind also gleichwertig.

5.4.3 Hyperbeln durch Variation der Ellipsen-Ortseigenschaft

Die Ellipse ist der geometrische Ort aller Punkte, deren Abstandssumme von zwei festen Punkten A und B den konstanten Wert d hat. Diese Vorschrift kann auf vielfältige Art und Weise variiert werden, was zu weiteren interessanten geometrischen Örtern führt.[28] In diesem Abschnitt ersetzen wir „Summe" durch „Differenz", d. h., wir untersuchen den geometrischen Ort aller Punkte, deren Abstandsdifferenz von zwei festen Punkten A und B, die wieder Brennpunkte heißen, den konstanten Wert d hat; diese Zahl kann zunächst positiv oder negativ sein. Eine Symmetrieüberlegung zeigt, dass der geometrische Ort zu einer Zahl $d > 0$ und der geometrische Ort zu $-d$ symmetrisch zur Mittelsenkrechten von A und B sind. Man betrachtet daher üblicherweise den geometrischen Ort aller Punkte, für die der Betrag der Abstandsdifferenz einen konstanten Wert $d > 0$ hat, für die also

$$||AP| - |BP|| = d > 0$$

gilt. Aufgrund der Symmetriebetrachtung ist zu erwarten, dass dieser geometrische Ort aus zwei zur Mittelsenkrechten symmetrischen Teilen besteht; wie das aber genauer aussieht, bleibt zunächst offen. Wieder hilft das DGS (Abb. 5.38a): Wir beginnen mit den beiden Punkten A und B und zwei Schiebereglern für den (positiven) Wert der Differenz (im Bild ist $d = 1{,}88$ eingestellt) und einen Parameter a. Die Kreise $k_1 = k(A, a)$ und $k_2 = k(B, a - d)$ schneiden sich in zwei Punkten P und Q, für die $|AP| - |BP| = d$ (und analog für Q) gilt. Wird nun a in seinem Wertebereich variiert, so entsteht der rechte Teil der Ortslinie. Der linke Teil (für den $|AP| - |BP| = -d$ gilt) entsteht durch Spiegelung des rechten Teils an der gestrichelt gezeichneten Mittelsenkrechten von $\overline{AB}$. Der

---

[28] Zum Beispiel führt die Bedingung „konstantes Abstandsprodukt" zu den Cassini'schen Kurven. J. D. Cassini (1625–1712) hat seine Kurven verwendet, um die Bahn der Sonne um die Erde (!) zu beschreiben.

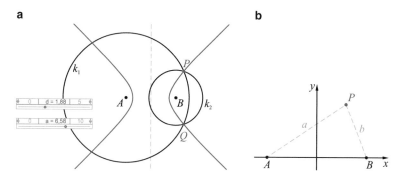

Abb. 5.38 **a** Konstante Abstandsdifferenz, **b** Koordinatensystem zur Herleitung der Hyperbelglei-
chung

blau gezeichnete geometrische Ort wird allerdings von einem Schüler, der nur die übli-
che Darstellung als Graph einer Funktion f mit der Gleichung $y = \frac{1}{x}$ kennt, kaum als
Hyperbel erkannt. Dies wird erst am Ende der folgenden Suche nach einer algebraischen
Bedingung für unseren geometrischen Ort möglich sein.

Herleitung einer Hyperbelgleichung

Für die mathematische Analyse wählen wir AB als x-Achse und die Mittelsenkrechte als
y-Achse. Der Einfachheit halber ordnen wir wieder die Koordinaten $A = (-1|0)$ und
$B = (1|0)$ zu (Abb. 5.38b). Jetzt können wir die Bedingung für die Abstandsdifferenz
algebraisch beschreiben.

Mit

$$a = |AP| = \sqrt{(x+1)^2 + y^2} \quad \text{und} \quad b = |BP| = \sqrt{(x-1)^2 + y^2}$$

gilt $|a - b| = d$ oder äquivalent dazu $a = b \pm d$, also

$$(x+1)^2 + y^2 = (x-1)^2 + y^2 \pm 2 \cdot d \cdot \sqrt{(x-1)^2 + y^2} + d^2,$$

$$4 \cdot x - d^2 = \pm 2 \cdot d \cdot \sqrt{(x-1)^2 + y^2},$$

$$16 \cdot x^2 - 8 \cdot d^2 \cdot x + d^4 = 4 \cdot d^2 \cdot \left(x^2 - 2 \cdot x + 1 + y^2\right),$$

$$\left(16 - 4 \cdot d^2\right) \cdot x^2 - 4 \cdot d^2 \cdot y^2 = 4 \cdot d^2 - d^4,$$

$$\frac{x^2}{\frac{d^2}{4}} - \frac{y^2}{\frac{4-d^2}{4}} = 1 .$$

Setzen wir noch $A := \frac{d}{2}$ und $B := \frac{\sqrt{4-d^2}}{2}$, so folgt

$$\frac{x^2}{A^2} - \frac{y^2}{B^2} = 1 ,$$

was eine Analogie zur Ellipsengleichung darstellt. Brennpunkte sind die Basis-
punkte $(\pm 1|0)$. Aufgrund unserer Normierung muss $0 < d < 2$ gelten. Die Punkte
$(\pm A|0) = \left(\pm \frac{d}{2}\,\big|\,0\right)$ sind die x-Achsenschnittpunkte. Eine kleine Umformung ergibt

$$\frac{x^2}{y^2} - \frac{A^2}{B^2} = \frac{A^2}{y^2}\,.$$

Für große x bzw. y geht also $\frac{x^2}{y^2} \rightarrow \frac{A^2}{B^2}$, d. h., unsere Kurve hat die Asymptoten

$$y = \frac{A}{B} \cdot x \quad \text{und} \quad y = -\frac{A}{B} \cdot x\,.$$

Fügt man in einen Ausdruck der Ortslinie von Abb. 5.38a die beiden Asymptoten hinzu
und dreht das Blatt um 45°, dann können auch Schüler zur Vermutung kommen, dass die
Ortslinie etwas mit der aus der S I als Funktionsgraph von „$y = \frac{1}{x}$" bekannten *Hyperbel*
zu tun hat. Dies nachzuweisen, erfordert allerdings in der Regel Lehrerhilfe! Eine mögliche Idee ist es, die Kurvengleichung unter Verwendung der „3. binomischen Formel"
als

$$\left(\frac{x}{A} + \frac{y}{B}\right) \cdot \left(\frac{x}{A} - \frac{y}{B}\right) = 1$$

zu schreiben und dann bezüglich der neuen Koordinaten

$$\tilde{x} = \frac{x}{A} + \frac{y}{B} \quad \text{und} \quad \tilde{y} = \frac{x}{A} - \frac{y}{B}$$

zu rechnen. Bezüglich dieser Koordinaten haben wir die Gleichung

$$\tilde{x} \cdot \tilde{y} = 1\,, \quad \text{also} \quad \tilde{y} = \frac{1}{\tilde{x}}\,.$$

Ab jetzt ist es gerechtfertigt, die durch die geometrische Bedingung definierte Kurve auch
Hyperbel zu nennen. Allerdings ist das neue Koordinatensystem nicht mehr kartesisch!
Dass nicht jede „neue" *Hyperbel als Ortslinie* mit einer „alten" *Hyperbel als Funktionsgraph* übereinstimmt, folgt schon daraus, dass die beiden oben bestimmten Asymptoten
bei der „neuen" Ortslinie nicht orthogonal sein müssen, es bei der „alten" Funktion (mit
den Koordinatenachsen als Asymptoten) aber stets sind.

Es bleibt noch der Nachweis, dass jede durch die algebraische Bedingung $y = \frac{a}{x}$
definierte Hyperbel auch die Abstandsbedingung der „neuen" Hyperbel erfüllt. Aus Platzgründen verzichten wir hierauf und verweisen auf die Homepage zu diesem Buch. Zusammenfassend kann man sagen, dass die Funktionsgraphen-Hyperbel ein Spezialfall der
Ortslinien-Hyperbel ist.

5.4.4 Ellipsen, Parabeln und Hyperbeln als Kegelschnitte

Die bisher behandelten Kurven Ellipse, Parabel und Hyperbel kommen auch „im täglichen Leben" vor; man muss nur die Welt ein bisschen mit mathematischen Augen sehen.

a   b   c

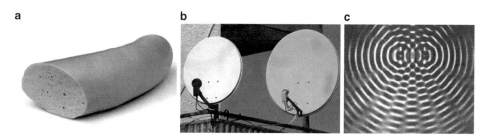

Abb. 5.39 Ellipse, Parabel und Hyperbel in der Realität

Der Wurstanschnitt in Abb. 5.39a sieht wie eine Ellipse aus. Die überall sichtbaren Satellitenantennen (Abb. 5.39b) heißen auch Parabolspiegel – da stecken also Parabeln drin. Schließlich erinnert das Interferenzbild von zwei Kreiswellensystemen, die man durch geschicktes Werfen von zwei Steinen in einen ruhigen See erzeugen kann, an Hyperbeln (Abb. 5.39c). Oft kennen Schüler diese Kurven unter dem Namen „Kegelschnitte", wenn ihnen auch in der Regel nichts Genaueres bekannt ist.

Kegel

Beispiele für Kegel „aus dem täglichen Leben"[29] zeigt Abb. 5.40: eine gigantische Eistüte, ein Pylon und der Abfallbehälter einer Raucherecke. So etwas kennen schon Grundschulkinder. Wenn Sie aber nach einer verbalen Erklärung fragen, *was* ein Kegel ist, so werden Sie sich auch bei Lehramtsstudierenden wundern. Die intuitive Vorstellung „Ke-

Abb. 5.40 Verschiedene Kegel

---

[29] Es ist sehr wichtig, den Unterschied zwischen einem konkreten kegelförmigen Gegenstand und dem mathematischen Konstrukt „Kegel" zu diskutieren – das Verständnis dieses Unterschieds ist eine Grundlage mathematischen Modellierens.

Abb. 5.41 Kegel: **a** in der S I,
b in der S II

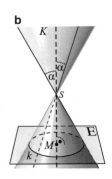

gel" gewährleistet noch nicht die Fähigkeit, mathematisch exakt das Konstrukt „Kegel"
definieren zu können. Es gibt hierfür mehrere Möglichkeiten. Die folgende hat den großen
Vorteil, dass sie in der Sekundarstufe I anschaulich, aber exakt gewonnen und dann in der
Sekundarstufe II im Sinne des Spiralprinzips auf „mathematische Kegel" erweitert werden
kann.

▶ **Definition 5.1 (Kegel in der S I)**   (Abb. 5.41a): Ein **Kegel** wird definiert durch einen festen Punkt S (die „Spitze" des Kegels) und einen Kreis $k(M, r)$ derart, dass SM senkrecht
auf der Kreisfläche steht.[30] Der Kegel entsteht aus allen Strecken $\overline{PS}$, wobei $P \in k$ gilt.

▶ **Definition 5.2 (Kegel in der S II)**   (Abb. 5.41b): Die einzige Änderung ist, dass die
Strecken $\overline{PS}$ durch die Geraden PS ersetzt werden.

Die Strecken bzw. Geraden heißen *Mantellinien*; sie bilden den *Mantel* des Kegels.
Die Spitze S ist eindeutig; im Falle des endlichen Kegels der Sekundarstufe I ist auch der
„Grundkreis" eindeutig, im Falle des Kegels der Sekundarstufe II, einem „unendlichen
Doppelkegel", ist der definierende Kreis hingegen nicht eindeutig.
In jedem Fall ist die *Kegelachse SM* (die einzige) Symmetrieachse. Ist α der Win-
kel zwischen der Kegelachse und einer Mantellinie, so heißt 2α der *Öffnungswinkel* des
Kegels.

Schnitte eines Kegels mit einer Ebene
Der Name „Kegelschnitte" weist darauf hin, dass wir einen Kegel mit einer Ebene schneiden, also die Tomographie des Kegels betrachten. Kegelschnitte waren schon den alten
Griechen bekannt und wurden von ihnen ausführlich diskutiert. Eine systematische Behandlung verfasste Apollonius von Perga (262–190 v. Chr.) mit seinen „Konika stoichea"
(*stoichea*: Elemente, *konika*: Kegelschnitte, von *konos*: Tannenzapfen, was zum englischen *cone* wurde). Behandelt wird im Wesentlichen die Umwandlung von Rechtecken in

---

[30] Genauer ist dies ein senkrechter Kreiskegel, der aber für unsere Zwecke ausreichend ist.

Abb. 5.42 Schnitt einer Ebene
E und eines Kegels K

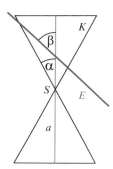

flächengleiche Quadrate. Solche Probleme traten schon bei Euklid bei der Lösung quadratischer Gleichungen auf. Er kam auf das „Problem der mittleren Proportionalen", d. h., zwischen zwei Strecken a und b ist eine Strecke x mit $a : x = x : b$ „einzuschieben". Die hierfür verwendete Methode fußt auf dem Höhensatz und dem Satz des Thales. Für genauere Informationen vergleiche man Randenborgh (2005), Reichel (1991) und Ziegler (1995).

Die als Kegelschnitte auftauchenden Kurven Ellipse, Parabel und Hyperbel (dass es sich tatsächlich um diese Kurven handelt, beweisen wir im Folgenden) haben in der Geschichte der Mathematik eine wichtige Rolle gespielt. Sie sind die einfachsten Beispiele von Kurven, die nicht Geraden sind. Auch in der Astronomie spielen diese Kurven eine wichtige Rolle: Die Erde und die anderen Planeten laufen auf Ellipsenbahnen um die Sonne, wobei die Sonne in einem Brennpunkt der Ellipse steht. Allerdings sind diese Ellipsen fast kreisförmig. Es ist ein Wunder, dass Kepler mit den damaligen Beobachtungsmethoden das Abweichen von der Kreisgestalt feststellen konnte. Kometen laufen ebenfalls auf Ellipsenbahnen, die jedoch viel „flacher" sind, so dass sie nur selten sonnennah und damit beobachtbar sind. Satelliten haben Ellipsenbahnen, Raumsonden haben Parabel- und Hyperbelbahnen.

Wie gesagt bezeichnet man als „Kegelschnitte" Punktmengen, die beim Schnitt einer Ebene E mit einem mathematischen Kegel, also einem unendlichen Doppelkegel, entstehen. Schüler sollten dies mit einem Kegelmodell oder einer Schultüte als Kegel und einem dicken Blatt Papier als Ebene E erkunden. Abbildung 5.42 zeigt die Situation in einer Ebene, welche die Achse a und damit die Kegelspitze S enthält und senkrecht zu E ist. β sei der Winkel zwischen der Ebene E und der Kegelachse, o. B. d. A. gilt $0 \leq \beta \leq 90°$.

Typen von Kegelschnitten

Abbildung 5.43 zeigt die verschiedenen Typen von Kegelschnitten. Wir beginnen wie in Abb. 5.42 mit einer Ebene, die nicht durch S verläuft. In Abb. 5.43a ist $\beta = 90°$, und der Kegelschnitt ist ein Kreis. Nun drehen wir die Ebene um ihren Schnittpunkt mit der Achse. Wird β kleiner, ist aber noch größer als α, so entsteht eine geschlossene Kurve, die wie eine Ellipse aussieht (b). Im Spezialfall c) $\beta = \alpha$ schneidet die Ebene weiterhin nur einen Teil des Kegels, wird aber unendlich; der Kegelschnitt sieht aus wie eine Parabel.

a Kreis   **b** Ellipse   **c** Parabel   **d** Hyperbel   **e** 2 Geraden   **f** Punkt   **g** Doppelgerade

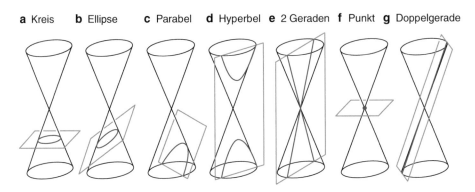

Abb. 5.43 Kegelschnitte

Für $0 < \beta < \alpha$ (Abb. 5.43d) schneidet die Ebene beide Teile des Kegels, der Kegelschnitt sieht wie eine Hyperbel aus. Damit sind alle möglichen Fälle betrachtet, in denen die Ebene nicht durch die Kegelspitze verläuft.

Verläuft die Ebene durch die Spitze S des Kegels, so treten weitere Schnittfiguren auf. Enthält die Ebene sogar die gesamte Kegelachse (was für $\beta = 0°$ der Fall ist), so besteht der Kegelschnitt aus zwei Mantellinien des Kegels, die einen Schnittwinkel von 2α haben (Abb. 5.43e). Für $\alpha < \beta \leq 90°$ besteht der Kegelschnitt nur aus der Spitze S (f). Für $0° \leq \beta \leq \alpha$ schließlich besteht der Kegelschnitt aus zwei sich in S schneidenden Mantellinien, wobei im „Randfall" $\beta = \alpha$ beide Geraden zu einer „Doppelgeraden" zusammenfallen (g).

Dass es sich bei den interessanten Kegelschnitten tatsächlich um Ellipsen, Parabeln und Hyperbeln handelt, müssen wir erst noch beweisen – diese Kurven haben wir ja bisher nur mit einer algebraischen Bedingung durch eine Kurvengleichung bzw. einer geometrischen Bedingung als Ortslinie definiert. Wir wählen im nächsten Abschnitt eine mathematisch spannende Methode, bei der sich die Äquivalenz der Darstellung als Ortslinie und als Kegelschnitt fast von selbst ergibt und die vor allem in besonderer Weise die Schönheit der Mathematik zeigt; es ist die Methode der Dandelin'schen Kugeln.

Dandelin'sche Kugeln

Diese Methode geht auf Germinal Pierre Dandelin (1794–1847) zurück, einen belgischen Mathematiker, der sich insbesondere mit Kegelschnitten beschäftigte. Die Dandelin'schen Kugeln sind eine bzw. zwei Kugeln, die die Mantellinien eines Kegels und eine Schnittebene berühren. Mit dieser Methode lassen sich viele Eigenschaften von Kegelschnitten herleiten, insbesondere erweisen sich die „spannenden Kegelschnitte" als Ellipsen, Parabeln und Hyperbeln. Am einfachsten kann man mit einem Modell in der Hand argumentieren, wie es in vielen Schulsammlungen vorhanden ist. Damit „sieht man den Beweis".

Wir studieren zuerst den „Ellipsenfall". Abbildung 5.44a zeigt ein Kunststoffmodell, b) eine Zeichnung als Argumentationsgrundlage. Gegeben sind ein Kegel und eine Ebea

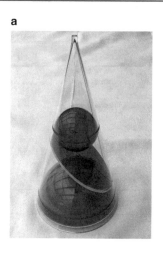

b

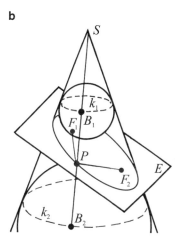

Abb. 5.44 Dandelin'sche Kugeln für die Ellipse

ne, die den ellipsenförmigen Kegelschnitt erzeugt. Wir betrachten die untere Hälfte des Kegels, die von der Ebene in einen endlichen und einen unendlichen Körper zerlegt wird. Nun werden die Dandelin'schen Kugeln definiert: Oberhalb und unterhalb der fraglichen Schnittebene E werden Kugeln so in den Kegel eingefügt, dass sie die Ebene E in den Punkten F_1 bzw. F_2 und den Kegel in den eingezeichneten Berührkreisen k_1 bzw. k_2 berühren. Diese beiden Punkte werden sich als Ellipsenbrennpunkte für den Kegelschnitt erweisen. Dass das Einschieben der Kugeln stets gelingt, folgt aus einem Stetigkeitsargument, das wir für die obere Kugel erläutern: Wir bringen eine kleine Kugel in den oberen Raum und „blasen" sie gleichmäßig auf. Zuerst liegt die Kugel innerhalb des oberen Raumes, irgendwann ragt sie aus diesem hinaus. Also muss es dazwischen eine Lage geben, in der die Kugel die Ebene und den Kegelmantel wie gewünscht berührt. Dieses Stetigkeitsargument setzt die reellen Zahlen mit ihrer Vollständigkeitseigenschaft voraus, d. h., wir argumentieren im $\mathbb{R}^3$.

Für einen beliebigen Punkt P unseres Kegelschnitts (den wir als Ellipse nachweisen wollen) betrachten wir die Mantellinie SP. Sie möge die beiden Berührkreise in den Punkten B_1 bzw. B_2 schneiden. Dann gilt $|PF_1| = |PB_1|$ und $|PF_2| = |PB_2|$, da die zugehörigen Geraden Tangenten an k_1 bzw. k_2 sind. Damit erhalten wir

$$|F_1P| + |PF_2| = |B_1P| + |PB_2| = |B_1B_2| = \text{konstant},$$

also ist der fragliche Kegelschnitt tatsächlich eine Ellipse (in der geometrischen Definition als Ortslinie)! Im Spezialfall, dass die Schnittfigur ein Kreis ist, fallen die beiden Berührpunkte F_1 und F_2 zusammen, und die Dandelin'schen Kugeln führen zur „normalen" Definition des Kreises.

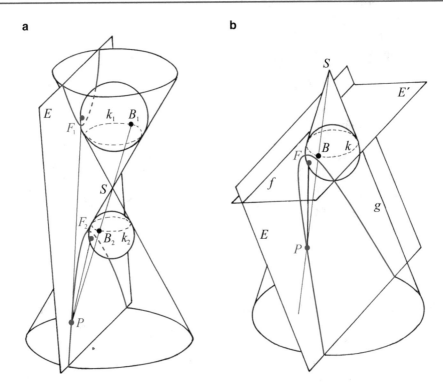

Abb. 5.45 a Dandelin'sche Kugeln für die Hyperbel, **b** Dandelin'sche Kugel für die Parabel

In den Fällen der vermuteten Parabel bzw. Hyperbel betrachten wir hier nur die Definition der Dandelin'schen Kugeln und verweisen aus Platzgründen für die Diskussion der Ortslinieneigenschaften auf die Homepage zu diesem Buch.

Die Analyse der vermuteten Hyperbel verläuft analog zur Ellipse. Die beiden Dandelin'schen Kugeln werden in beide Halbkegel so gelegt, dass sie die Ebene in den Punkten F_1 bzw. F_2 und den Mantel des Kegels in den Kreisen k_1 bzw. k_2 berühren (siehe Abb. 5.45a). Wie bei der Ellipse betrachten wir einen beliebigen Punkt P des als Hyperbel vermuteten Kegelschnitts und die Mantellinie SP, welche die beiden Berührkreise in den Punkten B_1 bzw. B_2 schneiden möge. Jetzt kann man die Ortslinieneigenschaft

$$|PF_1| - |PF_2| = |B_1 B_2| = \text{konstant}$$

(ähnlich wie die entsprechende Eigenschaft der Ellipse, siehe oben) begründen. Der Kegelschnitt genügt somit der Definition der Hyperbel als Ortslinie.

Der Fall der Parabel ist in Abb. 5.45b dargestellt. Jetzt ist die Schnittebene E parallel zu einer Mantellinie g des Kegels mit Spitze S. Die Dandelin'sche Kugel berührt die Ebene E im Punkt F und den Kegel in einem Kreis k, der die Ebene E' festlegt. Die Ebenen E und E' schneiden sich in der Geraden f. Es lässt sich begründen, dass die Gerade f als

a   b

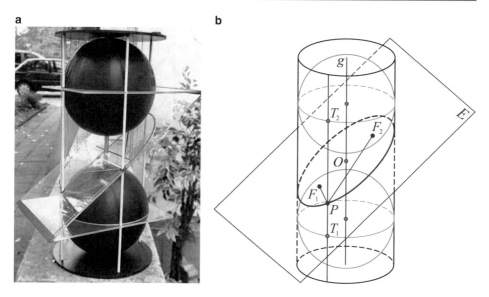

Abb. 5.46 Zylinderschnitte

Leitlinie und der Punkt F als Brennpunkt die geometrische Definition der Parabel für den fraglichen Kegelschnitt erfüllen.

Zylinderschnitte
Der Schnitt eines (Kreis-)Zylinders mit einer Ebene führt neben den „trivialen" Schnitt-figuren Kreise, Geraden oder Parallelenpaare zu Kurven, die wie eine Ellipse aussehen; Abb. 5.39 zeigt die Schnittfigur, die beim Aufschneiden einer Wurst entsteht und augen-scheinlich eine Ellipse ist. Dass diese Schnitte in der Tat Ellipsen sind, kann man mithilfe von Dandelin'schen Kugeln oder durch „Nachrechnen" mit Methoden der Analytischen Geometrie überprüfen. Abbildung 5.46 zeigt ein Modell und die zugehörige Zeichnung mit den Dandelin'schen Kugeln. Diese haben denselben Durchmesser wie der Zylinder und berühren die Schnittfigur in den Punkten F_1 und F_2. Die Mantellinie durch einen be-liebigen Punkt P der Schnittfigur schneidet die Berührkreise in den Punkten T_1 und T_2. Dasselbe Argument wie bei der Ellipse in Abb. 5.44 liefert wieder die Ortslinienbedingung

$$|F_1 P| + |P F_2| = |T_1 P| + |P T_2| = |T_1 T_2| = \text{konstant} \,,$$

und die Schnittfigur stellt sich, wie vermutet, als Ellipse heraus.

   Der analytische Nachweis der Ellipseneigenschaft ist etwas komplizierter, soll der Übung halber jedoch auch ausgeführt werden: Wichtigster Startpunkt ist wie so oft die Wahl eines adäquaten Koordinatensystems (Abb. 5.47).

   Wir gehen davon aus, dass der Radius des Zylinders $r = 1$ sei. Es sei g die Symme-trieachse des Zylinders und O der Schnittpunkt von g mit der Schnittebene E. Der Vektor

Abb. 5.47 Koordinatensystem
für die analytische Behandlung
von Zylinderschnitten

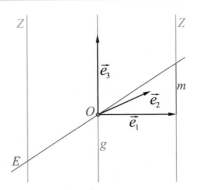

$\vec{e}_3$ sei ein normierter Richtungsvektor von g, $\vec{e}_2$ sei orthogonal zu $\vec{e}_3$, parallel zu E und ebenfalls ein Einheitsvektor. Schließlich sei $\vec{e}_1$ ein Einheitsvektor, der $\vec{e}_2$ und $\vec{e}_3$ zu einem Orthonormal-System ergänzt. Mit diesem Koordinatensystem können wir die Gleichung $Z : x^2 + y^2 = 1$ für den Zylinder ansetzen. Für die Ebene E gilt

$$\begin{pmatrix} 1 \\ 0 \\ m \end{pmatrix} \middle\| E , \quad \text{also} \quad E : \begin{pmatrix} m \\ 0 \\ -1 \end{pmatrix} \cdot \vec{x} = 0 \quad \text{bzw.} \quad m \cdot x - z = 0$$

(man beachte, dass

$$\begin{pmatrix} 0 \\ 1 \\ 0 \end{pmatrix} \quad \text{und} \quad \begin{pmatrix} 1 \\ 0 \\ m \end{pmatrix}$$

Richtungsvektoren von E sind, wobei m die in Abb. 5.47 angedeutete reelle Zahl ist). Bezüglich des Koordinatensystem $\{O; \vec{e}_1; \vec{e}_2; \vec{e}_3\}$ gilt also

$$E \cap Z : x^2 + y^2 = 1 \quad \text{und} \quad z = m \cdot x .$$

Wir wählen ein neues Koordinatensystem mit den Basisvektoren

$$\begin{pmatrix} 1 \\ 0 \\ m \end{pmatrix}, \begin{pmatrix} 0 \\ 1 \\ 0 \end{pmatrix}, \begin{pmatrix} m \\ 0 \\ -1 \end{pmatrix} ,$$

das zuerst nur ein Ortho*gonal*-System ist (zwei der Basisvektoren sind nicht normiert). Die neuen Koordinaten a, b, c bezüglich dieses Systems hängen mit den alten x, y, z bezüglich des alten Koordinatensystems zusammen über

$$\begin{pmatrix} x \\ y \\ z \end{pmatrix} = a \cdot \begin{pmatrix} 1 \\ 0 \\ m \end{pmatrix} + b \cdot \begin{pmatrix} 0 \\ 1 \\ 0 \end{pmatrix} + c \cdot \begin{pmatrix} m \\ 0 \\ -1 \end{pmatrix} ,$$

also

$$x = a + c \cdot m$$
$$y = b$$
$$z = a \cdot m - c \,.$$

Bezüglich des neuen Systems lauten die Gleichungen für $E \cap Z$:

$$(a + c \cdot m)^2 + b^2 = 1 \quad \text{und} \quad a \cdot m - c = m \cdot (a + c \cdot m) \,.$$

Die letzte Gleichung wird umgeformt zu $0 = c \cdot (1 + m^2)$, woraus $c = 0$ folgt. Es gilt also

$$E \cap Z : a^2 + b^2 = 1 \quad \text{und} \quad c = 0 \,.$$

Affin gesehen sind wir jetzt schon fertig; wir wollen aber noch eine Gleichung bezüglich eines kartesischen Koordinatensystems herleiten. Unser Orthogonalsystem wird dazu normalisiert zum Orthonormalsystem

$$\vec{n}_1 = \frac{1}{\sqrt{1 + m^2}} \cdot \begin{pmatrix} 1 \\ 0 \\ m \end{pmatrix}, \ \vec{n}_2 = \begin{pmatrix} 0 \\ 1 \\ 0 \end{pmatrix}, \ \vec{n}_3 = \frac{1}{\sqrt{1 + m^2}} \cdot \begin{pmatrix} m \\ 0 \\ -1 \end{pmatrix},$$

bezüglich dessen wir die Koordinaten $\tilde{b} = b$ und $\tilde{c} = 0$ haben. Die erste Koordinate $\tilde{a}$ erhalten wird durch

$$a \cdot \begin{pmatrix} 1 \\ 0 \\ m \end{pmatrix} = a \cdot \sqrt{1 + m^2} \cdot \frac{1}{\sqrt{1 + m^2}} \cdot \begin{pmatrix} 1 \\ 0 \\ m \end{pmatrix} = a \cdot \sqrt{1 + m^2} \cdot \vec{n}_1 = \tilde{a} \cdot \vec{n}_1.$$

Damit hat die Schnittfigur bezüglich des neuen Orthonormalsystems die Gleichung

$$E \cap Z : \frac{\tilde{a}^2}{\left(\sqrt{1 + m^2}\right)^2} + \frac{\tilde{b}^2}{1} = 1 \quad \text{und} \quad \tilde{c} = 0 \,,$$

was die Gleichung einer Ellipse in E darstellt. Für $m = 0$ haben wir, wie es auch sein muss, einen Kreis! Unsere Ellipse hat die Halbachsen 1 (dies ist der Kreisradius $r = 1$) und $\sqrt{1 + m^2} \geq 1$.

„Wurstpellen-Aufgabe"

Wir schneiden einen Zylinder mit einem ebenen Schnitt durch und rollen den Mantel des unteren Teils auf (siehe Abb. 5.48). Was kann man über die Kurvenform der oberen Kante des entstehenden „Vierecks" sagen? Der Name „Wurstpellen-Aufgabe" deutet darauf hin, dass man im Klassenzimmer das Experiment mit einer Fleischwurst machen sollte, deren Haut sich leicht abziehen lässt.

Abb. 5.48 Die „Wurstpellen-Aufgabe"

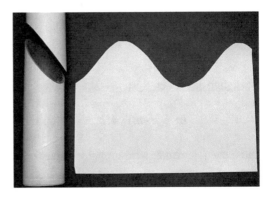

Die Vermutung, dass es sich um eine Sinuskurve handelt, ist natürlich zunächst mutig und muss begründet werden. Hierfür sind eine „physikalische" und eine „mathematische" Methode denkbar, beide sind für die Schule interessant!

Im ersten Fall wird die Vermutung durch Ansatz einer empirischen Kurvengleichung $f(x) = a \cdot \sin(b \cdot x)$ geprüft. Das Papierstück wird „vernünftig" mit x- und y-Achse versehen. Wie üblich misst man Wertepaare $(x|y)$ und prüft, ob sie im Rahmen der Messgenauigkeit einer solchen empirischen Formel genügen. Die Durchführung ist für Schülerinnen und Schüler keinesfalls trivial und sollte auch nicht ohne eigene Aktivitäten dem FIT-Befehl eines Computerprogramms überlassen werden.

Für einen mathematischen Ansatz ist wieder eine geeignete Koordinatisierung der Situation nötig: In den drei Teilen von Abb. 5.49 wird ein Punkt P der Schnitt-Ellipse in drei verschiedenen Sichten dargestellt. Der Zylinder habe den Radius r. Der Punkt P der Ellipse hat in Bild a) die Höhe h über dem zugehörigen Schnittkreis. Bild b) zeigt die Ansicht von oben auf den Zylinder und Bild c) die Abwicklung der Mantelfläche. Den Winkel $\alpha = \measuredangle(AMQ)$ kann man wegen $\frac{\alpha}{2\pi} = \frac{s}{2r\pi}$, wobei s der zugehörige Kreisbogen ist, darstellen als $\alpha = \frac{s}{r}$. Die Höhe h findet sich ebenfalls im Dreieck ABC; der zweite

Abb. 5.49 Analyse der „Wurstpellen-Aufgabe"

a

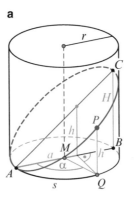

b

c

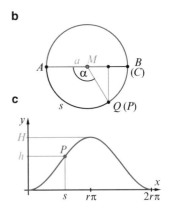

Abb. 5.50 Die „Schultüten-Aufgabe"

Strahlensatz ergibt

$$\frac{h}{H} = \frac{a}{2r} \,, \quad \text{also} \quad h = \frac{H}{2r} \cdot a \,.$$

Eine trigonometrische Überlegung in Abb. 5.49b ergibt

$$a = r - r \cdot \cos(\alpha) = r \cdot \left(1 - \cos\left(\frac{s}{r}\right)\right) \,.$$

Zusammen folgt die Kurvengleichung

$$h(s) = \frac{H}{2} \cdot \left(1 - \cos\left(\frac{s}{r}\right)\right) \,,$$

so dass tatsächlich eine Sinuskurve vorliegt.

„Schultüten-Aufgabe"

Eine sehr ansprechende und mathematisch recht anspruchsvolle Variante der „Wurstpellen-Aufgabe" ist die „Schultüten-Aufgabe". Abbildung 5.50 zeigt zwei Schultüten. Die untere ist mit Montageschaum gefüllt und (nach dem Trocknen) so geschnitten, dass eine Ellipse entsteht.

Um die zusammengehaltene untere Tüte wird ein Blatt Papier befestigt und dann der Schnitt mit einem Taschenmesser nachgefahren. Nach dem Auffalten des Papiers entsteht wieder eine „sinusförmige" Kurve. Was kann man jetzt sagen? Einen Lösungsvorschlag finden Sie auf der Homepage zu diesem Buch.

5.4.5 Quadratische Formen

Wenn wir die Kegelschnitte Ellipse, Parabel und Hyperbel mit „algebraischen" Augen betrachten, so fällt auf, dass jede Kurve eine Gleichung mit den Variablen x, y hat, in der x und y höchstens in der Potenz zwei auftreten: In ihrer einfachsten Form waren es $y = x^2$ für die Parabel, $\frac{x^2}{a^2} + \frac{y^2}{b^2} = 1$ für die Ellipse und (je nach Wahl des Koordinatensystems)

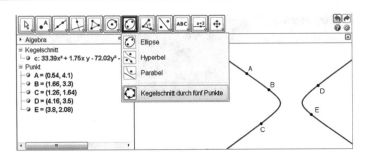

Abb. 5.51 Kegelschnitt durch fünf Punkte mit einem DGS

$\frac{x^2}{a^2} - \frac{y^2}{b^2} = 1$ oder auch $y = \frac{1}{x}$, also $x \cdot y = 1$, für die Hyperbel. Welche „allgemeine" Gleichung umfasst alle konkreten Beispiele? Die allgemeine Aufgabe lautet: Man bestimme alle Punkte der Ebene, deren Koordinaten einer quadratischen Gleichung

$$a \cdot x^2 + b \cdot x \cdot y + c \cdot y^2 + d \cdot x + e \cdot y + f = 0$$

mit Koeffizienten $a, b, c, d, e, f \in \mathbb{R}$ sowie Variablen x, y genügen. Die linke Seite dieser Gleichung nennt man eine *quadratische Form* in $\mathbb{R}^2$, die Lösungsmenge der Gleichung eine *Kurve zweiter Ordnung* oder (zweidimensionale) *Quadrik*. Ellipsen, Parabeln und Hyperbeln sind Kurven zweiter Ordnung, ebenso die anderen Kegelschnitte in Abb. 5.43. Man würde zunächst erwarten, dass eine quadratische Form mit ihren sechs Parametern zu neuen Kurven führt. Dies ist jedoch nicht so. In einem ergänzenden Text auf der Internetseite zu diesem Buch zeigen wir, dass die Lösungsmengen beliebiger quadratischer Formen stets Kegelschnitte der in Abb. 5.43 dargestellten Typen a) bis g) sind.

Eine interessante Frage im Zusammenhang mit der obigen allgemeinen Gleichung für Kurven zweiter Ordnung eröffnet sich bei der Verwendung von DGS, in denen es üblicherweise einen Menüpunkt „Kegelschnitt durch fünf Punkte" gibt. Abbildung 5.51 zeigt dies für GeoGebra: Man klickt fünf Punkte an, und sofort zeichnet das DGS den zugehörigen Kegelschnitt. Warum reichen dafür fünf Punkte, obwohl die allgemeine quadratische Form sechs Parameter hat?

5.4.6 Die Brennpunkteigenschaften der Kegelschnitte und praktische Anwendungen

In diesem Buch können wir aus Platzgründen nur einen Bruchteil der allgemeinen Kegelschnittlehre ansprechen, es ist allerdings ein Teil, der uns besonders am Herzen liegt. Zum selbständigen Erkunden weiterer mathematischer Eigenschaften der Kegelschnitte empfehlen wir die Monographien Schmidt (1949), Schupp/Dabrock (1995) und Schupp (2000a). Kegelschnitte sind aber auch – sichtbar oder verborgen – Teil der Welt, in der wir leben. In großen Gärten findet man ellipsenförmige Beete und parabelförmige Wasserfontänen (Henn/Müller, 2013, S. 208f.). Eine komplexere Anwendung von Parabeln sind

Hängebrücken, siehe u. a. Henn/Humenberger (2011). Weitere Beispiele und Anregungen findet man in Haftendorn (2010) und Wittmann (2001). Auf zwei wichtige Anwendungen der Kegelschnitte gehen wir nun etwas genauer ein: Es sind die Parabolscheinwerfer und die Zertrümmerung von Nierensteinen. Beide Anwendungen beruhen auf den Brennpunkteigenschaften der Kegelschnitte.

Brennpunkteigenschaft der Parabel

Strahlen, die parallel zur Symmetrieachse einer Parabel verlaufen, werden so an ihr reflektiert, dass sie durch den Brennpunkt verlaufen (Abb. 5.52a).

Angewandt wird diese Eigenschaft z. B. bei der Satellitenantenne (Abb. 5.52b). Die vom Satelliten gesendeten, (praktisch) parallelen Strahlen werden an der Antenne so reflektiert, dass alle Strahlen durch den Brennpunkt verlaufen; in diesem ist der Empfänger montiert. Da der Lichtweg umkehrbar ist, funktioniert das auch andersherum, was beim Autoscheinwerfer realisiert ist: Der Glühfaden der Birne befindet sich im Brennpunkt des Scheinwerfers, so dass in Fahrtrichtung ein paralleles Lichtbündel ausgestrahlt wird (Abb. 5.52c).

Ein Nachweis der Brennpunkteigenschaft ist mithilfe von Tangentengleichungen an Parabeln möglich, deren Herleitung man z. B. in (Filler, 2011, S. 81f.) findet. Will man sich jedoch im Unterricht (z. B. aus Zeitgründen) nicht näher mit Tangentengleichungen an Kegelschnitte befassen, sondern lediglich die Brennpunkteigenschaften begründen, so bietet sich hierfür auch ein kürzerer Weg an, der auf einer geometrischen Eigenschaft von Tangenten an Parabeln basiert. Wir betrachten hierzu wie in Abb. 5.35b eine Parabel mit einem Brennpunkt F und einer Leitgeraden g, benötigen aber das dort eingeführte Koordinatensystem nicht, da wir lediglich mithilfe der Ortsdefinition der Parabel arbeiten.

Wir zeigen, dass die Mittelsenkrechte t der Strecke $\overline{FL}$ (wobei L der Fußpunkt des Lotes von einem Parabelpunkt P_0 auf die Leitlinie ist, siehe Abb. 5.53) mit der Parabel nur den Punkt P_0 gemeinsam hat, also Tangente an die Parabel in P_0 ist.

a   b   c

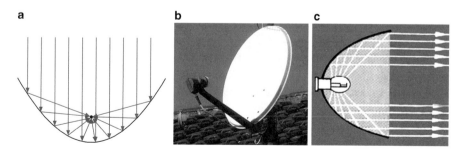

Abb. 5.52 Brennpunkteigenschaft der Parabel und zwei Anwendungen

Abb. 5.53 Begründung der
Brennpunkteigenschaft der
Parabel

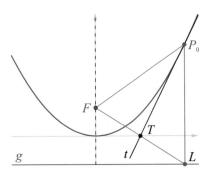

Damit ein beliebiger Punkt $Q \in t$ ebenfalls ein Punkt der Parabel wäre, müsste $|FQ| = d(Q, l)$ sein; wir zeigen, dass aber für alle von P_0 verschiedenen Punkte $Q \in t$ gilt $|FQ| > d(Q, l)$:

Da t Mittelsenkrechte der Strecke $\overline{FL}$ ist, gilt für beliebige Punkte $Q \in t$: $|FQ| = |LQ|$. Weil t nicht senkrecht zur Leitlinie g sein kann (dazu müsste ja F auf der Leitlinie liegen) und wegen $Q \neq P_0$ ist L nicht der Fußpunkt des Lotes von Q auf l. Es gilt daher $d(Q, l) < |LQ|$. Somit ist $d(Q, l) < |FQ|$; nach der Ortsdefinition der Parabel kann Q kein Parabelpunkt sein, und P_0 ist daher der einzige gemeinsame Punkt von t und der Parabel. Man kann veranschaulichen, dass die „elementargeometrische Sichtweise" auf Kreistangenten als Geraden, die mit dem Kreis genau einen Punkt gemeinsam haben, auf Parabeln übertragbar ist – die Mittelsenkrechte t ist also Tangente an die Parabel in P_0.

Die Tangente an eine Parabel in einem beliebigen Punkt P_0 halbiert also den Winkel zwischen der Geraden FP_0 und der Parallelen zur Parabelachse durch P_0, woraus die oben genannte Brennpunkteigenschaft resultiert.

Brennpunkteigenschaft der Ellipse

Bei einer Ellipse werden die Strahlen, die von einem Brennpunkt ausgehen, an der Ellipse so reflektiert, dass sie durch den anderen Brennpunkt verlaufen (Abb. 5.54a), das heißt: Für jeden Punkt P_0 einer Ellipse sind die Winkel, welche die Tangente an die Ellipse in diesem Punkt mit den Geraden $F_1 P_0$ und $F_2 P_0$ einschließt, gleich groß.

Eine uralte Anwendung sind Flüsterkabinette (Abb. 5.54b): Stehen zwei Personen in einem Raum mit elliptischer Grundfläche und gut schallreflektierenden Wänden auf den Brennpunkten der Ellipse, so kann die eine Person die Sprache der anderen Person auch dann deutlich verstehen, wenn diese sehr leise spricht. Die Ursache für dieses Phänomen besteht darin, dass alle Schallwellen, die von der sprechenden Person ausgehen und in Gesichtshöhe auf die Wand treffen, zu der anderen Person reflektiert werden. Nachprüfbar

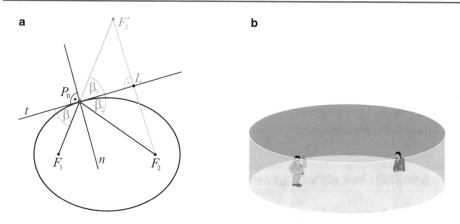

Abb. 5.54 Brennpunkteigenschaft der Ellipse

ist dieser Effekt beispielsweise in der Londoner St Paul's Cathedral sowie im Kapitol in Washington.

Auch die Brennpunkteigenschaft der Ellipse lässt sich geometrisch begründen. Dazu zeigt man, dass die Senkrechte t auf der Winkelhalbierenden n des Winkels $\angle(F_1 P_0 F_2)$ in P_0 mit der Ellipse keinen weiteren Punkt außer P_0 gemeinsam hat. Die hierfür notwendige Hilfskonstruktion ist in Abb. 5.54a) dargestellt: Von F_2 wird das Lot auf t gefällt und vom Fußpunkt L dieses Lotes auf dem F_2 gegenüberliegenden Strahl der Geraden LF_2 eine zu $\overline{LF_2}$ kongruente Strecke $\overline{LF_2'}$ angetragen. Es lässt sich leicht begründen, dass $\beta_1 = \beta_2 = \beta_3$ ist und damit F_1, P_0 und F_2' auf einer Geraden liegen. Damit erfüllt t die Brennpunkteigenschaft; es muss noch begründet werden, dass die Gerade t wirklich Tangente an die Ellipse in P_0 ist. Dazu zeigt man (wie bereits bei der Parabel), dass außer P_0 kein anderer Punkt von t der Ellipse angehören kann.

Abb. 5.55 Nierensteinzertrümmerer

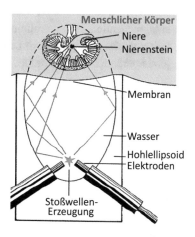

Eine segensreiche Anwendung von Ellipsen in der Medizin sind die Nierensteinzertrümmerer (Abb. 5.55). Diese enthalten einen Reflektor, der Teil eines Rotationsellipsoids ist, und zwei Elektroden, welche in einem Brennpunkt dieses Ellipsoids Stoßwellen erzeugen. Der Patient wird so gelagert, dass sich sein Nieren- oder Blasenstein am zweiten Brennpunkt des Reflektors befindet. Dies führt dazu, dass die Stoßwellen (welche von den Elektroden ungerichtet ausgehen) auf den Nierenstein konzentriert werden. Dieser wird in sehr kleine Teile zertrümmert, die mit dem Harn den Körper verlassen.

5.5 Sattelflächen als Vernetzung von Analysis und Geometrie

5.5.1 Zwei Problemkreise aus der Sekundarstufe I

Bereits zu Beginn dieses Kapitels wurde auf die Notwendigkeit und Bedeutung von Vernetzungen im Mathematikunterricht hingewiesen. Ein erprobtermaßen besonders überzeugendes und motivierendes Beispiel für die Vernetzung von Analysis und Analytischer Geometrie ist das Studium der Sattelflächen. Ausgangspunkt sind zwei Fragestellungen aus der Sekundarstufe I:

- Funktionen vom Typ $f(x, t) = t \cdot x + t^2$ können als lineare Funktionen mit „Parameter"[31] t oder als quadratische Funktionen mit „Parameter" x betrachtet werden. In etwas „höherer" Sicht kann man den Term auch als Funktion zweier Variablen betrachten, deren Graph eine Fläche im Raum ist: Jeder Punkt $(x|t)$ der x-t-Ebene führt zu dem Punkt $(x|t|f(x, t))$ der fraglichen Fläche. Es bleibt allerdings unklar, wie diese Fläche genauer aussieht.

- Als typische, schon in Abschn. 5.4 angesprochene Frage der ebenen Geometrie der Sekundarstufe I sollen alle Punkte der Ebene beschrieben werden, die von zwei gegebenen Geraden denselben Abstand haben. Dies führt ganz anschaulich zu Mittelparallelen bzw. Winkelhalbierenden. Dieselbe Frage bezogen auf den Raum führt zunächst zu den entsprechenden Mittelparallelen-Ebenen und Winkelhalbierenden-Ebenen – dann aber fällt auf, dass im Raum die neue Möglichkeit windschiefer Geraden auftritt. Gibt es jetzt überhaupt solche Punkte?

Die beiden resultierenden Fragen haben scheinbar nichts miteinander zu tun. Eine tiefere Analyse wird jedoch ergeben, dass sowohl die Fläche beim ersten Szenario als auch die mysteriöse Punktmenge im zweiten Szenario identische Objekte – Sattelflächen – sind, die uns auch oft in der Realität begegnen!

---

[31] Hier und in dem Abschn. 5.5.2 verwenden wir das Wort „Parameter" wie in der schulischen Analysis, nicht wie sonst in diesem Buch (vgl. Abschn. 4.1.2).

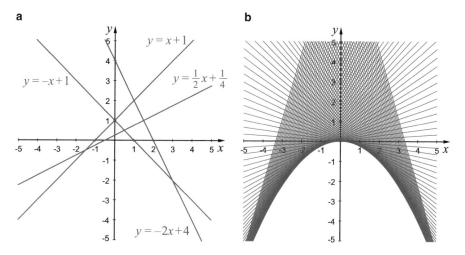

Abb. 5.56 **a** Geraden, **b** Geradenschar

5.5.2 Geraden und Parabeln führen zu Sattelflächen

Wie wir schon in Abschn. 4.2.1 betont haben, sollten in der Schule Funktionen mehrerer Variablen nicht nur versteckt als kalkülorientierte Funktionen einer Variablen mit „Parameter" vorkommen. Es geht natürlich nicht um „mehrdimensionale Analysis in der Schule" – das wäre unangemessen und kontraproduktiv. Fruchtbar ist dagegen die Sicht Galileis: Halte alle Variablen bis auf eine als „Parameter" fest und betrachte nur eine, aus irgendwelchen Gründen sinnvolle, als Variable. Diese Sicht kann in der Sekundarstufe I im Zusammenhang mit ganzrationalen Funktionen vom Grad 1 und 2 anschaulich entwickelt werden.

Für das folgende Szenario mögen die Schülerinnen und Schüler derartige Funktionen und ihre Graphen (Geraden und Parabeln) schon kennengelernt haben. In einer späteren Wiederholungsphase nennt der Lehrer Geradengleichungen, deren Graphen von Schülern in ein Koordinatensystem gezeichnet werden; in Abb. 5.56a ist das mit den Geraden zu den Gleichungen

$$f_1(x) = x + 1\,, \quad f_2(x) = -x + 1\,, \quad f_3(x) = \frac{1}{2}x + \frac{1}{4} \quad \text{und} \quad f_4(x) = -2x + 4$$

geschehen. Was haben diese Geradengleichungen gemeinsam? Schüler entdecken schnell, dass alle Gleichungen vom Typ $y = t \cdot x + t^2$ mit einem „Parameter" $t \in \mathbb{R}$ sind. Nun kann man zu einigen weiteren derartigen Gleichungen die zugehörigen Geraden zeichnen lassen. Das wird natürlich schnell langweilig. Ganz anders sieht die Sache aus, wenn man dies mit einem in der Klasse verfügbaren Funktionenplotter (bzw. CAS oder DGS) nicht vier oder sechs oder zehn Mal, sondern für sehr viele t-Werte in kleiner Schrittweite ausführen lässt (Abb. 5.56b).

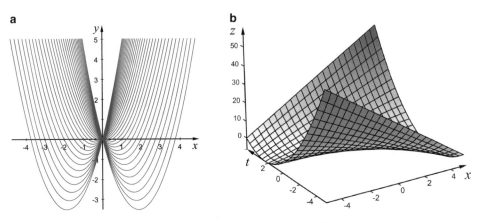

Abb. 5.57 a Parabelschar, **b** Graph von f mit $f(x, y) = t \cdot x + t^2$

Die Geradenschar definiert erstaunlicherweise anscheinend eine Parabel. Welche Gleichung hat sie wohl? Wie kann man das beweisen? Zur Untersuchung kann man in Analogie zur Namensgebung $f_1(x)$, $f_2(x)$, … die „allgemeine" Geradengleichung $f_t(x) = t \cdot x + t^2$ nennen; es wäre aber schade, bei dieser Sicht stehen zu bleiben. Wenn man nämlich, ohne die „Vorgeschichte" zu kennen, nur den Term $y = t \cdot x + t^2$ sieht, so sind zunächst die Variablen x und t gleichberechtigt. Allein die Tatsache, dass wir (bisher) nur eine unabhängige Variable „gebrauchen" können, führt dazu, x als unabhängige Variable zu wählen und t als „Parameter" zu sehen, der vor dem „Weitermachen" einen konkreten Zahlwert erhalten muss. Eigentlich sind die beiden Variablen x und t gleichberechtigt, insbesondere kann man auch t als unabhängige Variable und x als „Parameter" sehen, um wie oben zu einer „normalen" Funktion zu kommen. Aus dieser Sicht ist erstens die Schreibweise $f(x, t) = t \cdot x + t^2$ viel sinnvoller und zweitens ist der Graph unserer Funktion eine Parabel. Ebenso wie bei der „Geraden-Sicht" kann man bei der „Parabel-Sicht" zuerst für einige x-Werte die Parabeln der Schar händisch zeichnen lassen, um dann mit einem Funktionenplotter die Parabelschar in kleiner x-Schrittweite zu erhalten (Abb. 5.57a).

Jetzt kann man Weiteres entdecken und zu beweisen versuchen. Beispielsweise scheinen die Tiefpunkte der Scharparabeln selbst auch auf einer, aber nach unten geöffneten Parabel zu liegen. Ihre Daten kann man dem Schaubild entnehmen, was danach mathematisch zu begründen ist.

Bisher ordnen wir Funktionen mit zwei Variablen der schulischen Sicht von Funktionen einer Variablen unter, indem wir eine Variable als unabhängige Variable wählen, die andere als „Parameter". Wir verbleiben in jedem Fall in der Zeichenebene.

Funktionen zweier Variablen

Nun leben wir aber in einer dreidimensionalen Welt. Können wir nicht durch einen weiteren Sichtwechsel die Funktion zweier Variablen einpassen? In der Geometrie hat man schon den Raum durch ein dreidimensionales Koordinatensystem strukturiert. Wenn wir die beiden unabhängigen Variablen x und t als die beiden ersten Koordinaten betrachten und als z-Koordinate dann den Funktionswert $f(x, t)$, so erhalten wir in völliger Analogie zum Punkt $(x \mid f(x))$ des Graphen einer Funktion einer Variablen den Punkt $(x \mid t \mid f(x, t))$ des Graphen der Funktion zweier Variablen. Im ersten Fall entsteht bei Variation von x der Graph von f, der eine eindimensionale Linie ist; im zweiten Fall werden x und t variiert, und der Graph von f bildet anschaulich eine Fläche über der x-t-Ebene. Beide Male treten die Variablen x bzw. x und t im Kovariations-Aspekt auf. Es ist allerdings schwierig, sich vorzustellen, wie diese Fläche schon bei unserer bescheidenen Funktion mit dem Term $f(x, t) = t \cdot x + t^2$ aussieht – so einfach wie im eindimensionalen Fall geht das nicht. Eine gute Idee ist es, auf den Fußboden des Klassenzimmers ein x-t-Koordinatensystem zu zeichnen und z. B. jeweils die vollen Dezimeter zu markieren. Auf die entsprechenden Gitterpunkte $(x \mid t)$ stellt man nun Klötze, die genau die Länge $f(x, t)$ (in einer geeigneten Einheit) haben. Diese Klötze kann man dann noch durch einen Faden verbinden und erhält damit eine anschauliche Darstellung der Fläche. Genauer ersetzt man die Fläche durch Vierecke.[32] Leider ist diese enaktiv-ikonische Methode nicht ganz einfach in der konkreten Durchführung. Viel einfacher ist es, diese Fläche vom Computer zeichnen zu lassen; in vielen Funktionenplottern, CAS und DGS kann man sie anschließend mit der Maus drehen und von allen Seiten anschauen.

Abbildung 5.57b zeigt dies für unser Beispiel f mit $f(x, t) = t \cdot x + t^2$. Man erkennt, dass der Computer die Fläche auch durch Vierecke approximiert! Schüler, die am Computer sitzen und die Fläche drehen können, weisen oft darauf hin, dass die Fläche „aus dem richtigen Blickwinkel" an einen Pferdesattel erinnert – der Name „Sattelfläche" liegt dann nicht weit.

5.5.3 Punkte mit gleichem Abstand zu zwei Geraden

Die zweite Ausgangsfrage nach Punkten gleichen Abstands von zwei gegebenen Geraden, zunächst als Frage der ebenen Geometrie gestellt, gehört zu dem schon in Abschnitt 5.4 angesprochenen Thema „geometrische Örter". Die beiden fraglichen Geraden müssen verschieden sein. In der Ebene gibt es dafür genau zwei Fälle. Sind die beiden Geraden g und h parallel, so ist der fragliche geometrische Ort die Mittelparallele. Wenn sich dagegen die beiden Geraden schneiden, dann besteht unser geometrischer Ort genau aus den beiden Winkelhalbierenden von g und h. Die Verallgemeinerung der Frage mit zwei Geraden im Raum ist keineswegs trivial. Die beiden ebenen Fälle haben ihr räumliches Analogon, das man von Schülern am besten mithilfe von Bleistiften für Geraden und Papierblättern für Ebenen bestimmen lässt: Im Falle der Parallelität von g und h ist der geometrische Ort die Mittelparallelen-Ebene, also die Ebene, welche die Mittelparallele von g und h ent-

---

[32] Diese Idee ist verwandt mit einer Triangulierung der fraglichen Fläche, eine extrem wichtige mathematische Idee bei vielen Anwendungen (siehe z. B. Abschn. 5.2.3).

hält und senkrecht auf der durch die beiden Geraden definierten Ebene steht. Wenn beide Geraden einen Schnittpunkt haben, so sind analog die beiden Winkelhalbierenden durch die Winkelhalbierenden-Ebenen zu ersetzen. So weit, so gut: Auch wenn die bisherige Argumentation einfach ist, so haben unserer Erfahrung nach sowohl Schüler der Sekundarstufe II als auch Studierende durchaus zunächst Schwierigkeiten mit der geometrischen Vorstellung. Auf jeden Fall sollten sie die jeweilige Situation durch Wahl eines geeigneten Koordinatensystems strukturieren und konkrete Geraden- bzw. Ebenengleichungen für die jeweils relevanten Objekte angeben.

Bei der Diskussion der räumlichen Frage stoßen Schüler früher oder später auf das Phänomen der Windschiefheit: g und h sind weder parallel noch haben sie einen gemeinsamen Schnittpunkt. Die Frage, ob es überhaupt Punkte gibt, die der fraglichen Abstandsbedingung genügen, ist zunächst sehr schwierig, da das erforderliche dreidimensionale Denken in der Regel nicht gut entwickelt ist. Manche Lernende denken bei windschiefen Geraden an das gemeinsame Lot und erkennen, dass der Mittelpunkt dieses gemeinsamen Lotes ein Punkt des gesuchten geometrischen Orts ist. Oft wird vermutet, dass es keine weiteren Punkte gibt. Durch eine heuristische Überlegung mit einem Stetigkeitsargument – also wieder ein Berührungspunkt von Geometrie und Analysis – kann erhellt werden, dass es auch jetzt „viele" Punkte gibt, die die fragliche Bedingung erfüllen und eine Fläche bilden. Zunächst wird die Situation ein wenig strukturiert. Wir betrachten das gemeinsame Lot der windschiefen Geraden g und h und die Ebenenschar, die senkrecht zu diesem Lot ist. Denken Sie sich jetzt eine Gerade f, die parallel zum gemeinsamen Lot ist; mit drei Bleistiften lässt sich das gut ikonisieren. Wandert ein Punkt $P \in f$ in die eine Richtung von f, so ist er sicherlich irgendwann von g weiter entfernt als von h (oder andersherum). Wandert P in die andere Richtung von f, so ist er irgendwann von h weiter entfernt als von g. Aus Stetigkeitsgründen muss also irgendwo dazwischen ein Punkt liegen, der von beiden Geraden gleich weit entfernt ist und damit zu unserem gesuchten geometrischen Ort gehört. Dieses Plausibilitätsargument gilt für *jede* Parallele zum gemeinsamen Lot und zeigt, dass unser gesuchter „geometrischer Ort" eine Fläche mit unendlich vielen Punkten ist. Es bleibt allerdings unklar, wie dieser Ort aussieht. Hier versagt in der Regel die räumliche Vorstellungskraft. Um Klarheit zu erhalten, muss im nächsten Abschnitt die geometrische Abstandsbedingung algebraisiert werden, was dann zur Gleichung einer Funktion mit zwei Variablen führt, die zum schon behandelten Typ $f(x, t) = t \cdot x + t^2$ gehört und die damit als Graph ebenfalls eine Sattelfläche hat.

Analyse der Abstandsbedingung bei windschiefen Geraden

Zur Analyse wählen wir zunächst ein situationsadäquates Koordinatensystem mit dem Mittelpunkt O des gemeinsamen Lots der gegebenen windschiefen Geraden g und h als Ursprung und der Lotgeraden als z-Achse. Zur Längennormierung wird die Länge des Lots gleich zwei gesetzt. In Abb. 5.58a schauen wir auf die x-y-Ebene in Richtung z-Achse. $\tilde{g}$ und $\tilde{h}$ sind die Parallelen zu g und h durch den Ursprung. Die beiden Winkelhalbierenden bilden die x- und y-Achse.

Abb. 5.58 a Wahl des Koordinatensystems, **b** Abstand Punkt-Gerade

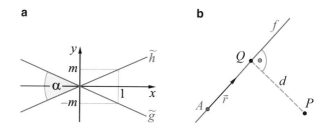

O. B. d. A. gilt $0° < \alpha = \angle(\widetilde{g}, \widetilde{h}) \leq 90°$, also ist $0 < m = \tan\left(\frac{\alpha}{2}\right) \leq 1$. Nach dieser Festlegung können wir Parametergleichungen angeben:

$$\widetilde{g} : \begin{pmatrix} x \\ y \\ z \end{pmatrix} = \begin{pmatrix} 0 \\ 0 \\ 0 \end{pmatrix} + s \cdot \begin{pmatrix} 1 \\ -m \\ 0 \end{pmatrix}, \quad \widetilde{h} : \begin{pmatrix} x \\ y \\ z \end{pmatrix} = \begin{pmatrix} 0 \\ 0 \\ 0 \end{pmatrix} + t \cdot \begin{pmatrix} 1 \\ m \\ 0 \end{pmatrix}$$

$$g : \begin{pmatrix} x \\ y \\ z \end{pmatrix} = \begin{pmatrix} 0 \\ 0 \\ 1 \end{pmatrix} + s \cdot \begin{pmatrix} 1 \\ -m \\ 0 \end{pmatrix}, \quad h : \begin{pmatrix} x \\ y \\ z \end{pmatrix} = \begin{pmatrix} 0 \\ 0 \\ -1 \end{pmatrix} + t \cdot \begin{pmatrix} 1 \\ m \\ 0 \end{pmatrix}$$

Wir bestimmen zunächst allgemein den Abstand $d := d(P, f)$ eines Punktes P von der Geraden $f : \vec{x} = \vec{a} + s \cdot \vec{r}$ (Abb. 5.58b). Der Punkt Q ist der Fußpunkt des Lotes von P auf f. Es gilt $\overrightarrow{QP} \cdot \vec{r} = 0$, also folgt weiter

$$\left(\vec{p} - (\vec{a} + s \cdot \vec{r})\right) \cdot \vec{r} = 0 \iff s = \frac{(\vec{p} - \vec{a}) \cdot \vec{r}}{\vec{r}^2}.$$

Zur weiteren Bestimmung von d rechnen wir mit den Quadraten der Abstände, um Wurzelausdrücke zu vermeiden:

$$d^2 = \left|\overrightarrow{QP}\right|^2 = \left(\vec{p} - \vec{a} - \frac{(\vec{p} - \vec{a}) \cdot \vec{r}}{\vec{r}^2} \cdot \vec{r}\right)^2$$

$$= (\vec{p} - \vec{a})^2 - 2 \cdot \left(\frac{(\vec{p} - \vec{a}) \cdot \vec{r}}{\vec{r}^2} \cdot \left[(\vec{p} - \vec{a}) \cdot \vec{r}\right]\right) + \left(\frac{(\vec{p} - \vec{a}) \cdot \vec{r}}{\vec{r}^2}\right)^2 \cdot \vec{r}^2$$

$$= (\vec{p} - \vec{a})^2 - 2 \cdot \frac{\left[(\vec{p} - \vec{a}) \cdot \vec{r}\right]^2}{\vec{r}^2} + \frac{\left[(\vec{p} - \vec{a}) \cdot \vec{r}\right]^2}{\vec{r}^2}$$

$$= (\vec{p} - \vec{a})^2 - \frac{\left[(\vec{p} - \vec{a}) \cdot \vec{r}\right]^2}{\vec{r}^2}$$

Nun setzen wir die konkreten Werte für unsere Fragestellung ein: Gesucht sind diejenigen Punkte $P(x|y|z)$, für die $d(P, g) = d(P, h)$ gilt.

Für die Gerade g gilt:

$$\vec{a} = \begin{pmatrix} 0 \\ 0 \\ 1 \end{pmatrix}, \vec{r} = \begin{pmatrix} 1 \\ -m \\ 0 \end{pmatrix},$$

also

$$d(P, g)^2 = x^2 + y^2 + (z - 1)^2 - \frac{(x - y \cdot m)^2}{1 + m^2}.$$

Für die Gerade h gilt:

$$\vec{a} = \begin{pmatrix} 0 \\ 0 \\ -1 \end{pmatrix}, \vec{r} = \begin{pmatrix} 1 \\ m \\ 0 \end{pmatrix},$$

also

$$d(P, h)^2 = x^2 + y^2 + (z + 1)^2 - \frac{(x + y \cdot m)^2}{1 + m^2}.$$

Zusammen erhalten wir

$$d(P, h) = d(P, g) \quad \Leftrightarrow \quad 4 \cdot z = \frac{4 \cdot x \cdot y \cdot m}{1 + m^2}$$

und haben damit die Gleichung des fraglichen geometrischen Orts, den wir mit Γ abkürzen, gefunden:

$$\Gamma = \left\{ (x|y|z) \,\middle|\, z = \frac{m}{1 + m^2} \cdot x \cdot y \right\}$$

Setzen wir zur Vereinfachung $n := \frac{1+m^2}{m}$, so können wir auch schreiben:

$$\Gamma = \left\{ (x|y|z) \,\middle|\, z = \frac{1}{n} \cdot x \cdot y \right\}$$

Wegen unserer Normierung $0° < \alpha \leq 90°$ gilt $0 < m = \tan\left(\frac{\alpha}{2}\right) \leq 1$ und damit $n = m + \frac{1}{m} \geq 2$ (rechnen Sie das kurz nach!). Allerdings kann sich wohl noch niemand diese „Punktmenge" vorstellen. Die Punktmenge Γ, die wir durch geometrische Überlegungen gewonnen haben, können wir aus algebraischer Sicht auch als Graphen der Funktion f zweier Variablen mit

$$f(x, y) = \frac{1}{n} \cdot x \cdot y$$

auffassen. Abbildung 5.59 zeigt den Graphen von f für $n = 4$. Sehen Sie die „erzeugenden" Geraden g und h?

Die Verwandtschaft mit dem Graphen von $f(x, t) = t \cdot x + t^2$ in Abb. 5.57b ist augenscheinlich, aber wird in beiden Fällen wirklich dasselbe mathematische Objekt dargestellt? In der Funktionsgleichung $f(x, y) = \frac{1}{n} \cdot x \cdot y$ ist der Faktor $\frac{1}{n}$ irrelevant, er

Abb. 5.59 Graph von f mit
$f(x, y) = \frac{1}{4} \cdot x \cdot y$

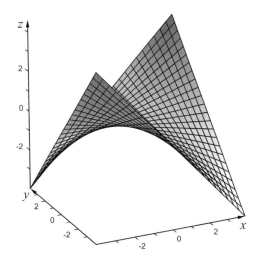

bewirkt nur eine Streckung des Graphen in z-Richtung; der „Prototyp" ist die Funktionsgleichung $f(x, y) = x \cdot y$.

Die Gleichung $f(x, t) = t \cdot x + t^2$ formen wir um zu $z = t \cdot (x + t)$, und nach der Koordinatentransformation $\tilde{x} = t$ und $\tilde{y} = x + t$ haben wir die gleiche Funktionsgleichung $\tilde{f}(\tilde{x}, \tilde{y}) = \tilde{x} \cdot \tilde{y}$ erhalten. Beide ursprünglichen Fragestellungen haben also zur gleichen Funktion zweier Variablen mit dem gleichen Graphen, einer Sattelfläche, geführt.[33]

5.5.4   Weiteres zu Sattelflächen

Wir gehen aus von der „Standard-Sattelfläche"

$$\Gamma = \{(x|y|z) \mid z = x \cdot y\} \, ,$$

d. h. dem Graphen der Funktion f mit $f(x, y) = x \cdot y$. In dem Abschn. 5.5.2 haben wir zuerst Geraden und Parabeln untersucht und sind dabei auf Sattelflächen gestoßen. Jetzt werden wir umgekehrt vorgehen und durch das Schneiden von Γ mit geeigneten Ebenen Geraden, Parabeln und sogar Hyperbeln entdecken. In Analogie zur Computertomographie, bei der ebene Körperschnitte durch einen Röntgenstrahl hergestellt werden, spricht Jörg Meyer (1995; 2000a) von der „Tomographie der Sattelflächen".[34]

Schnitte von Sattelflächen mit Ebenen

Wir untersuchen für geeignete Ebenen E die Schnittmengen $E \cap \Gamma$. Hilfreich ist hierbei eine Software, bei der man dreidimensionale Darstellungen mit der Maus drehen kann;

---

[33] In der Klassifikation dreidimensionaler Quadriken heißt dieser Typ „hyperbolisches Paraboloid".
[34] Das griechische Wort „$\tau o \mu o \varsigma$" (tomos) bedeutet „Schnitt".

Abb. 5.60 Nullpunktsgeraden

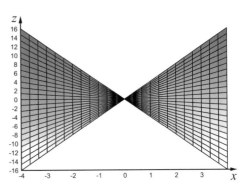

gut ist z. B. das 3D-Modul von GeoGebra dafür geeignet. Im Folgenden untersuchen wir für einige Ebenen E die Schnitte mit der Sattelfläche Γ.

- **Schnitte mit Ebenen E, die parallel zur x-z-Ebene sind:** Es gilt also $E:\ y = k$, $k \in \mathbb{R}$, und wir erhalten

$$E \cap \Gamma:\ z = k \cdot x\ .$$

Hierbei handelt es sich um „Nullpunktsgeraden" in der jeweiligen Ebene, die man durch geeignetes Drehen der Sattelfläche auch „sehen" kann (Abb. 5.60).

- **Schnitte mit Ebenen E, die parallel zur y-z-Ebene sind:** Auch hierbei erhalten wir Nullpunktsgeraden; mit $E:\ x = k$, $k \in \mathbb{R}$ ist die Schnittmenge

$$E \cap \Gamma:\ z = k \cdot y\ .$$

Unsere Schnitte zeigen, dass sich die gesamte Sattelfläche Γ in disjunkte Geraden zerlegen lässt, eine Tatsache, die zunächst verblüfft! Derartige Flächen heißen auch „Regelflächen".[35] Die Tatsache, dass sich die Sattelfläche durch Geraden darstellen lässt, kann man dazu benutzen, *Fadenmodelle* von Sattelflächen herzustellen. Zwei gleich lange Holzstäbe werden äquidistant durchbohrt, durch die Bohrung wird gleichmäßig ein Gummifaden gefädelt (Abb. 5.61a). Durch leichtes Spannen der Gummifäden und gleichzeitiges Verdrehen der Holzstäbe entsteht eine Sattelfläche (Abb. 5.61b). Aufwändiger konstruierte Fadenmodelle findet man in Schulen und Universitäten, die über alte Sammlungen geometrischer Modelle verfügen; Abb. 5.62 zeigt ein Modell der TU Dortmund.

- **Schnitte mit anderen Ebenen E, die zumindest parallel zur z-Achse sind:** $E:\ y = a \cdot x + b;\ a, b \in \mathbb{R}, a \neq 0.$

Für die Schnittmengen $E \cap \Gamma$ erhalten wir damit die Gleichungen

$$z = x \cdot (a \cdot x + b) = a \cdot x^2 + b \cdot x\ .$$

---

[35] Weitere bekannte Regelflächen sind ein (unendlicher Doppel-)Kegel und ein (unendlicher) Zylinder (siehe Abschn. 5.4.4).

a
b

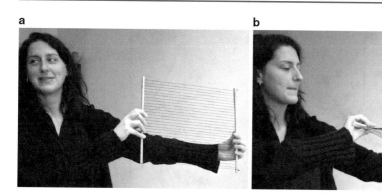

Abb. 5.61 **a** Fadenmodell, **b** Sattelfläche

Abb. 5.62 Fadenmodell einer
Sattelfläche

Dies sind jeweils Parabeln! Erneut erlaubt der Computer, diese zu „sehen". In Abb. 5.63
sehen wir den Schnitt mit der Winkelhalbierendenebene $y = x$.

Die Rolle der Parabeln wird noch klarer, wenn man spezielle Ebenen, die senkrecht
zueinander sind, betrachtet:

$$E_1 \colon y = x + a, \quad E_2 \colon y = -x + b$$

Abb. 5.63 Parabel-Schnitte

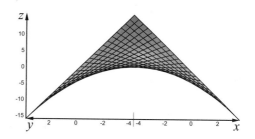

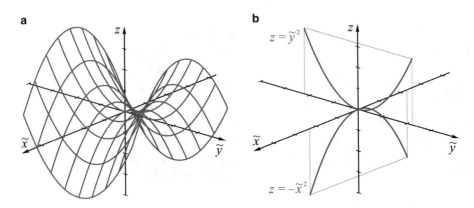

Abb. 5.64 a Parabeln und Sattelfläche, **b** Erzeugende Parabeln

Für die beiden Schnittparabeln gilt

$$P_1 = E_1 \cap \Gamma : z = x \cdot (x + a) = \left(x + \frac{a}{2}\right)^2 - \frac{a^2}{4} \, ,$$

$$P_2 = E_2 \cap \Gamma : z = x \cdot (-x + b) = -\left(x - \frac{b}{2}\right)^2 + \frac{b^2}{4} \, .$$

Wir haben also zwei Parabelscharen mit Parameter a bzw. Parameter b, siehe Abb. 5.64a. Die Achsen $\tilde{x}$ und $\tilde{y}$ sind die Winkelhalbierenden von x- und y-Achse, genauer ist die $\tilde{x}$-z-Ebene parallel zu E_1, die $\tilde{y}$-z-Ebene parallel zu E_2. Die Darstellung in Abb. 5.64a führt zu einem bemerkenswerten Resultat: Man kann sich Γ wie in Abb. 5.64b aus zwei Parabeln erzeugt vorstellen. Die nach unten geöffnete Parabel wird so parallel verschoben, dass ihr Scheitel auf der nach oben geöffneten Parabel liegt.

Studieren Sie die Tomographie der Sattelfläche mit weiteren Schnittebenen. Interessant sind z. B. Schnitte mit zur x-y-Ebene parallelen Ebenen; die Schnittmengen sind Hyperbeln, die man als „Höhenlinien" der Sattelfläche deuten kann.

Sattelflächen in Architektur und Kunst

Der begnadete Architekt Félix Candela hat 1958 ein bekanntes Bauwerk, das Café „Los Manantiales" in Xochimilco (Stadtteil von Mexico City), vollendet (Abb. 5.65). Es gilt als leuchtendes Beispiel für die Kunst des Betonschalenbaus. Für uns ist das Dach interessant, da die einzelnen Dachflächen Sattelflächen sind. Wenn Sie „die Welt auch mit mathematischen Augen sehen", werden Sie immer wieder Dächer in Form von Sattelflächen entdecken.

Vermutlich angeregt durch die verblüffende Tatsache, dass aus Geraden „krumme" Flächen entstehen können, beschäftigen sich auch Künstler mit Sattelflächen. Abbil-

Abb. 5.65 Sattelflächen in Xochimilco/Mexiko. Quelle: Universidad Politécnica de Madrid

a   b

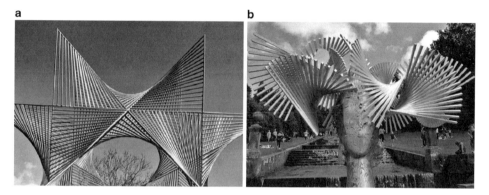

Abb. 5.66 **a** Sattelfläche in Lausanne, **b** Sattelfläche „Ivy"

dung 5.66a zeigt eine Sattelfläche, die am Hafen von Lausanne steht. Sein Kunstwerk
in Abb. 5.66b hat Manolo Valdéz „Ivy" benannt. Gesehen haben wir es im Garten des
Chatsworth House (Derbyshire, Großbritannien). Weitere Kunstwerke in Form von Sattelflächen finden wir in Mainz und in Frankfurt.

5.6   Bézierkurven

Im Zusammenhang mit dem computerunterstützten Konstruieren (CAD – Computer Ai-
ded Design) haben sogenannte „Freiformkurven und -flächen" eine sehr hohe Bedeutung
erlangt. Es handelt sich hierbei um Kurven und Flächen, die sich durch vorgegebene Punkte und Richtungen generieren lassen. Es kommen hierbei vor allem Bézierkurven und
-flächen, interpolierende kubische Splinekurven sowie die besonders flexiblen B-Splines
zur Anwendung.[36] Für die Behandlung in der Schule eignen sich wegen des möglichen an-

---

[36] Einen kurzen Überblick über diese Arten von Kurven und Flächen enthält (Filler, 2008, S. 98–
107), für ausführliche Darstellungen siehe (Aumann/Spitzmüller, 1993, S. 329–503).

a   b   c

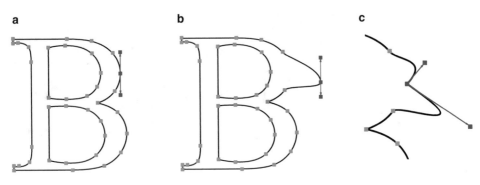

Abb. 5.67 Buchstabe als Bézierkurve

schaulichen und elementaren Zugangs vor allem die Bézierkurven (und ggf. ansatzweise auch -flächen), die zudem in vielen Praxisbereichen auftreten.

Ein erstes Kennenlernen von Bézierkurven kann anhand der Analyse eines Buchstabens in einer üblichen Schriftart (die man beim Schreiben etwa mit Word verwendet, z. B. Times New Roman) erfolgen. Dazu schreibt man einen Buchstaben wie „B" in einer Graphiksoftware (wie CorelDRAW, Adobe Illustrator oder der Freeware Inkscape). Sein „wahres Wesen" offenbart der Buchstabe, wenn man ihn in eine Kurve konvertiert (CorelDRAW: Anordnen $\rightarrow$ In Kurven konvertieren, Inkscape: Pfad $\rightarrow$ Objekt in Pfad umwandeln). Es werden Kontrollpunkte (Knoten) sichtbar (Abb. 5.67a), die sich auswählen lassen (mit dem Werkzeug „Form" in CorelDRAW bzw. „Knoten" in Inkscape). Nach Auswahl eines Knotens werden zwei Pfeile angezeigt, die den Kurvenverlauf in beide Richtungen beschreiben. Diese Pfeile liegen bei glatten Kurvenpunkten auf einer Geraden (der Tangente an die Kurve in dem ausgewählten Knoten), an „Ecken" der Kurve beschreiben die Pfeile unterschiedliche Richtungen („einseitige Tangenten"). Die Kurve lässt sich nun durch Verschieben der Knoten und Änderung der Tangenten beeinflussen, wobei nicht nur die Richtungen, sondern auch die Längen der Tangentenpfeile von Bedeutung sind: Je länger diese gezogen werden, desto stärker wirken sie sich auch in einer größeren Umgebung um die Kontrollpunkte aus (Abb. 5.67b und 5.67c). Glatte Kurvenpunkte lassen sich in Ecken umwandeln (Abb. 5.67c) und umgekehrt. Für Designer ergeben sich damit nahezu unbegrenzte Gestaltungsmöglichkeiten, weshalb Bézierkurven (oft auch als Pfade bezeichnet) das dominierende Werkzeug im Graphikdesign geworden sind.

Bézierkurven (und -flächen) entstanden zunächst aus den Bedürfnissen der Automobilindustrie nach computerunterstützten Entwurfsmöglichkeiten für Karosserien heraus und wurden von Paul de Casteljau (1959 bei Citroën) und Pierre Bézier (1961 bei Renault) unabhängig voneinander entwickelt.[37] Sie erlangten in den folgenden Jahrzehnten Bedeutung in den unterschiedlichsten Bereichen.

---

[37] Im Gegensatz zu Bézier hatte de Casteljau ein Veröffentlichungsverbot, so dass die neue Methode unter dem Namen Béziers bekannt wurde.

5.6.1 Elementargeometrische Behandlung von Bézierkurven

Ausgangspunkt einer geometrischen Behandlung von Bézierkurven, die bereits in der Sekundarstufe I erfolgen kann, sind Teilverhältnisse (siehe Abschn. 4.3.3). Von de Casteljau wurde der im Folgenden beschriebene Algorithmus zur Erzeugung einer durch $n + 1$ Kontrollpunkte definierten Kurve angegeben.

Es seien $n + 1$ Punkte $P_0, \ldots, P_n$ und eine reelle Zahl t mit $0 \le t \le 1$ gegeben.

- Die Strecken $\overline{P_k P_{k+1}}$ ($0 \le k \le n-1$) werden im Verhältnis t geteilt, wobei n Teilungspunkte $Q_0, \ldots, Q_{n-1}$ entstehen (siehe Abb. 5.68a für $n = 3$).

- Die Strecken $\overline{Q_k Q_{k+1}}$ ($0 \le k \le n-2$) werden ebenfalls im Verhältnis t geteilt. Es entstehen $n - 1$ Teilungspunkte $R_0, \ldots, R_{n-2}$, die Strecken $\overline{R_k R_{k+1}}$ (mit $0 \le k \le n-3$) bilden, welche wiederum im Verhältnis t geteilt werden usw.

Nach n Schritten bricht dieses Verfahren ab, es bleibt nur ein Punkt X übrig. Die Kurve, welche der Punkt X beschreibt, wenn t das Intervall $[0; 1]$ durchläuft, wird als *Bézierkurve* bzw. *Bézierkurvenstück* bezeichnet, siehe Abb. 5.68b. Der erste und der letzte Kontrollpunkt P_0 und P_n sind Punkte der Kurve, die Vektoren $\overrightarrow{P_0 P_1}$ und $\overrightarrow{P_n P_{n-1}}$ Tangentenvektoren an die Kurve in diesen Punkten. Durch Verschieben der Punkte P_0 und P_n sowie Veränderung der Tangentenvektoren durch „Ziehen" an den „Anfassern" P_1 und P_{n-1} lassen sich Bézierkurven interaktiv formen.

Der De-Casteljau-Algorithmus ist „wie geschaffen" für die Umsetzung mithilfe eines Dynamischen Geometriesystems wie GeoGebra. Schüler können die oben genannten Konstruktionsschritte gut nachvollziehen, dann die Spur des Punktes X zeichnen lassen sowie schließlich mithilfe des „Ortslinie-Werkzeugs" das durch X beschriebene Bézierkurven-

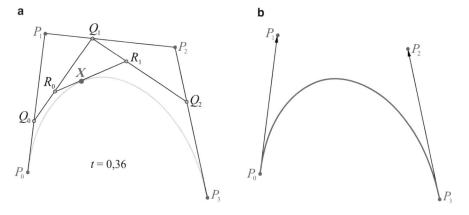

Abb. 5.68 **a** De-Casteljau-Algorithmus, **b** Bézierkurvenstück mit Tangentenvektoren

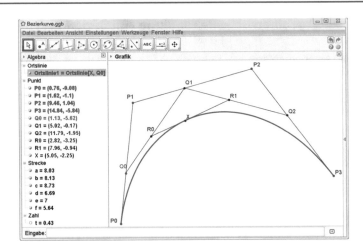

Abb. 5.69 Konstruktion eines Bézierkurvenstücks in GeoGebra

stück generieren und durch Ziehen an den Ausgangspunkten manipulieren (Abb. 5.69 zeigt ein Beispiel mit $n = 3$).[38]

Zusammensetzen von Bézierkurvenstücken

Um komplexere Formen zu zeichnen, werden mehrere Bézierkurvenstücke geeignet aneinandergefügt. Dazu lässt sich in GeoGebra aus einer durchgeführten Konstruktion ein neues „Werkzeug" erstellen, dessen Ausgabeobjekt die zuvor konstruierte Bézierkurve ist; Eingabeobjekte sind vier Kontrollpunkte (in Abb. 5.68 und 5.69 mit $P_0, \ldots, P_3$ bezeichnet). Mithilfe dieses Werkzeugs wird nach dem Auswählen von vier Punkten (oder viermaligem Klicken auf verschiedene Stellen der Zeichenfläche) jeweils ein Bézierkurvenstück generiert; durch mehrfaches Verwenden des Werkzeugs lassen sich vielfältige Formen „zeichnen".

Meist möchte man beim Modellieren von Formen durch mehrere Bézierkurvenstücke glatte Übergänge erreichen. Dies ist möglich, indem man durch die letzten beiden Kontrollpunkte des ersten Kurvenstücks (C und D in Abb. 5.70) eine Gerade legt und als ersten Punkt des zweiten Kurvenstücks den letzten Punkt des ersten Kurvenstücks (D) wählt. Der zweite Punkt des zweiten Kurvenstücks (E) wird auf der konstruierten Geraden platziert – diese ist dadurch gemeinsame Tangente an beide Kurvenstücke in D.

Schüler entwickeln bei der Modellierung von Formen mit Bézierkurven oft sehr kreative Ideen, siehe z. B. Kleifeld (2000), Meyer (2000b) und Roth (2002).

---

[38] Eine Anleitung zur Konstruktion von Bézierkurven mit GeoGebra sowie GeoGebra-Dateien, bei denen die hier beschriebenen Vorgehensweisen umgesetzt sind, stehen auf der Internetseite zu diesem Buch zur Verfügung.

Abb. 5.70 Zwei verbundene Bézierkurvenstücke mit gemeinsamer Tangente

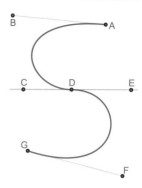

5.6.2 Analytische Beschreibung von Bézierkurven

Ausgehend von der zuvor behandelten Konstruktionsvorschrift (De-Casteljau-Algorithmus) lässt sich gut eine Parameterdarstellung für Bézierkurvenstücke herleiten. Wir beschränken uns dabei auf Bézierkurven mit vier Kontrollpunkten ($n = 3$), da sich diese – wie sich zeigen wird – durch Polynome 3. Grades beschreiben lassen und in der Praxis fast ausschließlich verwendet werden.[39] Die durch den De-Casteljau-Algorithmus erzeugten Punkte X einer Bézierkurve (siehe Abb. 5.68 und 5.69) lassen sich durch die folgende Parameterdarstellung der Strecke $\overline{R_0 R_1}$ beschreiben:

$$X = R_0 + t \cdot (R_1 - R_0) = (1 - t) \cdot R_0 + t \cdot R_1 \quad (0 \leq t \leq 1) \, .$$

Mit $P_0, \ldots, Q_0, \ldots, R_0, R_1, X$ bezeichnen wir hierbei die den Punkten bezüglich eines kartesischen Koordinatensystems zugeordneten Zahlenpaare. Für die Strecken $\overline{Q_0 Q_1}$ und $\overline{Q_1 Q_2}$ schreibt man analog die Parameterdarstellungen

$$R_0 = (1 - t) \cdot Q_0 + t \cdot Q_1 \, , \quad R_1 = (1 - t) \cdot Q_1 + t \cdot Q_2$$

auf sowie für die Strecken $\overline{P_0 P_1}$, $\overline{P_1 P_2}$ und $\overline{P_2 P_3}$

$$Q_0 = (1 - t) \cdot P_0 + t \cdot P_1 \, , \quad Q_1 = (1 - t) \cdot P_1 + t \cdot P_2 \, , \quad Q_2 = (1 - t) \cdot P_2 + t \cdot P_3$$

(jeweils mit $0 \leq t \leq 1$). Durch jeweiliges Einsetzen der Gleichungen für Q_i in diejenigen für R_i und schließlich der beiden resultierenden Gleichungen in die Darstellung von X

---

[39] Die Gründe dafür, dass hauptsächlich kubische Kurven zum Einsatz kommen, bestehen darin, dass quadratische Funktionen keine genügend flexible Steuerung der Kurvenform ermöglichen und Polynome höherer Ordnung sowohl rechenintensiv als auch recht instabil sind (d. h., es können bei geringen Variationen der Kontrollpunkte starke Änderungen der Kurvenform auftreten).

Abb. 5.71 Bernsteinpolynome
dritten Grades

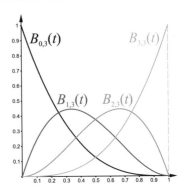

ergibt sich

$$X(t) = (1-t)^3 \cdot P_0 + 3\,t\,(1-t)^2 \cdot P_1 + 3\,(1-t)\,t^2 \cdot P_2 + t^3 \cdot P_3$$

$$= \sum_{i=0}^{3} \binom{3}{i} t^i\,(1-t)^{3-i} \cdot P_i$$

$$= \sum_{i=0}^{3} B_{i,3}(t) \cdot P_i \;.$$

Die Koeffizienten

$$B_{i,3} = \binom{3}{i} t^i\,(1-t)^{3-i}$$

(siehe Abb. 5.71) werden als *Bernsteinpolynome* (nach dem russischen Mathematiker Sergei Natanovich Bernstein, 1880–1968) bezeichnet. Für Bézierkurven mit $n+1$ Kontrollpunkten lässt sich völlig analog

$$X(t) = \sum_{i=0}^{n} B_{i,n}(t) \cdot P_i \qquad \text{mit} \qquad B_{i,n}(t) = \binom{n}{i} t^i\,(1-t)^{n-i}$$

herleiten.

Einige Eigenschaften von Bézierkurven

Schüler können nun einige zentrale Eigenschaften von Bernsteinpolynomen und Bézierkurven untersuchen. Die beiden folgenden Eigenschaften zeigen besonders schön das enge Wechselspiel geometrischer und algebraischer Überlegungen:

- Es gilt $\sum_{i=0}^{n} B_{i,n}(t) = 1$ für alle $t \in [0;1]$.
- Jede Bézierkurve liegt innerhalb der konvexen Hülle ihres von $P_0, \ldots, P_n$ gebildeten „Kontrollpolygons", bei Bézierkurven dritten Grades also innerhalb des von den vier Kontrollpunkten aufgespannten konvexen Vierecks.

Die erste Eigenschaft lässt sich mithilfe der binomischen Formel für $(a + b)^n$ (mit $a = t$ und $b = 1 - t$, also $a + b = 1$) begründen. Eine geometrische Interpretation der ersten Eigenschaft führt dann zu der zweiten Eigenschaft.[40]

Tangenten an Bézierkurvenstücke

Die Bedeutung von Tangenten an Bézierkurvenstücke (insbesondere in den Randpunkten) wurde bereits bei der „glatten" Zusammensetzung von Bézierkurvenstücken deutlich (siehe Abschn. 5.6.1). Mithilfe der Parameterdarstellung lassen sich die dort zunächst rein anschaulich gewonnenen Erkenntnisse hinsichtlich der Tangenten exaktifizieren. Zwar leiten Schüler i. Allg. keine Vektorfunktionen ab, jedoch lässt sich leicht plausibel machen, dass hierfür dieselben Regeln verwendet werden können wie für die Ableitung reellwertiger Funktionen. Dazu fasst man als Ableitung einer Vektorfunktion X an einer Stelle t_0 den „Grenzwert"

$$X'(t_0) = \lim_{t \to t_0} \frac{X(t) - X(t_0)}{t - t_0}$$

auf (siehe Abb. 5.72). Mit

$$X(t) = \begin{pmatrix} x(t) \\ y(t) \end{pmatrix} \quad \text{und} \quad X_0(t) = \begin{pmatrix} x_0(t) \\ y_0(t) \end{pmatrix}$$

lässt sich dieser komponentenweise schreiben:

$$X'(t_0) = \begin{pmatrix} x'(t_0) \\ y'(t_0) \end{pmatrix}$$

mit

$$x'(t_0) = \lim_{t \to t_0} \frac{x(t) - x(t_0)}{t - t_0} , \qquad y'(t_0) = \lim_{t \to t_0} \frac{y(t) - y(t_0)}{t - t_0} .$$

Hierbei handelt es sich um Ableitungen reellwertiger Funktionen, die sich mit den in der Schule behandelten Regeln ermitteln lassen. Da dies für die x- und y-Komponenten in identischer Weise erfolgt, kann auch direkt X mit

$$X(t) = (1-t)^3 \cdot P_0 + 3t(1-t)^2 \cdot P_1 + 3(1-t)t^2 \cdot P_2 + t^3 \cdot P_3$$

Abb. 5.72 Ableitung einer Vektorfunktion

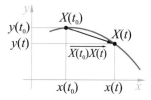

[40] Auf ausführliche Herleitungen dieser Eigenschaften wird hier verzichtet. Eine Einführung in Bézierkurven mit Aufgaben zur Herleitung zentraler Eigenschaften enthält die sehr empfehlenswerte, für Schüler geschriebene Broschüre von Baoswan Dzung Wong (2003).

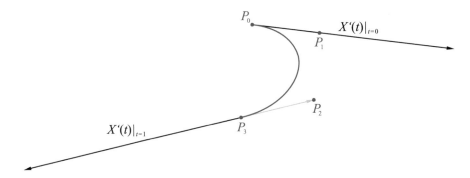

Abb. 5.73 Tangentenvektoren an den Enden eines Bézierkurvenstücks

abgeleitet werden, wobei sich

$$X'(t) = (-3t^2 + 6t - 3) \cdot P_0 + (9t^2 - 12t + 3) \cdot P_1 + (-9t^2 + 6t) \cdot P_2 + 3t^2 \cdot P_3$$

ergibt. Besonders interessant sind im Falle der Bézierkurven die nur einseitigen Ableitungen an den Rändern der Kurvenstücke. Setzt man in die Ableitung $t = 0$ bzw. $t = 1$ ein, so erhält man

$$X'(t)\big|_{t=0} = 3 \cdot (P_1 - P_0), \quad X'(t)\big|_{t=1} = 3 \cdot (P_3 - P_2)$$

für die Tangentenvektoren in den Randpunkten (Abb. 5.73). Dieses Ergebnis entspricht (bis auf den Faktor 3, der an den Tangenten nichts ändert[41]) der bereits bei der Konstruktion (siehe Abschn. 5.6.1) gewonnenen Vermutung, dass die Verbindungsvektoren der jeweiligen beiden äußeren Kontrollpunkte Tangentenvektoren in den Endpunkten der Kurve sind, also $\overrightarrow{P_0 P_1} = P_1 - P_0$ und $\overrightarrow{P_2 P_3} = P_3 - P_2$.

5.6.3 Bézierflächen

Für den Entwurf von Automobilkarosserien (wofür Bézierkurven ursprünglich entwickelt wurden, siehe die Eingangsbemerkungen zu Abschn. 5.6) benötigt man nicht nur Kurven, sondern vor allem Flächen, die sich durch Kontrollpunkte und Tangenten beeinflussen lassen. Derartige „Freiformflächen" entstehen durch Erweiterung von Kurven zu *Tensorproduktflächen*, die als „Kurven von Kurven" aufgefasst werden können. Werden alle Kontrollpunkte z. B. einer Bézierkurve entlang ebensolcher Kurven durch den Raum

---

[41] Es wird natürlich dieselbe Tangente festgelegt, wenn man einen Richtungsvektor mit einer von null verschiedenen reellen Zahl multipliziert. Der Faktor ist aber bedeutsam für die Geschwindigkeit eines auf der Kurve bewegten Objekts (wenn man den Parameter t als Zeit auffasst, siehe hierzu Abschn. 5.3). Die Ableitung einer durch eine Parameterdarstellung beschriebenen Kurve liefert Tangentenvektoren, die zugleich Geschwindigkeitsvektoren sind.

Abb. 5.74 Bézierflächenstück

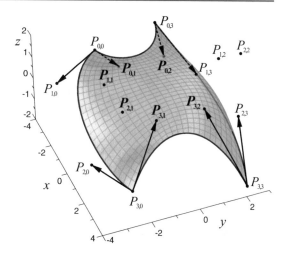

bewegt, so entstehen Kurvenscharen, die Flächen beschreiben. Die Tensorproduktfläche eines durch $X(u) = \sum_{i=0}^{3} B_{i,3}(u) \cdot P_i$ (siehe Abschn. 5.6.2) beschriebenen kubischen Bézierkurvenstücks entsteht, indem die Kontrollpunkte P_i abhängig von einem zweiten Parameter v auf Bézierkurvenstücken „bewegt" werden: $P_i(v) = \sum_{j=0}^{3} B_{j,3}(v) \cdot P_{i,j}$ ($i = 0, \ldots, 3$). Für das entstehende Flächenstück ergibt sich daraus die Parameterdarstellung

$$P(u,v) = \sum_{i=0}^{3} B_{i,3}(u) \left(\sum_{j=0}^{3} B_{j,3}(v) \cdot P_{i,j} \right) = \sum_{i=0}^{3} \sum_{j=0}^{3} B_{i,3}(u) \cdot B_{j,3}(v) \cdot P_{i,j}$$

mit den Bernsteinpolynomen

$$B_{i,3}(u) = \binom{3}{i} u^i (1-u)^{3-i} \quad \text{und} \quad B_{j,3}(v) = \binom{3}{j} v^j (1-v)^{3-j} \quad (u, v \in [0; 1]) .$$

Die Form dieses oft als *Bézierpatch* bezeichneten Flächenstücks wird durch die 16 Kontrollpunkte $P_{i,j}$ ($i, j = 0, \ldots, 3$) bestimmt. Davon gehören $P_{0,0}$, $P_{0,3}$, $P_{3,0}$ und $P_{3,3}$ dem Flächenstück an; $P_{1,0}$, $P_{0,1}$, $P_{0,2}$, $P_{1,3}$, $P_{2,0}$, $P_{3,1}$, $P_{3,2}$ und $P_{2,3}$ legen mit diesen zusammen die Tangentenvektoren der vier das Flächenstück begrenzenden Bézierkurvenstücke in ihren Endpunkten fest (siehe Abb. 5.74).

Durch das Zusammenfügen von Bézierpatches mit jeweils acht gemeinsamen Kontrollpunkten (analog zu der in Abschn. 5.6.1 beschriebenen Zusammensetzung von Kurvenstücken) lassen sich komplexe Flächen erstellen. So setzt sich das vielleicht bekannteste Objekt der Computergraphik, die Teekanne der Universität Utah (siehe Abb. 5.75), aus Bézierpatches zusammen.

Aufgrund der hohen Zahl einzugebender Kontrollpunkte ist die Modellierung von Bézierpatches durch Koordinatenangaben kaum möglich und bleibt deshalb Programmen

Abb. 5.75 Utah Teapot

mit graphischer (mausgestützter) Eingabe vorbehalten. Aber auch damit ist viel Erfahrung notwendig, um sinnvolle Konstruktionen vornehmen zu können. Da auch die analytische Beschreibung von Bézierpatches recht komplex ist (siehe oben), erscheint für die Schule nur eine kurze Besprechung ihres Entstehungsprinzips („Bewegung" der Kontrollpunkte von Bézierkurven entlang anderer Bézierkurven) am Rande einer ausführlicheren Behandlung von Bézierkurven sinnvoll.

Matrizen und affine Abbildungen

6

Inhaltsverzeichnis

In dem Kap. 2 wurden Matrizen als Schreibfiguren eingeführt, um das Lösen linearer Gleichungssysteme besser strukturieren zu können. Im Folgenden werden Matrizen nun zu eigenständigen mathematischen Objekten, die viele inner- und außermathematische Anwendungen haben.

Zu Matrizen bieten sich in der Schule sowohl *arithmetische* als auch *geometrische Zugänge* an. Ein nichtgeometrischer Zugang zu Matrizen, der in den Lehrplänen einiger Bundesländer favorisiert wird, ist die Behandlung von *mehrstufigen Prozessen*, worauf wir in dem Abschn. 6.1 eingehen.

Schwerpunkt dieses Kapitels sind die *affinen Abbildungen*, die unserer Meinung nach ein höheres Bildungspotenzial und einen stärkeren Bezug zu Technologien haben, welche zum Alltag von Schülern gehören. So bilden affine Abbildungen eine zentrale Grundlage der Computergraphik und mittlerweile auch der Eingabesteuerung von Smartphones und Tablet-PCs: Diese führen beim „Wischen" ständig zentrische Streckungen, Verschiebungen und Drehungen aus.

In dem Abschn. 6.2 werden zunächst lineare und affine Abbildungen aus Sicht der Universität und der Schule betrachtet, wobei sich recht große Unterschiede zeigen. Danach werden affine Abbildungen (hauptsächlich der Ebene) aus Sicht der Schule eingeführt, wobei wir von *Koordinatendarstellungen* aus- und dann zu *vektoriellen und matriziellen Darstellungen* übergehen.

Die *Hintereinanderausführung* (*Verkettung*) von Abbildungen wird der Anlass sein, die Matrizenmultiplikation einzuführen bzw. (falls sie Schülern schon von einer arith-

© Springer-Verlag Berlin Heidelberg 2015
H.-W. Henn, A. Filler, *Didaktik der Analytischen Geometrie und Linearen Algebra*,
Mathematik Primarstufe und Sekundarstufe I + II, DOI 10.1007/978-3-662-43435-2_6

metischen Einführung entsprechend Abschn. 6.1 bekannt ist) anzuwenden. Fixelemente affiner Abbildungen werden in dem Abschn. 6.3 diskutiert und dann verwendet, um die ebenen Affinitäten zu klassifizieren. In dem Abschn. 6.3.3 werden schließlich die für die Schule besonders relevanten Kongruenz- und Ähnlichkeitsabbildungen systematisch betrachtet.

6.1 Ein arithmetischer Zugang zu Matrizen über mehrstufige Prozesse

Anhand eines vom Prinzip her durchaus realitätsnahen Beispiels[1] wird im Folgenden die Multiplikation von Matrizen motiviert. Die vorgestellten Überlegungen sind z. B. in der Volkswirtschaftslehre von Bedeutung, wo Güterströme durch geeignete Verflechtungsdiagramme (Gozintographen) und Input-Output-Tabellen modelliert werden.[2]

6.1.1 Einführungsbeispiel: Materialverflechtung

Aus drei verschiedenen Rohstoffen R_1, R_2 und R_3 werden in einem Produktionsablauf zwei Zwischenprodukte Z_1, Z_2 hergestellt, welche dann zu vier Endprodukten E_1, E_2, E_3 und E_4 weiterverarbeitet werden. Wie viele Mengeneinheiten der verschiedenen Rohstoffe zur Herstellung der jeweiligen Zwischenprodukte und wie viele Zwischenprodukte zur Herstellung der verschiedenen Endprodukte benötigt werden, geht aus der Abb. 6.1 hervor.

In den folgenden „Input-Output-Tabellen" sind die der Abb. 6.1 entnommenen Mengenangaben wiedergegeben; die Spalten geben den Bedarf an Rohstoffen bzw. Zwischenprodukten für die jeweiligen Zwischen- bzw. Endprodukte an.

Abb. 6.1 Materialverflechtung

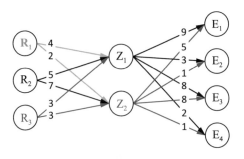

---

[1] Bei „echten" Anwendungen in der Volkswirtschaftslehre treten allerdings sehr viel größere Matrizen (oft mit Tausenden von Zeilen und Spalten) auf, so dass „händisches" Rechnen nicht mehr möglich ist.
[2] Das dem Beispiel zugrunde liegende Modell geht auf Wassily Leontief (1905–1999) zurück.

	Z_1	Z_2
R_1	4	2
R_2	5	7
R_3	3	3

	E_1	E_2	E_3	E_4
Z_1	9	3	8	2
Z_2	5	1	8	1

Es soll berechnet werden, wie viele Mengeneinheiten (ME) der verschiedenen Rohstoffe für die Produktion von 60 (ME) des Endprodukts E_1, 150 (ME) E_2, 40 (ME) E_3 sowie 200 (ME) E_4 erforderlich sind. Dies lässt sich natürlich einzeln anhand der Tabellen ausrechen, z. B. für die gewünschte Menge an E_1:

$$
\begin{aligned}
60\,E_1 &= 60 \cdot 9\,Z_1 + 60 \cdot 5\,Z_2 \\
&= 60 \cdot 9\,(4\,R_1 + 5\,R_2 + 3\,R_3) + 60 \cdot 5\,(2\,R_1 + 7\,R_2 + 3\,R_3) \\
&= 2760\,R_1 + 4800\,R_2 + 2520\,R_3 \,,
\end{aligned}
$$

wobei die Mengeneinheit weggelassen wurde. Auf dieselbe Weise lässt sich für die weiteren Endprodukte der Rohstoffbedarf ermitteln. Die Rechnungen sind nicht kompliziert, aber unübersichtlich; sie müssen zudem bei veränderten Anforderungen für die Endprodukte vollständig neu durchgeführt werden.

Die Suche nach einem Verfahren, mit dem sich die benötigten Rohstoffmengen auf wesentlich übersichtlichere Weise direkt unter Verwendung der Input-Output-Tabellen (die dazu als Matrizen geschrieben werden) berechnen lassen, kann zur Einführung der Matrizenmultiplikation genutzt werden. Dazu stellt man die gewünschten Mengen e_1, e_2, e_3, e_4 der Endprodukte E_1, E_2, E_3, E_4 als Spaltenvektor dar:

$$
\text{Outputvektor:} \quad \vec{e} = \begin{pmatrix} e_1 \\ e_2 \\ e_3 \\ e_4 \end{pmatrix} = \begin{pmatrix} 60 \\ 150 \\ 40 \\ 200 \end{pmatrix}
$$

Zunächst ermittelt man den Bedarf an Zwischenprodukten, indem man $\vec{e}$ mit einer *Verflechtungsmatrix* verknüpft, welche die rechte Input-Output-Tabelle enthält:

$$
\mathbf{A}_{Z \to E} = \begin{pmatrix} a_{11}\ a_{12}\ a_{13}\ a_{14} \\ a_{21}\ a_{22}\ a_{23}\ a_{24} \end{pmatrix} = \begin{pmatrix} 9\ 3\ 8\ 2 \\ 5\ 1\ 8\ 1 \end{pmatrix}
$$

Das Ergebnis einer geeigneten Verknüpfung $\mathbf{A}_{Z \to E} \circ \vec{e}$ muss ein Vektor

$$
\vec{z} = \begin{pmatrix} z_1 \\ z_2 \end{pmatrix}
$$

sein, der den Bedarf an Zwischenprodukten angibt. Die Komponenten dieses Vektors (d. h. die benötigten Mengen der jeweiligen Zwischenprodukte) ergeben sich, indem für jede Zeile der Verflechtungsmatrix deren Koeffizienten mit den zugehörigen Komponenten des Outputvektors multipliziert und die Ergebnisse addiert werden:

$$z_1 = a_{11}\,e_1 + a_{12}\,e_2 + a_{13}\,e_3 + a_{14}\,e_4 = 60 \cdot 9 + 150 \cdot 3 + 40 \cdot 8 + 200 \cdot 2 = 1710$$

$$z_2 = a_{21}\,e_1 + a_{22}\,e_2 + a_{23}\,e_3 + a_{24}\,e_4 = 60 \cdot 5 + 150 \cdot 1 + 40 \cdot 8 + 200 \cdot 1 = 970$$

Die Ermittlung der Komponenten des Vektors $\vec{z}$ erinnert an die Berechnung des Skalarprodukts (siehe Abschn. 4.4). Ebenso wie das Skalarprodukt zweier Vektoren berechnet wird, erfolgt die „Multiplikation" einer Zeile der Verflechtungsmatrix mit dem Outputvektor als Summe der Produkte von Komponenten des Outputvektors mit den entsprechenden Koeffizienten der Verflechtungsmatrix. Da jedoch Matrizen meist mehr als eine Zeile haben, ergibt sich als Ergebnis nicht eine einzige Zahl, sondern ein Vektor, dessen Komponenten den jeweiligen Zeilen der Verflechtungsmatrix entsprechen:

$$\begin{pmatrix} \boxed{a_{11}\ a_{12}\ a_{13}\ a_{14}} \\ a_{21}\ a_{22}\ a_{23}\ a_{24} \end{pmatrix} \circ \begin{pmatrix} \boxed{e_1} \\ e_2 \\ e_3 \\ e_4 \end{pmatrix} = \begin{pmatrix} \boxed{z_1} \\ z_2 \end{pmatrix}, \quad \begin{pmatrix} a_{11}\ a_{12}\ a_{13}\ a_{14} \\ \boxed{a_{21}\ a_{22}\ a_{23}\ a_{24}} \end{pmatrix} \circ \begin{pmatrix} \boxed{e_1} \\ e_2 \\ e_3 \\ e_4 \end{pmatrix} = \begin{pmatrix} z_1 \\ \boxed{z_2} \end{pmatrix}.$$

Der so ermittelte „Zwischenvektor"

$$\vec{z} = \begin{pmatrix} 1710 \\ 970 \end{pmatrix}$$

wird nun auf dieselbe Weise mit der Verflechtungsmatrix

$$\mathbf{B}_{R \to Z} = \begin{pmatrix} b_{11} & b_{12} \\ b_{21} & b_{22} \\ b_{31} & b_{32} \end{pmatrix} = \begin{pmatrix} 4 & 2 \\ 5 & 7 \\ 3 & 3 \end{pmatrix}$$

verknüpft, die den Rohstoffbedarf für die Herstellung von Zwischenprodukten angibt. Als Ergebnis erhält man einen „Inputvektor" $\vec{r}$, dessen Komponenten die benötigten Rohstoffmengen sind:

$$\vec{r} = \mathbf{B}_{R \to Z} \circ \vec{z} = \begin{pmatrix} b_{11} & b_{12} \\ b_{21} & b_{22} \\ b_{31} & b_{32} \end{pmatrix} \circ \begin{pmatrix} z_1 \\ z_2 \end{pmatrix} = \begin{pmatrix} b_{11}\,z_1 + b_{12}\,z_2 \\ b_{21}\,z_1 + b_{22}\,z_2 \\ b_{31}\,z_1 + b_{32}\,z_2 \end{pmatrix}$$

$$= \begin{pmatrix} 4 & 2 \\ 5 & 7 \\ 3 & 3 \end{pmatrix} \circ \begin{pmatrix} 1710 \\ 970 \end{pmatrix} = \begin{pmatrix} 4 \cdot 1710 + 2 \cdot 970 \\ 5 \cdot 1710 + 7 \cdot 970 \\ 3 \cdot 1710 + 3 \cdot 970 \end{pmatrix} = \begin{pmatrix} 8780 \\ 15.340 \\ 8040 \end{pmatrix}$$

Für die Herstellung der gewünschten Mengen an Endprodukten werden also 8780 (ME) des Rohstoffs R_1, 15.340 (ME) R_2 und 8040 (ME) R_3 benötigt.

Zusammenfassung der Rechenschritte – Produkt zweier Matrizen

Um den Rohstoffbedarf für andere Outputvektoren zu berechnen, müsste das vollzogene zweischrittige Rechenverfahren erneut durchgeführt werden. Daher ist es sinnvoll, die Verflechtungsmatrizen $\mathbf{B}_{R \to Z}$ und $\mathbf{A}_{Z \to E}$ zu einer einzigen Matrix $\mathbf{C}_{R \to E}$ zu verknüpfen, mithilfe derer sich der Inputvektor durch $\vec{r} = \mathbf{C}_{R \to E} \circ \vec{e}$ direkt aus dem Outputvektor ermitteln lässt. Dazu muss sich die erste Komponente des Inputvektors als Verknüpfung der ersten Zeile von $\mathbf{C}_{R \to E}$ mit dem Outputvektor ergeben (analog für die weiteren Komponenten und Zeilen). Um also die erste Zeile der Matrix $\mathbf{C}_{R \to E}$ zu ermitteln, vollziehen wir zurück, wie die erste Komponente des Inputvektors berechnet wurde:

$$
\begin{aligned}
r_1 &= b_{11}\, z_1 + b_{12}\, z_2 \\
&= b_{11}\, (a_{11}\, e_1 + a_{12}\, e_2 + a_{13}\, e_3 + a_{14}\, e_4) + b_{12}\, (a_{21}\, e_1 + a_{22}\, e_2 + a_{23}\, e_3 + a_{24}\, e_4) \\
&= (b_{11}\, a_{11} + b_{12}\, a_{21})\, e_1 + (b_{11}\, a_{12} + b_{12}\, a_{22})\, e_2 \\
&\quad + (b_{11}\, a_{13} + b_{12}\, a_{23})\, e_3 + (b_{11}\, a_{14} + b_{12}\, a_{24})\, e_4 \\
&= (4 \cdot 9 + 2 \cdot 5) \cdot 60 + (4 \cdot 3 + 2 \cdot 1) \cdot 150 + (4 \cdot 8 + 2 \cdot 8) \cdot 40 + (4 \cdot 2 + 2 \cdot 1) \cdot 200 \\
&= 8780 \, .
\end{aligned}
$$

Damit sich also durch Verknüpfung der ersten Zeile der gesuchten „Gesamtverflechtungsmatrix" $\mathbf{C}_{R \to E}$ mit dem Outputvektor die richtige Komponente r_1 des Inputvektors ergibt, muss der erste Zeilenvektor der Matrix $\mathbf{C}_{R \to E}$ die Gestalt

$$
\vec{a}_{Z1} = (b_{11}\, a_{11} + b_{12}\, a_{21} \,;\, b_{11}\, a_{12} + b_{12}\, a_{22} \,;\, b_{11}\, a_{13} + b_{12}\, a_{23} \,;\, b_{11}\, a_{14} + b_{12}\, a_{24})
$$

haben. Die anderen Zeilenvektoren sind analog zu bilden, man erhält also:

$$
\mathbf{C}_{R \to E} = \begin{pmatrix} b_{11}a_{11} + b_{12}a_{21} & b_{11}a_{12} + b_{12}a_{22} & b_{11}a_{13} + b_{12}a_{23} & b_{11}a_{14} + b_{12}a_{24} \\ b_{21}a_{11} + b_{22}a_{21} & b_{21}a_{12} + b_{22}a_{22} & b_{21}a_{13} + b_{22}a_{23} & b_{21}a_{14} + b_{22}a_{24} \\ b_{31}a_{11} + b_{32}a_{21} & b_{31}a_{12} + b_{32}a_{22} & b_{31}a_{13} + b_{32}a_{23} & b_{31}a_{14} + b_{32}a_{24} \end{pmatrix}
$$

Diese Matrix heißt *Produkt der Matrizen* $\mathbf{B}_{R \to Z}$ *und* $\mathbf{A}_{Z \to E}$:

$$
\mathbf{C}_{R \to E} = \mathbf{B}_{R \to Z} \circ \mathbf{A}_{Z \to E} = \begin{pmatrix} b_{11} & b_{12} \\ b_{21} & b_{22} \\ b_{31} & b_{32} \end{pmatrix} \circ \begin{pmatrix} a_{11} & a_{12} & a_{13} & a_{14} \\ a_{21} & a_{22} & a_{23} & a_{24} \end{pmatrix}
$$

Damit das Produkt $\mathbf{C} = \mathbf{B} \circ \mathbf{A}$ zweier Matrizen gebildet werden kann, muss die Anzahl der Zeilen der rechten Matrix $\mathbf{A}$ mit der Spaltenanzahl der linken Matrix $\mathbf{B}$ übereinstimmen. Die Zeilenanzahl der Produktmatrix ist gleich der Zeilenanzahl von $\mathbf{B}$, ihre Spaltenanzahl gleich der Anzahl der Spalten von $\mathbf{A}$.

Wir bilden nun das Produkt mit den konkreten Zahlen der in diesem Beispiel betrachteten Verflechtungsmatrizen:

$$\mathbf{C}_{R\to E} = \mathbf{B}_{R\to Z} \circ \mathbf{A}_{Z\to E} = \begin{pmatrix} 4 & 2 \\ 5 & 7 \\ 3 & 3 \end{pmatrix} \circ \begin{pmatrix} 9 & 3 & 8 & 2 \\ 5 & 1 & 8 & 1 \end{pmatrix} = \begin{pmatrix} 46 & 14 & 48 & 10 \\ 80 & 22 & 96 & 17 \\ 42 & 12 & 48 & 9 \end{pmatrix}$$

Bildet man nun schließlich (in der zuvor für $\mathbf{A}_{Z\to E} \circ \vec{e}$ beschriebenen Weise) das Produkt dieser Matrix mit dem Outputvektor $\vec{e}$, so erhält man

$$\mathbf{C}_{R\to E} \circ \vec{e} = \begin{pmatrix} 46 & 14 & 48 & 10 \\ 80 & 22 & 96 & 17 \\ 42 & 12 & 48 & 9 \end{pmatrix} \circ \begin{pmatrix} 60 \\ 150 \\ 40 \\ 200 \end{pmatrix} = \begin{pmatrix} 8780 \\ 15.340 \\ 8040 \end{pmatrix} ,$$

also dasselbe Ergebnis wie bereits zuvor.

Um beispielbezogen zu einem ersten *Rechengesetz für Matrizen* zu gelangen, sollte abschließend noch einmal zusammengefasst werden, auf welchen Wegen der Inputvektor berechnet wurde:

$$\vec{e} \mapsto \vec{z} = \mathbf{A}_{Z\to E} \circ \vec{e} \mapsto \vec{r} = \mathbf{B}_{R\to Z} \circ \vec{z} = \mathbf{B}_{R\to Z} \circ \left(\mathbf{A}_{Z\to E} \circ \vec{e}\right)$$
$$\vec{e} \mapsto \vec{r} = \mathbf{C}_{R\to E} \circ \vec{e} = \left(\mathbf{B}_{R\to Z} \circ \mathbf{A}_{Z\to E}\right) \circ \vec{e}$$

Es lässt sich also (zumindest für das hier behandelte Beispiel) ein *Assoziativgesetz* für die Multiplikation von Matrizen und Spaltenvektoren (die sich auch als einspaltige Matrizen auffassen lassen) erkennen:

$$\mathbf{B}_{R\to Z} \circ \left(\mathbf{A}_{Z\to E} \circ \vec{e}\right) = \left(\mathbf{B}_{R\to Z} \circ \mathbf{A}_{Z\to E}\right) \circ \vec{e}$$

6.1.2 Matrizenmultiplikation – Definition und Rechenregeln

Die in dem vorangegangenen Abschnitt anhand eines konkreten Beispiels eingeführte Matrizenmultiplikation lässt sich zu einer Definition verallgemeinern:

▶ **Definition 6.1** Es seien $\mathbf{A}$ eine $l \times m$-Matrix (d. h. eine Matrix mit l Zeilen und m Spalten) und $\mathbf{B}$ eine $m \times n$-Matrix:

$$\mathbf{A} = (a_{ij})_{\substack{i=1...l \\ j=1...m}} = \begin{pmatrix} a_{11} & a_{12} & \ldots & a_{1m} \\ a_{21} & a_{22} & \ldots & a_{2m} \\ \vdots & \vdots & & \vdots \\ a_{l1} & a_{l2} & \ldots & a_{lm} \end{pmatrix} , \quad \mathbf{B} = (b_{ij})_{\substack{i=1...l \\ j=1...m}} = \begin{pmatrix} b_{11} & b_{12} & \ldots & b_{1n} \\ b_{21} & b_{22} & \ldots & b_{2n} \\ \vdots & \vdots & & \vdots \\ b_{m1} & b_{m2} & \ldots & b_{mn} \end{pmatrix}$$

Als Produkt der Matrizen **A** und **B** wird die Matrix

$$\mathbf{A} \circ \mathbf{B} = \begin{pmatrix} a_{11}b_{11} + a_{12}b_{21} & a_{11}b_{12} + a_{12}b_{22} & \ldots & a_{11}b_{1n} + a_{12}b_{2n} \\ +\ldots + a_{1m}b_{m1} & +\ldots + a_{1m}b_{m2} & & +\ldots + a_{1m}b_{mn} \\ a_{21}b_{11} + a_{22}b_{21} & a_{21}b_{12} + a_{22}b_{22} & \ldots & a_{21}b_{1n} + a_{22}b_{2n} \\ +\ldots + a_{2m}b_{m1} & +\ldots + a_{2m}b_{m2} & & +\ldots + a_{2m}b_{mn} \\ \vdots & \vdots & & \vdots \\ a_{l1}b_{11} + a_{l2}b_{21} & a_{l1}b_{12} + a_{l2}b_{22} & \ldots & a_{l1}b_{1n} + a_{l2}b_{2n} \\ +\ldots + a_{lm}b_{m1} & +\ldots + a_{lm}b_{m2} & & +\ldots + a_{lm}b_{mn} \end{pmatrix}$$

bezeichnet. In Kurzschreibweise lässt sich diese folgendermaßen angeben:

$$\mathbf{A} \circ \mathbf{B} = \begin{pmatrix} \sum_{k=1}^{m} a_{1k}b_{k1} & \sum_{k=1}^{m} a_{1k}b_{k2} & \ldots & \sum_{k=1}^{m} a_{1k}b_{kn} \\ \sum_{k=1}^{m} a_{2k}b_{k1} & \sum_{k=1}^{m} a_{2k}b_{k2} & \ldots & \sum_{k=1}^{m} a_{2k}b_{kn} \\ \vdots & \vdots & & \vdots \\ \sum_{k=1}^{m} a_{lk}b_{k1} & \sum_{k=1}^{m} a_{lk}b_{k2} & \ldots & \sum_{k=1}^{m} a_{lk}b_{kn} \end{pmatrix}$$

$$= \left(\sum_{k=1}^{m} a_{ik}b_{kj} \right)_{\substack{i=1\ldots l \\ j=1\ldots m}}$$

Diese Schreibweisen des Matrizenprodukts können Schüler leicht „erschlagen". Es sollte daher als *Merkhilfe* ein *visuelles Schema* erarbeitet werden:

Ein Element c_{ij} der Produktmatrix $\mathbf{C} = \mathbf{A} \circ \mathbf{B}$ ist die Summe der Produkte der Komponenten der i-ten Zeile von **A** mit den entsprechenden Komponenten der j-ten Spalte von **B** bzw., gleichbedeutend damit, das Skalarprodukt des i-ten Zeilenvektors mit dem j-ten Spaltenvektor:

$$\begin{pmatrix} a_{11} & a_{12} & \ldots & a_{1m} \\ \vdots & \vdots & & \vdots \\ \boxed{a_{i1}\ a_{i2} \ldots a_{im}} \\ \vdots & \vdots & & \vdots \\ a_{l1} & a_{l2} & \ldots & a_{lm} \end{pmatrix} \circ \begin{pmatrix} b_{11} & \ldots & \boxed{b_{1j}} & \ldots & b_{1n} \\ b_{21} & \ldots & b_{2j} & \ldots & b_{2n} \\ \vdots & & \vdots & & \vdots \\ b_{m1} & \ldots & b_{mj} & \ldots & b_{mn} \end{pmatrix} = \begin{pmatrix} c_{11} & \ldots & c_{1j} & \ldots & c_{1n} \\ \vdots & & \vdots & & \vdots \\ c_{i1} & \ldots & \boxed{c_{ij}} & \ldots & c_{in} \\ \vdots & & \vdots & & \vdots \\ c_{l1} & \ldots & c_{lj} & \ldots & c_{ln} \end{pmatrix}$$

Dieses Schema verdeutlicht auch gut die Beziehungen zwischen den Zeilen- und Spaltenanzahlen der beteiligten Matrizen:

- Wie bereits anhand des Beispiels in 6.1.1 sichtbar wurde, muss die Spaltenanzahl m der (linken) Matrix **A** mit der Anzahl der Zeilen der (rechten) Matrix **B** übereinstimmen, damit das Produkt $\mathbf{A} \circ \mathbf{B}$ gebildet werden kann.
- Die Zeilenanzahl der Produktmatrix **C** ist gleich der Zeilenanzahl von **A**, ihre Spaltenanzahl gleich der Anzahl der Spalten von **B**, d. h. wenn **A** eine $l \times m$-Matrix und **B** eine $m \times n$-Matrix ist, so ist $\mathbf{A} \circ \mathbf{B}$ eine $l \times n$-Matrix.

Rechenregeln für Matrizen

Um Analogien und Unterschiede zwischen der Multiplikation reeller Zahlen und der Matrizenmultiplikation deutlich zu machen, sollten Schüler die Gültigkeit der grundlegenden Rechenregeln untersuchen. Dies wird zum großen Teil beispielbezogen geschehen, da entsprechende Beweise zwar inhaltlich nicht sehr anspruchsvoll, aber technisch wegen der auftretenden Indizes kompliziert sind.

- Die Multiplikation von Matrizen ist *assoziativ*, d. h., für beliebige $l \times m$-Matrizen $\mathbf{A}$, $m \times n$-Matrizen $\mathbf{B}$ und $n \times p$-Matrizen $\mathbf{C}$ gilt

$$(\mathbf{A} \circ \mathbf{B}) \circ \mathbf{C} = \mathbf{A} \circ (\mathbf{B} \circ \mathbf{C}) \, .$$

Anhand eines speziellen Beispiels (mit $p = 1$, $n = 4$, $m = 2$, $l = 3$) zeigte sich die Assoziativität bereits in dem Abschn. 6.1.1. Weitere Beispiele, anhand derer sich die Vermutung erhärtet, dass die Matrizenmultiplikation assoziativ ist, können von Schülern als Übungen der Matrizenmultiplikation durchgerechnet werden, natürlich lässt sich für aufwändigere Beispiele auch der Computer nutzen (siehe Abschn. 6.1.3).

- Die Matrizenmultiplikation ist i. Allg. *nicht kommutativ*. Für Matrizen mit unterschiedlichen Zeilen- und Spaltenanzahlen ist dies unmittelbar einsichtig. Aber auch für quadratische Matrizen ist die Matrizenmultiplikation meist nicht kommutativ. So berechnet man für

$$\mathbf{A} = \begin{pmatrix} 1 & 2 \\ 3 & 4 \end{pmatrix} \, , \quad \mathbf{B} = \begin{pmatrix} 6 & 5 \\ 7 & 1 \end{pmatrix}$$

die Produkte

$$\mathbf{A} \circ \mathbf{B} = \begin{pmatrix} 20 & 7 \\ 46 & 19 \end{pmatrix} \quad \text{und} \quad \mathbf{B} \circ \mathbf{A} = \begin{pmatrix} 21 & 32 \\ 10 & 18 \end{pmatrix} \, ,$$

also $\mathbf{A} \circ \mathbf{B} \neq \mathbf{B} \circ \mathbf{A}$.

In speziellen Fällen können zwei Matrizen $\mathbf{A}$ und $\mathbf{B}$ allerdings „vertauschbar" sein (d. h., für diese Matrizen gilt $\mathbf{A} \circ \mathbf{B} = \mathbf{B} \circ \mathbf{A}$).

- Wie bei der Multiplikation in $\mathbb{R}$ gibt es auch für die Matrizenmultiplikation ein neutrales Element („Einselement"), nämlich (für beliebige $n \in \mathbb{N}$) die $n \times n$-Matrix $\mathbf{E}_n$, deren Hauptdiagonale nur Einsen enthält und die ansonsten nur aus Nullen besteht (*Einheitsmatrix*):

$$\mathbf{E}_n = \begin{pmatrix} \mathbf{1} & 0 & \dots & 0 \\ 0 & \mathbf{1} & \ddots & \vdots \\ \vdots & \ddots & \ddots & 0 \\ 0 & \dots & 0 & \mathbf{1} \end{pmatrix}$$

Man rechnet leicht nach, dass für beliebige $n \times n$-Matrizen $\mathbf{A}$ gilt: $\mathbf{A} \circ \mathbf{E}_n = \mathbf{E}_n \circ \mathbf{A} = \mathbf{A}$.

- Analog zur Multiplikation in $\mathbb{R}$, wo für beliebige $a \in \mathbb{R}$ gilt $a \cdot 0 = 0 \cdot a = 0$, gibt es auch eine *Nullmatrix*

$$\mathbf{0}_n = \begin{pmatrix} 0 & \dots & 0 \\ \vdots & \ddots & \vdots \\ 0 & \dots & 0 \end{pmatrix}$$

mit $\mathbf{A} \circ \mathbf{0}_n = \mathbf{0}_n \circ \mathbf{A} = \mathbf{0}_n$ für beliebige $n \times n$-Matrizen $\mathbf{A}$.

- Neben der Nichtkommutaviät gibt es eine weitere „Merkwürdigkeit" des Matrizenprodukts. In den reellen Zahlen folgt aus $a \cdot b = 0$ stets, dass $a = 0$ oder $b = 0$ gelten muss; diese Eigenschaft heißt „Nullteilerfreiheit". Hingegen ist die *Matrizenmultiplikation nicht nullteilerfrei*. Eine Nullmatrix kann auch als Produkt zweier Matrizen entstehen, von denen keine eine Nullmatrix ist, z. B.

$$\mathbf{A} = \begin{pmatrix} 2 & 2 \\ 3 & 3 \end{pmatrix} \quad \text{und} \quad \mathbf{B} = \begin{pmatrix} 1 & 1 \\ -1 & -1 \end{pmatrix}, \quad \text{aber} \quad \mathbf{A} \circ \mathbf{B} = \begin{pmatrix} 0 & 0 \\ 0 & 0 \end{pmatrix}.$$

Matrizenprodukt und Addition von Matrizen – Distributivgesetz

Bereits in dem Abschn. 3.4.3 wurden ab Abschn. „Magische Quadrate und Zahlenmauern" magische Quadrate betrachtet, bei denen es sich um spezielle Matrizen handelt. Ebenso wie magische Quadrate lassen sich beliebige Matrizen (gleicher Zeilen- und Spaltenzahl) addieren, indem einfach die einander entsprechenden Komponenten addiert werden. Dass die Matrizenaddition kommutativ und assoziativ ist, wird (analog zur Addition von Vektoren im n-Tupel-Modell) schnell deutlich, da sich diese Eigenschaften direkt auf die entsprechenden Rechenregeln für reelle Zahlen zurückführen lassen. Darüber hinaus können sich Schüler (auch ohne formalen Beweis) davon überzeugen, dass *Distributivität* besteht, d. h. für beliebige $l \times m$-Matrizen $\mathbf{A}$, $\mathbf{A}^{(1)}$, $\mathbf{A}^{(2)}$ und $m \times n$-Matrizen $\mathbf{B}$, $\mathbf{B}^{(1)}$, $\mathbf{B}^{(2)}$ gilt:

$$(\mathbf{A}^{(1)} + \mathbf{A}^{(2)}) \circ \mathbf{B} = \mathbf{A}^{(1)} \circ \mathbf{B} + \mathbf{A}^{(2)} \circ \mathbf{B}, \quad \mathbf{A} \circ (\mathbf{B}^{(1)} + \mathbf{B}^{(2)}) = \mathbf{A} \circ \mathbf{B}^{(1)} + \mathbf{A} \circ \mathbf{B}^{(2)} \quad (6.1)$$

Interessant hierbei ist, dass – da die Matrizenmultiplikation i. Allg. nicht kommutativ ist – zwei Distributivgesetze formuliert werden müssen (während bei kommutativen Verknüpfungen ein Distributivgesetz ausreicht).

6.1.3 Populationsmatrizen

Nachdem in dem Abschn. 6.1.1 das Beispiel der Materialverflechtung zur Einführung der Matrizenmultiplikation genutzt wurde, wird nun eine weitere Klasse von Anwendungen betrachtet, die in der Schule gut im Rahmen einer arithmetisch orientierten Behandlung von Matrizen thematisiert werden kann (und beispielsweise in Hamburg zu den Standardinhalten des Unterrichts gehört).

Matrizen lassen sich gut zur Beschreibung diskreter „verflochtener" Wachstumsprozesse (wie der Entwicklung von Populationen) nutzen, siehe hierzu ausführlicher Lehmann (1983). Ein einfaches Beispiel ist das folgende:[3]

> • *Aus den Eiern eines Käfers schlüpfen nach einem Monat Larven. Nach einem weiteren Monat werden diese zu Käfern, die nach einem Monat jeweils acht Eier legen und dann sofort sterben. Nur aus einem Viertel der Eier werden Larven, die anderen Eier werden gefressen oder verenden. Von den Larven wird die Hälfte zu Käfern, die andere Hälfte stirbt.*

Die folgende Tabelle fasst die Umwandlungen zusammen:

Zeitpunkt Monat t	Zeitpunkt Monat $t + 1$
Käfer	8 Eier
Ei	$\frac{1}{4}$ Larve
Larve	$\frac{1}{2}$ Käfer

Eine andere Darstellungsweise des Vorgangs (die mit der Darstellung von Materialverflechtungen in Tabellen vergleichbar ist, siehe Abschn. 6.1.1) ist die folgende:

Ei wird zu	Larve wird zu	Käfer wird zu	
		8	Eier
$\frac{1}{4}$			Larven
	$\frac{1}{2}$		Käfer

Diese Tabelle schreiben wir nun als *Populationsmatrix*:

$$\mathbf{P} = \begin{pmatrix} 0 & 0 & 8 \\ \frac{1}{4} & 0 & 0 \\ 0 & \frac{1}{2} & 0 \end{pmatrix}$$

Es seien zu einem Zeitpunkt gleiche Anzahlen von 1000 Eiern, 1000 Larven und 1000 Käfern vorhanden. Diese Angabe fassen wir zu einem *Populationsvektor*

$$\vec{p}_0 = \begin{pmatrix} 1000 \\ 1000 \\ 1000 \end{pmatrix} \begin{matrix} \text{(Eier)} \\ \text{(Larven)} \\ \text{(Käfer)} \end{matrix}$$

---

[3] Die Zahlen sind hier so gewählt, dass die Beispiele auch „händisch" gerechnet werden können. In der Realität auftretende Situationen sind natürlich wesentlich komplexer.

zusammen. Durch Multiplikation dieses Vektors mit **P** erhält man den Populationsvektor nach einem Monat:

$$\vec{p}_1 = \mathbf{P} \circ \vec{p}_0 = \begin{pmatrix} 0 & 0 & 8 \\ \frac{1}{4} & 0 & 0 \\ 0 & \frac{1}{2} & 0 \end{pmatrix} \circ \begin{pmatrix} 1000 \\ 1000 \\ 1000 \end{pmatrix} = \begin{pmatrix} 8000 \\ 250 \\ 500 \end{pmatrix} \quad \begin{matrix} \text{(Eier)} \\ \text{(Larven)} \\ \text{(Käfer)} \end{matrix}$$

Um den Populationsbestand nach weiteren Monaten zu berechnen, wird der jeweils aktuelle Populationsvektor erneut mit der Populationsmatrix multipliziert:

$$\vec{p}_2 = \mathbf{P} \circ \vec{p}_1 = \begin{pmatrix} 4000 \\ 2000 \\ 125 \end{pmatrix}, \quad \vec{p}_3 = \mathbf{P} \circ \vec{p}_2 = \begin{pmatrix} 1000 \\ 1000 \\ 1000 \end{pmatrix} \quad \begin{matrix} \text{(Eier)} \\ \text{(Larven)} \\ \text{(Käfer)} \end{matrix}$$

Nach drei Monaten wird also wieder die Ausgangspopulation hergestellt, d.h. $\mathbf{P}^3 \circ \vec{p}_0 = \vec{p}_0$. Um diese Tatsache näher zu untersuchen, berechnen wir $\mathbf{P}^3$:

$$\mathbf{P}^2 = \mathbf{P} \circ \mathbf{P} = \begin{pmatrix} 0 & 0 & 8 \\ \frac{1}{4} & 0 & 0 \\ 0 & \frac{1}{2} & 0 \end{pmatrix} \circ \begin{pmatrix} 0 & 0 & 8 \\ \frac{1}{4} & 0 & 0 \\ 0 & \frac{1}{2} & 0 \end{pmatrix} = \begin{pmatrix} 0 & 4 & 0 \\ 0 & 0 & 2 \\ \frac{1}{8} & 0 & 0 \end{pmatrix}, \quad \mathbf{P}^3 = \mathbf{P} \circ \mathbf{P}^2 = \begin{pmatrix} 1 & 0 & 0 \\ 0 & 1 & 0 \\ 0 & 0 & 1 \end{pmatrix}$$

$\mathbf{P}^3$ ist also die Einheitsmatrix $\mathbf{E}_3$, somit muss $\mathbf{P}^3 \circ \vec{p}_0 = \vec{p}_0$ gelten; es gilt sogar $\mathbf{P}^3 \circ \vec{x} = \vec{x}$ für beliebige Vektoren $\vec{x} \in \mathbb{R}^3$.

Während bei der Multiplikation mit der Einheitsmatrix *jeder* Vektor unverändert bleibt, kann es durchaus *spezielle* Vektoren geben, die auch bei der Multiplikation mit anderen Matrizen unverändert bleiben. Wir untersuchen nun, ob es einen Vektor $\vec{q}$ gibt, für den $\mathbf{P} \circ \vec{q} = \vec{q}$ ist. Innerhalb der hier betrachteten Sachsituation kommt dies folgender Frage gleich: *Gibt es eine Anfangspopulation von q_E Eiern, q_L Larven und q_K Käfern, deren Anzahlen sich nach einem Monat nicht verändert haben?* Zur Beantwortung dieser Frage setzen wir

$$\vec{q} = \mathbf{P} \circ \vec{q}, \quad \text{d.h.} \quad \begin{pmatrix} q_E \\ q_L \\ q_K \end{pmatrix} = \begin{pmatrix} 0 & 0 & 8 \\ \frac{1}{4} & 0 & 0 \\ 0 & \frac{1}{2} & 0 \end{pmatrix} \circ \begin{pmatrix} q_E \\ q_L \\ q_K \end{pmatrix} = \begin{pmatrix} 8\,q_K \\ \frac{1}{4}\,q_E \\ \frac{1}{2}\,q_L \end{pmatrix}.$$

Durch Lösen des entstandenen LGS erhält man $q_E = 8\,q_K = 4\,q_L$. Somit ist z. B.

$$\vec{q} = \begin{pmatrix} 8 \\ 2 \\ 1 \end{pmatrix}$$

ein Vektor mit $\mathbf{P} \circ \vec{q} = \vec{q}$, der eine „stabile Population" beschreibt.

- Für eine andere Käferart wird die bisher betrachtete Situation etwas abgewandelt: Statt *Käfern, die nach einem Monat jeweils acht Eier legen und dann sofort sterben*, betrachten wir *Käfer* (die ebenfalls nach einem Monat jeweils acht Eier legen), *von denen 75 % sterben und 25 % noch einen weiteren Monat als „alte Käfer" leben, dann noch vier Eier legen und nun sterben.*

Die folgende Tabelle beschreibt diese Entwicklung.

Ei wird zu	Larve wird zu	Käfer wird zu	alter Käfer wird	
		8	4	Eier
$\frac{1}{4}$				Larven
	$\frac{1}{2}$			Käfer
		$\frac{1}{4}$		alte Käfer

Die zugehörige Populationsmatrix ist also

$$\mathbf{P} = \begin{pmatrix} 0 & 0 & 8 & 4 \\ \frac{1}{4} & 0 & 0 & 0 \\ 0 & \frac{1}{2} & 0 & 0 \\ 0 & 0 & \frac{1}{4} & 0 \end{pmatrix}.$$

Wir untersuchen die Populationsentwicklung für folgenden Ausgangsbestand:

$$\vec{p}_0 = \begin{pmatrix} 1000 \\ 1000 \\ 1000 \\ 1000 \end{pmatrix} \begin{matrix} \text{(Eier)} \\ \text{(Larven)} \\ \text{(Käfer)} \\ \text{(alte Käfer)} \end{matrix}$$

Durch mehrfache Multiplikation des Populationsvektors $\vec{p}_0$ mit der Populationsmatrix erhalten wir die folgenden Bestände nach 1, 2, 3 bzw. 4 Monaten:

$$\vec{p}_1 = \begin{pmatrix} 12.000 \\ 250 \\ 500 \\ 250 \end{pmatrix}, \ \vec{p}_2 = \begin{pmatrix} 5000 \\ 3000 \\ 125 \\ 125 \end{pmatrix}, \ \vec{p}_3 = \begin{pmatrix} 1500 \\ 1250 \\ 1500 \\ 31{,}25 \end{pmatrix}, \ \vec{p}_4 = \begin{pmatrix} 12.125 \\ 375 \\ 625 \\ 375 \end{pmatrix} \begin{matrix} \text{(Eier)} \\ \text{(Larven)} \\ \text{(Käfer)} \\ \text{(alte Käfer)} \end{matrix}$$

Hieran sind offenbar noch keine „Regelmäßigkeiten" zu erkennen.

Matrizenprodukte und -potenzen mit GeoGebra

Um einen Eindruck von der langfristigen Entwicklung zu erhalten, müssen die Populationsvektoren nach längeren Zeiträumen bestimmt werden, wobei spätestens jetzt der Computer verwendet werden sollte. Mithilfe von GeoGebra lassen sich sehr einfach Matrizen (bzw. Matrizen und Spaltenvektoren) multiplizieren und auch „Matrizenpotenzen" bilden. Wir verwenden dazu die CAS-Ansicht von GeoGebra, da sich hier sowohl exakte als auch Näherungswerte bestimmen lassen. Eine Matrix (z. B. unsere Populationsmatrix P) gibt man mittels

```
P:={{0,0,8,4},{1/4,0,0,0},{0,1/2,0,0},{0,0,1/4,0}}
```

ein, einen Spaltenvektor analog dazu als Matrix mit nur einer Spalte:

```
p0:={{1000},{1000},{1000},{1000}}
```

Die Matrix P lässt sich nun mit dem Spaltenvektor $\vec{p}_0$ mithilfe des Sterns, der auch zur Multiplikation von Zahlen verwendet wird, multiplizieren. Die Eingabe

```
P*p0
```

führt zu dem oben bereits für $\vec{p}_1$ genannten Ergebnis

$$\begin{pmatrix} 12.000 \\ 250 \\ 500 \\ 250 \end{pmatrix}.$$

Ebenso lässt sich z. B. $\vec{p}_4 = P^4 \circ \vec{p}_0$ mittels `P^4*p0` bestimmen. Unverzichtbar wird der Computer dann, wenn man die Populationsvektoren nach längeren Zeiträumen, z. B. nach 100 Monaten, berechnen will. Die Eingabe

```
P^100*p0
```

führt zu dem recht unübersichtlichen Ergebnis

$$\begin{pmatrix} \dfrac{1181561184689767906355468125}{472236648286964521 3696} \\[2ex] \dfrac{2862675716107123922942 46375}{4722366482869645213696} \\[2ex] \dfrac{1368766099569852592195 12625}{4722366482869645213696} \\[2ex] \dfrac{329281890461757483386 02375}{4722366482869645213696} \end{pmatrix}.$$

Hierfür verwendet man daher besser den Button $\approx$ in GeoGebra, um Näherungswerte zu berechnen. Man erhält (nach Rundung auf ganzzahlige Werte)

$$\vec{p}_{100} = \mathbf{P}^{100} \circ \vec{p}_0 \approx \begin{pmatrix} 250.205 \\ 60.620 \\ 28.985 \\ 6973 \end{pmatrix}, \ \vec{p}_{101} \approx \begin{pmatrix} 259.769 \\ 62.551 \\ 30.309 \\ 7246 \end{pmatrix}, \ \vec{p}_{102} \approx \begin{pmatrix} 271.462 \\ 64.942 \\ 31.275 \\ 7577 \end{pmatrix} \begin{matrix} \text{(Eier)} \\ \text{(Larven)} \\ \text{(Käfer)} \\ \text{(alte Käfer)} \end{matrix}$$

für die Populationsvektoren nach 100, 101 und 102 Monaten. Es entsteht also der Eindruck eines allmählichen Wachstums aller Populationen. Dieser Eindruck verstärkt sich durch die Betrachtung der Populationen nach 1000 ... Monaten:

$$\vec{p}_{1000} \approx \begin{pmatrix} 1{,}61 \cdot 10^{20} \\ 3{,}87 \cdot 10^{19} \\ 1{,}86 \cdot 10^{19} \\ 4{,}48 \cdot 10^{18} \end{pmatrix}, \ \vec{p}_{1001} \approx \begin{pmatrix} 1{,}67 \cdot 10^{20} \\ 4{,}01 \cdot 10^{19} \\ 1{,}93 \cdot 10^{19} \\ 4{,}65 \cdot 10^{18} \end{pmatrix}, \ \vec{p}_{1002} \approx \begin{pmatrix} 1{,}7 \cdot 10^{20} \\ 4{,}17 \cdot 10^{19} \\ 2{,}01 \cdot 10^{19} \\ 4{,}83 \cdot 10^{18} \end{pmatrix} \begin{matrix} \text{(Eier)} \\ \text{(Larven)} \\ \text{(Käfer)} \\ \text{(alte K.)} \end{matrix}$$

In dem zu Beginn dieses Abschnitts betrachteten Beispiel war es möglich, eine Anfangspopulation zu ermitteln, die sich nach einem Monat nicht verändert und daher für alle Zeit konstant bleibt. Jedoch erscheint es aufgrund des hier nun festzustellenden ständigen Wachstums aller Populationen unwahrscheinlich, dass sich eine solche Anfangspopulation finden lässt. Um dieser Frage auf den Grund zu gehen, untersuchen wir erneut, ob es einen Vektor $\vec{q}$ mit

$$\vec{q} = \mathbf{P} \circ \vec{q}, \quad \text{d.h.} \quad \begin{pmatrix} q_E \\ q_L \\ q_K \\ q_{aK} \end{pmatrix} = \begin{pmatrix} 0 & 0 & 8 & 4 \\ \frac{1}{4} & 0 & 0 & 0 \\ 0 & \frac{1}{2} & 0 & 0 \\ 0 & 0 & \frac{1}{4} & 0 \end{pmatrix} \circ \begin{pmatrix} q_E \\ q_L \\ q_K \\ q_{aK} \end{pmatrix} = \begin{pmatrix} 8\,q_K + 4\,q_{aK} \\ \frac{1}{4}\,q_E \\ \frac{1}{2}\,q_L \\ \frac{1}{4}\,q_K \end{pmatrix},$$

gibt. Dazu ist das folgende lineare Gleichungssystem zu lösen:

$$\left. \begin{matrix} q_E = 8\,q_K + 4\,q_{aK} \\ q_L = \frac{1}{4}\,q_E \\ q_K = \frac{1}{2}\,q_L \\ q_{aK} = \frac{1}{4}\,q_K \end{matrix} \right\} \quad \text{bzw.} \quad \left. \begin{matrix} q_E & & -\ 8\,q_K & -\ 4\,q_{aK} & = 0 \\ -\frac{1}{4}\,q_E & +\ q_L & & & = 0 \\ & -\frac{1}{2}\,q_L & +\ q_K & & = 0 \\ & & -\frac{1}{4}\,q_K & +\ q_{aK} & = 0 \end{matrix} \right\}$$

Dieses LGS besitzt nur die Lösung $q_E = q_L = q_K = q_{aK} = 0$. Somit existiert, abgesehen von Nullbeständen, keine Anfangspopulation, die konstant bleibt. Damit eine solche existieren würde, müsste das LGS mehrdeutig lösbar sein. Dies wäre der Fall, wenn sich z. B. die erste Zeile als Linearkombination der restlichen drei Zeilen darstellen ließe, beispielsweise nach Ersetzung des Koeffizienten $-\frac{1}{2}$ vor q_L in der dritten Gleichung durch $-\frac{4}{9}$. Die entsprechende Veränderung der Populationsmatrix ist durch die monatliche Vernichtung eines Teils der Larven realisierbar, was folgender Veränderung der Ausgangssituation enspricht:

Von den Larven werden vier Neuntel zu Käfern, fünf Neuntel sterben.

- Stellen Sie eine Populationsmatrix für diese Situation auf.
- Berechnen Sie für einen Anfangsbestand von 1000 Eiern, 1000 Larven, 1000 Käfern und 1000 alten Käfern die Bestände nach 1, 2, 3, 4 Monaten.
- Bestimmen Sie eine Anfangspopulation von q_E Eiern, q_L Larven, q_K Käfern und q_{aK} alten Käfern, deren Anzahlen konstant bleiben.[4]

Eine besonders relevante Weiterführung bzw. Erweiterung der hier kurz betrachteten mehrstufigen Prozesse sind die *Markov-Ketten*: Viele Phänomene lassen sich durch stochastische Prozesse beschreiben. Bei der Behandlung von Markov-Ketten werden Ideen der Stochastik, der Linearen Algebra (Matrizen) und der Analysis (Grenzwertbetrachtungen) zusammengeführt. Daher eignen sie sich aus didaktischer Sicht besonders, um die Vernetztheit von Mathematik in der S II erfahrbar zu machen. Aus Platzgründen können wir hierauf nicht näher eingehen, sondern verweisen auf (Büchter/Henn, 2007, S. 321ff.).

6.2 Affine Abbildungen in der Sekundarstufe II

6.2.1 Stellung linearer und affiner Abbildungen in der Schule

Gemäß dem Erlanger Programm von Felix Klein (1872) werden die Automorphismen geometrischer Strukturen betrachtet. Zu den einfachsten Geometrien[5] gehören die über zugehörigen Vektorräumen definierten affinen Räume. Die Automorphismen eines affinen Raumes sind die *Affinitäten* (bijektive affine Selbstabbildungen). Affine Abbildungen eines affinen Raumes A in einen affinen Raum B werden über die linearen Abbildungen der zugehörigen Vektorräume V und W erklärt; genauer heißt $\alpha : A \to B$ affine Abbildung, wenn die Abbildung $\alpha^* : V \to W$, $\overrightarrow{PQ} \mapsto \overrightarrow{\alpha(P)\alpha(Q)}$ eine *lineare Abbildung* ist. Euklidische Vektorräume sind endlichdimensionale reelle Vektorräume mit einer positiv definiten Bilinearform; eine solche ist das Standardskalarprodukt. Eine bijektive Selbstabbildung β eines Euklidischen Vektorraumes mit der Bilinearform φ, für die $\varphi(\beta(a), \beta(b)) = \varphi(a, b)$ gilt, heißt *Isometrie*, die semantische Deutung ist die Längentreue. Affinitäten, deren zugehörige Vektorraumabbildungen Isometrien sind, heißen *Bewegungen* (bzw. *Kongruenzabbildungen*), es sind die Automorphismen des Euklidischen Raumes im Sinne des Erlanger Programms.

---

[4] Lösungen dieser Aufgaben finden Sie auf der Internetseite zu diesem Buch.
[5] Noch einfachere Geometrien sind die abstrakten affinen Ebenen, zu denen ein sogenannter „Koordinatenkörper" definiert werden kann, siehe (Henn, 2012, S. 27f.).

Dieser kurze Abriss zeigt, dass in der Hochschulmathematik affine Abbildungen lediglich als Ergänzung bzw. Anwendung von linearen Abbildungen auftreten, die im Mittelpunkt des Interesses stehen. Für die Schule ist dieser Ansatz allerdings wenig sinnvoll; er lässt nicht zu, das, was Schülerinnen und Schüler in der Primarstufe und der S I über geometrische Abbildungen erfahren haben, im Sinne des Spiralprinzips fortzusetzen. Die Sicht der Vektorabbildung, die beim formalen mathematischen Aufbau primär ist, ist aus Sicht der Schule eher sekundär. Hingegen sind Punktabbildungen in allen Schulstufen von Bedeutung.

Schon in frühem Kindesalter sind Aktivitäten rund um die Symmetrie sinnvoll (Henn, 2012, S. 93f.). Die schultypischen Aktivitäten lassen sich einteilen in das Erkennen und Beschreiben von Symmetrie und in das Erzeugen von Symmetrie. Aus dem enaktiven Tun kristallisieren sich die verschiedenen Symmetrieabbildungen heraus. Die Eigenschaften der Abbildungen, etwa dass Geraden auf Geraden, Winkel auf Winkel gleicher Größe usw. abgebildet werden, werden anschaulich aus dem Umgehen und Konstruieren mit den Abbildungen gewonnen. Zunächst wirken diese Abbildungen auf konkrete Figuren, also einzelne begrenzte Objekte. Dem heutigen Funktionsbegriff entsprechend werden geometrische Abbildungen jedoch als Funktionen betrachtet, die jedem Punkt der Ebene (oder des Raumes) eindeutig einen anderen Punkt zuordnen. Diese abstraktere Auffassung, die für die vertiefte mathematische Auseinandersetzung mit Symmetrien besonders fruchtbar ist, wirkt aus schulischer Sicht zunächst recht komplex und muss behutsam in den Sekundarstufen entwickelt werden.

6.2.2 Untersuchung geradentreuer und nicht geradentreuer Abbildungen bereits in der Sekundarstufe I

Eine geometrische Abbildung muss a priori keinerlei „geometrische" Eigenschaften wie z. B. Geraden- oder Winkeltreue besitzen. So ist das Bild einer Geraden g „nur" die Punktmenge $g' = \{P' | P \in g\}$, die keinesfalls wieder eine Gerade sein muss. Diese und andere Eigenschaften, die in der S I anschaulich gewonnen werden, müssen bei der systematischen Entwicklung einer Theorie der schulischen Abbildungen, insbesondere also der Kongruenz- und Ähnlichkeitsabbildungen, ausdrücklich gefordert bzw. bewiesen werden. Leider führt die ausschließliche Behandlung von Kongruenz- und Ähnlichkeitsabbildungen oft zu der Fehlvorstellung, geometrische Abbildungen seien immer geradentreu. Dem kann aber bereits in der S I entgegengewirkt werden, wofür Dynamische Geometriesysteme wertvolle Hilfsmittel sind. Dazu lassen sich z. B. drei auf den ersten Blick recht ähnlich definierte Abbildungen betrachten, die für einen fest vorgegebenen Punkt Z (das Zentrum) und eine positive reelle Zahl a jedem Punkt P der Ebene (mit $P \neq Z$, das Zentrum bleibt fest) durch folgende Abbildungsvorschriften jeweils einen Bildpunkt P'

Abb. 6.2 Abbildung „a_mal"
(zentrische Streckung)

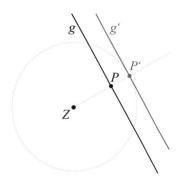

(der auf dem Strahl ZP liegen soll) zuordnen:

$$\text{a\_mal:} \quad |ZP'| = a \cdot |ZP|$$

$$\text{a\_durch:} \quad |ZP'| = a : |ZP|$$

$$\text{a\_plus:} \quad |ZP'| = a + |ZP|$$

Mithilfe eines DGS wie GeoGebra lassen sich sehr gut die Bilder von Geraden bei diesen Abbildungen darstellen:

Man legt einen Punkt Z und eine Zahl a fest, konstruiert eine Gerade g und einen an diese Gerade gebundenen Punkt P. Anschließend dient ein Hilfskreis mit dem Mittelpunkt Z und dem Radius $a \cdot |ZP|$ (bzw. $a : |ZP|$ und $a + |ZP|$) der Konstruktion des Bildpunktes P', der sich als Schnittpunkt des Hilfskreises mit dem Strahl ZP ergibt. Wird nun die Ortslinie des Punktes P' in Abhängigkeit von P erzeugt, so erhält man das Bild der Geraden g (genauer: den auf der Arbeitsfläche sichtbaren Teil davon).

Die Abbildung „a_mal" ist eine *zentrische Streckung*, welche Schüler im Rahmen der Ähnlichkeitslehre kennenlernen, Geraden werden hierbei auf Geraden abgebildet, siehe Abb. 6.2. Dies ist bei der Abbildung „a_durch" (***Inversion an einem Kreis***, dem sogenannten Inversionskreis k, in Abb. 6.3a hellblau dargestellt) nicht der Fall. Hierbei werden alle nicht durch Z verlaufenden Geraden auf Kreise abgebildet. Inversionen sind somit ein sehr schönes Beispiel für nicht geradentreue geometrische Abbildungen, die eine Reihe von Anwendungen besitzen, siehe Hölzl/Schneider (1997). Die merkwürdigsten Eigenschaften hat die Abbildung „a_plus". Bei ihr werden Geraden, die nicht durch Z verlaufen, in der Nähe von Z so verzerrt, dass ihre Bilder an einen „Napoleonhut" erinnern (Abb. 6.3b), nähere Ausführungen dazu enthält ein Beitrag von Henn (1997).[6]

Die Beipiele zeigen, dass es – wenn man die bekannten „einfachen" geometrischen Abbildungen auf ihre Eigenschaften untersuchen und klassifizieren möchte – explizit gefordert werden muss, dass eine Abbildung die Punkte einer Geraden auf eine Punktmenge

---

[6] Mithilfe von GeoGebra-Dateien, die auf der Internetseite dieses Buches zur Verfügung stehen, lassen sich die drei hier nur kurz umrissenen Abbildungen eingehend „erforschen".

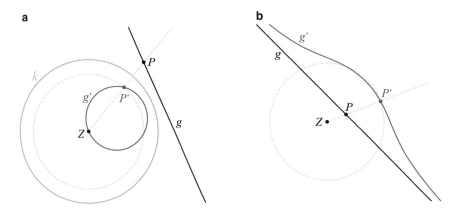

Abb. 6.3 **a** Abbildung „a_durch" (Inversion), **b** Abbildung „a_plus"

abbildet, die wiederum eine Gerade ist,[7] was zu einer Definition der affinen Abbildungen führt (siehe Definition 6.2).[8]

6.2.3 Koordinatenbeschreibungen einiger (ebener) geometrischer Abbildungen

Bevor affine Abbildungen definiert und systematischer untersucht werden, sollten Schüler anhand einiger Beispiele Punktabbildungen koordinatisieren.[9] Abbildungen $f : \mathbb{R}^2 \to \mathbb{R}^2$ lassen sich durch Koordinatenfunktionen beschreiben:[10]

$$f : \begin{pmatrix} x_1 \\ x_2 \end{pmatrix} \mapsto \begin{pmatrix} x_1' \\ x_2' \end{pmatrix} \quad \text{mit} \quad x_1' = f_1(x_1, x_2), \quad x_2' = f_2(x_1, x_2)$$

---

[7] Abbildungen, die in der Geometrie vorrangig eine Rolle spielen (wenngleich für spezielle Zwecke auch z. B. Inversionen von Interesse sind), besitzen die Eigenschaft der Geradentreue. Analog dazu behandelt man in der Analysis vor allem stetige oder sogar differenzierbare Funktionen, darf aber auch diese Eigenschaften nicht als selbstverständlich ansehen.

[8] Die Forderung weiterer Eigenschaften führt dann zu den Kongruenz- und Ähnlichkeitsabbildungen und später in einer weiteren „Spiralwindung" im Sinne des Spiralprinzips zu den entsprechenden Abbildungsgruppen, etwa den Symmetriegruppen eines Polygons in der Ebene oder eines Polyeders im Raum, vgl. (Henn, 2012, S. 106ff.).

[9] Auch dazu kann sehr gut ein DGS genutzt werden, siehe die Hinweise am Ende von Abschn. 6.2.3.

[10] Für affine Abbildungen ist die matrizielle Beschreibung (siehe Abschn. 6.2.5) oft eleganter als die hier zunächst verwendete reine Koordinatenbeschreibung. Da jedoch Schüler nicht in jedem Fall vor der Behandlung affiner Abbildungen bereits mit Matrizen gearbeitet haben, verwenden wir hier zunächst elementare Koordinatenbeschreibungen. Einige einfache geometrische Abbildungen lassen sich sogar durch Koordinatenfunktionen nur einer Variablen beschreiben, also $x_1' = f_1(x_1)$, $x_2' = f_2(x_2)$, wie bei einigen der folgenden Beispiele. Hingegen muss man für die Beschreibung z. B. von Drehungen die Bildpunktkoordinaten jeweils in Abhängigkeit von beiden Urbildkoordinaten berechnen, also $x_1' = f_1(x_1, x_2)$ und $x_2' = f_2(x_1, x_2)$.

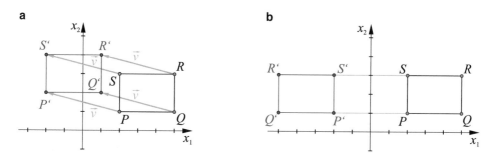

Abb. 6.4 a Verschiebung, **b** Spiegelung an der x_2-Achse

Schüler können damit aus der S I bekannte Abbildungen analytisch beschreiben (koordinatisieren) und mithilfe eines DGS oder CAS Beispiele betrachten.

- Die Abbildung $f : \mathbb{R}^2 \to \mathbb{R}^2$ mit

$$f : \begin{pmatrix} x_1 \\ x_2 \end{pmatrix} \mapsto \begin{pmatrix} x_1 \\ x_2 \end{pmatrix} + \begin{pmatrix} -4 \\ 1 \end{pmatrix} \quad \text{für alle} \quad \begin{pmatrix} x_1 \\ x_2 \end{pmatrix} \in \mathbb{R}^2$$

ist eine **Verschiebung** mit dem Verschiebungsvektor $\vec{v} = \begin{pmatrix} -4 \\ 1 \end{pmatrix}$, siehe Abb. 6.4a.

- Die Abbildung $g : \mathbb{R}^2 \to \mathbb{R}^2$ mit

$$g : \begin{pmatrix} x_1 \\ x_2 \end{pmatrix} \mapsto \begin{pmatrix} -x_1 \\ x_2 \end{pmatrix} \quad \text{für alle} \quad \begin{pmatrix} x_1 \\ x_2 \end{pmatrix} \in \mathbb{R}^2$$

ist eine **Spiegelung** an der x_2-Achse, siehe Abb. 6.4b.

Punktabbildungen $\mathbb{R}^2 \to \mathbb{R}^2$ bilden immer *alle* Punkte von $\mathbb{R}^2$ auf Punkte von $\mathbb{R}^2$ ab. Dies lässt sich natürlich nicht zeichnen, weshalb in graphischen Darstellungen wie Abb. 6.4a,b stellvertretend einige Punkte, ihre Bildpunkte sowie ggf. Verbindungsstrecken zwischen Punkten und zwischen Bildpunkten dargestellt werden,[11] hier die Eckpunkte $P = (2|1)$, $Q = (5|1)$, $R = (5|3)$ und $S = (2|3)$ eines Rechtecks sowie ihre Bildpunkte $P' = f(P)$, $Q' = f(Q)$, $R' = f(R)$ und $S' = f(S)$. Es sollte in diesem Zusammenhang diskutiert werden, dass geometrische Abbildungen die gesamte Ebene (bzw. den gesamten Raum) abbilden und nicht nur bestimmte geometrische Figuren – dies ist bereits in der S I ein didaktisches Problem, da bei der Konstruktion von Bildfiguren (meist Dreiecken) für Schüler natürlich der Gedanke naheliegt, dass nur Dreiecke abgebildet werden.

---

[11] Das Verbinden der Bildpunkte durch Strecken ist nur dann sinnvoll, wenn klar ist, dass Strecken wirklich auf Strecken abgebildet werden (was bei affinen Abbildungen der Fall ist); ansonsten müssen Bilder von Strecken punktweise erzeugt werden, siehe Abb. 6.10.

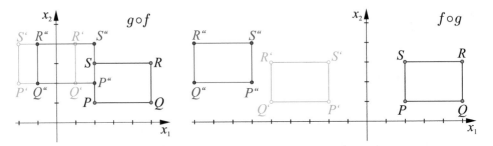

Abb. 6.5 Hintereinanderausführungen einer Verschiebung f und einer Spiegelung g

Verschiebungen und Spiegelungen sind einfache Beispiele, anhand derer sich Schüler davon überzeugen können, dass es bei *Hintereinanderausführungen von Abbildungen* auf die *Reihenfolge* ankommt.

- Wir führen die Spiegelung g und die Verschiebung f aus den obigen Beispielen nacheinander aus. Führt man zuerst f und dann g aus, so wird die resultierende „zusammengesetzte" Abbildung mit $g \circ f$ bezeichnet (gesprochen „g nach f"). Wir erhalten in diesem Falle:

$$f : \begin{pmatrix} x_1 \\ x_2 \end{pmatrix} \mapsto \begin{pmatrix} x_1' \\ x_2' \end{pmatrix} = \begin{pmatrix} x_1 - 4 \\ x_2 + 1 \end{pmatrix}, \quad g : \begin{pmatrix} x_1' \\ x_2' \end{pmatrix} \mapsto \begin{pmatrix} x_1'' \\ x_2'' \end{pmatrix} = \begin{pmatrix} -x_1' \\ x_2' \end{pmatrix} = \begin{pmatrix} -x_1 + 4 \\ x_2 + 1 \end{pmatrix}$$

Bei der umgekehrten Reihenfolge der Hintereinanderausführung (wenn man $f \circ g$ betrachtet, also zuerst g und dann f ausführt) ergibt sich:

$$g : \begin{pmatrix} x_1 \\ x_2 \end{pmatrix} \mapsto \begin{pmatrix} x_1' \\ x_2' \end{pmatrix} = \begin{pmatrix} -x_1 \\ x_2 \end{pmatrix}, \quad f : \begin{pmatrix} x_1' \\ x_2' \end{pmatrix} \mapsto \begin{pmatrix} x_1'' \\ x_2'' \end{pmatrix} = \begin{pmatrix} x_1' - 4 \\ x_2' + 1 \end{pmatrix} = \begin{pmatrix} -x_1 - 4 \\ x_2 + 1 \end{pmatrix}$$

Somit ist

$$g \circ f : \begin{pmatrix} x_1 \\ x_2 \end{pmatrix} \mapsto \begin{pmatrix} -x_1 + 4 \\ x_2 + 1 \end{pmatrix} \quad \text{und} \quad f \circ g : \begin{pmatrix} x_1 \\ x_2 \end{pmatrix} \mapsto \begin{pmatrix} -x_1 - 4 \\ x_2 + 1 \end{pmatrix} ;$$

d. h. $g \circ f \neq f \circ g$, siehe auch Abb. 6.5. Es zeigt sich also, dass die *Hintereinanderausführung von Abbildungen i. Allg. nicht kommutativ* ist.

Für die *Koordinatenbeschreibung von Drehungen* benötigen Schüler profunde Kenntnisse über trigonometrische Funktionen.

- Wir überlegen im Folgenden, wie eine *Drehung d* von $\mathbb{R}^2$ um den Koordinatenursprung mit einem Drehwinkel α gegen den Uhrzeigersinn beschrieben werden kann. Dazu

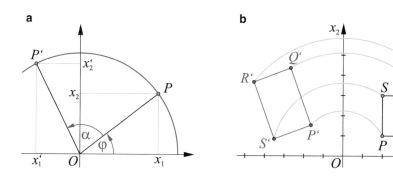

Abb. 6.6 Drehungen

betrachten wir einen Punkt $P = (x_1|x_2)$ und seinen Bildpunkt $P' = (x_1'|x_2')$, siehe Abb. 6.6a. Es ist

$$x_1' = |OP'|\cos(\varphi + \alpha) = |OP|\cos(\varphi + \alpha)$$
$$x_2' = |OP'|\sin(\varphi + \alpha) = |OP|\sin(\varphi + \alpha)\,,$$

wobei φ der Winkel zwischen dem positiven Strahl der x-Achse und dem Strahl OP ist. Durch Anwendung der Additionstheoreme der Kosinus- und der Sinusfunktion, siehe z. B. Sieber (1992), ergibt sich daraus:

$$x_1' = |OP|\,(\cos\varphi\cos\alpha - \sin\varphi\sin\alpha)$$
$$x_2' = |OP|\,(\sin\varphi\cos\alpha + \cos\varphi\sin\alpha)$$

In diesen Gleichungen lassen sich $\cos\varphi$, $\sin\varphi$ und gleichzeitig $|OP|$ ersetzen, denn es gilt $x_1 = |OP|\cos\varphi$ und $x_2 = |OP|\sin\varphi$ (Abb. 6.6a). Man erhält:

$$\begin{aligned} x_1' &= x_1\cos\alpha - x_2\sin\alpha \\ x_2' &= x_2\cos\alpha + x_1\sin\alpha \end{aligned} \quad \text{bzw.} \quad d : \begin{pmatrix} x_1 \\ x_2 \end{pmatrix} \mapsto \begin{pmatrix} x_1\cos\alpha - x_2\sin\alpha \\ x_1\sin\alpha + x_2\cos\alpha \end{pmatrix}$$

Abb. 6.6b zeigt ein Beispiel mit $\alpha = 110°$.

Die bisher untersuchten Abbildungen waren Kongruenzabbildungen, auf die folgenden Beispiele trifft dies nicht zu.

- Die Abbildung $f : \mathbb{R}^2 \to \mathbb{R}^2$ mit

$$f : \begin{pmatrix} x_1 \\ x_2 \end{pmatrix} \mapsto \begin{pmatrix} 2x_1 \\ 2x_2 \end{pmatrix}$$

ist eine *zentrische Streckung* mit dem Zentrum im Ursprung und dem Streckfaktor 2 (Abb. 6.7a).

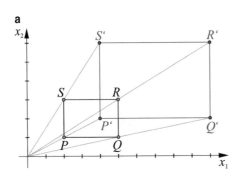
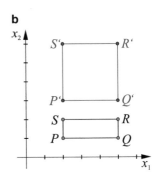

Abb. 6.7 a Zentrische Streckung, **b** axiale Streckung

- Wird nur eine Komponente eines Vektors bzw. Punktes mit einer reellen Zahl multipliziert, so ergibt sich eine Streckung entlang einer der Koordinatenachsen. So ist die Abbildung $f : \mathbb{R}^2 \to \mathbb{R}^2$ mit

$$f : \begin{pmatrix} x_1 \\ x_2 \end{pmatrix} \mapsto \begin{pmatrix} x_1 \\ 3\,x_2 \end{pmatrix}$$

  eine *axiale Streckung* (Euler'sche Affinität) in x_2-Richtung (siehe Abb. 6.7b).
- Es wird die Abbildung $f : \mathbb{R}^2 \to \mathbb{R}^2$ mit

$$f : \begin{pmatrix} x_1 \\ x_2 \end{pmatrix} \mapsto \begin{pmatrix} x_1 - 2x_2 \\ x_2 \end{pmatrix}$$

  betrachtet. Die dadurch beschriebene Abbildung ist eine *Scherung* (siehe Abb. 6.8).

  Geometrische Abbildungen können auch im dreidimensionalen Raum betrachtet werden, spezielle Abbildungen bilden den Raum auf eine einzige Ebene ab.

- Wir betrachten die Abbildung $p : \mathbb{R}^3 \to \mathbb{R}^2$ mit

$$p : \begin{pmatrix} x_1 \\ x_2 \\ x_3 \end{pmatrix} \mapsto \begin{pmatrix} x_1 \\ x_2 \end{pmatrix} \;.$$

Fasst man $\mathbb{R}^2$ als die x_1-x_2-Ebene von $\mathbb{R}^3$ auf, so lässt sich p geometrisch als *Parallelprojektion* des Raumes auf diese Ebene interpretieren, siehe Abb. 6.9.

Abb. 6.8 Scherung

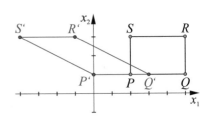

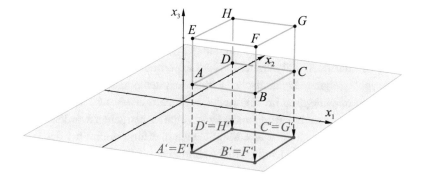

Abb. 6.9 Parallelprojektion

Wenn Beispiele geometrischer Abbildungen betrachtet werden, sollte vermieden werden, dass Schüler den Eindruck gewinnen, geometrische Abbildungen würden grundsätzlich Geraden auf Geraden abbilden. Damit es sinnvoll ist, (wie im nächsten Abschnitt beschrieben) affine Abbildungen durch ihre Geradentreue zu definieren, sollten Schüler nicht nur Beispiele, sondern auch Gegenbeispiele kennen. Dafür können sie mit verschiedenen nichtlinearen Komponentenfunktionen experimentieren und stellen dabei fest, dass z. B. die Abbildung $f : \mathbb{R}^2 \to \mathbb{R}^2$ mit

$$f : \begin{pmatrix} x_1 \\ x_2 \end{pmatrix} \mapsto \begin{pmatrix} \frac{1}{2}\,x_1^3 \\ x_2^2 \end{pmatrix}$$

Geraden nicht auf Geraden abbildet (wie man in Abb. 6.10 erkennt).

Abb. 6.10 Nicht geradentreue
geometrische Abbildung

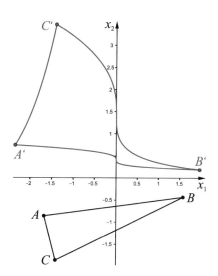

Nutzung des Computers für die Veranschaulichung von Punktabbildungen $\mathbb{R}^2 \to \mathbb{R}^2$

Um Erfahrungen mit Koordinatenbeschreibungen geometrischer Abbildungen zu sammeln, sollten Schülerinnen und Schüler „visuell experimentieren" können. Hierfür lassen sich CAS nutzen; geeignete Dynamische Geometriesysteme haben zusätzlich den Vorteil, dass sich Punkte bzw. Figuren im Zugmodus verändern lassen und simultan die Veränderungen der entsprechenden Bildpunkte bzw. -figuren betrachtet werden können. Die Software GeoGebra bietet hierfür alle Möglichkeiten, erfordert aber bei der Darstellung der Bilder von Strecken bei nichtlinearen Abbildungen einen kleinen „Trick". Wir beschreiben das Vorgehen anhand der in Abb. 6.10 dargestellten Punktabbildung.

Da die Bilder mehrerer Punkte berechnet und dargestellt werden sollen, ist es sinnvoll, zunächst die Komponentenfunktionen f_1 und f_2 der betrachteten Abbildung zu definieren (siehe Abb. 6.11):[12]

```
f1(x)  =  0.5*x^3     f2(x)  =  x^2
```

Diese Funktionen lassen sich nun auf Koordinaten von Punkten anwenden. Dazu erzeugt man zunächst drei Punkte A, B und C und anschließend deren Bildpunkte A', B' und C', indem man in der Eingabezeile

```
(f1(x(A)),f2(y(A)))   (f1(x(B)),f2(y(B)))   (f1(x(C)),f2(y(C)))
```

eingibt. Damit stehen drei bewegliche Punkte und ihre Bildpunkte zur Verfügung; ändert man die Komponentenfunktionen, so passen sich die Bildpunkte automatisch an. Allerdings vermitteln einzelne Punkte und ihre Bildpunkte keinen sehr anschaulichen Eindruck von einer Abbildung. Deshalb sollen das Dreieck ABC und seine Bildfigur $A'B'C'$ dargestellt werden. Dazu verbindet man zunächst A, B und C jeweils miteinander durch Strecken (oder konstruiert direkt ein Dreieck mit diesen Eckpunkten). Bei affinen (und damit streckentreuen) Abbildungen genügt es, die Bildpunkte ebenfalls zu einem Dreieck zu verbinden. Bei anderen geometrischen Abbildungen (wie z. B. in Abb. 6.10 und 6.11) ist dies nicht sinnvoll, hier benötigt man die Bildpunkte der einzelnen Punkte der Verbindungsstrecken, die man mittels eines kleinen Tricks als Ortslinien erhält. Man platziert zunächst auf jeder der Strecken $\overline{AB}$, $\overline{BC}$ und $\overline{AC}$ einen Punkt (in Abb. 6.11 D, E und F).

---

[12] In GeoGebra *muss* bei der Definition von Funktionen die unabhängige Variable mit x bezeichnet werden. Für x können dann aber beliebige Werte eingesetzt werden; durch f1(y(A)) wird z. B. in f1(x)=x^2 für x die y-Koordinate des Punktes A eingesetzt, die in unserer Notation der x_2-Koordinate entspricht. (Auf Koordinaten von Punkten P wird in GeoGebra mit $x(P)$ bzw. $y(P)$ zugegriffen, während wir hier die Koordinaten mit x_1, x_2 und im Raum zuätzlich x_3 bezeichnen.) Nicht möglich ist es derzeit (Ende 2014), in GeoGebra Funktionen zweier Variablen zu definieren, so dass z. B. für Drehungen und Streckungen die Komponentenfunktionen nicht „vordefiniert" werden können, sondern für jeden Bildpunkt einzeln eingegeben werden müssen. Um beliebige affine Abbildungen in GeoGebra darzustellen, empfiehlt sich daher ihre Beschreibung durch Matrizen (siehe Abschn. 6.2.5).

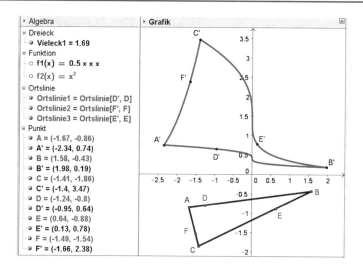

Abb. 6.11 Darstellung eines Dreiecks und seiner Bildfigur mittels GeoGebra. Die zugehörige Geo-Gebra-Datei steht auf der Internetseite dieses Buches zur Verfügung

Von diesen Punkten erzeugt man mittels

```
(f1(x(D)),f2(y(D)))   (f1(x(E)),f2(y(E)))    (f1(x(F)),f2(y(F)))
```

die Bildpunkte D', E' und F'. Schließlich verwendet man das Ortslinienwerkzeug und konstruiert die Ortslinien der Punkte D', E' und F', die von D, E bzw. F abhängen. Da diese Punkte auf den drei Seiten des Dreiecks ABC beweglich sind, beschreiben die Ortslinien ihrer Bildpunkte genau die Bildfiguren der Dreieckseiten, man erhält ein Ergebnis wie in Abb. 6.11 – die Punkte A, B und C sind hierbei frei beweglich, und durch Veränderung der Komponentenfunktionen lassen sich schnell auch andere Abbildungen (bei denen die Koordinaten von Bildpunkten jeweils nur von einer Urbildkoordinate abhängen) veranschaulichen. Auf Darstellungen beliebiger affiner Abbildungen in GeoGebra anhand ihrer Matrizen wird in dem Abschn. 6.2.7 eingegangen.

6.2.4 Definition und grundlegende Eigenschaften affiner Abbildungen

Die Analyse und Klassifikation der affinen Abbildungen der Ebene und (eingeschränkt, da viel komplexer) des Raumes ist ein hervorragendes Beispiel für das, was Freudenthal „lokales Ordnen" nennt! Wir studieren im Folgenden genauer die für die Schule wichtigen affinen Abbildungen, das sind die bijektiven affinen Selbstabbildungen, d. h. die Affinitäten der Ebene und des Raumes, und diejenigen Abbildungen vom Raum in die Ebene, die als Projektionen eine wichtige Rolle bei der Kunst spielen, „drei Dimensionen in zwei einzupacken" (vgl. Abschn. 4.2.3).

In der Sekundarstufe I hat man es zuerst mit den in der Ebene (und ansatzweise auch im Raum) betrachteten Abbildungen *Achsen- und Punktspiegelung, Verschiebung* und *Drehung* zu tun. Diese „Kongruenzabbildungen" haben „alle wünschenswerten" Eigenschaften wie Geraden-, Parallelen-, Längen- und Winkeltreue, und sie sind umkehrbar. Später kommen die *Ähnlichkeitsabbildungen* (insbesondere *zentrische Streckungen*), die zwar geraden-, parallelen- und winkeltreu, aber nicht längentreu, sondern nur noch längenverhältnistreu sind. Die fundamentale Eigenschaft der Geradentreue wird oft in der Schule nicht problematisiert. Dass die Geradentreue keinesfalls selbstverständlich bei geometrischen Abbildungen ist, sollte durch Beispiele gezeigt werden, siehe Abschn. 6.2.2 (Abb. 6.3a, 6.3b) und Abschn. 6.2.3 (Abb. 6.10) sowie z. B. Henn (1997).[13] Manchmal werden in der Sekundarstufe I auch Abbildungen betrachtet, die zwar immer noch geraden- und parallelentreu, aber weder längen- noch winkeltreu sind; ein einfaches Beispiel ist eine *Scherung*, siehe Abschn. 6.2.3 (Abb. 6.8). Bei dieser Abbildung bleiben aber wenigstens Teilverhältnisse gleich. Damit hat man umfangreiches Beispielmaterial für eine vertiefte Analyse dieser Abbildungen in der Sekundarstufe II mit den Methoden der Analytischen Geometrie.

Aus den wesentlichen Forderungen an „aus Sicht der Geometrie interessante" Abbildungen lässt sich die folgende Definition entwickeln:[14]

▶ **Definition 6.2** Eine *affine Abbildung* ist eine Abbildung eines affinen Raumes A in einen affinen Raum B mit folgenden Eigenschaften:

- *Geradentreue*: Das Bild einer Geraden ist wieder eine Gerade oder besteht aus einem einzigen Punkt.
- *Parallelentreue*: Zwei parallele Geraden werden auf zwei ebenfalls parallele Geraden oder zwei Punkte abgebildet.
- *Teilverhältnistreue*: Teilverhältnisse (siehe Abschn. 4.3.3) von Punkten auf Geraden, deren Bilder Geraden sind, stimmen mit den Teilverhältnissen der entsprechenden Bildpunkte überein.

In der Schule sind zwei Varianten affiner Abbildungen von Interesse (bzw. drei, wenn man Affinitäten der Ebene und solche des Raumes unterscheidet):

- **Affinität**: Beide affine Räume sind gleich, nämlich die Ebene oder der Raum, und die Abbildung ist bijektiv. Hierbei ist *jedes* Geradenbild eine Gerade.
- **Projektion**: A ist der Raum und B ist eine Ebene; die Abbildung dient dazu, „drei Dimensionen in zwei zu packen". Dabei können Bilder von Geraden aus nur einem Punkt

---

[13] Mitunter wird formuliert, Abbildungen seien „punkttreu". Diese Aussage ist wenig sinnvoll und deutet auf ein Fehlverständnis des Konzepts der Abbildung bzw. Funktion hin (genauso wenig sinnvoll wäre es, zu sagen, dass eine reellwertige Funktion „zahlentreu" ist).

[14] Der Begriff des affinen Raumes muss in der Schule dazu nicht exakt definiert worden sein, man kann einfach mitteilen, dass z. B. die „Anschauungsebene" und der „Anschauungsraum" bzw. $\mathbb{R}^2$ und $\mathbb{R}^3$ affine Räume sind.

bestehen, etwa bei einer Parallelprojektion von Geraden in Richtung der Projektions-
richtung.

Ist eine Punktabbildung bijektiv, so reicht schon die Forderung der Geradentreue für die
weiteren Treueeigenschaften:

Satz 6.1
Eine Abbildung eines affinen Raumes A in einen affinen Raum B, die bijektiv und
geradentreu ist, ist auch parallen- und teilverhältnistreu, also eine Affinität.

Beweis: Wir beweisen den Satz nur für den einfachsten Fall, wenn nämlich eine ebene
bijektive Selbstabbildung vorliegt. Es sei also α eine bijektive, geradentreue Selbstabbildung des $\mathbb{R}^2$. Zwei beliebige (aber verschiedene) parallele Geraden f und g mögen die
Bildgeraden $f' = \alpha(f)$ und $g' = \alpha(g)$ haben.

Wenn es einen Schnittpunkt P' der Bildgeraden gäbe, so hätte er zwei Urbilder, eines
auf f und eines auf g. Dies wäre aber ein Widerspruch zur Bijektivität von α. Also gilt
$f' \cap g' = \emptyset$, und die Bildgeraden sind ebenfalls parallel.

Um die Teilverhältnistreue nachzuweisen, zeigen wir zunächst, dass der Mittelpunkt
M einer Strecke $\overline{AB}$ auf die Mitte der Bildstrecke abgebildet wird. Dazu ergänzt man die
Strecke zu einem Parallelogramm, in dem sie eine Diagonale ist (Abb. 6.12a); die Mitte
von $\overline{AB}$ ist damit der Diagonalenschnittpunkt. Wegen der Parallelentreue ist die Bildfigur
wieder ein Parallelogramm, dessen Diagonalen sich in der Seitenmitte, also im Bildpunkt
M', schneiden.

Nun möge ein Punkt T die Strecke $\overline{AB}$ in einem Verhältnis t teilen. Wir konstruieren durch fortgesetzte Halbierung eine Intervallschachtelung aus Streckenmitten
$M_1, M_2, M_3, \ldots$, die gegen den Punkt T konvergiert (Abb. 6.12b).[15] Aufgrund der oben
bewiesenen Seitenmittentreue ist die Folge $M_1', M_2', M_3', \ldots$ der Bilder der Seitenmitten
wieder eine Seitenmittenfolge, die gegen das Bild T' von T konvergiert, womit auch die
Teilverhältnistreue bewiesen ist. □

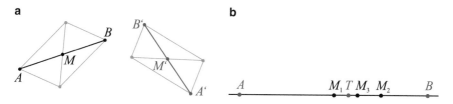

Abb. 6.12 **a** Mittelpunkt einer Strecke, **b** Intervallschachtelung

---

[15] Dieser Beweis zeigt die wichtige Rolle der reellen Zahlen mit ihrer Vollständigkeit; der Beweis
ähnelt dem Beweis des Nullstellensatzes von Bolzano.

Die Definition und die bisher bewiesenen Eigenschaften affiner Abbildungen folgen zunächst einem elementargeometrischen Ansatz, der – wie bereits ausgeführt – für die Schule sinnvoll ist, da er an die Geometrie der Sekundarstufe I anknüpft. In der Analytischen Geometrie der Sekundarstufe II, bei der Vektoren eine wesentliche Rolle spielen, sollte dann aber der Bezug zu Vektorabbildungen folgen, was mit dem folgenden Satz geschieht.

Satz 6.2
Eine affine Abbildung α induziert durch $\vec{v} = \overrightarrow{AB} \mapsto \overrightarrow{\alpha(A)\alpha(B)}$ eine lineare Abbildung α^* des zugehörigen Vektorraumes V. (In der Schule betrachten wir $V = \mathbb{R}^2$ oder $V = \mathbb{R}^3$).

Beweis: Zunächst ist zu zeigen, dass die Definition von α^* nicht von der Darstellung $\vec{v} = \overrightarrow{AB}$ abhängt. Es sei hierzu $\vec{v} = \overrightarrow{AB} = \overrightarrow{CD}$, dann ist $ABDC$ ein Parallelogramm. Aufgrund der Parallelentreue der affinen Abbildung ist auch $\alpha(A)\alpha(B)\alpha(D)\alpha(C)$ ein Parallelogramm, also gilt $\overrightarrow{\alpha(A)\alpha(B)} = \overrightarrow{\alpha(C)\alpha(D)}$; $\alpha^*(\vec{v})$ ist somit unabhängig davon, ob $\vec{v}$ durch die Punkte A, B oder durch C, D dargestellt wird (vorausgesetzt natürlich $\overrightarrow{AB} = \overrightarrow{CD}$).

Die Linearitätsbedingungen

1. $\alpha^*(a \cdot \vec{v}) = a \cdot \alpha^*(\vec{v})$ und
2. $\alpha^*(\vec{v} + \vec{w}) = \alpha^*(\vec{v}) + \alpha^*(\vec{w})$ $(a \in \mathbb{R}, \vec{v}, \vec{w} \in V)$

folgen ebenfalls aus den Treueeigenschaften der affinen Abbildung: In Abb. 6.13a gelte $\vec{v} = \overrightarrow{AB}$ und $a \cdot \vec{v} = \overrightarrow{AC}$. Der Punkt B teilt die Strecke $\overline{AC}$. Wegen der Teilverhältnistreue teilt der Punkt $\alpha(B)$ die Strecke $\overline{\alpha(A)\alpha(C)}$ im selben Verhältnis. Also gilt die erste Linearitätsbedingung. In Abb. 6.13b bilden die vier Punkte $ABCD$ ein Parallelogramm; wegen der Parallelentreue gilt dies auch für das Bildparallelogramm, woraus die zweite Linearitätsbedingung folgt. $\square$

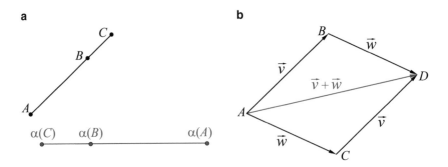

Abb. 6.13 **a** Linearitätsbedingung 1, **b** Linearitätsbedingung 2

6.2.5 Matrixdarstellung affiner Abbildungen

In dem Abschn. 6.2.3 wurden einige affine Abbildungen durch Koordinaten beschrieben. Im Folgenden beziehen wir den oben behandelten Zusammenhang zwischen affinen und linearen Abbildungen ein, um zu einer (oftmals eleganteren) vektoriellen Beschreibung affiner Abbildungen unter Nutzung von Matrizen zu gelangen. Dazu betrachten wir zunächst einige Beispiele.

- *Achsenspiegelung* α an einer Geraden g.

  Wir verwenden ein problemangepasstes Koordinatensystem, indem wir die Gerade g als x_2-Achse eines kartesischen Koordinatensystems $\{O; \vec{e}_1, \vec{e}_2\}$ verwenden. Damit wird (wie schon in Abschn. 6.2.3 behandelt) ein beliebiger Punkt $P(x_1|x_2)$ auf den Punkt $P' = \alpha(P) = (-x_1|x_2)$ abgebildet. Die Abbildung lässt sich auch folgendermaßen vektoriell beschreiben:

$$\overrightarrow{OP} = \begin{pmatrix} x_1 \\ x_2 \end{pmatrix} = x_1 \cdot \begin{pmatrix} 1 \\ 0 \end{pmatrix} + x_2 \cdot \begin{pmatrix} 0 \\ 1 \end{pmatrix},$$

$$\overrightarrow{OP'} = \begin{pmatrix} x_1' \\ x_2' \end{pmatrix} = \begin{pmatrix} -x_1 \\ x_2 \end{pmatrix} = x_1 \cdot \begin{pmatrix} -1 \\ 0 \end{pmatrix} + x_2 \cdot \begin{pmatrix} 0 \\ 1 \end{pmatrix}$$

(siehe Abb. 6.14a). Die bereits in Kap. 2 zur Behandlung von linearen Gleichungssystemen eingeführte Matrixschreibweise[16] führt zu der eleganten Darstellung

$$\begin{pmatrix} x_1' \\ x_2' \end{pmatrix} = \begin{pmatrix} -1 & 0 \\ 0 & 1 \end{pmatrix} \circ \begin{pmatrix} x_1 \\ x_2 \end{pmatrix}.$$

Der Basisvektor $\vec{e}_2$ bleibt bei der durch die Punktabbildung „Achsenspiegelung" induzierten Vektorabbildung fest, der Basisvektor $\vec{e}_1$ wird auf $-\vec{e}_1$ abgebildet und ein „allgemeiner" Vektor $\vec{v} = a \cdot \vec{e}_1 + b \cdot \vec{e}_2$ auf $\vec{v}' = -a \cdot \vec{e}_1 + b \cdot \vec{e}_2$. Dies bedeutet, dass die Spalten der Abbildungsmatrix die Bilder der Basisvektoren der „zugehörigen" Vektorabbildung in der Komponentenschreibweise bezüglich unserer Basis enthalten – eine schöne semantische Sicht der bislang nur syntaktischen Matrix-Schreibweise!

- Matrixdarstellung der *Punktspiegelung* an einem Punkt $M(a|b)$. Abbildung 6.14b zeigt hierfür die Situation bezüglich eines kartesischen Koordinatensystems $\{O; \vec{e}_1, \vec{e}_2\}$. Da für jeden Punkt P das Spiegelzentrum M die Mitte der Strecke $\overline{PP'}$ ist, gilt

$$\frac{x_1 + x_1'}{2} = a , \quad \frac{x_2 + x_2'}{2} = b .$$

---

[16] Hat man die Matrixschreibweise noch nicht eingeführt, so ist hier ein guter Einstiegspunkt dafür. Falls Schüler bereits ausführlicher mit Matrizen gearbeitet haben (wie etwa in dem Abschn. 6.1 beschrieben), so liegt die Verwendung von Matrizen zur Beschreibung von Abbildungen natürlich besonders nahe.

Abb. 6.14   a Vektorielle
Darstellung einer Achsen-
spiegelung, **b** Punktspiegelung

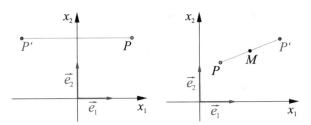

Damit ist

$$\begin{pmatrix} x_1' \\ x_2' \end{pmatrix} = \begin{pmatrix} 2a - x_1 \\ 2b - x_2 \end{pmatrix} = x_1 \begin{pmatrix} -1 \\ 0 \end{pmatrix} + x_2 \begin{pmatrix} 0 \\ -1 \end{pmatrix} + \begin{pmatrix} 2a \\ 2b \end{pmatrix} = \begin{pmatrix} -1 & 0 \\ 0 & -1 \end{pmatrix} \circ \begin{pmatrix} x_1 \\ x_2 \end{pmatrix} + \begin{pmatrix} 2a \\ 2b \end{pmatrix} .$$

Die Spalten der Matrix enthalten wieder die Koordinaten der Bilder der Basisvektoren,
während der konstante Summand die Koordinaten des Bildes O' des Ursprungs O
enthält, es gilt

$$\overrightarrow{OO'} = \begin{pmatrix} 2a \\ 2b \end{pmatrix} .$$

In analoger Weise lassen sich alle aus der Sekundarstufe I bekannten Abbildungen nach
Wahl einer Basis matriziell darstellen; stets gilt

$$\begin{pmatrix} x_1' \\ x_2' \end{pmatrix} = \begin{pmatrix} a & b \\ c & d \end{pmatrix} \circ \begin{pmatrix} x_1 \\ x_2 \end{pmatrix} + \begin{pmatrix} e \\ f \end{pmatrix} ,$$

wobei in den Spalten der Matrix die Koordinaten der Bilder der Basisvektoren stehen und
der konstante Vektor $\begin{pmatrix} e \\ f \end{pmatrix}$ das Bild des Ursprungs O ist. Leicht leitet man für die in dem
Abschn. 6.2.3 durch Koordinaten beschriebenen Abbildungen Matrixdarstellungen ab,[17]
z. B. für die *Drehung*:

$$\begin{pmatrix} x_1' \\ x_2' \end{pmatrix} = \begin{pmatrix} \cos\alpha & -\sin\alpha \\ \sin\alpha & \cos\alpha \end{pmatrix} \circ \begin{pmatrix} x_1 \\ x_2 \end{pmatrix} + \begin{pmatrix} 0 \\ 0 \end{pmatrix} \tag{6.2}$$

Grundlegende Sätze im Zusammenhang mit der Matrixdarstellung affiner Abbildungen

Wir formulieren und beweisen die beiden folgenden Sätze (in Hinblick auf einen für die
Schule realistischen Schwierigkeitsgrad) nur für Affinitäten der Ebene, sie gelten aber (mit
analogen Formulierungen) für beliebige affine Abbildungen.

---

[17] Eine Ausnahme bildet die in Abb. 6.10 betrachtete Abbildung. Diese ist keine affine Abbildung
und lässt sich auch nicht matriziell beschreiben.

Satz 6.3

Es seien α eine ebene Affinität und $\{O; \vec{e}_1; \vec{e}_2\}$ ein affines Koordinatensystem mit

$$P' = \alpha(P), \quad \overrightarrow{OP} = \begin{pmatrix} x_1 \\ x_2 \end{pmatrix} \quad \text{sowie} \quad \overrightarrow{O\alpha(P)} = \overrightarrow{OP'} = \begin{pmatrix} x_1' \\ x_2' \end{pmatrix}.$$

Dann gilt

$$\begin{pmatrix} x_1' \\ x_2' \end{pmatrix} = \begin{pmatrix} a_1 & b_1 \\ a_2 & b_2 \end{pmatrix} \circ \begin{pmatrix} x_1 \\ x_2 \end{pmatrix} + \begin{pmatrix} c_1 \\ c_2 \end{pmatrix}$$

mit

$$\alpha(O) = O' = (c_1|c_2), \quad \begin{pmatrix} 1 \\ 0 \end{pmatrix} \mapsto \begin{pmatrix} a_1 \\ a_2 \end{pmatrix} \quad \text{und} \quad \begin{pmatrix} 0 \\ 1 \end{pmatrix} \mapsto \begin{pmatrix} b_1 \\ b_2 \end{pmatrix}.$$

Das Bild von P ist also durch das α-Bild von O und die α^*-Bilder der beiden Basisvektoren festgelegt (mit der durch α induzierten linearen Abbildung α^*).

Beweis: Wir konstruieren unter Verwendung der Geraden-, Parallelen- und Teilverhältnistreue von α den Bildpunkt $P'(x_1'|x_2')$ eines gegebenen Punktes $P(x_1|x_2)$, siehe Abb. 6.15.

Die Basispunkte O, E_1 und E_2 mögen auf die Punkte O', E_1' und E_2' abgebildet werden. g und h seien die Parallelen zur x_1-Achse (die wir als Gerade f bezeichnen) durch die Punkte E_2 und S_2 (den Fußpunkt des Lotes von P auf die x_2-Achse). Wegen der Ge-

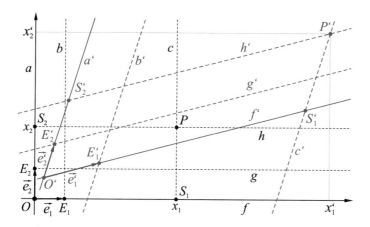

Abb. 6.15 Konstruktion des Bildpunktes bei einer affinen Abbildung

raden- und der Parallelentreue werden f, g und h auf drei parallele Geraden f', g' und h' abgebildet. Analog werden die Parallelen a (x_2-Achse), b und c auf drei parallele Geraden a', b' und c' abgebildet. Allerdings kennen wir noch keine Punkte, durch welche die Geraden h' und c' verlaufen. Hierzu benötigen wir die Bildpunkte der Lotfußpunkte S_1 und S_2 von P auf die Koordinatenachsen. Diese Bildpunkte ergeben sich aus der Teilverhältnistreue von α: Ist nämlich $\overrightarrow{OS_1} = x_1 \cdot \overrightarrow{OE_1}$, so folgt daraus $\overrightarrow{O'S_1'} = x_1 \cdot \overrightarrow{O'E_1'}$ und analog $\overrightarrow{O'S_2'} = x_2 \cdot \overrightarrow{O'E_2'}$. Damit sind h' und c' gegeben, und der gesuchte Bildpunkt ist konstruiert: Da P der Schnittpunkt von h und c ist, ist P' der Schnittpunkt von h' und c'. Mit den genannten Teilverhältnissen und wegen $\overrightarrow{S_1'P'} = \overrightarrow{O'S_2'}$ gilt

$$\overrightarrow{OP'} = \overrightarrow{OO'} + \overrightarrow{O'S_1'} + \overrightarrow{S_1'P'} = \overrightarrow{OO'} + \overrightarrow{O'S_1'} + \overrightarrow{O'S_2'}$$
$$= \overrightarrow{OO'} + x_1 \cdot \overrightarrow{O'E_1'} + x_2 \cdot \overrightarrow{O'E_2'}.$$

bzw. in Koordinatenschreibweise

$$\begin{pmatrix} x_1' \\ x_2' \end{pmatrix} = \begin{pmatrix} c_1 \\ c_2 \end{pmatrix} + x_1 \cdot \begin{pmatrix} a_1 \\ a_2 \end{pmatrix} + x_2 \cdot \begin{pmatrix} b_1 \\ b_2 \end{pmatrix} = \begin{pmatrix} a_1 & b_1 \\ a_2 & b_2 \end{pmatrix} \circ \begin{pmatrix} x_1 \\ x_2 \end{pmatrix} + \begin{pmatrix} c_1 \\ c_2 \end{pmatrix}. \quad \square$$

Satz 6.4

Gegeben sei ein affines Koordinatensystem $\{O; \vec{e}_1; \vec{e}_2\}$. Die Abbildungsvorschrift

$$\begin{pmatrix} x_1' \\ x_2' \end{pmatrix} = \begin{pmatrix} a_1 & b_1 \\ a_2 & b_2 \end{pmatrix} \circ \begin{pmatrix} x_1 \\ x_2 \end{pmatrix} + \begin{pmatrix} c_1 \\ c_2 \end{pmatrix}$$

definiert genau dann eine ebene Affinität, wenn die beiden Spaltenvektoren der Abbildungsmatrix linear unabhängig sind. Dies kann man auch durch die Bedingung $D = a_1 \cdot b_2 - a_2 \cdot b_1 \neq 0$ ausdrücken. (D ist „aus höherer Sicht" die Determinante der Matrix, dient hier aber nur als Abkürzung.)

Beweis: Zu zeigen sind Umkehrbarkeit und Geradentreue der Abbildung.

- Wir betrachten die obige Gleichung als LGS, das nach x_1, x_2 aufgelöst wird. Das Ergebnis ist

$$x_1 = \frac{1}{D}\left(-b_2 x_1' + b_1 x_2' + b_2 c_1 - b_1 c_2\right)$$
$$x_2 = \frac{1}{D}\left(a_2 x_1' - a_1 x_2' - a_2 c_1 + a_1 c_2\right),$$

wobei $D = a_1 \cdot b_2 - a_2 \cdot b_1$. Umkehrbarkeit ist also genau für $D \neq 0$ möglich.

- Eine Gerade sei durch $g : A \cdot x_1 + B \cdot x_2 + C = 0$ gegeben. Setzt man in diese Gleichung die obigen Gleichungen für x_1 und x_2 ein, so erhält man für das Bild von g wieder eine Geradengleichung, was die Geradentreue beweist. □

Der letzte Satz zeigt, dass eine ebene Affinität durch sechs Koeffizienten definiert ist. Es folgt, dass zu je drei Punkten A, B, C und A', B', C' in allgemeiner Lage (d. h. nicht auf einer Geraden liegend) genau eine ebene Affinität α existiert mit $\alpha(A) = A'$, $\alpha(B) = B'$ und $\alpha(C) = C'$. Zur rechnerischen Bestimmung der Abbildungsgleichung setzt man die Koordinaten der vorgeschriebenen Punkte ein und erhält so ein eindeutig lösbares LGS für die sechs Koeffizienten.

6.2.6 Affine Abbildungen im Raum; Projektionen

Die in den vorangegangenen Abschnitten erarbeiteten Sätze gelten (mit entsprechend angepassten Formulierungen) auch für Affinitäten im Raum und für Projektionen vom Raum in eine Ebene. Wir werden dies hier nicht ausführlich begründen, halten aber fest, dass im Raum eine affine Abbildung α bezüglich eines affinen Koordinatensystems $\{O; \vec{e}_1; \vec{e}_2; \vec{e}_3\}$ durch die Abbildungsvorschrift

$$\begin{pmatrix} x_1{}' \\ x_2{}' \\ x_3{}' \end{pmatrix} = \begin{pmatrix} a_1 & b_1 & c_1 \\ a_2 & b_2 & c_2 \\ a_3 & b_3 & c_3 \end{pmatrix} \circ \begin{pmatrix} x_1 \\ x_2 \\ x_3 \end{pmatrix} + \begin{pmatrix} d_1 \\ d_2 \\ d_3 \end{pmatrix}$$

gegeben wird (also mit insgesamt zwölf reellen Koeffizienten). Wieder stehen in den Spalten der Matrix die α^*-Bilder der Basisvektoren, und das Absolutglied beschreibt das α-Bild des Koordinatenursprungs (drückt also eine Verschiebung aus). Die Abbildung ist genau dann eine räumliche Affinität, wenn die Spaltenvektoren der Matrix linear unabhängig sind. Wir verzichten auf einen Beweis[18] und illustrieren diesen Zusammenhang anhand einiger Beispiele.

- Durch die Abbildungsgleichung

$$\begin{pmatrix} x_1{}' \\ x_2{}' \\ x_3{}' \end{pmatrix} = \begin{pmatrix} 3 & 0 & 0 \\ 0 & 3 & 0 \\ 0 & 0 & 3 \end{pmatrix} \circ \begin{pmatrix} x_1 \\ x_2 \\ x_3 \end{pmatrix} + \begin{pmatrix} 6 \\ -1 \\ -2 \end{pmatrix}$$

wird eine affine Abbildung beschrieben, die sich aus einer zentrischen Streckung mit dem Streckfaktor 3 und dem Zentrum im Koordinatenursprung sowie einer Verschie-

---

[18] Hat man die Determinante D der Matrix zur Verfügung, so kann man dies auch wie im ebenen Fall durch die Bedingung $D \neq 0$ ausdrücken. Das Vorzeichen der Determinante zeigt an, ob die Abbildung orientierungserhaltend oder orientierungsumkehrend ist. Ihr Betrag gibt eine metrische Information: Das Bild eines Parallelogramms in der Ebene bzw. eines Spats im Raum ändert seinen Flächeninhalt bzw. Rauminhalt um den Faktor $|D|$.

Abb. 6.16 a Zentrische Streckung und Verschiebung,
b Axiale Streckung und Verschiebung

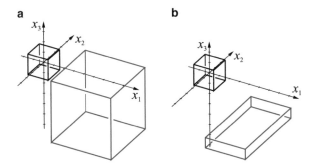

bung zusammensetzt. In der Abb. 6.16a ist diese Abbildung anhand eines Würfels und seiner Bildfigur dargestellt.

- Die Abbildungsvorschrift

$$\begin{pmatrix} x_1' \\ x_2' \\ x_3' \end{pmatrix} = \begin{pmatrix} 2 & 0 & 0 \\ 0 & 4 & 0 \\ 0 & 0 & \frac{1}{2} \end{pmatrix} \circ \begin{pmatrix} x_1 \\ x_2 \\ x_3 \end{pmatrix} + \begin{pmatrix} 5 \\ -2 \\ -3 \end{pmatrix}$$

beschreibt axiale Streckungen mit den Streckfaktoren 2, 4 und $\frac{1}{2}$ entlang der Koordinatenachsen und eine anschließende Verschiebung (siehe Abb. 6.16b).

- Die in Abb. 6.17a dargestellte affine Abbildung mit

$$\begin{pmatrix} x_1' \\ x_2' \\ x_3' \end{pmatrix} = \begin{pmatrix} 2 & 1 & 1 \\ 0 & 2 & 0 \\ 0 & 0 & 2 \end{pmatrix} \circ \begin{pmatrix} x_1 \\ x_2 \\ x_3 \end{pmatrix} + \begin{pmatrix} 5 \\ 4 \\ 3 \end{pmatrix}$$

kombiniert Scherungen (siehe Abschn. 6.2.3), Streckungen und Verschiebungen – es handelt sich um eine „recht allgemeine" Affinität.[19]

- Die durch die Abbildungsvorschrift

$$\begin{pmatrix} x_1' \\ x_2' \\ x_3' \end{pmatrix} = \begin{pmatrix} 1 & 2 & 0 \\ 2 & 3 & 1 \\ 1 & 1 & 1 \end{pmatrix} \circ \begin{pmatrix} x_1 \\ x_2 \\ x_3 \end{pmatrix} + \begin{pmatrix} -4 \\ 3 \\ 1 \end{pmatrix}$$

gegebene affine Abbildung bildet den gesamten dreidimensionalen Raum in eine einzige Ebene ab, siehe Abb. 6.17b. Diese Abbildung unterscheidet sich somit fundamental

---

[19] Um ein „Gefühl" für den Zusammenhang zwischen Abbildungsvorschriften (insbesondere den enthaltenen Matrizen) und den dadurch erzeugten Bildern geometrischer Figuren bzw. Körper zu erlangen, sollten Schülerinnen und Schüler mithilfe des Computers unterschiedliche Abbildungsmatrizen „ausprobieren" und deren Wirkungen veranschaulichen (siehe Abschn. 6.2.7).

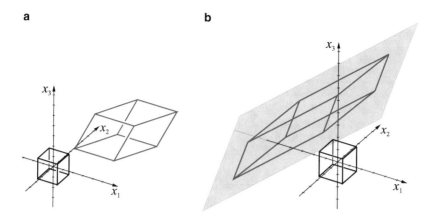

Abb. 6.17 **a** Affinität, **b** Affine Abbildung des Raumes auf eine Ebene

von den bisher in diesem Abschnitt betrachteten affinen Abbildungen und weist Analogien zu der in Abb. 6.9 betrachteten Projektion auf. Ein genauerer Blick auf ihre Abbildungsmatrix legt die Ursachen dafür offen: Deren Spaltenvektoren sind – im Gegensatz zu den Spaltenvektoren der Matrizen in den zuvor betrachteten Beispielen – nicht linear unabhängig, jeder der Spaltenvektoren lässt sich als Linearkombination der beiden anderen darstellen, z. B.

$$\begin{pmatrix} 2 \\ 3 \\ 1 \end{pmatrix} = 2 \cdot \begin{pmatrix} 1 \\ 2 \\ 1 \end{pmatrix} - \begin{pmatrix} 0 \\ 1 \\ 1 \end{pmatrix}.$$

Die Ebene, in welche der Raum abgebildet wird (in Abb. 6.17b grau dargestellt), verläuft durch den Punkt, in den der Verschiebungsvektor der Abbildung den Koordinatenursprung überführt. Sie hat zwei linear unabhängige Spaltenvektoren der Abbildungsmatrix als Richtungsvektoren. Eine Parameterdarstellung dieser Ebene ist also

$$\begin{pmatrix} x \\ y \\ z \end{pmatrix} = \begin{pmatrix} -4 \\ 3 \\ 1 \end{pmatrix} + \lambda \cdot \begin{pmatrix} 1 \\ 2 \\ 1 \end{pmatrix} + \mu \cdot \begin{pmatrix} 0 \\ 1 \\ 1 \end{pmatrix}.$$

Parallel- und Zentralprojektion

Projektionen (Abbildungen des Raumes in eine Ebene) sind von großer Bedeutung für technisches Zeichnen, Kunst, Photographie und in jüngerer Zeit ganz besonders die Computergraphik. Wir haben daher bereits in dem Abschn. 4.2.3 den Aspekt „*Drei Dimensionen in zwei einzupacken, ist eine Kunst*" als eine Kernidee der Raumgeometrie hervorgehoben. Während für technische Darstellungen vor allem *Parallelprojektionen* von Bedeutung sind, kommen in der Kunst und in der photorealistischen Computergraphik

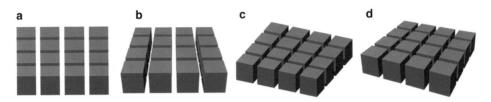

Abb. 6.18 Szene mit 16 Würfeln, dargestellt aus zwei verschiedenen Perspektiven in Parallelprojektion (a, c) und Zentralprojektion (b, d)

(angelehnt an die Photographie) hauptsächlich *Zentralprojektionen* zum Einsatz, siehe hierzu die schöne Darstellung von Albrecht Dürer in Abb. 4.7b von 1525.

Falls im Unterricht bereits mit POV-Ray oder ähnlicher 3D-Graphiksoftware gearbeitet wurde (siehe die Abschn. 5.1 und 5.2), können Schüler gut die Wirkung von Zentral- und Parallelprojektionen auf den Betrachter vergleichen. Dazu bietet es sich an, eine einfache Szene (die mehrere parallele Kanten enthalten sollte) vergleichsweise in Parallel- und Zentralprojektion darzustellen, siehe z. B. Abb. 6.18. Dabei lassen sich Eigenschaften wie die Parallelentreue und die Form des abgebildeten Raumausschnittes bei den beiden Projektionsarten vergleichen. Standardmäßig führt POV-Ray Zentralprojektionen durch, die durch Kameraeinstellungen gesteuert werden (siehe Abschn. 5.1.1):

$$\texttt{camera\{location}\ Z\ \texttt{angle}\ \varphi\ \texttt{look\_at}\ P\}$$

Dabei sind Z das Projektionszentrum und P ein Punkt, auf den die Kamera gerichtet ist (siehe Abb. 6.19a). Die Projektionsebene ist senkrecht zu der Geraden ZP, ihr Abstand vom Zentrum Z hängt vom Öffnungswinkel der Kamera ab und bestimmt, ein wie großer Raumausschnitt abgebildet wird. Obwohl POV-Ray normalerweise zentral projiziert, lassen sich durch Einfügen von `orthographic` in die Definition der Kamera auch Parallelprojektionen vornehmen; Abb. 6.18a und 6.18c wurden auf diese Weise erzeugt.

Die *analytische Darstellung von Parallelprojektionen* ist bei geeigneter Wahl des Koordinatensystems sehr einfach und wurde schon in Abschn. 6.2.3 (Abb. 6.9) vorgenommen. Bei der dort beschriebenen Abbildung, die sich in Matrixschreibweise auch durch

$$\begin{pmatrix} x_1' \\ x_2' \\ x_3' \end{pmatrix} = \begin{pmatrix} 1 & 0 & 0 \\ 0 & 1 & 0 \\ 0 & 0 & 0 \end{pmatrix} \circ \begin{pmatrix} x_1 \\ x_2 \\ x_3 \end{pmatrix}$$

darstellen lässt, wird jeder Punkt auf den Fußpunkt seines Lotes auf die x_1-x_2-Ebene abgebildet; die Geraden durch beliebige Punkte und ihre Bildpunkte sind alle parallel zueinander und senkrecht zur x_1-x_2-Ebene (was die synonymen Begriffe senkrechte Parallelprojektion und Orthogonalprojektion erklärt). Jede Parallelprojektion ist eine affine Abbildung.

a

b

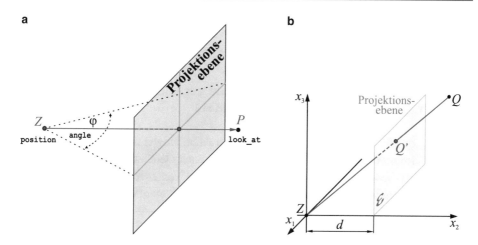

Abb. 6.19 a Zentralprojektion in POV-Ray, **b** Zentralprojektion

Bei einer *Zentralprojektion* mit dem Projektionszentrum Z und der Projektionsebene ε wird jeder Punkt Q des Raumes auf den Schnittpunkt Q' der Geraden ZQ mit der Projektionsebene abgebildet (Abb. 6.19b). In Graphiksoftware oder 3D-Computerspielen wird vor der eigentlichen Projektion i. Allg. zunächst eine Ansichtstransformation, d. h. eine Koordinatentransformation vorgenommen, in deren Ergebnis die Projektionsebene parallel zu einer Koordinatenebene ist und das Projektionszentrum in dessen Ursprung liegt. Wenn wir im Folgenden wieder ein „günstiges Koordinatensystem" benutzen, so bedienen wir uns also einer auch in der Programmierpraxis gängigen Vereinfachungsstrategie.

Wir wählen ein Koordinatensystem so, dass die Projektionsebene eine zur x_1-x_3-Ebene parallele Ebene mit dem Abstand d vom Koordinatenursprung (der mit dem Projektionszentrum übereinstimmt) ist. Nach dem zweiten Strahlensatz ergibt sich für die Koordinaten x_1', x_3' des Bildpunktes Q' eines Punktes $Q(x_1|x_2|x_3)$:

$$x_1' = \frac{d \cdot x_1}{x_2} \quad \text{und} \quad x_3' = \frac{d \cdot x_3}{x_2}$$

(Außerdem ist, da alle Bildpunkte in der Projektionsebene liegen, $x_2' = d$.)

Offensichtlich lassen sich diese Abbildungsgleichungen nicht in der für affine Abbildungen verwendeten Matrixschreibweise ausdrücken. Die Ursache hierfür ist, dass *Zentralprojektionen keine affinen Abbildungen* sind. Ganz offensichtlich sind nämlich Zentralprojektionen *nicht parallelentreu*: Die Bilder paralleler Geraden schneiden sich (außer bei Geraden, die zur Projektionsebene parallel sind) in sogenannten Fluchtpunkten (in Abb. 6.18b und 6.18d ist das gut erkennbar, wenn man sich die Würfelkanten verlängert denkt). Für nähere Ausführungen zur Zentralprojektion siehe z. B. (Müller, 2004, S. 36ff.) und (Graumann, 2013, S. 143f.) Eine analytische Beschreibung von Zentralprojektionen ist mithilfe der in der projektiven Geometrie gebräuchlichen homogenen Koordinaten und entsprechender 4×4-Matrizen möglich. Da diese in der Schule i. Allg. nicht auftreten, sei hierzu lediglich auf (Elschenbroich/Meiners, 1994, S. 23ff. und 58ff.) sowie (Filler, 2008, S. 114 und 118f.) verwiesen.

6.2.7   Veranschaulichung durch Matrizen gegebener affiner Abbildungen mithilfe des Computers

Durch matrizielle Darstellungen gegebene affine Abbildungen der Ebene (und auch des Raumes) lassen sich sowohl mithilfe von CAS als auch GeoGebra sehr gut veranschaulichen, wobei GeoGebra den Vorteil der dynamischen Veränderbarkeit von Punkten bei simultaner Veränderung der Bildpunkte aufweist. Wir erläutern das Vorgehen mit dieser Software anhand der durch

$$\begin{pmatrix} x_1'' \\ x_2'' \end{pmatrix} = \begin{pmatrix} 1 & -2 \\ 0 & 1 \end{pmatrix} \circ \begin{pmatrix} x_1 \\ x_2 \end{pmatrix} + \begin{pmatrix} 1 \\ -4 \end{pmatrix}$$

beschriebenen affinen Abbildung (wir schreiben x_1'', x_2'' statt x_1', x_2', da bei der Darstellung mittels GeoGebra ein „Zwischenbild" auftritt, dessen Bildpunkte automatisch mit A', B', ... bezeichnet werden).

Wie bereits am Ende des Abschn. 6.2.3 für die Veranschaulichung beliebiger Punktabbildungen beschrieben wurde, erzeugt man zunächst einige Punkte und verbindet diese durch Strecken. Die Abbildungsmatrix und den Verschiebungsvektor gibt man mittels

```
M = {{1,-2}, {0,1}}
v = Vektor[(1,-4)]
```

ein. Beide Eingaben werden sofort im Algebra-Fenster von GeoGebra angezeigt, siehe Abb. 6.20. Bildpunkte beliebiger Punkte bei Anwendung der eingegebenen Abbildungsmatrix lassen sich mittels

```
MatrixAnwenden[M, A]
```

erzeugen (wobei M für den Namen der Abbildungsmatrix und A für den des abzubildenden Punktes steht). Die auf diese Weise erzeugten Bildpunkte A', B', ... verbindet man wieder durch Strecken (falls man das bisher erzeugte „Zwischenbild" anzeigen möchte, ansonsten kann man diese Punkte natürlich auch ausblenden) – im Gegensatz zu dem in Abschn. 6.2.3 beschriebenen Vorgehen für beliebige Punktabbildungen ist dies für affine Abbildungen zulässig, da diese streckentreu sind. Um zu den Bildpunkten der gegebenen Abbildung zu gelangen, muss zu den „Zwischenbildpunkten" A', B', ... noch der Vektor $\vec{v} = \begin{pmatrix} 1 \\ -4 \end{pmatrix}$ addiert werden, was mittels

```
Verschiebe[A', v]
```

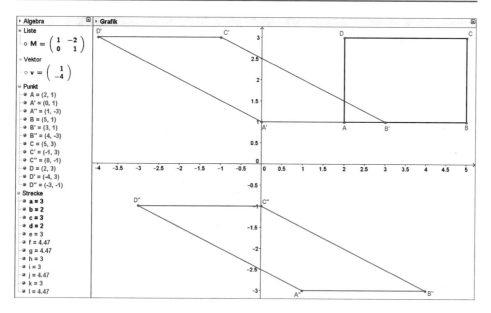

Abb. 6.20 Veranschaulichung einer affinen Abbildung mithilfe von GeoGebra

erfolgt (analog für die anderen Punkte). Im Ergebnis werden die mit A'', B'', ... bezeichneten Bildpunkte angezeigt, die man nun wieder durch entsprechende Strecken verbinden kann, womit die Bildfigur des Rechtecks $ABCD$ bei der betrachteten affinen Abbildung entsteht. Durch Ziehen an den Ausgangspunkten A, B, C, D lassen sich nun auch leicht Bildvierecke anderer Vierecke betrachten.

Unter Nutzung des GeoGebra-3D-Moduls lassen sich sehr gut *affine Abbildungen des Raumes* veranschaulichen. Dazu erzeugt man zunächst einen geometrischen Körper (entweder durch Eingeben und Verbinden von Eckpunkten oder durch einen in GeoGebra 3D vorhandenen Befehl wie `Würfel`). Im Folgenden kann analog zu dem beschriebenen Vorgehen für ebene affine Abbildungen verfahren werden, Abb. 6.21 zeigt dies für die bereits in Abb. 6.17 dargestellte Abbildung. Mittels

```
M = {{2,1,1}, {0,2,0}, {0,0,2}}
v = Vektor[(5,4,3)]
```

gibt man die Matrix und den Verschiebungsvektor ein. Die Bildpunkte erzeugt man dann (wie oben beschrieben) durch `MatrixAnwenden` und `Verschiebe`.

GeoGebra-Dateien mit den in den Abb. 6.20 und 6.21 dargestellten Beispielen stehen auf der Internetseite zu diesem Buch zur Verfügung.

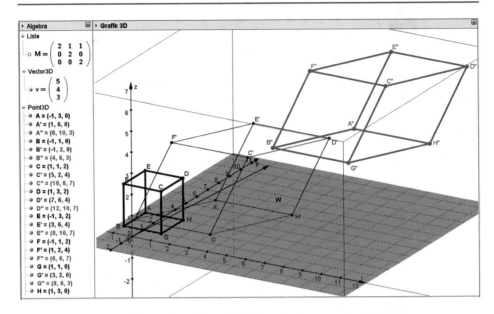

Abb. 6.21 Veranschaulichung einer affinen Abbildung des Raumes mittels GeoGebra

6.2.8   Verkettung affiner Abbildungen und Matrizenprodukt

Schüler erfahren schon früh in enaktiver Weise die Hintereinanderausführung (Verkettung) von Abbildungen. In der Sekundarstufe I werden Verkettungen von Abbildungen (bzw. Funktionen) der Algebra (und später Analysis) und von geometrischen Abbildungen genauer studiert. Die Nichtkommutativität der Verkettung (siehe Abschn. 6.2.3) bedingt eine besondere Sorgfalt bei den Bezeichnungen: Die Verkettung der Abbildungen (oder Funktionen) α und β wird geschrieben als $\alpha \circ \beta$ und gesprochen als „Alpha nach Beta" und ist streng zu unterscheiden von $\beta \circ \alpha$. Genauer gilt $\alpha \circ \beta \, (P) = \alpha(\beta(P))$. In Abschn. 6.2.5 wurde als Anwendung der Vektorschreibweise die Matrixdarstellung einer affinen Abbildung eingeführt. Wie erhält man die Matrixdarstellung der Verkettung zweier Abbildungen aus den einzelnen Matrixdarstellungen? Wir werden diese Aufgabe durch die Einführung des Matrizenprodukts mit einem einfach handhabbaren[20] Kalkül bewältigen. Man kann die Matrizenmultiplikation alternativ auch im Zusammenhang mit mehrstufigen Prozessen einführen (siehe Abschn. 6.1) und jetzt für affine Abbildungen verwenden.

Wir gehen von zwei affinen Abbildungen

$$\alpha : \ \vec{x}' = A_\alpha \vec{x} + \vec{c}_\alpha \quad \text{und} \quad \beta : \ \vec{x}' = A_\beta \vec{x} + \vec{c}_\beta$$

---

[20] Bei der praktischen Durchführung der Matrizenmultiplikation „per Hand" sollte man auf ausgesuchte Zahlen achten und komplexere Beispiele mithilfe des Computers bearbeiten.

aus und wollen die Verkettung $\alpha \circ \beta$ untersuchen. Im ersten Schritt setzen wir das Bild von $\vec{x}$ unter β in die Matrixgleichung von α ein; bei dieser ersten Umformung steht in den großen Klammern der folgenden Formel ein Vektor, so dass nur das wohldefinierte Produkt „Matrix mal Vektor"[21] vorkommt:

$$\alpha \circ \beta : \ \vec{x}' = \alpha(\beta(\vec{x})) = A_\alpha \circ \left(A_\beta \circ \vec{x} + \vec{c}_\beta \right) + \vec{c}_\alpha = A_\alpha \circ (A_\beta \circ \vec{x}) + A_\alpha \circ \vec{c}_\beta + \vec{c}_\alpha$$

Wir haben zunächst formal ausmultipliziert, was noch keine semantische Begründung hat. Es stellt sich die Frage, ob man statt der zweifachen Multiplikation „Matrix mal Vektor" $A_\alpha \circ (A_\beta \circ \vec{x})$ auch eine Matrix $A_\alpha \circ A_\beta$ finden kann, die, multipliziert mit $\vec{x}$, zu demselben Ergebnis führt, also mit $(A_\alpha \circ A_\beta) \circ \vec{x} = A_\alpha \circ (A_\beta \circ \vec{x})$.

Wenn wir unsere Abbildungen wie im letzten Abschnitt mit sechs Koeffizienten im Falle der Ebene bzw. zwölf Koeffizienten im Falle des Raumes ansetzen, so kann man durch Einsetzen die vektorielle Darstellung elementweise nachrechnen und erhält so eindeutig, was das Produkt $A_\alpha \circ A_\beta$ sein muss. Wir führen das nur für den Fall ebener Abbildungen aus. Es seien dazu

$$\alpha : \begin{pmatrix} x_1' \\ x_2' \end{pmatrix} := \begin{pmatrix} a_{11} & a_{12} \\ a_{21} & a_{22} \end{pmatrix} \circ \begin{pmatrix} x_1 \\ x_2 \end{pmatrix} + \begin{pmatrix} c_1 \\ c_2 \end{pmatrix} \quad \text{und}$$

$$\beta : \begin{pmatrix} x_1' \\ x_2' \end{pmatrix} := \begin{pmatrix} b_{11} & b_{12} \\ b_{21} & b_{22} \end{pmatrix} \circ \begin{pmatrix} x_1 \\ x_2 \end{pmatrix} + \begin{pmatrix} d_1 \\ d_2 \end{pmatrix}$$

die beiden zu verkettenden Abbildungen. Dann gilt zunächst

$$\beta \left(\begin{pmatrix} x_1 \\ x_2 \end{pmatrix} \right) = \begin{pmatrix} b_{11}x_1 + b_{12}x_2 \\ b_{21}x_1 + b_{22}x_2 \end{pmatrix} + \begin{pmatrix} d_1 \\ d_2 \end{pmatrix}$$

und weiter

$$\alpha \circ \beta \left(\begin{pmatrix} x_1 \\ x_2 \end{pmatrix} \right) = \begin{pmatrix} a_{11} & a_{12} \\ a_{21} & a_{22} \end{pmatrix} \circ \begin{pmatrix} b_{11}x_1 + b_{12}x_2 \\ b_{21}x_1 + b_{22}x_2 \end{pmatrix} + \begin{pmatrix} a_{11} & a_{12} \\ a_{21} & a_{22} \end{pmatrix} \circ \begin{pmatrix} d_1 \\ d_2 \end{pmatrix} + \begin{pmatrix} c_1 \\ c_2 \end{pmatrix} .$$

Interessant ist nur das erste, wohldefinierte Produkt aus einer Matrix und einem Vektor, das wir weiter umformen zu

$$\begin{pmatrix} a_{11} & a_{12} \\ a_{21} & a_{22} \end{pmatrix} \circ \begin{pmatrix} b_{11}x_1 + b_{12}x_2 \\ b_{21}x_1 + b_{22}x_2 \end{pmatrix} = \cdots = \begin{pmatrix} a_{11}b_{11} + a_{12}b_{21} & a_{11}b_{12} + a_{12}b_{22} \\ a_{21}b_{11} + a_{22}b_{21} & a_{21}b_{12} + a_{22}b_{22} \end{pmatrix} \circ \begin{pmatrix} x_1 \\ x_2 \end{pmatrix} .$$

Das bisher unbekannte Produkt der beiden Matrizen liegt also fest! Analog könnte man das für dreidimensionale Matrizen im Falle des Raumes nachrechnen, worauf wir aber lieber verzichten. Die Verallgemeinerung auf das Produkt

$$\left(a_{ij} \right)_{\substack{i=1\ldots n \\ j=1\ldots n}} \cdot \left(b_{ij} \right)_{\substack{i=1\ldots n \\ j=1\ldots n}} = \left(\sum_{k=1}^{n} a_{ki} b_{jk} \right)_{\substack{i=1\ldots n \\ j=1\ldots n}}$$

---

[21] Dieses spezielle Produkt trat in dem Abschn. 6.2.5 auf, wurde aber auch bereits zuvor in dem Kap. 2 im Zusammenhang mit linearen Gleichungssystemen eingeführt.

zweiter $n \times n$-Matrizen (und bei Bedarf das Produkt einer $n \times m$-Matrix mit einer $m \times p$-Matrix) kann dann mitgeteilt werden (siehe auch die anderen Schreibweisen sowie die Merkregel hierfür in dem Abschn. 6.1.2).

Auf die Hintereinanderausführung affiner Abbildungen und ihre Beschreibung durch Matrizenprodukte werden wir bei der näheren Untersuchung von Kongruenz- und Ähnlichkeitsabbildungen noch zurückkommen (Abschn. 6.3.3), möchten hier aber noch einen kurzen strukturellen Blick auf die Menge aller $n \times n$-Matrizen werfen.

Matrizenräume und -algebren

Die Addition zweier Matrizen und die skalare Multiplikation sind wie bei dem Standard-Vektorraum $\mathbb{R}^n$ komponentenweise erklärt; mit diesen beiden Verknüpfungen bilden die Matrizen einen *Vektorraum der Dimension* n^2.[22] Nun haben wir noch zusätzlich eine Multiplikation zweier Matrizen eingeführt. Die Verknüpfungen erfüllen alle Rechengesetze, die man von den Gesetzen der reellen Zahlen sinnvollerweise auf die Matrizen mit ihren Verknüpfungen übertragen kann, siehe Abschn. 6.1.2. Auch die Matrizenmultiplikation und die Addition „harmonieren" miteinander; beispielsweise gelten hierfür Distributivgesetze (siehe Gl. 6.1). Die Menge der $n \times n$-Matrizen zusammen mit ihren Verknüpfungen nennt man die *Matrizenalgebra*, ein für viele inner- und außermathematische Anwendungen fundamentaler Begriff.

6.3 Weitere Überlegungen zu affinen Abbildungen

6.3.1 Fixpunkte affiner Abbildungen

In der Sekundarstufe I werden Kongruenz- und Ähnlichkeitsabbildungen und ihre Eigenschaften studiert. Punktspiegelungen, Drehungen und zentrische Streckungen haben einen ausgezeichneten Punkt, das Zentrum: Dieser Punkt wird auf sich selbst abgebildet und als „Fixpunkt" bezeichnet. Verschiebungen haben keinen Fixpunkt, Achsenspiegelungen dagegen unendlich viele, nämlich alle Punkte auf der Spiegelachse; diese wird deshalb auch „Fixpunktgerade" genannt. Der Begriff „Fixpunkt" spielt auch bei beliebigen affinen Abbildungen der Ebene oder des Raumes eine Rolle:

▶ **Definition 6.3** Es seien A ein affiner Raum und $\alpha : A \rightarrow A$ eine affine Abbildung innerhalb von A. Ein Punkt $Z \in A$, der durch α auf sich selbst abgebildet wird, für den also $\alpha(Z) = Z$ gilt, wird als *Fixpunkt* von α bezeichnet.

Das Beispiel 6.1 zeigt, wie man eine konkrete affine Abbildung auf Fixpunkte untersucht.

---

[22] Einen speziellen Unterraum dieses Vektorraumes (nämlich den Unterraum der magischen Quadrate) haben wir für $n = 3$ und $n = 4$ bereits näher untersucht, siehe Abschn. 3.4.3 „Magische Quadrate und Zahlenmauern".

Beispiel 6.1

Durch die Abbildungsvorschrift

$$\alpha : \begin{pmatrix} x_1' \\ x_2' \\ x_3' \end{pmatrix} = \begin{pmatrix} 3 & 0 & 0 \\ 0 & 3 & 0 \\ 0 & 0 & 3 \end{pmatrix} \circ \begin{pmatrix} x_1 \\ x_2 \\ x_3 \end{pmatrix} + \begin{pmatrix} 6 \\ -1 \\ -2 \end{pmatrix}$$

wird eine affine Abbildung beschrieben, die sich aus einer zentrischen Streckung mit dem Streckfaktor 3 und dem Zentrum im Koordinatenursprung sowie einer Verschiebung zusammensetzt (Abb. 6.22a). Wir suchen nach Fixpunkten

$$Z = \begin{pmatrix} z_1 \\ z_2 \\ z_3 \end{pmatrix}$$

mit $\alpha(Z) = Z$, d. h. für unser Beispiel:

$$\alpha : \begin{pmatrix} z_1 \\ z_2 \\ z_3 \end{pmatrix} = \begin{pmatrix} 3 & 0 & 0 \\ 0 & 3 & 0 \\ 0 & 0 & 3 \end{pmatrix} \circ \begin{pmatrix} z_1 \\ z_2 \\ z_3 \end{pmatrix} + \begin{pmatrix} 6 \\ -1 \\ -2 \end{pmatrix} \quad \text{bzw.} \quad \begin{array}{l} z_1 = 3\,z_1 + 6 \\ z_2 = 3\,z_2 - 1 \\ z_3 = 3\,z_3 - 2 \end{array}$$

Als (eindeutige) Lösung erhält man $z_1 = -3$, $z_2 = \frac{1}{2}$, $z_3 = 1$.

Die Abbildung α kann als zentrische Streckung mit dem Zentrum Z und dem Streckfaktor 3 aufgefasst werden. Dies zeigt sich anhand eines neuen Koordinatensystems mit Z als Koordinatenursprung und den unveränderten Basisvektoren der Standardbasis (Abb. 6.22b). Hierfür hat α die Abbildungsvorschrift

$$\begin{pmatrix} \bar{x}_1' \\ \bar{x}_2' \\ \bar{x}_3' \end{pmatrix} = \begin{pmatrix} 3 & 0 & 0 \\ 0 & 3 & 0 \\ 0 & 0 & 3 \end{pmatrix} \circ \begin{pmatrix} \bar{x}_1 \\ \bar{x}_2 \\ \bar{x}_3 \end{pmatrix} .$$

Die Koordinaten $\bar{x}_1'$, $\bar{x}_2'$, $\bar{x}_3'$ eines beliebigen Punktes P bezüglich des neuen Koordinatensystems stehen wegen der Koordinaten von Z mit den „alten" Koordinaten in der

Abb. 6.22 Fixpunkt einer affinen Abbildung

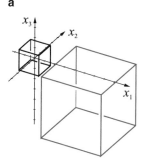
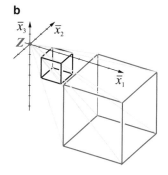

Beziehung

$$x_1 = \bar{x}_1 - 3\,, \quad x_2 = \bar{x}_2 + \frac{1}{2}\,, \quad x_3 = \bar{x}_3 + 1$$

bzw.

$$\bar{x}_1 = x_1 + 3\,, \quad \bar{x}_2 = x_2 - \frac{1}{2}\,, \quad \bar{x}_3 = x_3 - 1\,.$$

Setzt man in die obige Gleichung die „alten" Koordinaten ein, so erhält man

$$\begin{pmatrix} \bar{x}_1{}' \\ \bar{x}_2{}' \\ \bar{x}_3{}' \end{pmatrix} = \begin{pmatrix} 3 & 0 & 0 \\ 0 & 3 & 0 \\ 0 & 0 & 3 \end{pmatrix} \circ \begin{pmatrix} \bar{x}_1 \\ \bar{x}_2 \\ \bar{x}_3 \end{pmatrix} = \begin{pmatrix} 3 & 0 & 0 \\ 0 & 3 & 0 \\ 0 & 0 & 3 \end{pmatrix} \circ \begin{pmatrix} x_1 + 3 \\ x_2 - \frac{1}{2} \\ x_3 - 1 \end{pmatrix} = \begin{pmatrix} 3x_1 + 9 \\ 3x_2 - \frac{3}{2} \\ 3x_3 - 3 \end{pmatrix}.$$

Daraus ergibt sich

$$\begin{pmatrix} x_1{}' \\ x_2{}' \\ x_3{}' \end{pmatrix} = \begin{pmatrix} \bar{x}_1{}' - 3 \\ \bar{x}_2{}' + \frac{1}{2} \\ \bar{x}_3{}' + 1 \end{pmatrix} = \begin{pmatrix} 3x_1 + 9 - 3 \\ 3x_2 - \frac{3}{2} + \frac{1}{2} \\ 3x_3 - 3 + 1 \end{pmatrix} = \begin{pmatrix} 3x_1 + 6 \\ 3x_2 - 1 \\ 3x_3 - 2 \end{pmatrix},$$

womit bestätigt ist, dass die zentrische Streckung mit dem Zentrum Z und dem Streckfaktor 3 mit der ursprünglichen Abbildung identisch ist.   ◆

Das Beispiel 6.1 ist paradigmatisch für die Suche nach Fixpunkten im allgemeinen Fall: Es sei $\alpha : A \to A$ eine affine Selbstabbildung von A. Entsprechend dem Satz 6.3 hat α eine Matrixdarstellung

$$\begin{pmatrix} x_1{}' \\ x_2{}' \end{pmatrix} = \begin{pmatrix} a_1 & b_1 \\ a_2 & b_2 \end{pmatrix} \circ \begin{pmatrix} x_1 \\ x_2 \end{pmatrix} + \begin{pmatrix} c_1 \\ c_2 \end{pmatrix}$$

im Falle der Ebene bzw.

$$\begin{pmatrix} x_1{}' \\ x_2{}' \\ x_3{}' \end{pmatrix} = \begin{pmatrix} a_1 & b_1 & c_1 \\ a_2 & b_2 & c_2 \\ a_3 & b_3 & c_3 \end{pmatrix} \circ \begin{pmatrix} x_1 \\ x_2 \\ x_3 \end{pmatrix} + \begin{pmatrix} d_1 \\ d_2 \\ d_3 \end{pmatrix}$$

im Falle des Raumes. Für einen Fixpunkt $F(x_1|x_2)$ bzw. $F(x_1|x_2|x_3)$ gilt dann

$$\begin{pmatrix} x_1 \\ x_2 \end{pmatrix} = \begin{pmatrix} a_1 & b_1 \\ a_2 & b_2 \end{pmatrix} \circ \begin{pmatrix} x_1 \\ x_2 \end{pmatrix} + \begin{pmatrix} c_1 \\ c_2 \end{pmatrix} \quad \text{bzw.} \quad \begin{pmatrix} x_1 \\ x_2 \\ x_3 \end{pmatrix} = \begin{pmatrix} a_1 & b_1 & c_1 \\ a_2 & b_2 & c_2 \\ a_3 & b_3 & c_3 \end{pmatrix} \circ \begin{pmatrix} x_1 \\ x_2 \\ x_3 \end{pmatrix} + \begin{pmatrix} d_1 \\ d_2 \\ d_3 \end{pmatrix}.$$

Dies ist in jedem Fall ein LGS, dessen Lösungsmöglichkeiten nebst geometrischer Deutung wir in Kap. 2 studiert haben. Das Ergebnis zeigt der folgende Satz:

Satz 6.5

Bei affinen Abbildungen (ungleich der identischen Abbildung Id) gibt es folgende
Möglichkeiten für Fixpunkte:

a) Zweidimensionaler Fall:
  - Es gibt keinen Fixpunkt (z. B. Verschiebung).
  - Es gibt genau einen Fixpunkt F (z. B. Punktspiegelung an F).
  - Fixpunkte sind genau die Punkte einer Geraden g, genannt Fixpunktgerade
    (z. B. Achsenspiegelung an g).
b) Dreidimensionaler Fall:
  - Zu den in a) genannten Möglichkeiten kommt die vierte Möglichkeit hinzu,
    dass Fixpunkte genau die Punkte einer Ebene E sind (z. B. Ebenenspiegelung
    an E).

Dieser Satz ist eine direkte Anwendung der Theorie der LGS. Man kann ihn aber auch
geometrisch aufgrund der Eigenschaften einer affinen Abbildung gewinnen, was im Folgenden für den zweidimensionalen Fall gezeigt wird:

Eine affine Abbildung α habe mindestens zwei Fixpunkte F und G. H sei ein weiterer
Punkt auf der Geraden FG. Aufgrund der Geraden- und der Teilverhältnistreue liegt das
Bild H' ebenfalls auf FG und hat dasselbe Teilverhältnis bezüglich F und G wie H.
Also gilt $H' = H$, und wir haben (zumindest) die Fixpunktgerade FG.

Falls nun zusätzlich ein Fixpunkt $P \notin FG$ existiert, so ist nach dem Argument von
eben für jeden Punkt $H \in FG$ auch PH eine Fixpunktgerade; α bildet somit jeden Punkt
der Ebene auf sich selbst ab, ist also die identische Abbildung.

Somit sind nur die in dem Satz aufgeführten Fälle möglich.

6.3.2 Klassifikation und Normalformen ebener Affinitäten

Welche grundsätzlichen Arten affiner Abbildungen gibt es? Ein Ansatzpunkt zur Klassifikation der affinen Abbildungen ist die Unterscheidung nach ihren Fixpunktmengen, siehe
Satz 6.5. Hierbei wird man versuchen, die jeweiligen Abbildungen durch möglichst güns-
tige Koordinatensysteme zu beschreiben. Beispielsweise bietet es sich an, einen eventuell
vorhandenen Fixpunkt als Ursprung zu wählen (wie in Beispiel 6.1). Man kommt aber
nicht mit den Fixpunkten aus, sondern muss auch die Wirkung der Abbildung auf Geraden und im Falle des Raumes auf Ebenen studieren. Worum es genauer geht, beschreiben
wir aus Platzgründen nur anschaulich für den ebenen Fall.

Fixpunktgeraden, Fixgeraden und Fixrichtungen

Wir orientieren uns wieder an den aus der S I bekannten Abbildungen. Gibt es „besondere Wirkungen" der Abbildung auf Geraden? Bei den Fixpunkten hatten wir schon den besonderen Fall, dass alle Punkte einer Geraden fest bleiben, es handelt sich dabei um *Fixpunktgeraden*. Aufgrund der Geradentreue einer affinen Abbildung ist das Bild g' einer Geraden g wieder eine Gerade. Wie Verschiebungen und Spiegelungen zeigen, können die Gerade und ihr Bild zusammenfallen (ohne dass Punkte der Geraden auf sich selbst abgebildet werden müssen), dann spricht man von einer *Fixgeraden*. Schließlich kann in einem weiteren Spezialfall zwar gelten $g' \neq g$, aber $g'\|g$. Beide Geraden haben dann die gleiche Richtung, und man spricht jetzt von *Fixrichtungen*. Für die Bestimmung von Fixgeraden und Fixrichtungen einer vorgelegten affinen Abbildung α muss man die zugehörige Vektorabbildung α^* untersuchen, was im Prinzip ebenfalls auf die LGS-Theorie führt, aber etwas komplizierter ist. Wir fassen daher im Folgenden nur das Ergebnis der Klassifikation der ebenen Affinitäten zusammen. Eine genaue Herleitung finden Sie auf der Homepage zu diesem Buch.

Jede ebene Affinität $\alpha \neq \text{Id}$ kann bezüglich eines angepassten affinen Koordinatensystems einem der in Tab. 6.1 aufgelisteten Fälle zugeordnet werden.

Tab. 6.1 Klassifikation ebener Affinitäten

$\alpha : \vec{x}' = \begin{pmatrix} 1 & 1 \\ 0 & 1 \end{pmatrix} \circ \vec{x}$	Scherung (siehe Abb. 6.8)
$\alpha : \vec{x}' = \begin{pmatrix} 1 & 0 \\ 0 & \lambda \end{pmatrix} \circ \vec{x}$ (mit $\lambda \neq 0; 1$)	Parallelstreckung (speziell Schrägspiegelung für $\lambda = -1$)
$\alpha : \vec{x}' = \begin{pmatrix} \lambda_1 & 0 \\ 0 & \lambda_2 \end{pmatrix} \circ \vec{x}$ (mit $\lambda_1, \lambda_2 \neq 0; 1$)	Euler'sche Affinität (siehe Abb. 6.7b) (speziell zentrische Streckung für $\lambda_1 = \lambda_2 = \lambda$ bzw. Punktspiegelung für $\lambda = -1$)
$\alpha : \vec{x}' = \begin{pmatrix} \lambda & 1 \\ 0 & \lambda \end{pmatrix} \circ \vec{x}$	Scherstreckung (mit $\lambda \neq 0; 1$)
$\alpha : \vec{x}' = r \cdot \begin{pmatrix} \cos\varphi & -\sin\varphi \\ \sin\varphi & \cos\varphi \end{pmatrix} \circ \vec{x}$	affine Drehstreckung (speziell affine Drehung für $r = 1$; Drehung für $r = 1$ und kartesisches Koordinatensystem, siehe Abb. 6.6 und Gl. 6.2)
$\alpha : \vec{x}' = \begin{pmatrix} 1 & 0 \\ 0 & \lambda \end{pmatrix} \circ \vec{x} + \begin{pmatrix} 1 \\ 0 \end{pmatrix}$ (mit $\lambda \neq 0; 1$)	affine Schub-Schrägspiegelung (speziell affine Schubspiegelung für $\lambda = -1$, d. h. Verkettung von Achsenaffinität und Verschiebung)
$\alpha : \vec{x}' = \begin{pmatrix} 1 & 0 \\ 0 & 1 \end{pmatrix} \circ \vec{x} + \begin{pmatrix} 1 \\ 0 \end{pmatrix}$	Verschiebung
$\alpha : \vec{x}' = \begin{pmatrix} 1 & 1 \\ 0 & 1 \end{pmatrix} \circ \vec{x} + \begin{pmatrix} 0 \\ 1 \end{pmatrix}$	Schubscherung, d. h. Verkettung von Scherung und Verschiebung

6.3.3 Ähnlichkeits- und Kongruenzabbildungen in der Ebene

In der Grundschule und in der Sekundarstufe I lernen die Kinder Symmetrien kennen und abstrahieren hieraus später die Symmetrie- oder Kongruenzabbildungen. Diese Abbildungen erlauben es, die naive „Deckungsgleichheit" von Figuren zum Kongruenzbegriff zu exaktifizieren. Diese Abbildungen lassen u. a. Längen und Winkel invariant. Später wird als gröbere Einteilung die Ähnlichkeit von Figuren betrachtet, zur Präzisierung dienen dann die Ähnlichkeitsabbildungen. Diese sind zwar noch winkeltreu, aber anstelle der Längentreue gilt nur noch die Konstanz der Längenverhältnisse. Der allgemeine Begriff der affinen Abbildung wird – wenn überhaupt – erst im Zusammenhang mit Analytischer Geometrie in der Sekundarstufe II behandelt. Affine Abbildungen waren so allgemein wie möglich definiert worden, nur die Geradentreue, Parallelentreue und Teilverhältnistreue wurden als geometrisch sinnvolle Bedingungen verlangt. Im letzten Abschnitt wurden die ebenen Affinitäten aufgezählt. Jetzt werden durch Spezialisierung zunächst die Ähnlichkeits-, dann die Kongruenzabbildungen gewonnen. Diese speziellen affinen Abbildungen werden wie folgt definiert:

► **Definition 6.4** Eine affine Selbstabbildung α heißt

$$\text{Ähnlichkeitsabbildung} \Leftrightarrow \alpha \text{ ist winkeltreu,}$$

$$\text{Kongruenzabbildung} \Leftrightarrow \alpha \text{ ist längentreu.}$$

Aus der Definition folgt, dass Ähnlichkeits- und Kongruenzabbildungen bijektiv, also Affinitäten sind. Aus der Winkeltreue der Ähnlichkeitsabbildungen folgt, dass alle Längen mit demselben Faktor $k > 0$ multipliziert werden. Kongruenzabbildungen sind mit der Längentreue automatisch auch winkeltreu. Diese Eigenschaften hängen natürlich nicht von einem Koordinatensystem ab; ein solches dient dazu, eine möglichst einfache Abbildungsgleichung zu erhalten.

Die Kongruenz- und Ähnlichkeitsabbildungen werden wir wieder nur für die Ebene klassifizieren: Jetzt setzen wir ein kartesisches Koordinatensystem $\{O; \vec{e}_1; \vec{e}_2\}$ voraus und gehen wieder von der allgemeinen Abbildungsgleichung

$$\alpha : \vec{x}' = \begin{pmatrix} a_1 & b_1 \\ a_2 & b_2 \end{pmatrix} \circ \vec{x} + \begin{pmatrix} c_1 \\ c_2 \end{pmatrix}$$

aus. Wenn α eine Ähnlichkeitsabbildung ist, so müssen die Bilder $\vec{e}_1{}', \vec{e}_2{}'$ der beiden Basisvektoren senkrecht zueinander und gleich lang sein (siehe Abb. 6.23a), es gilt also $\vec{e}_1{}' \cdot \vec{e}_2{}' = 0$ und $|\vec{e}_1{}'| = |\vec{e}_2{}'| = k > 0$. Da die Spalten der Matrix die Bilder der Basisvektoren sind, folgt $a_1 b_1 + a_2 b_2 = 0$ und $a_1^2 + a_2^2 = b_1^2 + b_2^2 = k^2$. Ist α sogar eine Kongruenzabbildung, so ist $k = 1$, also $a_1^2 + a_2^2 = b_1^2 + b_2^2 = 1$. Aus den affinen Typen in Abschn. 6.3.2 erhält man damit die in Tab. 6.2 dargestellten Typen von der Identität verschiedener Ähnlichkeits- und Kongruenzabbildungen.

Abb. 6.23 a Kartesisches
Koordinatensystem und sein
Bild bei einer Ähnlichkeits-
abbildung, **b** Drehstreckung
(dargestellt an einem Rechteck
und seinem Bild)

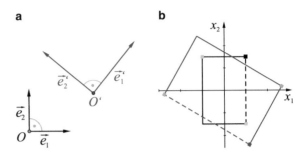

Tab. 6.2 Klassifikation der Ähnlichkeits- und Kongruenzabbildungen in der Ebene

$\alpha : \vec{x}' = \begin{pmatrix} 1 & 0 \\ 0 & -1 \end{pmatrix} \circ \vec{x}$	Spiegelung an der x_1-Achse (siehe Abb. 6.4b)
$\alpha : \vec{x}' = \begin{pmatrix} \lambda & 0 \\ 0 & \lambda \end{pmatrix} \circ \vec{x}$	zentrische Streckung (siehe Abb. 6.7a) (speziell Punkt-spiegelung für $\lambda = -1$)
$\alpha : \vec{x}' = r \cdot \begin{pmatrix} \cos \varphi & -\sin \varphi \\ \sin \varphi & \cos \varphi \end{pmatrix} \circ \vec{x}$	Drehstreckung, siehe Abb. 6.23b (speziell Drehung für $r = 1$, siehe Abb. 6.6 und Gl. 6.2)
$\alpha : \vec{x}' = \begin{pmatrix} 1 & 0 \\ 0 & -1 \end{pmatrix} \circ \vec{x} + \begin{pmatrix} r \\ 0 \end{pmatrix}$ (mit $r \neq 0$)	Schubspiegelung (Verkettung von Achsenspiegelung und Verschiebung, siehe Abb. 6.5)
$\alpha : \vec{x}' = \begin{pmatrix} 1 & 0 \\ 0 & 1 \end{pmatrix} \circ \vec{x} + \begin{pmatrix} r \\ 0 \end{pmatrix}$ (mit $r \neq 0$)	Verschiebung (siehe Abb. 6.4a)

6.3.4 Affine Abbildungen und „Zufallsfraktale"

In dem Abschn. 4.3.6 haben wir ausgehend von einem gleichseitigen Dreieck ABC und
einem Punkt P_0 eine Punktfolge $(P_n)_{n \in \mathbb{N}}$ definiert: Es wurde jeweils zufällig eine der drei
Ecken des Dreiecks gewählt. Der nächste Punkt P_{n+1} war dann die Mitte von P_n und
der zufällig gewählten Ecke. Diese Punktfolge stellte erstaunlicherweise das Sierpinski-
Dreieck dar (Abb. 4.32 und 4.33). Zum Beweis hatten wir ein geeignetes affines Koordinatensystem gewählt und die Koordinaten im Dualsystem dargestellt. Insbesondere kam
es nicht darauf an, dass das Dreieck ABC gleichseitig ist; die Punktfolge wurde durch
die affine Vorschrift „Seitenmitte" definiert. Im Sinne der Aufgabenvariation von Hans
Schupp (2003) können wir die Bedingungen zur Erzeugung der Punktfolge auf mannigfaltige Weise variieren. Hier betrachten wir die folgende Verallgemeinerung: Wir gehen
aus von einem regelmäßigen n-Eck $A_1, A_2, \ldots, A_m$ und einem Punkt P_0 der Ebene. Eine
Punktfolge $(P_n)_{n \in \mathbb{N}}$ wird jetzt wie folgt definiert:

Abb. 6.24 Erzeugung der
Punktfolge $(P_n)_{n \in \mathbb{N}}$

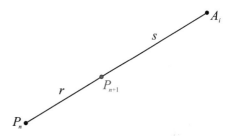

Wir wählen ein festes Teilverhältnis $r : s$ mit $r, s \in \mathbb{N}$. Es sei P_n schon festgelegt. Nun wählt man zufällig eine der Ecken, etwa A_i. Dann ist der nächste Punkt P_{n+1} derjenige, der die Strecke $\overline{P_n A_i}$ im Verhältnis $r : s$ teilt (Abb. 6.24).

Bei der Punktfolge in Abschn. 4.3.6 wurde der jeweilige Mittelpunkt als P_{n+1} gewählt, dies kann man in der neuen Sicht auch als Teilverhältnis 1:1 erklären. Wie beim Ausgangsdreieck in Abschn. 4.3.6 kommt es hier beim Ausgangs-n-Eck nicht auf den metrischen Begriff „regelmäßig" an, sondern nur auf den affinen Begriff „konvex". Wieder lässt sich der Algorithmus leicht programmieren, und man kann mit den Parametern Eckenzahl m und Teilverhältnis $r : s$ experimentieren (die Wahl des Startpunkts P_0 ist wieder irrelevant). Bei geeigneten Daten erhält man schöne Fraktale;[23] Abb. 6.25 zeigt einige Beispiele (dabei wurden jeweils 5000 Punkte berechnet).

Der Begründung dieses Verhaltens verläuft im Prinzip analog zu Abschn. 4.3.6, nur dass anstelle der Analyse der Punktfolge im Dualsystem jetzt die Darstellung der Punktfolge durch geeignete affine Abbildungen betrachtet wird. Genauer sei φ_i die zentrische Streckung mit Zentrum A_i und Streckfaktor $\frac{s}{r+s}$. Diese Abbildungen sind kontrahierend, da der Streckfaktor größer als 0 und kleiner als 1 ist. Es gilt $P_{n+1} = \phi(P_n)$, wobei $\phi \in \{\varphi_1, \ldots, \varphi_m\}$ zufällig gewählt ist. Man kann also die Folge $(P_n)_{n \in \mathbb{N}}$ als durch Verkettung von zufällig gewählten zentrischen Streckungen φ_i, ausgehend vom Startpunkt P_0, entstanden denken. In Abschn. 4.3.6 konnten wir als zugrunde liegendes Fraktal die Punktmenge „Sierpinski-Dreieck" identifizieren und zeigen, dass die Punktfolgen alle gegen einen Punkt des Sierpinski-Dreiecks konvergieren, wobei jeder Punkt des Sierpinski-Dreiecks gleichwahrscheinlich ist. Hier muss anstelle des Sierpinski-Dreiecks zunächst eine geeignete Punktmenge **P** definiert werden, die bei geeigneter Wahl von r und s wieder ein Fraktal ist und gegen die unsere Punktfolge $(P_n)_{n \in \mathbb{N}}$ konvergiert, wobei wieder jeder Punkt von **P** mit gleicher Wahrscheinlichkeit „getroffen" wird. Die genaue Durchführung ist etwas komplizierter, daher verzichten wir hier darauf und verweisen für eine genauere Begründung auf Henn (1993).

---

[23] Geeignete Applets zum sofortigen Experimentieren stehen auf der Internetseite dieses Buches sowie unter http://www.elementare-stochastik.de zur Verfügung.

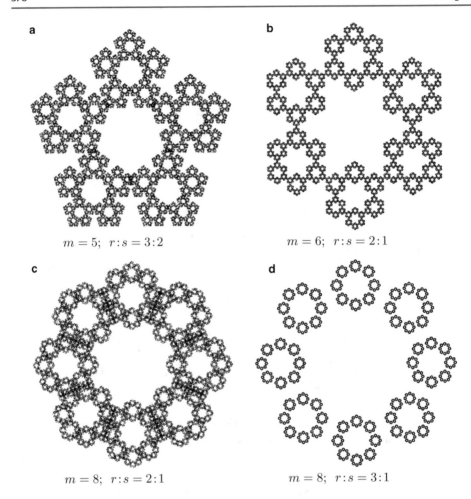

a
$m = 5;\quad r : s = 3 : 2$

b
$m = 6;\quad r : s = 2 : 1$

c
$m = 8;\quad r : s = 2 : 1$

d
$m = 8;\quad r : s = 3 : 1$

Abb. 6.25   Einige Zufallsfraktale

Ausblick

7

Liebe Leserin, lieber Leser,
wir haben auf den vorliegenden Seiten versucht, ein Szenario zu entwickeln, wie Analytische Geometrie und Lineare Algebra unterrichtet werden können. In dem ausgedehnten „Ozean" der Analytischen Geometrie und Linearen Algebra konnten wir in subjektiver Auswahl nur einige Inseln ansteuern, hoffen aber, dass diese „Ortskenntnis" zum Aufbau eines Verständnisnetzes bei Schülerinnen und Schülern beitragen kann, so dass sie bewusster und sicherer diesen „Ozean" befahren können. Es gibt noch viele schöne und mathematisch tiefe Themen, die bestens in unser Buch passen würden. Wir können nur einige wenige Beispiele aufzählen:

- Das wichtige Thema der Kugelgeometrie (oder sphärischen Geometrie) ist bei uns viel zu kurz gekommen, schließlich *leben* wir auf einer Kugel. Die Entdecker der „Neuen Welt" ab Kolumbus nutzten zur Orientierung Kugelgeometrie; heute verlassen wir uns immer auf sie, wenn wir ein Navigationsgerät verwenden.[1] Für eine Beschäftigung mit der Kugelgeometrie empfehlen wir Filler (1993); Sie finden das Kapitel „Geometrie auf der Kugeloberfläche" aus diesem Buch auch auf der Homepage zu unserem Buch.
- In vielen Büros steht als kleines ästhetisches Kunstwerk eine „Klick-Klack-Maschine" (genauer nennt man sie „Mariotte'sches Stoßpendel"), siehe Abb. 7.1.
  Meistens betrachtet man im Physikunterricht das „ideale" Spielzeug ohne Energieverlust. Will man aber das reale Spielzeug, das schließlich irgendwann zur Ruhe kommt, beschreiben, so kann man eine Klick-Klack-Maschine mit zwei Kugeln unter Verwendung von 2×2-Matrizen modellieren, was ein schönes Thema für die Oberstufe ist:

---

[1] Übrigens wurde in Baden-Württemberg, wo gleich nach dem Zweiten Weltkrieg ein schriftliches Abitur eingeführt wurde, eine Vielzahl kleiner, sinnstiftender Aufgaben zur Kugelgeometrie (und zu Ortslinien, Kegelschnitten und vielem mehr) gestellt.

© Springer-Verlag Berlin Heidelberg 2015
H.-W. Henn, A. Filler, *Didaktik der Analytischen Geometrie und Linearen Algebra*,
Mathematik Primarstufe und Sekundarstufe I + II, DOI 10.1007/978-3-662-43435-2_7

Abb. 7.1 „Klick-Klack-
Maschine" (Mariotte'sches
Stoßpendel)

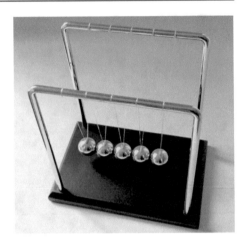

Die experimentelle Überprüfung der vorhergesagten Zeit bis zum Stillstand ist dann
ein „Experimentum crucis" für die Validität des Modells. Will man ein „allgemeines"
Stoßpendel mit n Kugeln mathematisieren, so benötigt man $n \times n$-Matrizen und die
Jordan'sche Normalform. Wir haben also ein wunderschönes Beispiel für das Spiralprinzip von Schule zu Hochschule, vgl. Henn (1983).

- Vor dem 1648 fertiggestellten Taj Mahal (Agra, Nordindien) zu stehen, ist ein unver-
  gessliches Erlebnis (Abb. 7.2a). Abbildung 7.2b zeigt das große Eingangstor. Es wird
  rechts, links und oben von einem fein ziselierten Streifen konstanter Breite umrahmt.
  Wirklich konstant? Nur für das Auge, in Wirklichkeit haben die moslemischen Architekten die Streifenbreite nach oben so zunehmen lassen, dass das Auge konstante Breite
  zu sehen glaubt. Wie haben sie das angestellt?

a

b

Abb. 7.2 Taj Mahal

- Vermutlich benutzen Sie genauso wie wir öfters die Suchmaschine Google. Es ist erstaunlich, mit welcher Geschwindigkeit die riesige Zahl von Suchergebnissen angezeigt wird. Wie wird das gemacht? Wie wird die wichtige Reihenfolge der Anzeige festgelegt? Wieder sind vor allem Methoden der Linearen Algebra wesentlich an der Konstruktion des von Google verwendeten PageRank-Algorithmus beteiligt. Schulgeeignete Einführungen finden Sie bei Hans Humenberger (2009) und Günter Gramlich (2010).

- Schließlich liefern die bei vielen Jugendlichen so beliebten 3D-Computerspiele vielfältigen Anlass, Methoden der Analytischen Geometrie anzuwenden. Spielfiguren bei 3D-Computerspielen sind zunächst Zahlentupel, die Informationen über Koordinaten, Farben oder Treffer enthalten. Aus den Koordinaten entstehen Spielfiguren, indem benachbarte Punkte miteinander zu Dreiecken und die Dreiecke miteinander zu Formen verbunden werden (siehe Abschn. 5.2.3). Ein typisches Problem der Spieleprogrammierung ist das „Schuss-Treffer-Problem" – es erfordert die Entwicklung von Rechenverfahren, mit denen man entscheiden kann, ob eines der die Spielfigur beschreibenden Dreiecke bei einem Schuss getroffen wird. In seinem Beitrag „3D-Computerspiele und Analytische Geometrie" gibt Uwe Schürmann (2014) eine schöne, schulerprobte Einführung in die Thematik.

Das von uns in diesem Buch entwickelte Szenario, wie Analytische Geometrie und Lineare Algebra unterrichtet werden können, soll einerseits Schülerinnen und Schülern die Beziehungshaltigkeit der mathematischen Theorie im Sinne der Winter'schen Grunderfahrungen erfahrbar machen und soll andererseits ermöglichen, diejenige Mathematik, die in der Schule betrieben wird, in einem anschließenden Studium eines der MINT-Fächer fortzuführen und zu exaktifizieren. Hierzu reicht es allerdings nicht, eine universitäre Prüfung bestanden zu haben, wie es Günter Aumann (2003), wohl stellvertretend für viele Fachmathematiker, in einem Beitrag in den DMV-Mitteilungen behauptet: *„Wer ein mathematisches Vordiplom ... bestanden hat, hat die Fähigkeit, mathematisch zu denken, hinreichend unter Beweis gestellt."* Diese Einschätzung können wir leider aufgrund vieler Erfahrungen nicht teilen. Eine Prüfung bestanden zu haben, beweist manches, jedoch keinesfalls notwendig das Verständnis für Mathematik. Damit unsere Ziele erreicht werden können, sollten Studierende so studieren, wie sie später einmal unterrichten sollten; einige notwendige Voraussetzungen sind also:

- Aktives Lernen auch an der Universität
- Zugang zum Fach im Kontext der Allgemeinbildung im Sinne der Winter'schen Grunderfahrungen
- Konzentration auf tragende Grundideen der Mathematik
- Lehren als Organisation von Lernprozessen
- Balance zwischen Instruktion (durch die Lehrenden) und Konstruktion (durch die Lernenden selbst), zwischen Produkt und Prozess

- Aufbau „adäquater Bilder" (Grundvorstellungen) mathematischer Konstrukte, siehe Abschn. 1.2
- Berücksichtigung epistemologischer Aspekte des Lernens von Mathematik

Auf eines wollen wir aber ausdrücklich hinweisen: In der letzten Zeit wird immer häufiger Klage geführt über die vermeintlich schlechten Kenntnisse und Fähigkeiten von Haupt- und Realschulabgängern (Industrie- und Handelskammern) sowie von Abiturienten (Universitäten und Hochschulen). Diese Klagen können wir zum Teil nachvollziehen. Wovor wir aber ausdrücklich warnen wollen, ist die schon bei den alten Griechen verbreitete Behauptung, „früher sei alles besser gewesen". Konkret verweisen wir auf eine über 35 Jahre alte Untersuchung von Hans-Wolfgang Henn „zum Beweisverständnis von Mathematikstudierenden", siehe Henn (1978). Der Autor war damals Mittelbauangehöriger am Mathematischen Institut II der Fakultät für Mathematik an der TU Karlsruhe; dieses Institut war u. a. für die Vordiplomklausuren in Linearer Algebra verantwortlich. Bei der Untersuchung wurden die Bearbeitungen aller 208 Teilnehmer[2] am Vordiplom in Linearer Algebra der folgenden Aufgabe analysiert:

> Man zeige, dass es außer der Nullabbildung keinen Homomorphismus der additiven Gruppe der rationalen Zahlen in die additive Gruppe der ganzen Zahlen gibt.

Nur etwa 50 % der Teilnehmer bearbeiteten diese Aufgabe[3]; über 90 % der Bearbeitungen erreichten nur 0 von 3 Punkten, ganze vier Teilnehmer bekamen 3 Punkte gutgeschrieben! Aus Platzgründen können wir nicht auf die vielfältigen und didaktisch spannenden Fehlvorstellungen eingehen. Wir zitieren nur aus dem Résumee:

„Wie schlimm es um Grundkenntnisse und Beweisverständnis bei vielen Studenten bestellt ist, zeigen die vorangegangenen Seiten. Woran das letztlich liegt, warum die Studenten nach vielen Semestern Mathematikstudium (fast) keine aktiven Kenntnisse haben, kann leider nicht so leicht festgestellt werden. Ein Aspekt ist, dass die Studienanfänger … von der Schule … nicht gewohnt sind, selbst zu arbeiten, nachzudenken, sich in ein Problem zu vertiefen. Die tief eingefleischte Gewohnheit, alles nur rezeptiv von einem, der vorne steht, aufzunehmen, wird in der Hochschule fortgesetzt: Übungsaufgaben werden … abgeschrieben, auf Klausuren bereitet man sich durch Lesen der erhältlichen Klausurlösungen vergangener Jahre vor. Alle didaktischen Anstrengungen von Dozenten (wobei man allerdings das Streichen von Inhalten nicht der Didaktik zurechnen möge) verpuffen wirkungslos, wenn es nicht gelingt, die Studenten zu eigener Arbeit, zu eigenem Nachdenken, eigenem Beweisen … zu bringen." (Henn, 1978, S. 17)

---

[2] Die Teilnehmer waren Studierende mit dem Fach Mathematik oder Informatik und dem Studienziel Diplom oder Lehramt Gymnasium.
[3] Natürlich bestanden nicht wenige Studierende, die diese Aufgabe nicht oder falsch bearbeitet hatten, dennoch die Klausur; vgl. die oben zitierte Meinung von Günter Aumann.

Das Ergebnis spricht Bände und gibt keinen Anlass zu der Annahme, dass früher alles besser war. Der „Schwarze Peter" bleibt auch heute zunächst einmal bei uns, die wir Studierende zu Mathematiklehrern und Schüler zu Studienanfängern ausbilden. Das gesellschaftliche Umfeld, das sich sicher in den letzten Jahrzehnten gravierend verändert hat, können wir nicht ändern, die Sicht, *wie* wir lehren, aber schon!

Der ehemalige DMV-Präsident Gernot Stroth hat einmal gefordert, dass es das Ziel des Mathematikunterrichts sein müsse, den Schülerinnen und Schülern ein stimmiges Bild von Mathematik zu vermitteln. Wir hoffen, dass dieses Buch dazu beiträgt, auch Studierenden ein stimmiges Bild von Mathematik, hier mit dem Schwerpunkt Analytische Geometrie und Lineare Algebra, zu vermitteln.

Literatur

Alten, H.-W.; Djafari Naini, A.; Folkerts, M.; Schlosser, H.; Schlote, K.-H.; Wußing, H. (2003): 4000 Jahre Algebra. Springer, Berlin.

Artigue, M. (2000): Instrumentation issues and the integration of computer technologies into secondary mathematics teaching. In: Beiträge zum Mathematikunterricht, Franzbecker, Hildesheim, S. 11–18.

Artmann, B.; Törner, G. (1988): Lineare Algebra und Geometrie. Grund- und Leistungskurs. Vandenhoeck & Ruprecht, Göttingen (2. Aufl.).

Aumann, G. (2003): Reform des Lehramtsstudiums. Ein weiterer Diskussionsbeitrag. In: DMV-Mitteilungen, 2, S. 15.

Aumann, G.; Spitzmüller, K. (1993): Computerorientierte Geometrie. B.I. Wissenschaftsverlag, Mannheim.

Ba, C.; Dorier, J.-L. (2011): Die Entwicklung der Vektorrechnung im französischen Mathematikunterricht seit Ende des 19. Jahrhunderts. In: Mathematische Semesterberichte 58 (2), S. 215–232.

Becker, J. P.; Sawada, T.; Shimizu, Y. (1999): Some findings of the U.S.-Japan cross-cultural research on students' problem-solving behaviors. In Kaiser, G.; Luna, E.; Huntley, I. (Eds.): International comparisons in mathematics education (pp. 121–139). Falmer Press, London.

Bender, M.; Brill, M. (2003): Computergrafik. Hanser, München, Wien.

Besuden, H. (1999): Raumvorstellung und Geometrieverständnis. In: Mathematische Unterrichtspraxis (MUP) III, S. 1–10.

Beutelspacher, A. (2010): Lineare Algebra. Vieweg+Teubner, Wiesbaden (7. Aufl.).

Beutelspacher, A.; Petri, B. (1996): Der Goldene Schnitt. Spektrum Akademischer Verlag, Heidelberg.

Bigalke, A.; Köhler, A. (Hrsg.) (2009): Mathematik Gymnasiale Oberstufe, Ausgabe Brandenburg, Bd. 2. Cornelsen, Berlin.

Blum, W.; Biermann, M. (2001): Eine ganz normale Mathematikstunde? Aspekte von „Unterrichtsqualität" in Mathematik. In: mathematik lehren, 108, S. 52–54.

Blum, W. et al. (Hrsg.) (2015): Bildungsstandards aktuell: Mathematik in der Sek II. Diesterweg, Braunschweig.

Böer, H.; Kliemann, S.; Mallon, C.; Puscher, R.; Segelken, S.; Schmidt, W. (2007): mathe live 7. Klett-Verlag, Stuttgart, Leipzig.

Borneleit, P.; Danckwerts, R.; Henn, H.-W.; Weigand, H.-G. (2001): Expertise zum Mathematikunterricht in der gymnasialen Oberstufe. In: Journal für Mathematik-Didaktik 22, H. 1, S. 73–90.

Bossek, H.; Heinrich, R. (Hrsg.) (2007): Lehrbuch Analytische Geometrie Gymnasiale Oberstufe. Duden Paetec Schulbuchverlag, Berlin.

Brandt, D.; Reinelt, G. (2009): Lambacher Schweizer. Gesamtband Oberstufe mit CAS. Ausgabe C. Klett, Stuttgart.

© Springer-Verlag Berlin Heidelberg 2015
H.-W. Henn, A. Filler, *Didaktik der Analytischen Geometrie und Linearen Algebra*,
Mathematik Primarstufe und Sekundarstufe I + II, DOI 10.1007/978-3-662-43435-2

Brockmeyer, H. (1999): Die Briefmarke zum ICM 1998 wird enträtselt. In: Praxis der Mathematik 41, H. 1, S. 29.

Brunnermeier, A.; Herz, A.; Kammermeyer, F.; Kilian, H.; Rübesamen, H.-U.; Sauer, J.; Zechel, J. (2004): Fokus Mathematik, Jahrgangsstufe 5. Cornelsen, Berlin.

Büchter, A. (2008): Funktionale Zusammenhänge erkunden. mathematik lehren, 148, S. 4–11.

Büchter, A. (2012): Schülervorstellungen zum Tangentenbegriff. In: Beiträge zum Mathematikunterricht 2012. WTM, Münster, S. 169–172.

Büchter, A.; Henn, H.-W. (2007): Elementare Stochastik. Springer, Heidelberg (2. Aufl.).

Büchter, A.; Henn, H.-W. (2010): Elementare Analysis. Springer Spektrum, Heidelberg.

Bürger, H.; Fischer, R.; Malle, G.; Reichel, H.-C. (1980): Zur Einführung des Vektorbegriffes: Arithmetische Vektoren mit geometrischer Deutung. In: Journal für Mathematik-Didaktik 1, H. 3, S. 171–187.

Descartes, R. (1637): Discours de la méthode pour bien conduire sa raison et chercher la verité dans les sciences. J. Maire, Leiden, S. 90.

Diemer, C.; L, Hillmann, L. (2005): Mit Bewegung durch die Analytische Geometrie. In: Der Mathematikunterricht 51, H. 4, S. 32–44.

Dorier, J.-L. (ed.) (2000): On the Teaching of Linear Algebra. Kluwer, Dordrecht.

Dürer, A. (1525): Underweysung der Messung, mit dem Zirckel und Richtscheyt, in Linien, Ebenen unnd gantzen corporen. Nürnberg. Im Internet verfügbar unter
http://digital.slub-dresden.de/werkansicht/dlf/17139/1/cache.off

Dzung Wong, B. (2003): Bézierkurven: gezeichnet und gerechnet. Ein elementarer Zugang und Anwendungen. Orell Füssli, Zürich.

Elschenbroich, H.-J.; Meiners, J.-C. (1994): Computergraphik und Darstellende Geometrie im Unterricht der Linearen Algebra. Dümmler, Bonn.

Engel, A. (1977): Elementarmathematik vom algorithmischen Standpunkt. Klett, Stuttgart.

Enzensberger, H. M. (1999): Zugbrücke außer Betrieb. A. K. Peters, Natick, Massachusetts.

Euklid (1980): Die Elemente. Wissenschaftliche Buchgesellschaft, Darmstadt.

Filler, A. (1993): Euklidische und nichteuklidische Geometrie. B.I. Wissenschaftsverlag, Mannheim.

Filler, A. (2007): Herausarbeiten funktionaler und dynamischer Aspekte von Parameterdarstellungen durch die Erstellung von Computeranimationen. In: Mathematische Semesterberichte 54, S. 155–176.

Filler, A. (2008): 3D-Computergrafik und die Mathematik dahinter: Einbeziehung von Elementen der Computergrafik in den Mathematikunterricht der Sekundarstufe II im Stoffgebiet Analytische Geometrie. VDM Verlag, Saarbrücken.

Filler, A. (2011): Elementare Lineare Algebra. Spektrum, Heidelberg.

Fischer, G. (2001): Analytische Geometrie. Vieweg, Braunschweig (7. Aufl.).

Fischer, G. (2010): Lineare Algebra. Vieweg+Teubner, Wiesbaden (17. Aufl.).

Freudenthal, H. (1973): Mathematik als pädagogische Aufgabe. Bd. 1, 2. Klett, Stuttgart.

Gallin, P.; Ruf, U. (1998): Dialogisches Lernen im Mathematikunterricht. Kallmeyer, Seelze.

Gramlich, G. (2010): Google™ und Mathematik – Wer oder was ist wichtig? In: Bruder, R.; Eichler, A. (Hrsg.): ISTRON – Materialien für einen realitätsbezogenen Mathematikunterricht, Bd. 15. Franzbecker, Hildesheim, S. 95–108.

Graumann, G. (2013): Abbildungen der elementaren und analytischen Geometrie. Franzbecker, Hildesheim.

Greefrath, G.; Siller, H.-S. (2012): Gerade zum Ziel – Linearität und Linearisieren. In: Praxis der Mathematik, H. 44/54, S. 2–8.

Griesel, H.; Postel, H. (Hrsg.) (1986): Mathematik heute. Leistungskurs Lineare Algebra/Analytische Geometrie. Schroedel Schöningh, Hannover.

Griesel, H.; Gundlach, A.; Postel, H.; Suhr, F. (Hrsg.) (2008): Elemente der Mathematik. Grund- und Leistungskurs Lineare Algebra/Analytische Geometrie (Ausgabe für Berlin, Brandenburg, Mecklenburg-Vorpommern). Schroedel, Braunschweig.

Griewank, A.; Bosse, T.; Schlagk, D.; Lehmann, L. (2012): Die magische Quadratur des Superhirns. In: Mitteilungen der DMV 2012 (1), S. 30–37.

Haas, N.; Morath, H. J. (2003): Anwendungsorientierte Aufgaben für die Sekundarstufe II. Mathematik. Schroedel, Braunschweig, S. 75.

Haftendorn, D. (2010): Mathematik sehen und verstehen. Springer Spektrum, Heidelberg.

Heitzer, J. (2012): Orthogonalität und Approximation. Springer Spektrum, Heidelberg.

Henn, H.-W. (1978): Zum Beweisverständnis von Mathematikstudenten. In: Schriften des Math.Inst. II, Universität Karlsruhe.

Henn, H.-W. (1983): Ein mathematisches Modell für die Klick-Klack-Maschine. In: Der mathematische und naturwissenschaftliche Unterricht, 36, S. 209–215.

Henn, H.-W. (1991): Fraktale – einmal anders. In: Praxis der Mathematik 33, H. 4, S. 170–177.

Henn, H.-W. (1993): Fraktale und Zufallsfolgen. In: Praxis der Mathematik 35, H. 5, S. 193–199.

Henn, H.-W. (1997): Entdeckendes Lernen im Umkreis von zentrischer Streckung und Strahlensätzen. In: mathematik lehren, 82, S. 48–51.

Henn, H.-W. (2004): Computer-Algebra-Systeme – junger Wein oder neue Schläuche? In: Journal für Mathematik-Didaktik, Vol. 25/4, S. 198–220.

Henn, H.-W. (2012): Geometrie und Algebra im Wechselspiel. Mathematische Theorie für schulische Fragestellungen. Springer Spektrum, Wiesbaden.

Henn, H.-W.; Humenberger, H. (2011): Parabeln und Brücken – ein vielversprechender Brückenschlag im Mathematikunterricht. In: Der Mathematikunterricht 57, H. 4, S. 22–33.

Henn, H.-W.; Müller, J. H. (2010): Nicht der Hammer ist der Mörder. In: Der mathematische und naturwissenschaftliche Unterricht 63/5, S. 309–310.

Henn, H.-W.; Müller, J. H. (2013): Von der Welt ins Modell und zurück. In: Borromeo Ferri, R.; Greefrath, G.; Kaiser, G. (Hrsg): Mathematisches Modellieren für Schule und Hochschule, Springer Spektrum, Wiesbaden, S. 202–220.

Heugl, H., Klinger, W.; Lechner, J. (1996): Mathematikunterricht mit Computeralgebra-Systemen – ein didaktisches Lehrerbuch mit Erfahrungen aus dem österreichischen DERIVE-Projekt. Addison-Wesley, Bonn.

Hilbert, D. (1968): Grundlagen der Geometrie. Teubner, Basel (10. Aufl.).

Hölzl, R.; Schneider, W. (1997): Die Inversion am Kreis. In: mathematik lehren, 82, S. 53–56.

Hischer, H. (2012): Grundlegende Begriffe der Mathematik: Entstehung und Entwicklung. Springer Spektrum, Heidelberg.

Humenberger, H. (2009): Das Google-PageRank-System – Mit Markoff-Ketten und linearen Gleichungssystemen Ranglisten erstellen. In: mathematik lehren, 154, S. 58–63.

Humenberger, H.; Reichel, H.-Ch. (1995): Fundamentale Ideen der Angewandten Mathematik. B.I. Wissenschaftsverlag, Mannheim.

Hussmann, S. (2003): Mathematik entdecken und erforschen. Cornelsen, Berlin, S. 122 f.

Jänich, K. (2008): Lineare Algebra. Springer, Heidelberg (11. Aufl.).

Jahnke, Th.; Scholz, D. (Hrsg.) (2009): Fokus Mathematik 11, Ausgabe Bayern. Cornelsen, Berlin.

Josephy, A. M. (1992): Amerika 1492. Die Indianervölker vor der Entdeckung. S. Fischer, Frankfurt.

Kaufmann, S.-H. (2009): Die Bedeutung des Parameterbegriffs für den Mathematikunterricht – Wissenschaftsorientiertes Übel oder didaktische Notwendigkeit? In: Beiträge zum Mathematikunterricht 2009, Franzbecker, Hildesheim, S. 687–691.

Kaufmann, S.-H. (2011): Der Parameter in der Mathematik – die Geschichte einer untergeordneten Variablen? In: Hyksova, M.; Reich, U.: Eintauchen in die mathematische Vergangenheit. Dr. Erwin Rauner Verlag, Augsburg, S. 117–126.

Kirchgraber, U.; Bettinaglio, M. (1995): Lineare Gleichungssysteme. Ein Leitprogramm in Mathematik. ETH Zürich, Departement Mathematik. Erhältlich unter http://www.educ.ethz.ch/unt/um/mathe/aa/lin_gleich/lingl.pdf

Kirsch, A. (1991): Formalismen oder Inhalte. Schwierigkeiten mit linearen Gleichungssystemen im 9. Schuljahr. In: Didaktik der Mathematik, 19, 4, S. 294–308.

Kleifeld, A. (2000): Geometrisches Modellieren mit Bézierkurven verbindet anwendungsbezogen Analysis, Lineare Algebra und Algorithmik. In: ISTRON – Materialien für einen realitätsbezogenen Mathematikunterricht, Bd. 6, S. 61–79. Franzbecker, Hildesheim.

Klein, F. (1872): Vergleichende Betrachtungen über neuere geometrische Forschungen. Andreas Deichert Verlag, Erlangen.

Klein, F. (1926/1967): Vorlesungen über die Entwicklung der Mathematik im 19. Jahrhundert. Nachdruck. Chelsea Publishing Company, New York.

Kliemann, S.; Puscher, R.; Segelken, S.; Schmidt, W.; Vernay, R. (2006): mathe live 5. Klett-Verlag, Stuttgart, Leipzig.

KMK (2002): Einheitliche Prüfungsanforderungen im Fach Mathematik (EPA). Beschluss der 298. Kultusministerkonferenz am 23./24.05.2002 in Eisenach. Erhältlich unter http://www.kmk.org/bildung-schule/allgemeine-bildung/faecher-und-unterrichtsinhalte/mathematik-naturwissenschaften-technik.html

KMK (2012): Bildungsstandards im Fach Mathematik für die Allgemeine Hochschulreife. Beschluss der Kultusministerkonferenz vom 18.10.2012. Erhältlich unter http://www.kmk.org/fileadmin/veroeffentlichungen_beschluesse/2012/2012_10_18-Bildungsstandards-Mathe-Abi.pdf

Koth, M. (2005): Spielereien mit Zahlen und Ziffern. Denkspielspaß für Kinder von 9 bis 99. Aulis Verlag Deubner, Köln.

Kulisch, U. (1998): Computer, Arithmetik und Numerik. Ein Memorandum. In: Überblicke Mathematik 1998, S. 19–54. Vieweg, Wiesbaden.

Lehmann, E. (1983): Lineare Algebra mit dem Computer. Teubner, Stuttgart.

Lenné, H. (1969): Analyse der Mathematikdidaktik in Deutschland. Klett, Stuttgart.

Leuders, T. (2004): Raumgeometrie: Ein Unterricht mit Kernideen. In: Der Mathematikunterricht, 50 (1–2), S. 5–28.

Lütticken, R.; Uhl, C. (Hrsg.) (2008): Fokus Mathematik, Bd. 5 (9. Schuljahr, Baden-Württemberg). Cornelsen, Berlin.

Maaß, K. (2003): Sicher durch die Lüfte – Geraden und Ebenen, die sich nicht schneiden dürfen. In: Henn, H.-W.; Maaß, K. (Hrsg.): ISTRON – Materialien für einen realitätsbezogenen Mathematikunterricht, Bd. 8. Franzbecker, Hildesheim, S. 178–202.

Maaser, M. (1994): Körper in vierdimensionalen Räumen. In: Wurzel 28, Teil 1 in H. 2, S. 27–32, Teil 2 in H. 5, S. 95–101.

Mäder, P. (1992): Mathematik hat Geschichte. Metzler Verlag, Hannover.

Malle, G. (1993): Didaktische Probleme mit der Elementaren Algebra. Vieweg, Köln.

Malle, G. (2005a): Von Koordinaten zu Vektoren. In: mathematik lehren 133, S. 4–7.

Malle, G. (2005b): Neue Wege in der Vektorgeometrie. In: mathematik lehren 133, S. 8–14.

Malle, G. (2005c): Schwierigkeiten mit Vektoren. In: mathematik lehren 133, S. 16–19.

Meyer, J. (1995): Die Sattelfläche im Grundkurs. In: Praxis der Mathematik 37, H. 6, S. 250–255.

Meyer, J. (2000a): Die Sattelfläche im Leistungskurs. In: Praxis der Mathematik 42, H. 6, S. 253–257.

Meyer, J. (2000b): Bézierkurven. In: Förster, F.; Henn, H.-W.; Meyer, J. (Hrsg.): ISTRON – Materialien für einen realitätsbezogenen Mathematikunterricht, Bd. 6, S. 44–60. Franzbecker, Hildesheim.

Meyer, J. (2001): Kurven und Flächen in der Vektorgeometrie. In: mathematica didactica, 24/1, S. 51–70.

Müller, J. H. (2005): Entdeckend lernen mit Zahlenmauern in der Sekundarstufe. In: Praxis der Mathematik, 47, H. 2, S. 32–38.

Müller, K. P. (2004): Raumgeometrie. Teubner, Stuttgart (2. Aufl.).

Padberg, F. (2009): Didaktik der Bruchrechnung. Spektrum, Heidelberg (4. Aufl.).

Polya, G. (1949): Schule des Denkens. Vom Lösen mathematischer Probleme. A. Francke Verlag, Tübingen und Basel (4. Aufl. 1995).

Randenborgh, Ch. van (2005): Van Schootens Ortslinienzirkel. Ein entdeckender Zugang zur geometrischen Definition der Parabel. In: Praxis der Mathematik, 1, S. 36–39.

Reichel, H.-Chr. (1980): Zum Skalarprodukt in der Sekundarstufe – eine didaktische Analyse. In: Didaktik der Mathematik 8, H. 2, S. 102–132.

Reichel, H.-Chr.; Zöchling, J. (1990): 1000 Gleichungen – und was nun? Computertomographie als Einstieg in ein aktuelles Thema des Mathematikunterrichts. In: Didaktik der Mathematik 18, H. 4, S. 245–270.

Reichel, H.-Chr. (1991) Wie Ellipse, Hyperbel und Parabel zu ihrem Namen kamen und einige allgemeine Bemerkungen zum Thema „Kegelschnitte" im Unterricht. In: Didaktik der Mathematik 19, H. 2, S. 111–130.

Reichel, H.-Chr.; Zöchling, J. (1994): Iteratives Lösen größerer Linearer Gleichungssysteme. In: Der mathematische und naturwissenschaftliche Unterricht 47/1, S. 245–270.

Roth, N. (2002): Ein integratives Grundkurskonzept am Beispiel der Bézierkurven. In: mathematica didactica 25, H. 2, S. 95–113.

Schmid, A.; Weidig, I.; Müller, A.; Taetz, G.; Zimmermann, P. (2001): Lambacher Schweizer 5. Klett Verlag, Stuttgart, Leipzig.

Schmidt, H. (1949): Höhere Kurven. Kesselring-Verlag, Wiesbaden.

Schmidt, G.; Zacharias, M.; Lergenmüller, A. (Hrsg.) (2010): Mathematik Neue Wege. Lineare Algebra/Analytische Geometrie. Schroedel, Braunschweig.

Schürmann, U. (2014): 3D-Computerspiele und Analytische Geometrie. In: Maaß, J.; Siller, H.-St. (Hrsg.): ISTRON – Neue Materialien für einen realitätsbezogenen Mathematikunterricht, Bd. 2., S. 115–130. Springer Spektrum, Wiesbaden.

Schulz, W.; Stoye, W. (Hrsg.) (1998a): Analytische Geometrie, Grundkurs. Volk und Wissen, Berlin.

Schulz, W.; Stoye, W. (Hrsg.) (1998b): Analytische Geometrie, Leistungskurs. Volk und Wissen, Berlin.

Schupp, H. (1998): Figuren und Abbildungen. Franzbecker, Hildesheim.

Schupp, H. (2000a): Kegelschnitte. Franzbecker, Hildesheim.

Schupp, H. (2000b): Geometrie in der Sekundarstufe II. In: Journal für Mathematik-Didaktik 21, H. 1, S. 50–66.

Schupp, H. (2003): Thema mit Variationen. Aufgabenvariation im Mathematikunterricht. Franzbecker, Hildesheim.

Schupp, H.; Dabrock, H. (1995): Höhere Kurven. BI Wissenschaftsverlag, Wiesbaden.

Shirley, P. (2005): Fundamentals of Computer Graphics. A. K. Peters, Wellesley, Massachusetts.

Siebel, F. (2004): Elementare Algebra und ihre Fachsprache. Eine allgemeinmathematische Untersuchung. Dissertation, Fachbereich Mathematik, Universität Darmstadt.

Sieber, H. (1992): Mathematische Formelsammlung für Gymnasien. Klett, Stuttgart.

Sierpinska, A. (2000): On some aspects of students' thinking in linear algebra. In: Dorier, J.-L. (ed.): On the Teaching of Linear Algebra. Kluwer, Dordrecht, S. 209–246.

Stahl, R. (2001): Lösungsstrategien bei einfachen linearen Gleichungen. In: Journal für Mathematik-Didaktik 22, H. 3/4, S. 277–300.

Strecker, K. (2012): Kann man aus Lila und Grasgrün Terrakotta mischen? In: Der mathematische und naturwissenschaftliche Unterricht 65/7, S. 395–398.

Thadeusz, F. (2012): Tropfen des Todes. In: DER SPIEGEL 41/2012, S. 154–155.

Thurstone, L. L. (1938): Primary mental abilities. University of Chicago Press, Chicago.

Tietze, U.-P. (1979): Fundamentale Ideen der linearen Algebra und analytischen Geometrie. Aspekte der Curriculumsentwicklung im MU der SII. In: mathematica didactica 2, H. 3, S. 137–164.

Tietze, U.-P.; Klika, M.; Wolpers, H. (2000): Mathematikunterricht in der Sekundarstufe II. Bd. 2: Didaktik der Analytischen Geometrie und Linearen Algebra. Vieweg, Braunschweig.

Törner, G. (1982): Erfahrungen und Bemerkungen zu Kursen in linearer Algebra. In: Der mathematische und naturwissenschaftliche Unterricht 35/6, S. 321–325.

Vohns, A. (2011): Vektoren sind wie Zahlen – nur ganz anders. Eine didaktisch orientierte Sachanalyse zum Vektor-(und Matrizen)begriff in der Oberstufe. In: Beiträge zum Mathematikunterricht, Bd. 2. WTM, Münster, S. 863–866.

Vohns, A. (2012): Algebraisieren & Geometrisieren: Globale Ideen der Analytischen Geometrie? In: Beiträge zum Mathematikunterricht 2012, Bd. 2. WTM, Münster, S. 909–912.

Vollrath, H.-J. (1984): Methodik des Begriffslernens im Mathematikunterricht. Klett, Stuttgart.

Vollrath, H.-J. (1989): Funktionales Denken. In: Journal für Mathematik-Didaktik 10, H. 1, S. 3–37.

Vollrath, H.-J., Weigand, H.-G. (2006): Algebra in der Sekundarstufe. Spektrum, Heidelberg (3. Aufl.).

vom Hofe, R. (1995): Grundvorstellungen mathematischer Inhalte. Spektrum, Heidelberg.

Wagenschein, M. (1970). Ursprüngliches Verstehen und exaktes Denken, Bd. 2. Klett, Stuttgart.

Walser, H. (2013): Der Goldene Schnitt. Edition Am Gutenbergplatz, Leipzig.

Weller, H. (1999): Leonardo da Vinci, Derive und die Folge(n). In: mathematik lehren, H. 96, S. 60–64.

Winter, H. (1995): Mathematikunterricht und Allgemeinbildung. In: Mitteilungen der Gesellschaft für Didaktik der Mathematik 61, S. 37–46. Im Internet verfügbar unter: http://sinus-transfer.uni-bayreuth.de/fileadmin/MaterialienDB/45/muundallgemeinbildung.pdf

Winter, H. (2008): Ein Kanon für den Geometrieunterricht in den Sekundarstufen. http://www.mnu.de/mathematik/aktuelles/kanon-geometrieunterricht

Wittmann, E. Ch. (1981): Grundfragen des Mathematikunterrichts. Vieweg, Braunschweig.

Wittmann, G. (2003a): Schülerkonzepte zur Analytischen Geometrie. Franzbecker, Hildesheim.

Wittmann, G. (2003b): Zentrale Ideen der Analytischen Geometrie. In: mathematik lehren 119, S. 47–51.

Wittmann, J. (2001): Mathematische Tricks und Basteleien. Aulis Verlag Deubner, Köln.

Wußing, H. (2009): 6000 Jahre Mathematik. Bd. 2. Springer, Berlin, Heidelberg.

Zeitler, H. (1981): Der Tod der Geometrie. In: Zentralblatt für Didaktik der Mathematik 13, 1, S. 9–12.

Ziegler, Th. (1995): Apollonius auf dem Bildschirm – Die affine Definition von Ellipse, Hyperbel und Parabel. In: Der Mathematikunterricht 41, 1, S. 57–68.

Sachverzeichnis